# 幕墙施工与质量控制

## 要点·实例

李继业　王立刚　张建刚

等 编著

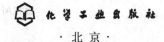

化学工业出版社

·北京·

## 内 容 简 介

本书针对读者需求，按照国家建筑装饰幕墙工程新规范及标准要求，以丰富的建筑装饰幕墙工程施工实例和现场施工技术汇编而成。全书不仅介绍了建筑装饰幕墙工程的结构，还突出介绍了装饰幕墙工程的质量检测、质量要求与验收标准，各种装饰幕墙工程的质量问题与防治措施、建筑装饰幕墙的维修，还介绍了幕墙工程的施工组织、设计与防雷系统设计工程实例等。本书为第二版，在第一版的基础上，结合这几年建筑幕墙的新技术、新发展，对太阳能光电幕墙、新型建筑节能玻璃、有框玻璃幕墙施工、全玻璃幕墙施工、干挂陶瓷板幕墙等大量内容进行了全面补充和完善。本书由具有多年工程实践经验的技术人员编写，贴近工程实际，使施工人员容易掌握。

本书具有实用性强、技术先进、使用方便等特点，不仅可以作为建筑、建筑装饰幕墙工程设计和施工人员及技术人员的技术参考书，也可以作为高校及高职高专院校相关专业在校师生的参考用书。

**图书在版编目（CIP）数据**

幕墙施工与质量控制要点·实例/李继业等编著
. —2 版. —北京：化学工业出版社，2022.9
ISBN 978-7-122-41781-7

Ⅰ.①幕⋯ Ⅱ.①李⋯ Ⅲ.①幕墙-室外装饰-工程
施工 Ⅳ.①TU767.5

中国版本图书馆 CIP 数据核字（2022）第 112649 号

---

责任编辑：朱 彤 　　　　　　　　文字编辑：汲永臻
责任校对：宋 玮 　　　　　　　　装帧设计：刘丽华

---

出版发行：化学工业出版社（北京市东城区青年湖南街 13 号　邮政编码 100011）
印　　装：北京天宇星印刷厂
787mm×1092mm　1/16　印张 16½　字数 436 千字　2023 年 6 月北京第 2 版第 1 次印刷

---

购书咨询：010-64518888 　　　　　　　售后服务：010-64518899
网　　址：http://www.cip.com.cn
凡购买本书，如有缺损质量问题，本社销售中心负责调换。

---

定　　价：98.00 元

第二版
前　言

　　建筑幕墙是建筑物主体结构外围的围护结构，具有防风、防雨、隔热、保温、防火、抗震和避雷等多种功能。按照国家新的质量标准、施工规范，科学、合理地选用建筑装饰材料和施工方法，努力提高建筑幕墙的技术水平，对于创造舒适、绿色环保型外围环境，对于促进建筑装饰业的健康发展，具有非常重要的意义。

　　建筑幕墙按其面板材料的不同，可分为玻璃幕墙、石材幕墙、金属幕墙、混凝土幕墙及组合幕墙等；按其安装形式的不同，可分为散装建筑幕墙、半单元建筑幕墙、单元建筑幕墙和小单元建筑幕墙等。

　　我们根据建筑幕墙工程实践经验并参考有关技术资料，在原《幕墙施工与质量控制要点·实例》（第一版）的基础上，根据国家现行标准《建筑幕墙》（GB/T 21086—2007）、《建筑装饰装修工程质量验收标准》（GB 50210—2018）、《住宅装饰装修施工规范》（GB 50327—2001）以及《建筑工程施工质量验收统一标准》（GB 50300—2013）等的规定，编写了《幕墙施工与质量控制要点·实例》（第二版），对幕墙装饰工程的所用材料、施工工艺、质量要求、检验方法、验收标准、质量问题、防治措施等方面进行了全面讲述。

　　本书按照先进性、针对性、规范性和实用性的原则进行编写，特别突出理论与实践相结合，注重对建筑幕墙工程施工技能和质量控制方面的介绍，具有应用性突出、可操作性强、通俗易懂等特点，既适用于高等院校及高职高专院校建筑装饰类专业学生的学习，也可以作为建筑装饰施工技术的培训教材，还可以作为建筑幕墙第一线施工人员的技术参考书。需要说明的是，由于目前国家和行业标准和规范不断进行更新与调整，书中所列标准和规范有可能是过时的，仅供读者参考。

　　本书由李继业、王立刚、张建刚、王莉莉、徐涛编著。编写的具体分工为：李继业编写第一章；王立刚编写第二章、第三章、第六章；张建刚编写第四章、第七章、第八章；王莉莉编写第五章、第十章、第十二章；徐涛编写第九章、第十一章、第十三章。本书由李继业负责统稿。

　　由于编者时间和水平有限，书中疏漏在所难免，敬请有关专家、同行和广大读者提出宝贵意见。

编者
2022 年 12 月

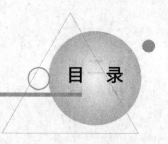

# 目 录

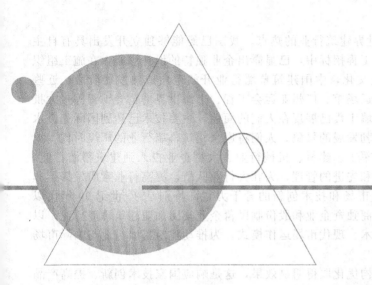

# 第一章
# 建筑幕墙概述

建筑是一个国家技术经济发展水平高低的重要标志。我国正处于技术经济飞速发展的时期，可以说，世界各国建筑大师在为中国的建筑设计现在和未来。工程实践充分证明，更能体现建筑现代化、建筑特色和建筑艺术性的就是建筑幕墙，因此有人将建筑幕墙称为建筑的外衣。建筑幕墙是由支承结构体系与面板组成的，可相对主体结构有一定的位移能力，不分担主体结构所受作用的建筑外围护结构或装饰性结构。

## 第一节　建筑幕墙行业的发展

我国建筑幕墙行业起步较晚，但起点较高，发展速度较快。几十年来，建筑幕墙行业始终坚持走技术创新的发展道路，通过技术创新，加上引进国外先进技术，不断开发新产品，形成了优化产业结构、可持续发展的技术创新机制。针对工程设计和施工中的关键技术，组织科研试验和技术攻关，运用国际同行业更新的前沿技术，建成了一批在国内外同行业中有影响的大型建筑幕墙工程，取得了一系列重大成果。

目前我国的建筑幕墙行业，已经形成了以 200 多家大型企业为主体，以 50 多家年产值过亿元的骨干企业为代表的技术创新体系，完成了国家重点工程、大中城市形象工程、城市标志性建筑等大型建筑幕墙工程，为全行业树立了良好的市场形象，成为建筑幕墙行业技术创新、品牌创优、市场开拓的主力军。在世界范围内，中国已是建筑门窗和建筑幕墙的第一生产和使用大国，有着巨大的市场潜力和发展机遇。

中国幕墙产业经过多年的发展，产销量呈现快速发展态势。中国幕墙每年生产、安装各类建筑幕墙约为 5500 万平方米，年产值近 1200 亿～1500 亿元，市场总量已占世界总量的60％以上。根据《中国建筑幕墙行业市场前瞻与投资战略规划分析报告》显示，近几年来，中国建筑业的蓬勃发展为建筑幕墙行业提供了一个大显身手的场所，满足不同建筑结构设计需求的幕墙产品在工程实践中的成功应用说明，建筑幕墙是迄今为止更理想的大型公共建筑外围护结构。

进入 21 世纪，中国已经是全世界建筑行业的热点，我国已经能够独立开发出具有自主知识产权的产品，在重大建筑幕墙工程招标中，已显露出企业独特的设计思路，在施工组织设计中更加体现了企业管理与企业文化，中国建筑幕墙行业开始走向成熟发展阶段。近些年，国家大剧院、中央电视台、奥运场馆、广州亚运会工程、上海世界博览会工程等一大批令世界建筑行业瞩目的大型建筑幕墙工程已展现在人们的面前，主要技术已达到国际先进水平。幕墙行业蓄势待发，呈现出蓬勃发展的景象，人们将迎来建筑幕墙行业的辉煌时代。

目前一大批国内知名的航空、军工、建材、机械行业、大型企业投入到建筑幕墙行业，以其雄厚的资本、较强的技术力量和先进的管理，为壮大行业队伍、提高行业素质发挥了非常重要的作用，成为开拓建筑幕墙市场和技术创新的骨干力量。特别是 20 世纪 90 年代以后，又有一大批中外合资企业、外商独资企业和股份制民营企业集团加盟建筑幕墙行业，以其良好的管理机制、先进的专业技术、现代市场运作模式，为推动建筑幕墙行业与国际市场接轨发挥了良好的示范作用。

目前，我国的建筑幕墙行业结构优化取得明显效果，这是响应国家技术创新、提高产品科技含量的结果，也是采用新材料、新设备、新工艺、新技术的结果。技术创新和科技进步大大推动了我国建筑幕墙工程市场的发展，加速了建筑幕墙产品质量的升级，尤其是新型适销对路产品的开发，进一步拓宽了建筑幕墙的市场空间。实践充分证明，开发、研制符合国家建筑节能技术政策的新型幕墙产品符合国家建设产业化政策，为今后我国建筑幕墙工程的可持续发展奠定了基本条件。

据有关专家预测，近些年我国建筑幕墙产品还将继续保持稳步增长的态势，建筑幕墙将是城市公共建筑中外围护结构的主导，新型的建筑幕墙仍是城市公共建筑中的一大亮点。这些建筑幕墙工程是世界顶级幕墙公司展示自己实力和更新技术的舞台，也是国内外建筑幕墙公司拼实力、拼技术的战场。我国的建筑幕墙工程技术将以体现建筑主体风格、节能环保、美观舒适为特点，在幕墙的索结构设计、玻璃结构设计等关键前沿技术将有所突破，我国建筑幕墙工程的主要技术领域将达到国际先进水平。

根据中国的国情，按照实现经济与社会可持续发展的要求，节能也成为我国的一项长期方针，建筑节能是我国发展的基本国策之一。住房和城乡建设部发布的《关于发展节能省地型住宅和公共建筑的指导意见》，无疑是吹向建筑幕墙行业的春风，它不断催生出适合建筑幕墙行业发展的新技术和新产品，促进着新型幕墙材料工业的发展。

# 第二节　幕墙行业发展新技术

近年来，幕墙行业一方面面临着市场高度竞争的压力，另一方面饱受经济发展放缓的影响，而传统高能耗建筑方式的改变，对于幕墙行业的发展更可谓是"危"与"机"并存。幕墙工业化进程的加快，使得传统建筑幕墙企业构建新型建造体系定将成为必然趋势。在建筑节能及绿色创新技术不断被推崇的今天，建筑幕墙作为实现零能耗建筑、产能建筑的关键一环，已远远不再是简单的部品制造、安装，如何通过创新思路和采用新技术以更好地提升建筑价值，打造宜居的环境，成为建筑幕墙企业取得更好发展的关键所在。

## 一、玻璃产品及结构

随着建筑功能性的更高要求，各类能满足现代技术要求的建筑玻璃应运而生，如具有节能要求的"Low-E 玻璃"、满足防火性能要求的"防火玻璃"、具有自动清洁功能的"自洁玻璃"、使用在"夏热冬暖"地区的"反射型 Low-E 玻璃"等。玻璃原来仅仅是门窗和幕墙工程中产品的一部分，采光是其最主要的功能。随着建筑幕墙技术的发展，玻璃已经远远超过了原来的功能，成为建筑玻璃幕墙结构中的重要组成部分，使玻璃这种晶莹剔透的脆性材料的内在潜力在建筑幕墙工程中发挥得淋漓尽致。

近些年，"点支式"全玻璃幕墙结构的推广应用，带动了围护结构、轻钢空间结构技术及其设计、制造和安装技术的创新，提高了建筑玻璃幕墙工程技术的科技含量，推进了不锈钢结构体系和拉索结构体系等新技术在玻璃幕墙工程中的运用，把建筑的三维空间带入了新的发展领域。

工程实践充分证明，"点支式"全玻璃幕墙体现了建筑物内外空间的通透和融合，形成人、环境、空间和谐统一的美感，它突出点驳接结构新颖的韵律美和玻璃支撑结构体系造型的现代感，充分发挥玻璃、点驳接、支撑系统空间形体的工艺魅力，构成轻盈、秀美的景观效果，成为现代建筑艺术的标志之一。"点支式"全玻璃幕墙已在大中城市公共建筑、空港、商务中心等标志性工程中得到广泛应用，空间玻璃结构已成为建筑领域的亮点。

在现代建筑中屋顶和幕墙的结构已经有机地结合在一起，如国家大剧院、杭州大剧院等一大批新型建筑都采用了这种过渡结构设计。这种结构设计及其应用在我国已经逐步开始，但还很不完善，还有待于进一步开发并形成一整套的理论体系。

## 二、"夏热冬暖"地区节能与遮阳

我国地域广阔，从北方严寒的东北三省到南国炎热的海南岛，从干燥的西北内陆到潮湿的东南沿海，气候环境差别巨大。工程实践证明，只有根据各地建筑气候特点和设计要求，才能正确地进行建筑外围结构的选择和建筑节能工作的开展。

广泛开展对"夏热冬暖"地区建筑门窗和幕墙的节能是一项新技术改造工作，这一地区雨量充沛，是我国降水最多的地区，多热带风暴和台风袭击，易有大风暴雨天气；太阳角度大，太阳辐射强烈。建筑门窗和幕墙产品必须充分满足防风雨、隔热、遮阳的要求，同时还要考虑到传统的生活习惯，门窗和幕墙要有较好的通风。

为提高"夏热冬暖"地区门窗和幕墙节能效果，应考虑尽可能利用的自然条件，在获得适宜的室内热环境的前提下，以得到最大的节能降耗效果；充分利用适宜的室内温度和自然空气调节，采用门窗的内外遮阳系统，推广采用隔热的节能玻璃，提高门窗和幕墙的气密性能，讲究门窗的科学设计，利用门窗的空气流动。

## 三、新型建筑材料的应用

近年来，伴随着我国门窗和建筑幕墙行业的科技进步和技术创新，彻底改变了行业的面貌，提高了产业科技含量。新型建筑材料的应用开拓了市场空间，千思板、埃特板、微晶玻璃、陶瓷挂板等一大批新型建筑材料在建筑幕墙上的应用加速了幕墙技术的发展，建立了新世纪可持续发展的技术基础。

新型建筑材料的研发和应用是幕墙工程发展过程中最重要的组成部分。建筑企业只要掌握了新的科学技术和新的研发力量，就具备了一个建筑企业核心的企业竞争力，将会在竞争激烈的建筑市场中立于不败之地。随着生产力的发展和建筑材料生产新技术的研发，人类可以利用的能源越来越少，所以提倡和倡导节能减排的环保理念越来越重要，将来的建筑市场不仅要实现绿色环保化、多功能化、智能化，更要实现安全、舒适、美观、耐久，新型建筑材料的研发和应用还需要进一步开拓新的路径，还要面临来自各方面的新挑战。

## 第三节　新时期幕墙行业的特点与问题

建筑幕墙是建筑物不承重的外墙围护，一般由面板和后面的支撑结构组成，并且对于主体建筑具有一定的位移能力或者是其自身具有一定的变形能力。建筑幕墙是建筑物的外部围护，具有外形美观、节能环保和便于维护的特点。在我国新时期的建筑施工过程中，幕墙建筑被广泛应用，但是在幕墙建筑施工中也存在很多问题。

### 一、铝合金门窗和建筑幕墙新技术特点

（1）随着我国城市化建设的快速推进，建筑幕墙行业得到快速发展。我国已经成为全世界最大的铝合金门窗和建筑幕墙生产国，据有关部门统计，2018年建筑幕墙的竣工面积已经达到9000万平方米。

（2）我国的点驳接幕墙施工新技术走在了世界前列。北京新保利大厦、中关村文化商厦建筑幕墙工程的索网点驳接，其幕墙的建筑面积、幕墙最大跨度、幕墙的施工难度等在世界上都是具有领先地位的。

（3）节能铝合金门窗产品经过几年的开发，已经初步建立了具有中国特点的节能门窗技术体系，形成了一定的节能门窗设计、生产、施工能力，可以满足当前我国提出的建筑节能门窗的基本要求。

（4）单元式建筑幕墙技术已在我国开始普及，这种加工工艺精确、施工方便的幕墙设计施工技术，十年前仅仅用于少数国外设计的大型工程中，现在已经被我国多数大型幕墙企业所掌握，在北京、上海、广州等城市大型幕墙工程中已广泛应用。

（5）多种新型建筑幕墙饰面材料在幕墙工程中的应用，有力地促进了新型建筑幕墙的发展，增加了建筑幕墙产品的多样化，也极大地调动了建筑设计师对各种新型建筑幕墙饰面材料的兴趣。大理石幕墙、陶土板幕墙、瓷板幕墙、树脂木纤维板幕墙、纤维增强水泥板幕墙等新型幕墙材料技术的应用，大大充实了建筑幕墙的内涵，使新型建筑幕墙饰面材料应用前景非常广阔。

（6）双层幕墙设计技术理论正在逐步形成，许多大型幕墙工程已经成功设计了内循环、外循环系统。建筑企业和行业科技人员已经着手建立双层幕墙实验体系，逐步积累、收集了各种技术数据。大型建筑幕墙遮阳系统也已经受到建筑师们的关注，大型翼板式幕墙遮阳系统的应用，随着"夏热冬暖"地区建筑节能的需要越来越广泛。

（7）我国铝合金门窗、建筑幕墙的标准体系已经初步建立，从产品的设计、生产加工、施工安装到工程检验及验收等各个环节都有了国家标准和规范，从而保障了建筑门窗和幕墙的产品工程质量。

### 二、存在问题和今后行业工作展望

我国铝合金门窗与建筑幕墙产品经过三十多年的发展已经取得可喜成绩，各种技术得到很大发展，造就了一大批专业人才，形成了具有中国特色的产品结构体系。但是，行业的发展是不平衡的，东西部之间、企业之间、城乡之间、产品之间都存在着明显的差距。建筑幕墙的市场秩序和市场行为不够规范，压价竞争、无序竞争现象仍然存在，部分伪劣铝型材和伪劣产品的问题尚未得到根治。部分企业研制开发能力和创新能力仍然比较低，企业研发机制仍很脆弱，产品质量不够稳定，技术储备非常少，新型材料开发滞后，专用机电一体化的先进工艺设备仍是空白，距国际先进水平尚有一定差距。

发达国家的实践经验证明，加快建设节约型社会是经济发展的一项重要战略决策。近年来，我国政府连续发布了《关于做好建设节约型社会近期重点工作的通知》《关于发展节能省地型住宅和公共建筑的指导意见》《公共建筑节能设计标准》《严寒和寒冷地区居住建筑节能设计标准》和《绿色建筑评价标准》等文件和标准。国家有关部门要求认真落实国务院建设节约型社会的通知精神，在机关新建、扩建和维修改造的办公与业务用房及其他建筑中，要在节减经费的原则下，严格执行现行建筑节能设计标准。因此，发展建筑门窗和幕墙的节能已经是行业当前最为重要的工作。我国的建筑门窗和幕墙大部分还不属于建筑节能产品，有些门窗产品距离提出的要求还有很大差距，距离建筑幕墙的节能指标差距就更大。因此，对于建筑幕墙来说，标准需要修订，监测需要加强，技术需要更新。

# 第四节　建筑幕墙的分类

城市中的大型现代化建筑，特别是现代化高层建筑与传统建筑相比较有许多区别，其外围结构一般不再采用传统的砖墙和砌块墙，而是采用建筑幕墙。随着新型幕墙材料的问世和新技术的涌现，建筑幕墙的品种越来越多，在工程中常见的有玻璃幕墙、石材幕墙、铝板幕墙、陶瓷板幕墙、金属板幕墙、彩色混凝土挂板幕墙和其他板材幕墙。建筑幕墙在其构造和功能方面有如下特点。

（1）具有完整的结构体系。建筑幕墙通常是由支承结构和面板组成的。支承结构可以是钢桁架、单索、自平衡拉索（拉杆）体系、鱼腹式拉索（拉杆）体系、玻璃肋、立柱、横梁等；面板可以是玻璃板、石材板、铝板、陶瓷板、陶土板、金属板、彩色混凝土板等。整个建筑幕墙体系通过连接件（如预埋件或化学锚栓）挂在建筑主体结构上。

（2）建筑幕墙自身可以承受一定风荷载、地震荷载和温差作用，并将这些荷载和作用传递到主体结构上。

（3）建筑幕墙应能承受较大的自身平面外和平面内的变形，并具有相对于主体结构较大的变位能力。

（4）建筑幕墙是主体结构的独立外围结构，它虽然悬挂在主体结构上，但不分担主体结构所承受的荷载和作用。

（5）抵抗地震灾害的能力强。材料试验结果表明，砌体填充墙抵抗地震灾害的能力是很差的，在平面内产生 1/1000 位移时就开裂，产生 1/300 位移时就破坏，一般在较小地震下就会产生破损，中等地震下会破坏严重。其主要原因是被填充在主体结构内，与主体结构不能有相对位移，在自身平面内变形能力很差，与主体结构一起振动，最终导致破坏。建筑幕墙的支承结构一般采用铰连接，面板之间留有宽缝，使得建筑幕墙能够承受（1/100）～（1/60）的大位移、大变形。工程实践表明，尽管主体结构在地震波的作用下摇晃，但建筑幕墙却安然无恙。

（6）抵抗温差的作用能力强。当外界温度发生变化时，建筑结构将随着环境温度的变化发生热胀冷缩。如果不采取措施，在炎热的夏天，空气的温度非常高，建筑物大量吸收环境热量，建筑结构会因此"膨胀"；而建筑物的自重压迫建筑结构，使得建筑结构无法自由"膨胀"，结果会把建筑结构挤弯、压碎；在寒冷的冬天，空气的温度非常低，建筑结构会发生收缩。由于建筑结构之间的束缚，使得建筑结构无法自由收缩，结果会把建筑结构拉裂、拉断。所以较长的建筑物要用"膨胀缝"把建筑物分成几段，以此来满足温度变化给建筑结构带来的热胀冷缩。较长的建筑可以设立竖向膨胀缝，将建筑物分成数段；可是高的建筑物不可能用水平"膨胀缝"将建筑物分成几段，因为水平分缝后的楼层无法连接起来。

由于不能采用水平分段的方法解决高层建筑结构的热胀冷缩问题，只能采用建筑幕墙将整个建筑结构包围起来，使建筑结构不暴露于室外空气之中，因此建筑结构由于一年四季的温差变化引起的热胀冷缩非常小，不会对建筑结构产生较大的损害，可保证建筑主体结构在温差作用下的安全。

（7）可节省基础和主体结构的费用。材料试验和工程实践证明，建筑幕墙是一种轻型结构，可以节省大量建材和费用。玻璃幕墙的重量只相当于传统砖墙体的1/10，相当于混凝土板墙体的1/7，铝单板幕墙更轻。这样不仅极大地减少了主体结构的材料用量，而且也大幅减轻了基础荷载，降低了基础和主体结构的工程造价。

（8）可用于旧建筑的更新改造。由于建筑幕墙是挂在主体结构的外侧，因此可用于旧建筑的更新改造，在不改动主体结构的前提下，通过在外侧挂建筑幕墙，内部进行重新装修，则可比较简便地完成旧建筑的更新改造。经过精心改造后的建筑，如同新建筑一样，充满着现代化气息，光彩照人，不留任何陈旧的痕迹。

（9）安装速度快，施工周期短。建筑幕墙由钢型材、铝型材、钢拉索和各种面板材料构成，这些型材和板材都能工业化生产，安装方法非常简便，特别是工程中常见的单元式幕墙，其主要的制作安装工作都是在工厂完成的，现场施工安装工作的工序非常少。因此，建筑幕墙安装速度快，施工周期短。

（10）维修更换非常方便。建筑幕墙构造规格统一，面板材料单一、轻质，安装工艺比较简便，因此维修更换起来十分方便。特别是对那些可独立更换单元板块和单元幕墙的构造，维修更换更是简单易行。

（11）建筑装饰效果好。建筑幕墙依据不同的面板材料，可以产生实体墙无法达到的建筑装饰效果，如色彩艳丽、多变，充满动感；建筑造型轻巧、灵活；虚实结合，内外交融，具有现代化建筑的特征。

## 一、玻璃幕墙

玻璃幕墙是指由支承结构体系与玻璃组成的、可相对主体结构有一定位移能力、不分担主体结构所受作用的建筑外围护结构或装饰结构。玻璃幕墙又分为明框玻璃幕墙、全隐框玻璃幕墙、半隐框玻璃幕墙、全玻璃幕墙、"点支式"玻璃幕墙和真空玻璃幕墙。

### （一）明框玻璃幕墙

明框玻璃幕墙属于元件式幕墙，将玻璃镶嵌在铝框内，成为四边有铝框的幕墙元件，幕墙构件镶嵌在横梁上，形成横梁立柱外露，铝框分格明显的立面。明框玻璃幕墙不仅应用量大而广，性能稳定可靠，应用最早，还因为明框玻璃幕墙在形式上脱胎于玻璃窗，易于被人们接受，施工简单，形式传统，所以明框玻璃幕墙至今仍被人们所钟爱。

工程检测表明，明框玻璃幕墙不仅玻璃参与室内外传热，铝合金框也参与室内外传热，在一个建筑幕墙单元中，玻璃的面积远超过铝合金框的面积，因此玻璃的热工性能在明框玻璃幕墙中占主导地位。

### （二）全隐框玻璃幕墙

全隐框玻璃幕墙的玻璃是采用硅酮结构密封胶（即有机硅密封胶，硅酮则为聚硅氧烷的俗称）粘接在铝框上。在一般情况下，不需再加金属连接件。铝框全部被玻璃遮挡，从而形成大面积全玻璃墙面。在有些建筑幕墙工程上，为增加隐框玻璃幕墙的安全性，在垂直玻璃幕墙上采用金属连接件固定玻璃，如北京的希尔顿饭店。

工程实践证明，全隐框玻璃幕墙施工中结构胶是连接玻璃与铝框的关键所在，两者全靠结构胶进行连接，只有结构胶能够满足相容性，即结构胶必须有效地粘接与之接触的所有材料，因此进行相容性试验是应用结构胶的前提。

工程检测表明，全隐框玻璃幕墙只有玻璃参与室内外传热，铝合金框位于玻璃板的后面，不参与室内外传热。因此，玻璃的热工性能决定全隐框玻璃幕墙的热工性能。

### （三）半隐框玻璃幕墙

半隐框玻璃幕墙分为"横隐而竖不隐"或"竖隐而横不隐"两种。不论哪种半隐框玻璃幕墙，均为一对应边用结构胶粘接成玻璃装配组件，而另一对应的边采用铝合金镶嵌槽玻璃装配的方法。也就是说，相对于明框玻璃幕墙来说，幕墙元件的玻璃板两对边镶嵌在铝合金框内，另外两对边采用结构胶直接粘接在铝合金框上，从而构成半隐框玻璃幕墙。

工程检测表明，半隐框玻璃幕墙介于明框玻璃幕墙和全隐框玻璃幕墙之间，不仅玻璃参与室内外传热，外露的铝合金框也参与室内外传热。在一个建筑幕墙单元中，玻璃面积远超过铝合金框的面积，因此玻璃的热工性能在半隐框玻璃幕墙中占主导地位。

### （四）全玻璃幕墙

全玻璃幕墙是指由玻璃肋和玻璃面板构成的玻璃幕墙。全玻璃幕墙是随着玻璃生产技术的提高和产品的多样化而诞生的，它为建筑师创造一个奇特、透明、晶莹的建筑提供了条件，全玻璃幕墙已发展成为多品种的建筑幕墙家族，它包括玻璃肋胶接全玻璃幕墙和玻璃肋点式连接全玻璃幕墙。

工程检测表明，由于全玻璃幕墙具有特殊的结构，所以只有玻璃幕墙参与室内外传热，玻璃的热工性能决定全玻璃幕墙的热工性能。

### （五）"点支式"玻璃幕墙

"点支式"玻璃幕墙由装饰面玻璃、点支承装置和支承结构组成。按照外立面装饰效果不同，可分为平头"点支式"玻璃幕墙和凸头"点支式"玻璃幕墙。按支承结构不同，可分为玻璃肋"点支式"玻璃幕墙、钢结构"点支式"玻璃幕墙、钢拉杆"点支式"玻璃幕墙和钢拉索"点支式"玻璃幕墙。

玻璃幕墙工程检测结果表明，不仅玻璃参与室内外的传热，金属"爪件"也参与室内外的传热。在一个幕墙单元中，玻璃面积远远超过金属"爪件"的面积，因此玻璃的热工性能在"点支式"玻璃幕墙中占主导地位。

### （六）真空玻璃幕墙

真空玻璃是将两片平板玻璃四周密闭起来，并将其间隙抽成真空和密封排气孔；两片玻璃之间的间隙为 0.1~0.2mm。真空玻璃的两片一般至少有一片是低辐射玻璃，这样就将通过真空玻璃的传导、对流和辐射方式散失的热降到最低，其工作原理与玻璃保温瓶的保温隔热原理相同。真空玻璃是玻璃工艺与材料科学、真空技术、物理测量技术、工业自动化及建筑科学等多种学科、多种技术、多种工艺协作配合的硕果。

由于真空玻璃在热工性能、隔声性能和抗风压性能方面具有特殊性，特别是真空玻璃幕墙具有极佳的保温性能，在强调建筑节能、绿色环保的今天，真空玻璃幕墙已越来越受到人们的瞩目，成为建筑幕墙今后发展的方向。

## 二、石材幕墙

石材幕墙通常由石材面板和支承结构（横梁立柱、钢结构、连接件等）组成，不承担主体结构荷载与作用的建筑围护结构。

石材幕墙与石材贴面墙体完全不同，石材贴面墙是将石材通过拌有黏结剂的水泥砂浆直接贴在墙面上，石材面板与实体墙面形成一体，两者之间没有间隙和任何相对运动或位移。而石材幕墙是独立于实体墙之外的围护结构体系，对于框架结构式的主体结构，应在主体结构上设计安装专门的独立金属骨架结构体系。该金属骨架结构体系悬挂在主体结构上，然后采用金属"挂件"将石材面板挂在金属骨架结构体系上。

石材幕墙应能承受自身的重力荷载、风荷载、地震荷载和温差作用，不承受主体结构所受的荷载，与主体结构可产生适当的相对位移，以适应主体结构的变形。石材幕墙应具有保温、隔热、隔声、防水、防火和防腐蚀等作用。

根据石材幕墙面板的材料不同，可将石材幕墙分为天然石材幕墙和人造石材幕墙；按石材金属挂件的形式不同，可分为背栓式、背槽式、L形挂件式、T形挂件式等；按石材幕墙板材之间是否打胶，可分为封闭式和开缝式两种，封闭式又分为浅层注胶和深层注胶两种。

## 三、金属幕墙

金属幕墙是一种新型的建筑幕墙形式，主要用于建筑主体结构的装修。实际上是将玻璃幕墙中的玻璃更换为金属板材的一种幕墙形式，但由于面材的不同，两者之间又有很大的区别。由于金属板材优良的加工性能、色彩的多样及良好的安全性，能完全适应各种复杂造型的设计，可以任意增加凹进和凸出的线条，而且可以加工各种形式的曲线线条，给建筑师以巨大的发挥空间，深受建筑师的青睐，因而获得了突飞猛进的发展。

金属幕墙按照面板材料的不同，可分为铝单板幕墙、铝塑板幕墙、铝瓦楞板幕墙、铜板幕墙、彩钢板幕墙、钛金板幕墙、钛锌板幕墙等；按照是否进行打胶，可分为封闭式金属幕墙和开放式金属幕墙。金属幕墙具有质量轻、强度高、板面平滑、富有金属光泽、质感丰富等特点，同时还具有加工工艺简单、加工质量好、生产周期短、可工厂化生产、装配精度高和防火性能优良等特点，因此被广泛地应用于各种建筑中。

## 四、新型幕墙

随着城市化的快速发展和对幕墙的多功能要求，建筑幕墙技术不断取得进步，建筑幕墙的种类大大增加。在高层建筑工程上常采用的新型幕墙有双层通道幕墙、光电幕墙、透明幕墙和非透明幕墙等。

### （一）双层通道幕墙

双层通道幕墙是双层结构的新型幕墙，外层幕墙通常采用"点支式"玻璃幕墙、明框玻璃幕墙或隐框玻璃幕墙，内层幕墙通常采用明框玻璃幕墙、隐框玻璃幕墙或铝合金门窗。为增加幕墙的通透性，也有内外层幕墙都采用"点支式"玻璃幕墙结构的。

在内外层幕墙之间，有一个宽度通常为几百毫米的通道，在通道的上下部位分别有出气口和进气口。空气可以从下部的进气口进入通道，从上部的出气口排出通道，形成空气在通道内自下而上的流动；同时，将通道内的热量带出通道，所以双层通道幕墙也称为热通道幕墙。依据通道内气体的循环方式，可将双层通道幕墙分为内循环通道幕墙、外循环通道幕墙和开放式通道幕墙。

（1）内循环通道幕墙　内循环通道幕墙一般在严寒地区和寒冷地区使用，其外层原则上是完全封闭的，主要由断热型材与中空玻璃等热工性能优良的型材和面板组成。其内层一般为单层玻璃组成的玻璃幕墙或可开启窗，以便对通道进行清洗和内层幕墙的换气，两层幕墙之间的通风换气层一般为 100～500mm。通风换气层与吊顶部位设置的暖通系统抽风管相连，形成自下而上的强制性空气循环，室内空气通过内层玻璃下部的通风口进入换气层，使通道内的空气温度达到或接近室内温度，从而达到节能的效果。在通道内设置可调控的百叶窗或垂帘，可有效地调节日照遮阳，为室内创造更加舒适的环境。

（2）外循环通道幕墙　外循环通道幕墙与"封闭式通道幕墙"相反，其外层是单层玻璃与非断热型材组成的玻璃幕墙，内层是由中空玻璃与断热型材组成的幕墙。内外两层幕墙形成通风换气层，在通道的上下两端装有进风口和出风口，通道内也可设置百叶等遮阳装置。

在寒冷的冬季，关闭通道上下两端的进风口和出风口，通道中的空气在太阳光的照射下温度升高，形成一个温室，有效地提高了通道内空气的温度，减少了建筑物的采暖费用。在炎热的夏季，打开通道上下两端的进风口和出风口，在太阳光的照射下，通道内的空气温度升高自然上浮，形成自下而上的空气流，即形成烟囱效应。由于烟囱效应可带走通道内的热量，降低通道内空气的温度，这样可减少制冷费用，达到建筑节能的目的；同时，通过对进风口和出风口位置的控制，以及对内层幕墙结构的设计，以达到由通道自发向室内输送新鲜空气的目的，从而优化建筑通风质量。

（3）开放式通道幕墙　开放式通道幕墙一般在"夏热冬冷"地区和"夏热冬暖"地区使用，在寒冷地区也可以使用。这种通道幕墙其外层原则上是不能封闭的，一般由单层玻璃和通风百叶组成。其内层一般为断热型材和中空玻璃等热工性能优良的型材和面板组成，或者由实体墙和可以开启窗组成，两层幕墙之间的通风换气层一般为100～500mm，其主要功能是改变建筑立面效果和室内换气的方式。工程实践证明，在通道内设置可调控的百叶窗或垂帘，可有效地调节日照遮阳，为室内创造更加舒适的环境。

### （二）光电幕墙

太阳能是一种取之不尽、用之不竭的能源。为了把太阳能无污染地转换成可利用能源，光电幕墙技术应运而生。光电幕墙是将传统幕墙与光伏效应（光电原理）相结合的一种新型建筑幕墙。这种新兴的技术，将光电技术与幕墙系统技术科学地结合在一起。

光电幕墙除了具有普通幕墙的性能外，最大的特点是具有将光能转化为电能的功能。太阳电池利用太阳光的光子能量，使得被照射的电解液或者半导体材料的电子移动，从而产生电压。光电幕墙除了具有明显的发电功能外，还具有较好的隔热、隔声、安全、装饰等功能，特别是太阳能电池发电不会排放二氧化碳或产生有温室效应的气体，无噪声产生，是一种无公害的新能源，与环境具有很好的相容性。但是，由于光电幕墙的工程造价较高，在我国现在主要用于标志性建筑的屋顶和外墙。随着建筑节能和环保的需要，我国正在大力提倡和推广应用光电幕墙。

### （三）透明幕墙

在我国的建筑幕墙行业中，透明幕墙是个全新概念，第一次出现是在国家标准《公共建筑节能设计标准》（GB 50189—2015）中。很显然，透明幕墙一定是玻璃幕墙，但玻璃幕墙不一定透明。原来，我们也是这样做的，将玻璃幕墙做成透明和不透明两种，只是当时还没有这样的称谓，如普通的玻璃幕墙即是透明玻璃幕墙，但在窗槛墙和楼板部位的玻璃幕墙即是不透明玻璃幕墙。为了遮盖窗槛墙和楼板，在这些部位的幕墙玻璃往往选择阳光控制镀膜玻璃，在其后面再贴上保温棉或保温板，因此这些部位不再透明。

在实际的建筑幕墙中，透明幕墙看起来不一定透明，如许多阳光控制镀膜玻璃幕墙，从室外向室内看就不透明，但从室内向室外看却是透明的，显然这是透明玻璃幕墙。如何定义透明幕墙？在幕墙工程中一般从以下几个方面定义：①透明幕墙一定是玻璃幕墙；②在玻璃板后面没有贴保温棉或保温板；③与人的视觉效果无关；④可见光透射率大于零；⑤遮阳系数大于零。

（四）非透明幕墙

非透明幕墙是相对透明幕墙而言的。非透明幕墙和透明幕墙一样，也是第一次出现是在国家标准《公共建筑节能设计标准》（GB 50189—2015）中。很显然，石材幕墙、金属幕墙和上述提到的位于窗槛墙和楼板处、后面贴有保温棉或保温板的玻璃幕墙都是属于非透明幕墙。还有一类玻璃幕墙，虽然并不位于窗槛墙和楼板处，但是其结构也是玻璃面板后边贴有保温棉或保温板，也是属于非透明幕墙，如北京的长城饭店和京广中心就是这样做的。

北京长城饭店玻璃幕墙的暗色部分是阳光控制镀膜中空玻璃，是可开启的幕墙窗部分，也是透明幕墙部分。其他发亮的部分是单片阳光控制镀膜玻璃，在玻璃的后面贴有保温棉，是不透明幕墙部分。根据以上所述，非透明幕墙可以这样定义：①可见光透射率大于零；②遮阳系数大于零。

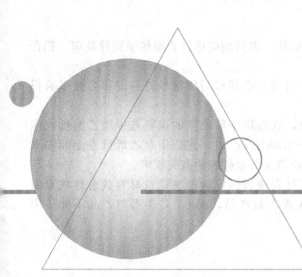

# 第二章
# 对建筑幕墙的要求

随着科学技术的不断进步，外墙装饰材料和施工技术也正在突飞猛进的发展，不仅涌现了外墙装饰涂料和装饰饰面，而且产生了玻璃幕墙、石材幕墙、金属幕墙和组合式幕墙等一大批新型外墙装饰形式，并越来越向着环保、节能、智能化方向发展，使建筑结构显示出亮丽和现代化的气息。

幕墙技术的应用为建筑外围护装饰提供了更多选择，它新颖耐久、美观时尚、装饰感强，与传统外装饰技术相比，幕墙具有施工速度快、工业化和装配化程度高、便于维修等特点，是融建筑技术、建筑功能、建筑艺术、建筑结构为一体的建筑装饰构件。由于幕墙材料及技术要求高，相关构造具有特殊性，同时它又是建筑结构的一部分，所以工程造价要高于一般做法的外墙。幕墙的设计和施工除应遵循美学规律外，还应遵循建筑力学、物理、光学、结构等规律的要求，做到安全、适用、经济、美观。

## 第一节　建筑幕墙对材料的基本要求

建筑幕墙是由金属构架与面板组成的，不承担主体结构的荷载与作用，可相对于主体结构有微小位移的建筑外围护结构。根据建筑幕墙的结构特点和使用要求，主要应当满足自身强度、防水、防风沙、防火、保温、隔热、隔声等方面的要求。工程实践证明，材料是保证建筑幕墙质量和安全的物质基础，因此幕墙工程所使用的材料有四大类，即骨架材料、板材、密封填缝材料、结构粘接材料。

## 一、幕墙对材料的一般要求

（1）幕墙所选用的材料，应当符合国家产品标准，同时应有出厂合格证。其物理力学及耐候性能应符合设计要求。

（2）由于幕墙在建筑结构的外围，经常受到各种自然因素的不利影响，因此应选用耐候性和不燃烧性（或难燃烧性）材料。

（3）幕墙所用的金属材料和零附件除不锈钢外，钢材均应进行表面热浸镀锌处理。铝合金材料应进行阳极氧化处理。

（4）幕墙所用的硅酮结构密封胶和耐候密封胶，必须有与所接触材料的相容性试验报告，橡胶条应有成分化验报告和保质年限证书。

（5）当玻璃幕墙风荷载大于 $1.8kN/m^2$ 时，宜选用中等硬度的聚氨基甲酸乙酯低发泡间隔双面胶带；当玻璃幕墙风荷载小于或等于 $1.8kN/m^2$ 时，宜选用聚乙烯低发泡间隔双面胶带。幕墙所使用的低发泡间隔双面胶带，应符合行业标准的有关规定。

（6）当幕墙的石材含有放射性物质时，应符合现行国家标准《建筑材料放射性核素限量》（GB 6566—2010）中的规定，应当选用 A 类石材产品，而 B、C 类石材产品不能应用于家庭、办公室的室内装修。

## 二、对金属材料的质量要求

（1）幕墙采用的不锈钢宜采用奥氏体不锈钢，不锈钢材的技术要求应符合国家标准《不锈钢冷轧钢板和钢带》（GB/T 3280—2015）、《不锈钢棒》（GB/T 1220—2007）、《不锈钢冷加工钢棒》（GB/T 4226—2009）、《冷顶锻用不锈钢丝》（GB/T 4232—2019）和《形状和位置公差未注公差值》（GB/T 1184—1996）中的有关规定。

（2）幕墙采用的碳素结构钢和低合金结构钢，其技术要求应当符合国家标准《优质碳素结构钢》（GB/T 699—2015）、《合金结构钢》（GB/T 3077—2015）、《低合金高强度结构钢》（GB/T 1591—2018）、《碳素结构钢和低合金结构钢热轧钢板和钢带》（GB/T 3274—2017）、《耐候结构钢》（GB/T 4171—2008）、《结构用冷弯空心型钢》（GB/T 6728—2017）和《冷拔异型钢管》（GB/T 3094—2012）中的有关规定。

（3）钢材（包括不锈钢）的性能试验方法，应符合现行国家标准《金属材料 拉伸试验 第 1 部分：室温试验方法》（GB/T 228.1—2021）、《金属材料 拉伸试验 第 2 部分：高温试验方法》（GB/T 228.2—2015）等中的有关规定。

（4）幕墙采用的非标准五金件应符合设计要求，并应有出厂合格证书，同时符合现行国家标准《紧固件机械性能 不锈钢螺栓、螺钉、螺柱》（GB/T 3098.6—2014）和《紧固件机械性能 不锈钢螺母》（GB/T 3098.15—2014）中的有关规定。

（5）当幕墙高度超过 40m 时，钢构件应当采用高耐候性结构钢，并应在其表面涂刷防腐涂料。钢构件采用冷弯薄壁型钢时，除应符合现行国家标准《冷弯薄壁型钢结构技术规范》（GB 50018—2002）的有关规定外，其壁厚不得小于 3.5mm。

（6）幕墙采用的铝合金型材，应符合现行国家标准《铝合金建筑型材 第 1 部分：基材》（GB/T 5237.1—2017）中的规定；铝合金的表面处理层厚度和材质，应符合现行国家标准《铝合金建筑型材》（GB/T 5237.2～5—2017）的有关规定。

幕墙采用的铝合金板材的表面处理层厚度和材质，应符合现行国家标准《建筑幕墙》（GB/T 21086—2007）中的有关规定。

（7）铝合金幕墙应根据幕墙的面积、使用年限及性能要求，分别选用铝合金单板（简称单层铝板）、铝塑复合板、铝合金蜂窝板（简称蜂窝铝板）。根据幕墙防腐、装饰及建筑物的耐久性年限的要求，对以上铝合金板材表面进行氟碳树脂处理，但氟碳树脂的含量不应低于75%；海边及有酸雨地区的铝合金幕墙，可采用三道或四道氟碳树脂涂层，其厚度应大于 $40\mu m$；其他地区的铝合金幕墙，可采用二道氟碳树脂涂层，其厚度应大于 $25\mu m$；氟碳树脂涂层应不出现起泡、裂纹和剥落等现象。

当铝合金幕墙分别采用铝合金单板、铝塑复合板和铝合金蜂窝板时，对幕墙所用材料应当注意以下事项：

① 幕墙用铝合金单板时，其厚度不应小于2.5mm。铝合金单板的技术指标应符合现行国家标准《一般工业用铝及铝合金板、带材 第1部分：一般要求》（GB/T 3880.1—2012）、《变形铝及铝合金牌号表示方法》（GB/T 16474—2011）和《变形铝及铝合金状态代号》（GB/T 16475—2008）中的规定。

② 普通型铝塑复合板由两层0.5mm厚的铝板中间夹一层厚度为2～5mm的聚乙烯塑料（PE），经过热加工或冷加工而制成。防火型铝塑复合板由两层0.5mm厚的铝板中间夹一层难燃（或不燃）的材料而制成。铝合金板的性能应符合国家标准《建筑幕墙用铝塑复合板》（GB/T 17748—2016）中规定的外墙板的技术要求；铝合金板与夹心层的剥离强度标准值应大于 $7N/mm^2$。

③ 根据幕墙的使用功能和耐久年限的要求，铝合金蜂窝板的厚度可分别选用10mm、12mm、15mm、20mm和25mm。厚度为10mm的铝合金蜂窝板由1mm厚正面铝合金板、0.5～0.8mm厚的背面铝合金板及铝合金蜂窝板黏结而制成；厚度在10mm以上的铝合金蜂窝板，其正面和背面铝合金板的厚度均为1mm。

（8）与玻璃幕墙配套用的铝合金门窗，应当符合现行国家标准《铝合金门窗》（GB/T 8478—2020）中的有关规定。

（9）玻璃幕墙采用的标准五金件，应当符合现行轻工行业标准《铝合金门插销》（QB/T 3885—1999）、《平开铝合金窗执手》（QB/T 3886—1999）、《铝合金窗撑挡》（QB/T 3887—1999）、《铝合金窗不锈钢滑撑》（QB/T 3888—1999）、《铝合金门窗拉手》（QB/T 3889—1999）、《铝合金窗锁》（QB/T 3890—1999）、《铝合金门锁》（QB/T 3891—1999）、《推拉铝合金门窗用滑轮》（QB/T 3892—1999）中的规定。

### 三、对幕墙玻璃的质量要求

（1）当幕墙使用钢化玻璃时，其外观质量和技术性能，应符合现行国家标准《建筑用安全玻璃 第2部分：钢化玻璃》（GB 15763.2—2005）中的规定。

（2）当幕墙使用夹层玻璃时，应当采用聚乙烯醇缩丁醛（PVB）胶片干法加工合成的夹层玻璃，其外观质量和技术性能，应当符合现行国家标准《建筑用安全玻璃 第3部分：夹层玻璃》（GB 15763.3—2009）中的规定。

（3）当幕墙使用中空玻璃时，除外观质量和技术性能应当符合现行国家标准《中空玻璃》（GB/T 11944—2012）中的有关规定外，还应符合下列要求：

① 幕墙的中空玻璃应当采用双道密封，以确保玻璃的密封效果。明框幕墙中空玻璃的密封胶，应当采用"聚硫"密封胶和丁基密封腻子；半隐框和隐框幕墙的密封胶，应采用硅酮结构密封胶和丁基密封腻子。

② 幕墙的中空玻璃的干燥剂宜采用专用设备进行装填，以保证所装填干燥剂的密实度和干燥度。

（4）当幕墙使用夹丝玻璃时，其外观质量和技术性能，应符合现行标准《夹丝玻璃》［JC 433—1991（1996）］和《建筑用安全玻璃 第2部分：钢化玻璃》（GB 15763.2—2005）中的规定。

（5）当幕墙使用热反射镀膜玻璃时，应采用真空磁控阴极溅射镀膜玻璃或热喷涂镀膜玻璃。用于热反射镀膜玻璃的浮法玻璃，其外观质量和技术性能，应符合现行国家标准《平板玻璃》（GB 11614—2009）中优等品或一等品的规定。

## 四、对幕墙石材的质量要求

(1) 幕墙在建筑结构的最外层，长期经受风雨、腐蚀介质、温差和湿度变化的侵蚀，宜选用火成岩（即花岗石）作为幕墙材料，石材的吸水率应小于 0.8%。工程实践证明，花岗石主要结构物质是长石和石英，其质地坚硬、耐酸碱、耐腐蚀、耐高温、耐日晒雨淋、耐冰雪霜冻、耐磨性好，是幕墙优良的材料。

(2) 用于幕墙花岗石板材的弯曲强度不应小于 $8.0N/mm^2$；花岗石板材的体积密度不小于 $2.5g/cm^3$；花岗石板材的干燥压缩强度不小于 60.0MPa。

(3) 幕墙石材的技术要求，应符合建材行业标准《天然花岗石荒料》（JC/T 204—2011）中的规定；幕墙石材的主要性能试验方法，应当符合国家标准《天然石材试验方法 第 1 部分：干燥、水饱和、冻融循环后压缩强度试验》（GB/T 9966.1—2020）、《天然石材试验方法 第 2 部分：干燥、水饱和、冻融循环后弯曲强度试验》（GB/T 9966.2—2020）、《天然石材试验方法 第 3 部分：吸水率、体积密度、真密度、真气孔率试验》（GB/T 9966.3—2020）、《天然石材试验方法 第 4 部分：耐磨性试验》（GB 9966.4—2020）、《天然石材试验方法 第 5 部分：硬度试验》（GB/T 9966.5—2001）、《天然石材试验方法 第 6 部分：耐酸性试验》（GB/T 9966.6—2020）、《天然石材试验方法 第 7 部分：石材挂件组合单元挂装强度试验》（GB/T 9966.7—2001）和《天然饰面石材试验方法 第 8 部分：用均匀静态压差检测石材挂装系统结构强度试验方法》（GB 9966.8—2008）中的规定。石板的表面处理方法应根据环境和用途决定。

(4) 石板经过火烧后，在其表面会出现细小不均匀的麻坑，不仅影响石板厚度，而且影响石板强度。为满足等强度计算的要求，火烧石板的厚度应比抛光石板厚 3mm。

(5) 为确保石材表面的加工质量和提高生产效率，石材的表面应采用机械进行加工，加工后的表面应用高压水冲洗或用水、刷子清理，严禁用溶剂型的化学清洁剂清洗石材，防止清洁剂对石材产生腐蚀。

密封材料在玻璃幕墙装配中起到密封的作用，同时兼有缓冲、黏结的功效，它是一种过渡材料。橡胶密封条嵌在玻璃的两侧主要起密封的作用。

## 五、对结构密封胶的质量要求

(1) 建筑幕墙采用的橡胶制品宜采用三元乙丙橡胶、氯丁橡胶；橡胶密封条应为挤出成型；橡胶块应为压模成型。橡胶密封条的技术要求，应符合国家标准《工业用橡胶板》（GB/T 5574— 2008）、《橡胶与乳胶命名》（GB/T 5576—1997）、《建筑窗用弹性密封剂》（JC/T 485—2007）中的规定。

(2) 建筑幕墙用的双组分聚硫密封胶，应具有良好的耐水、耐溶剂和耐大气老化性，并应具有低温弹性、低透气率等特点，其性能应符合现行标准的规定。

(3) 幕墙应采用中性硅酮结构密封胶。这种结构密封胶，可分为单组分和双组分两种，其性能应符合国家标准《建筑用硅酮结构密封胶》（GB 16776—2005）中的规定。

(4) 同一幕墙工程应当采用同一品牌的单组分或双组分的硅酮结构密封胶，并应有保质年限的质量证书；用于石材幕墙的硅酮结构密封胶，还应有证明不产生污染的试验报告。

(5) 同一幕墙工程应采用同一品牌的硅酮结构密封胶和硅酮耐候密封胶。硅酮结构密封胶和硅酮耐候密封胶，应当在有效期内使用，过期者不得再用于工程。

# 第二节  建筑幕墙性能与构造要求

近几年来，随着高层和超高层建筑的不断发展，给建筑设计、建筑材料、建筑结构、建筑施工和建筑理论等方面带来许多变化。高层建筑的墙体与多层建筑的墙体相比，最根本的区别是在功能方面的改变。多层建筑的墙体承担着围护与承重双重作用，而高层建筑的墙体只承担围护作用。也就是说，根据高层建筑墙体的性能与构造特点，应选择轻质高强的材料、简便易行的构造做法和牢固安全的连接方法，以适应高层建筑的需要。由此可见，建筑装饰幕墙是其中比较典型的一种围护结构。

## 一、建筑装饰幕墙的性能

（1）建筑幕墙的性能主要包括：风压变形性能；雨水渗漏性能；空气渗透性能；平面内变形性能；保温性能；隔声性能；耐撞击性能。

建筑幕墙的性能与建筑物所在地区的地理位置、气候条件和建筑物的高度、体型以及周围环境有关，沿海或经常有台风的地区，幕墙的风压变形性能和雨水渗漏性能要求高些；而风沙较大的地区则要求幕墙的风压变形性能和空气渗透性能高些；对于寒冷和炎热地区则要求幕墙的保温隔热性能良好。

（2）建筑幕墙构架的立柱与横梁在风荷载标准值的作用下，铝合金型材的相对挠度不应大于 $l/180$（$l$ 为主柱或横梁两支点间的跨度），绝对挠度不应大于 20mm；钢型材的相对挠度不应大于 $l/300$，绝对挠度不应大于 15mm。

（3）建筑幕墙在风荷载标准值除以阵风系数后风荷载值的作用下，不应出现雨水渗漏现象。其雨水渗漏性能应符合设计要求。

（4）当建筑幕墙有热工性能要求时，幕墙的空气渗透性能应符合设计和现行规范的要求。

（5）建筑幕墙的平面变形性能可用建筑物层间相对位移值表示；在设计允许的相对位移范围内，建筑幕墙不应损坏；应按主体结构弹性层间位移值的 3 倍进行设计。

## 二、建筑装饰幕墙的构造

（1）幕墙的防雨水渗漏设计

① 幕墙构架的立柱与横梁的截面形式宜按等压原理设计（等压原理是指幕墙接缝内的空气压力与室外空气压力相等时，雨水就失去进入幕墙接缝内的主要动力）。

② 单元幕墙或明框幕墙应有泄水孔。有霜冻的地区，应采用室内排水装置；无霜冻的地区，排水装置可设在室外，但应有防风装置。石材幕墙的外表面不宜有排水管。

③ 当采用无硅酮耐候密封胶材料时，幕墙必须有可靠的防风雨措施。

④ 幕墙开启部分的密封材料，宜采用在长期受压下能保持足够弹性的氯丁橡胶或硅橡胶制品。

（2）幕墙中不同的金属材料接触处，由于不同金属相接触时会产生电化腐蚀，应当在其接触部位设置绝缘垫片以防止腐蚀。除不锈钢外均应设置耐热的环氧树脂玻璃纤维布或尼龙12（PA12）垫片。

（3）在主体结构与幕墙的金属结构之间，以及金属构件之间应加设耐热的硬质垫片，以消除发生相对位移而引起的摩擦噪声。幕墙立柱与横梁之间的连接处应设置柔性垫片，以保证连接处的防水性能。

（4）幕墙的金属结构应设温度变形缝。

（5）有保温要求的玻璃幕墙宜采用中空玻璃。幕墙的保温材料可与金属板、石板结合在一起，但应与主体结构外表面有 50mm 以上的空气层。

（6）上下用钢销支撑的石材幕墙，应在石板的两侧面（或在石板背面的中心区）另外采取安全措施，同时做到维修方便。

上下通槽式（或上下短槽式）的石材幕墙，均宜有安全措施，并且做到维修方便。

（7）小单元幕墙（由金属的副框、各种单块板材组成，是一种采用金属挂钩与立柱、横梁连接的可拆装的幕墙）的每一块玻璃、金属板、石板构件都是独立的，且安装和拆卸方便，同时还不影响上下、左右的构件。

（8）单元幕墙（由金属构架、各种板材组成一层楼高单元板块的幕墙）的连接处、吊挂处，其铝合金型材的厚度应通过计算确定，并不得小于 5mm。

（9）建筑主体结构的伸缩缝、抗震缝、沉降缝等部位的幕墙设计，应保证外墙面的功能性和完整性。

### 三、幕墙对安全方面的要求

（1）幕墙下部一般应当设置绿化带，在入口处应设置遮阳栅或雨罩。楼面外缘无实体窗下墙时，应当设置防撞栏杆。玻璃幕墙应采用安全玻璃，如半钢化玻璃、钢化玻璃或夹层玻璃等。

（2）幕墙的防火除应符合国家标准《建筑设计防火规范》（GB 50016—2014）中的有关规定外，还应根据防火材料的耐火极限，决定防火层的厚度和宽度，且在楼板处形成防火带。防火层必须采用经过防腐处理且厚度不小于 1.5mm 的耐热钢板。防火层的密封材料应采用防火密封胶，防火密封胶应有法定检测机构的防火检验报告。

（3）在幕墙结构中应自上而下地安装防雷装置，并应与主体结构的防雷装置进行可靠连接。幕墙的防雷装置设计及安装，应当经建筑设计单位的认可。

## 第三节　建筑幕墙结构设计一般要求

在现代化的建筑工程中，各种形式和结构的幕墙对于建筑的整体结构在力学性能和安全性能等方面，对其结构设计提出了很高要求，同时在幕墙的结构设计中还要兼顾经济性和美观效果。随着我国城镇化建设的快速发展，城市建筑在功能性、实用性、节能环保等方面的要求越来越突出，建筑幕墙的形式与功能的多样性使得建筑具有了更多的美观和实用效果，因此，建筑幕墙的使用也越来越广泛。

在实际施工设计中，由于各种设计因素和施工因素的影响，很多幕墙结构设计中存在着诸多不足，如采光、安全性、节能性等方面，影响着建筑的安全与质量，整体效果上达不到预期设计目的，这就需要在建筑幕墙的设计过程中认真研究其结构选型及外在体现的效果，从而满足建筑幕墙的设计需求。工程实践证明，在进行建筑装饰幕墙结构设计时，应当遵循以下一般要求。

（1）建筑装饰幕墙是建筑物的围护结构，主要承受自重、直接作用于其上的风荷载和地震作用，也承受一定的温度和湿度的作用。其支承条件须有一定变形能力，以适应主体结构的位移；当主体结构在外力作用下产生位移时，不应使幕墙产生过大的内应力，所以要求幕墙的主要构件应悬挂在主体结构上，斜幕墙也可直接支承在主体结构上。

（2）幕墙构件与立柱、横梁的连接要可靠地传递地震力和风力，能够承受幕墙构件的自重。为防止主体结构水平力产生的位移使幕墙构件损坏，连接又必须具有一定的适应位移能力，使得幕墙构件与立柱、横梁之间有活动的余地。工程试验证明，幕墙构件不能承受过大的位移，只能通过弹性连接件来避免主体结构过大侧移的影响。

幕墙及其连接件不仅应具有足够的承载力，而且也应具有足够的刚度和相对于主体结构的位移能力。幕墙构架立柱的连接金属角码（角钢）与其他连接件应采用螺栓连接，螺栓垫片应具有防止松动的措施。

（3）对于竖直的建筑幕墙，风荷载是对幕墙主要的作用力，其数值可达 $2.0\sim5.0kN/m^2$，使面板产生很大的弯曲应力。而建筑装饰幕墙的自重较轻，即使按最大地震作用系数考虑，也不过是 $0.1\sim0.8kN/m^2$，也远远小于风荷载。因此，对于幕墙构件本身而言，抗风压是主要的考虑因素。

非抗震设计的建筑装饰幕墙，风荷载起着主要的控制作用，幕墙面板本身必须具有足够的承载力，避免在风压作用下产生破碎。

在风荷载的作用下，幕墙与主体结构之间的连接件发生拔出、拉断等严重破坏现象很少；主要是保证其具有足够的活动余地，使幕墙构件避免受主体结构过大位移的影响。

（4）在地震力的作用下，幕墙构件受到猛烈的动力作用，对连接节点会产生较大的影响，使连接处发生震害，甚至使建筑装饰幕墙脱落和倒塌，所以除了计算地震作用力外，在构造上还必须予以加强，以保证在设防烈度地震作用下经修理后的幕墙仍然可以使用；在较大地震力的作用下，幕墙骨架不得出现脱落。

（5）建筑装饰幕墙的横梁和立柱，可根据其实际连接情况，按简支连续或铰接多跨支承构件考虑；面板可按照四边支承弯曲构件进行考虑。

# 第四节　幕墙工程施工的重要规定

为了确保幕墙工程的装饰性、安全性、易装易拆性和经济性，在幕墙的设计、选材和施工等方面，应当严格遵守下列重要规定。

（1）幕墙工程所用的各种材料、五金配件、构件及组件，必须有产品合格证书、性能检测报告、进场验收记录和复检报告。

（2）幕墙工程所用的硅酮结构胶，必须有认定证书和检查合格证；进口的硅酮结构胶，必须有商检证；有国家指定检测机构出具的硅酮结构胶相容性和剥离黏结性试验报告；有石材用密封胶的耐污染性试验报告。

（3）幕墙必须具有抗风压性能、空气渗透性能、雨水渗透性能及平面变形性能检测报告，"后置埋件"的现场拉拔强度检测报告，防雷装置测试记录和隐蔽工程验收记录，幕墙构件和组件的加工制作与安装施工记录等。

（4）幕墙工程必须由具备相应资质的单位进行二次设计，并出具比较完整的施工和设计文件。

（5）幕墙工程设计不得影响建筑物的结构安全和主要使用功能。当涉及主体结构改动（或增加荷载）时，必须由原设计结构（或具备相应资质的设计）单位查有关原始资料，对建筑结构的安全性进行检验和确认。

（6）幕墙及其连接件应具有足够的承载力、刚度和相对于主体结构的位移能力。幕墙构架立柱的连接金属"角码"与其他连接件应采用螺栓连接，并应有防止松动措施。

（7）隐框、半隐框幕墙所采用的结构黏结材料，必须是中性硅酮结构密封胶，其性能必须符合现行国家标准《建筑用硅酮结构密封胶》（GB 16776—2005）中的规定；硅酮结构密封胶必须在有效期内使用。

（8）立柱和横梁等主要受力构件，其截面受力部分的壁厚应经过计算确定，且铝合金型材的壁厚不应小于 3.0mm，钢型材壁厚不应小于 3.5mm。

（9）隐框、半隐框幕墙构件中，板材与金属之间硅酮结构密封胶的黏结宽度，应分别计算风荷载标准值和板材自重标准值的作用下硅酮结构密封胶的黏结宽度，并选取其中较大值，且不得小于 7.0mm。

（10）硅酮结构密封胶应打注饱满，并应在温度 15～30℃、相对湿度 50％以上、洁净的室内进行；不得在现场的墙体上打注。

（11）幕墙的防火除应符合现行国家标准《建筑设计防火规范》（GB 50016—2014）的有关规定外，还应符合下列规定。

① 应根据防火材料的耐火极限决定防火层的厚度和宽度，并应在楼板处形成防火带。

② 幕墙防火层应采取隔离措施。防火层的衬板应采用经过防腐处理且厚度不应小于 1.5mm 的钢板，但不得采用铝板。

③ 防火层的密封材料应采用防火密封胶。

④ 防火层与玻璃不应直接接触，一块玻璃不应跨两个防火分区。

（12）主体结构与幕墙连接的各种预埋件，其数量、规格、位置和防腐处理必须符合设计要求。

（13）幕墙的金属框架与主体结构预埋件的连接、立柱与横梁的连接及幕墙面板的安装，必须符合设计要求，安装必须牢固。

（14）单元幕墙连接处和吊挂处的铝合金型材的壁厚应通过计算确定，并不得小于 5.0mm。

（15）幕墙的金属框架与主体结构应通过预埋件连接，预埋件应在主体结构混凝土施工时埋入，预埋件的位置必须准确。当没有条件采用预埋件连接时，应采用其他可靠的连接措施，并应通过试验确定其承载力。

（16）立柱应采用螺栓与"角码"连接，螺栓的直径应经过计算确定，并不应小于 10mm。不同金属材料接触时应采用绝缘垫片分隔。

（17）幕墙工程的抗裂缝、伸缩缝、沉降缝等部位的处理，应当保证缝的使用功能和装饰表面的完整性。

（18）幕墙工程的设计应满足方便维护和清洁的要求。

# 第五节　幕墙工程施工的其他规定

幕墙工程是位于建筑物外围的一种大面积建筑结构，由于长期处于露天的工作状态，经常受到风雨、雪霜、阳光、温湿度变化和各种侵蚀介质的作用，对于其所用材料、制作加工、结构组成和安装质量等方面，均有一定的规定和较高要求。

幕墙工程施工的实践充分证明，在其设计与施工的过程中，除必须遵守以上所述的重要规定外，还应在以下方面符合其基本规定。

## 一、玻璃幕墙所用材料的一般规定

玻璃幕墙所用的工程材料，应符合国家现行产品标准的有关规定及设计要求。对于尚无相应标准的材料应符合设计中所提出的要求，并应有出厂合格证。

根据工程实践证明，玻璃幕墙所用的工程材料，应符合以下一般规定：

（1）由于玻璃幕墙处于条件复杂的环境中，受到各种恶劣因素的影响和作用，其耐候性是极其重要的技术指标，因此，选用的材料必须具有良好的耐候性。

玻璃幕墙的框架是幕墙中的骨架，是决定玻璃幕墙质量好坏的主要材料。宜选用性能优良的金属材料，金属材料和金属配零件除应选用不锈钢、铝合金及耐候钢外，钢材应进行表面热浸镀锌处理、无机富锌涂料处理或采取其他有效的防腐措施，铝合金材料应进行表面阳极氧化、电泳涂漆、粉末喷涂或氟碳漆喷涂处理。

总之，玻璃幕墙所用不锈钢材的技术要求应符合现行国家标准《不锈钢冷轧钢板和钢带》（GB/T 3280—2015）中的规定；幕墙采用的铝合金型材，应符合现行国家标准《铝合金建筑型材 第1部分：基材》（GB/T 5237.1—2017）和《铝及铝合金阳极氧化膜与有机聚合物膜 第1部分：阳极氧化膜》（GB 8013.1—2018）中的规定。

（2）玻璃幕墙暴露于空气之中，加上面积较大，对于建筑物的防火安全起着重要作用。因此，除骨架采用优良的金属材料外，所用的其他工程材料，宜采用不燃性材料或难燃性材料；防火密封构造应采用合格的防火密封材料。

当这些工程材料进场时，要对所用材料的燃烧性能进行复验，对所用的密封材料应进行试验，不符合设计要求的材料，不能用于玻璃幕墙工程。

（3）对于隐框和半隐框玻璃幕墙，其玻璃与铝合金型材的黏结，必须采用中性硅酮结构密封胶，其技术性能应符合国家标准《建筑用硅酮结构密封胶》（GB 16776—2005）中的规定；全玻璃幕墙和点支承幕墙采用镀膜玻璃时，不应采用酸性硅酮结构密封胶。

（4）玻璃幕墙所用的硅酮结构密封胶和硅酮建筑密封胶，在正式使用前要进行相容性和密封性试验，同时必须在规定的有效期内使用。

玻璃幕墙工程的施工质量如何，不仅与所用工程材料的质量有关，而且与加工制作也有着直接关系。如果加工制作质量不符合设计要求，在玻璃幕墙安装过程中则非常困难，安装质量不符合规范规定，可能会使玻璃幕墙的最终质量不合格。

## 二、玻璃幕墙加工制作的一般规定

为确保玻璃幕墙的整体质量，在其加工制作的过程中，应当遵守以下一般规定。

（1）玻璃幕墙在正式加工制作前，首先应当与土建设计施工图进行核对，对于安装玻璃幕墙的部位主体结构进行复测，不符合设计施工图部分能进行修理者，应按设计进行必要的修改；对于不能进行修理的部分，应按实测结果对玻璃幕墙进行适当调整。

（2）玻璃幕墙中各构件的加工精度，对幕墙安装质量起着关键性作用。在加工玻璃幕墙构件时，具体加工人员应技术熟练、水平较高，所用的设备、机具应满足幕墙构件加工精度的要求，所用的量具应定期进行计量认证。

（3）采用硅酮结构密封胶粘接固定隐框玻璃幕墙的构件时，应当在洁净、通风的室内进行注胶，并且施工的环境温度、湿度条件应符合硅酮结构密封胶产品的规定；幕墙的注胶宽度和厚度应符合设计要求。

（4）为确保玻璃幕墙的注胶质量，除全玻璃幕墙外，其他结构形式的玻璃幕墙，均不应在施工现场注硅酮结构密封胶。

（5）单元式玻璃幕墙的单元构件、隐框玻璃幕墙的装配组件，均应在工厂加工组装，然后再运至现场进行安装。

（6）低辐射镀膜玻璃应根据其镀膜材料的黏结性能和其他技术要求，确定加工制作的施工工艺；当镀膜与硅酮结构密封胶相容性不良时，应除去镀膜层，然后再注入硅酮结构密封胶。

（7）硅酮结构密封胶与硅酮建筑密封胶的技术性能不同，它们的用途和作用也不一样，两者不能混合使用，尤其是硅酮结构密封胶不宜作为硅酮建筑密封胶使用。

### 三、玻璃幕墙安装施工的一般规定

玻璃幕墙的安装是幕墙施工的重要环节，不仅影响玻璃幕墙的施工速度和装饰效果，而且还影响玻璃幕墙的使用功能和安全性。因此，在玻璃幕墙安装施工中，除严格按有关施工规范去操作，还应遵守以下一般规定。

（1）安装玻璃幕墙的主体结构，应当符合有关结构施工质量验收规范的要求。为确保玻璃幕墙的安装质量，在进行正式安装前应单独编制施工组织设计，在一般情况下施工组织设计主要应包括以下内容：①幕墙工程的进度计划；②与主体结构施工、设备安装、装饰装修的协调配合方案；③幕墙搬运、吊装的方法；④幕墙测量的方法；⑤幕墙安装的方法；⑥幕墙安装的顺序；⑦构件、组件和成品的现场保护方法；⑧幕墙的检查验收方法和标准；⑨幕墙施工中的安全措施。

（2）对于单元式玻璃幕墙的安装，编制施工组织设计时，除以上一般内容外，尚应包括以下内容：

① 玻璃幕墙所用吊具类型和吊具的移动方法，单元组件的起吊地点、垂直运输与楼层水平运输的方法和机具。

② 玻璃幕墙收口单元位置、收口闭合的工艺、操作方法和注意事项。

③ 玻璃幕墙单元组件的吊装顺序，吊装、调整、定位固定等方面的具体方法、技术措施和注意事项。

④ 玻璃幕墙的施工组织设计与主体结构工程施工组织设计的衔接。单元幕墙收口部位应与总施工平面图中机具的布置协调，如果采用吊车直接吊装幕墙的单元组件时，应使吊车臂覆盖全部安装位置。

（3）对于点支承玻璃幕墙的安装，编制施工组织设计时，除以上一般内容外，尚应包括以下内容：

① 点支承玻璃幕墙中的支承钢结构，是幕墙中重量最大的构件，应当列出其运输现场拼装和吊装方案，以便在幕墙安装中顺利进行。

② 拉杆、拉索体系预应力，关系到点支承玻璃幕墙的安装质量，因此，必须详细说明拉杆、拉索体系预应力施加、测量、调整方案，也要说明拉索杆的定位和固定方法。

③ 点支承玻璃幕墙中的玻璃，是幕墙中面积较大、容易破碎的构件，为确保玻璃安全安装与固定，必须说明玻璃的运输、就位、调整和固定方法。

④ 点支承玻璃幕墙中的缝隙填充质量，关系到幕墙的使用功能和使用年限，因此，也要说明胶缝的填充方法及质量保证措施。

（4）当幕墙计划采用脚手架施工时，玻璃幕墙的施工单位应与土建施工单位协商幕墙施工脚手架选用方案，以便两者有机结合，降低工程造价。根据工程实践，悬挂式脚手架宜为3层层高，落地式脚手架应为双排布置。

（5）玻璃幕墙的施工测量，应符合下列一般规定。

① 玻璃幕墙分格轴线的测量，应与主体结构的测量密切配合，测量中的误差应及时进行调整，不得出现误差积累。

② 为避免在安装中出现较大的偏差，在玻璃幕墙的安装过程中，应定期对玻璃幕墙的安装定位基准进行校核。

③ 为确保测量数据的精度，对于高层玻璃幕墙的测量，应当在风力不大于4级的条件下进行。

（6）玻璃幕墙在安装的过程中，构件的存放、搬运和吊装时应十分小心，不应出现碰撞和损坏。

（7）在安装镀膜玻璃时，镀膜面的朝向一定要正确，应符合设计中的要求。

（8）在进行焊接作业时，应当采取可靠有效的保护措施，防止因焊接而烧伤金属型材或玻璃的镀膜。

## 四、金属与石材幕墙加工的一般规定

### （一）对金属与石材幕墙加工的一般规定

（1）在金属与石材幕墙制作前，应对建筑物的设计施工图进行仔细核对，并对已建的建筑物进行复测，按实测结果调整幕墙图纸中的偏差，经设计和监理单位同意后方可加工组装。

（2）幕墙中各构件的加工精度，对幕墙安装质量起着关键性作用。在加工玻璃幕墙构件时，所用的设备、机具应满足幕墙构件加工精度的要求，所用的量具应定期进行计量认证。

（3）用硅酮结构密封胶黏结固定幕墙构件时，注胶工作应在温度 $15\sim30℃$、相对湿度 $50\%$ 以上，且应在洁净、通风的室内进行；施胶的宽度、厚度应符合设计要求。

（4）用硅酮结构密封胶黏结石材时，结构胶不应长期处于受力状态。当石材幕墙使用硅酮结构密封胶和硅酮耐候密封胶时，应将石材清洗干净并完全干燥后方可施胶操作。

### （二）金属与石材幕墙构件加工的一般规定

金属与石材幕墙构件加工制作的精度要求，构件铣槽、铣豁、铣榫，以及构件装配尺寸允许偏差等方面的规定，与玻璃幕墙金属构件的加工制作基本相同。

### （三）石材幕墙石板加工制作的一般规定

石材幕墙石板加工制作，应符合以下基本规定。

（1）石板的连接部位应无崩坏、暗裂等缺陷；当其他部位的崩边尺寸不大于 $5mm\times20mm$，或缺角尺寸不大于 $20mm$ 时可修补使用，但每层中修补的石板块数不应大于 $2\%$，并且用于立面不明显部位。

（2）石板的长度、宽度、厚度、直角、异型角、半圆弧形状、异型材及花纹图案造型、板块的外形尺寸等方面，均应符合设计要求。

（3）石板外表面的色泽，应符合设计要求；花纹图案应按规定的样板进行检查；石板的四周不得有明显色差。

（4）如果石板采用火烧板，应按照样板检查其火烧后的均匀程度，不得有暗裂和崩裂等质量缺陷。

（5）石板加工制作完毕后，应进行严格的质量检查，合格后要根据安装位置进行编号。石板的编号应与设计一致，不得因加工造成幕墙的板块编号混乱。

（6）石板在加工制作前，首先应根据设计图纸和石材性能，确定石板的组合方式，并在确定使用的基本形式后再进行加工，不要盲目加工制作。

（7）石材幕墙中所用石板加工尺寸允许偏差，应符合现行国家标准《天然花岗石建筑板材》（GB/T 18601—2009）中的一等品要求。

### （四）钢销式安装的石板加工的一般规定

钢销式安装的石板加工，应当符合以下基本规定。

（1）不锈钢销的孔位，应根据石板的尺寸大小而确定。孔位距离板的端部不得小于石板厚度的 3 倍，也不得大于 $180mm$；不锈钢销的间距不宜大于 $600mm$；石板的边长不大于 $1.0m$ 时，每边应设 2 个钢销；石板的边长大于 $1.0m$ 时，应采用复合连接方法。

（2）石板的钢销孔，其深度宜为 $22\sim33mm$，孔的直径宜为 $7mm$ 或 $8mm$，不锈钢销的直径宜为 5mm 或 6mm，不锈钢销的长度宜为 20～30mm。

（3）在石板的钢销孔洞加工过程中，不要出现损坏或崩裂现象，损坏或崩者应坚决剔除；钢销孔洞的孔内应当光滑、洁净。

（五）通槽式安装的石板加工的一般规定

（1）石板的通槽宽度一般为 6mm 或 7mm，不锈钢支撑板的厚度不宜小于 3.0mm，铝合金支撑板的厚度不宜小于 4.0mm。

（2）石板开槽后不得出现损坏或崩裂现象；槽口应打磨成 45°的倒角；槽内应当光滑、洁净。

（六）短槽式安装的石板加工的一般规定

（1）每块石板的上下边应各开 2 个短平槽，短平槽的长度不应小于 100mm，在有效长度内槽的深度不宜小于 15mm；开槽宽度宜为 6mm 或 7mm；不锈钢支撑板的厚度不宜小于 3.0mm，铝合金支撑板的厚度不宜小于 4.0mm。弧形槽的有效长度，不应小于 80mm。

（2）两短槽边距石板两端部的距离，不应小于石板厚度的 3 倍，并且不应小于 85mm，也不应大于 180mm。

（3）在石板的钢销孔洞加工过程中，不要出现损坏或崩裂现象，损坏或崩者应坚决剔除；钢销孔洞的孔内应当光滑、洁净。

（七）幕墙转角构件加工组装的一般规定

石板幕墙的转角宜采用不锈钢支撑件或铝合金型材专用件进行组装，并应符合以下基本规定。

（1）当石板幕墙的转角采用不锈钢支撑件进行组装时，不锈钢支撑件的厚度不应小于 3.0mm。

（2）当石板幕墙的转角采用铝合金型材专用件进行组装时，铝合金型材的壁厚不应小于 4.5mm，连接部位的型材壁厚不应小于 5.0mm。

（八）单元石板幕墙加工组装的一般规定

在进行单元石板幕墙加工组装时，应符合以下各项基本规定。

（1）对于有防火要求的全石板幕墙单元，应将石板、防火板及防火材料按设计要求组装在铝合金框上。

（2）对于有可视部分的混合幕墙单元，应将玻璃板、石板、防火板及防火材料按设计要求组装在铝合金框上。

（3）幕墙单元内石板之间可采用铝合金 T 型连接件进行连接，T 型连接件的厚度应根据石板的尺寸及重量经计算后确定其最小厚度不应小于 4.0mm。

（4）在石材幕墙单元内，边部石板与金属框架的连接，可采用铝合金 L 型连接件进行连接，其厚度应根据石板的尺寸及重量经计算后确定其最小厚度不应小于 4.0mm。

（九）幕墙金属板的加工与组装一般规定

金属幕墙所用金属板的品种、规格、颜色、图案和花纹等，均应符合设计要求；铝合金板材表面的氟碳树脂涂层厚度，也应符合设计要求。金属板材加工的允许偏差，应符合表 2-1 中的规定。

表2-1　金属板材加工的允许偏差　　　　　　　　　　　单位：mm

| 项目 | | 允许偏差 | 项目 | | 允许偏差 |
|---|---|---|---|---|---|
| 金属板边长 | ≤2000 | ±2.0 | 对角线长度 | ≤2000 | 2.5 |
| | >2000 | ±2.5 | | >2000 | 3.0 |

| 项目 | | 允许偏差 | 项目 | 允许偏差 |
|---|---|---|---|---|
| 对边尺寸 | ≤2000 | ±2.5 | 孔的中心距离 | ±1.5 |
| | >2000 | ±3.0 | | |
| 折弯高度 | | ≤1.0 | 平面度 | ≤2/1000 |

（1）单层铝板加工的一般规定

金属幕墙采用单层铝合金板时，其加工制作应符合以下规定。

① 单层铝合金板折弯加工时，折弯外圆弧半径不应小于板厚的1.5倍，以确保折弯处铝合金板的强度不受影响。

② 单层铝合金板加劲肋的固定，可以采用电栓钉（即采用焊接种植螺栓的方法），但应确保铝合金板的外表面不变形、不褪色，并且固定牢靠。

③ 单层铝合金板的固定耳子（即安装挂耳）应符合设计要求，固定耳子可采用焊接、铆接或在铝合金板上直接冲压而成，应当做到位置准确，调整方便，固定牢固。

④ 单层铝合金板构件的四周，应采用铆接、螺栓或者用胶粘接与机械连接相结合的形式进行固定，应做到构件刚性较好并固定牢固。

（2）铝塑复合板加工的一般规定

在进行铝塑复合板加工时，应符合以下基本规定。

① 在切割铝塑复合板内层铝板和聚乙烯塑料时，应保留不小于0.3mm厚的聚乙烯塑料层，并且不得划伤外层铝合金板的内表面。

② 对于打孔、切口等加工外露的聚乙烯塑料及角缝，应采用中性硅酮耐候密封胶进行密封，不可暴露于空气之中。

③ 为确保铝塑复合板加工制作的质量，在加工制作的过程中，严禁板材与水接触。

（3）蜂窝铝板加工的一般规定

在进行蜂窝铝板加工时，应符合以下基本规定。

① 蜂窝铝板的加工应根据组装要求决定切口的尺寸和形状，在切除铝芯时不得划伤蜂窝铝板外层铝板的内表面；在各部位外层铝板上，应保留0.3～0.5mm的铝芯。

② 直角构件的加工，折角应弯成圆弧形状，角部缝隙处应采用硅酮耐候密封胶进行密封。大圆弧角构件的加工，圆弧部位应填充防火材料。边缘处的加工，应当将外层铝板折合180°，并将铝芯包封。

## （十）幕墙其他构件的加工与检验的规定

（1）石板清洗、粘接及存放规定　石板经过切割、开槽等加工工序后，在其表面会有很多石屑或石浆，应将这些石屑用清水冲洗干净；石板与不锈钢挂件之间，应采用环氧树脂型石材专用结构胶进行粘接。已加工好的石板，应采用立式存放于通风良好的仓库内，石板立放的角度不应小于85°。

（2）幕墙吊挂件和支撑件的规定　单元金属幕墙所用的吊挂件和支撑件，应采用铝合金件或不锈钢件，并应具有一定的可调整范围。单元幕墙的吊挂件与预埋件的连接，应采用穿透螺栓。

（3）女儿墙盖顶板加工的规定　金属幕墙的女儿墙部位，应用单层铝合金板或不锈钢板材加工成向内倾斜的盖顶，所用的材料应符合国家现行标准的规定。

（4）幕墙构件检查验收的规定　金属与石材幕墙构件加工后，应按规定进行检查验收。一般是按同一种类构件的5%进行抽样检查，且每种构件不得少于5件。当有一个构件抽检不符合现行规定时，应加倍抽样进行复验，全部合格后方可出厂。

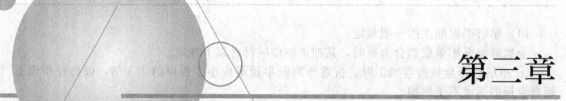

# 第三章
# 玻璃幕墙的施工工艺

玻璃幕墙是国内外目前最常用的一种幕墙,这种幕墙将大面积玻璃应用于建筑物的外墙面,能充分体现建筑师的想象力,展示建筑物的现代风格,发挥玻璃本身的特性。玻璃幕墙是一种美观新颖的建筑墙体装饰方法,是现代主义高层建筑时代的显著特征,使建筑物显得别具一格:光亮、明快、挺拔、具有现代品味,而给人一种全新的感觉。

玻璃幕墙是当代的一种新型墙体,它赋予建筑的最大特点是将建筑美学、建筑功能、建筑节能和建筑结构等因素有机地统一起来,建筑物从不同角度呈现出不同的色调,随着阳光、月色、灯光的变化给人以动态的美。近年来,随着社会的进步和人民生活水平的提高,玻璃幕墙已在国内外获得了广泛应用,而且用量越来越大。

## 第一节　玻璃幕墙的基本要求

由于玻璃属于一种易碎品,加之玻璃幕墙一般多应用于临街建筑上,玻璃的破碎是不可避免的,玻璃破碎就有可能对人构成伤害。最近几年玻璃工业的生产技术水平得到了不断提高,品种越来越多,对玻璃的选择空间越来越大,但如何合理地选用玻璃以使幕墙的安全性达到较好的理想状态,就必须对玻璃幕墙的基本要求有所了解。

### 一、对玻璃的基本技术要求

用于玻璃幕墙的玻璃种类很多,有中空玻璃、钢化玻璃、半钢化玻璃、夹层玻璃、防火玻璃等。玻璃表面可以镀膜,形成镀膜玻璃(也称热反射玻璃,可将1/3左右的太阳能吸收和反射掉,降低室内的空调费用)。中空玻璃在玻璃幕墙中已应用十分广泛,它具有优良的保温、隔热、隔音和节能效果。

玻璃幕墙所用的单层玻璃厚度,一般为6mm、8mm、10mm、12mm、15mm、19mm;夹层玻璃的厚度,一般为(6+6)mm、(8+8)mm(中间夹聚乙烯醇缩丁醛胶片,干法合成）；中空玻璃厚度为（6+d+5）mm、（6+d+6）mm、（8+d+8）mm等（d为空气厚度，可取6mm、9mm、12mm）。幕墙宜采用钢化玻璃、半钢化玻璃、夹层玻璃。有保温隔热性能要求的幕墙宜选用中空玻璃。

为减少玻璃幕墙的眩光和辐射热，宜采用低辐射率镀膜玻璃。因镀膜玻璃的金属镀膜层易被氧化，不宜单层使用，只能用于中空玻璃和夹层玻璃的内侧。目前，高渗透型镀银低辐射（Low-E）玻璃已在幕墙工程中使用，不仅具有良好的透光率、极高的远红外线反射率，而且节能性能优良，特别适用于寒冷地区。它能使较多的太阳辐射进入室内以提高室内的温度，同时又能使寒冷季节或阴雨天气来自室内物体热辐射的85%反射回室内，有效地降低能耗，节约能源。

低辐射玻璃因其具有透光率高的特点，可用于任何地域的有高通透性外观要求的建筑，以突出自然采光的主要特征，这是目前比较先进的绿色环保玻璃。

## 二、对骨架的基本技术要求

用于玻璃幕墙的骨架，除了应具有足够的强度和刚度外，还应具有较高的耐久性，以保证幕墙的安全使用和寿命。如铝合金骨架的立梃、横梁等要求表面氧化膜的厚度不应低于AA15级。为了减少能耗，目前提倡应用断桥铝合金骨架。如果在玻璃幕墙中采用钢骨架，除不锈钢外，其他应采取表面热渗透的方法进行镀锌。

用于粘接隐框玻璃的硅酮密封胶（建筑装饰工程中简称结构胶）十分重要，结构胶应有与接触材料的相容性试验报告，并有保险年限的质量证书。

点式连接玻璃幕墙的连接件和联系杆件等，应采用高强金属材料或不锈钢精加工制作，有的还要承受很大预应力，技术要求比较高。

## 三、玻璃幕墙必须解决的技术问题

玻璃幕墙虽然具有自重比较轻（仅为砖墙的1/10左右）、施工工期短、外形美观、立面丰富等特点，但也存在着造价高、耗能大等问题，一般只用于高级建筑工程中。玻璃幕墙作为高层建筑的装饰墙体之一，必须解决好以下技术问题。

### （一）满足自身强度要求

高层建筑的主要荷载来源于水平力（如风力、地震力等），其中地震荷载主要由建筑结构主体承担，建筑结构应当正确选用结构材料（如钢筋混凝土和钢结构）和结构类型；而玻璃幕墙需要承担相应的风荷载。

风荷载对建筑物产生的影响，主要包括迎风面的正压力和背风面的负压力。风力的大小与地区气候条件、建筑物的高度有关。据有关部门测定，一般内陆地区100m左右高度的建筑承受的风压力约为1.97kN/m$^2$，沿海地区则为2.60kN/m$^2$，因此高层建筑中的风荷载是水平荷载中的主要荷载。玻璃幕墙在设计时，应具有足够的抗风能力。

玻璃幕墙设计应选取合理的框架材料的截面，确定玻璃的适当厚度及面积大小，使玻璃幕墙具有足够的强度和安全度，这是玻璃幕墙设计中应重点解决的问题。1972年，美国在波士顿建造的"汉考克"大厦，外墙采用玻璃幕墙，玻璃总数为10000多块，施工后竟有1200多块玻璃破碎掉落，当时引起全世界的震惊。产生如此重大质量事故的原因，主要是玻璃自身强度不足所造成的。

为避免因玻璃自身强度不足而破损，除选用合理的玻璃厚度和尺寸外，还应采用钢化玻璃、夹丝玻璃和半钢化玻璃。

## （二）满足结构变形要求

玻璃幕墙是一种厚度很小、面积很大的特殊结构，在建筑结构的外围主要受到风压力水平荷载。在风力的作用下，玻璃幕墙应当具有足够的抵抗变形的能力，通常用刚度允许值来决定。

根据工程实践总结，各国对玻璃幕墙的刚度允许值各有不同的规定，国外大部分控制幕墙挠度的允许值为（1/250）～（1/1000），而我国则规定为（1/150）～（1/800）。挠度允许值过大或过小，对玻璃幕墙的安全度和经济性都有较大影响，因此在进行玻璃幕墙设计时，应当慎重确定幕墙的刚度允许值。

## （三）满足温度变形要求

工程实践证明，建筑的内外温差、天气温变和早晚温度的变化，均会使玻璃幕墙产生胀缩变形与温度应力，如铝合金型材其伸缩性比较大，幕墙与建筑结构主体之间应采取"柔性"连接，允许幕墙与建筑结构主体水平、垂直和内外方向有调节的可能性。

试验充分证明，只有满足幕墙温度变形的要求，不仅可以防止幕墙玻璃的破碎，而且可以消除由于变形、摩擦而产生的噪声。

## （四）满足维护功能要求

玻璃幕墙作为建筑结构的围护结构，应能满足防风雨、防蒸汽渗透、防结露等方面的要求，并具有一定的保温、隔声、隔热的能力。防风雨、防蒸汽渗透、防止结露主要依靠密封的方法堵塞缝隙，其中以硅酮胶进行密封的效果最好，但注入缝隙中的厚度不应小于5mm。

硅酮密封胶性能优良，耐久性好，根据德国工业标准 DIN53504 中提供的技术数据，其可以抵抗－60～＋200℃的温度，抗折强度可达 1.6N/mm。

在实际玻璃幕墙的施工中，由于硅酮胶的价格高昂，为减少用量和降低工程造价，可与橡胶密封条配套使用，即幕墙的下层采用橡胶条，上层采用硅酮密封胶。这样既能达到密封的良好效果，又能降低工程的投资。

在保温方面，应通过控制总热阻值和选取相应的保温材料解决。为了减少热量的损失，可以从以下方面加以改善：

（1）改善采光面玻璃的保温隔热性能，尽量选用节能型的中空玻璃，并减少幕墙上的开启扇；

（2）对非采光部分采取保温隔热处理，通常做法是采用防火和隔热效果均较好的材料，如浮石、轻混凝土等，并设置里衬墙，也可以设置保温芯材；

（3）加强对接缝的密闭处理，以减少透风量。

玻璃幕墙的各种玻璃保温性能如表 3-1 所示。

表3-1　玻璃幕墙的各种玻璃保温性能

| 玻璃类型 | 间隔宽度/mm | 传热系数/[W/(m² · K)] | 玻璃类型 | 间隔宽度/mm | 传热系数/[W/(m² · K)] |
|---|---|---|---|---|---|
| 单层玻璃 | — | 5.93 | 三层中空玻璃 | 2×19 | 2.21 |
| | | | | 2×12 | 2.09 |
| 双层中空玻璃 | 6 | 2.79 | 反射中空玻璃 | 12 | 1.63 |
| | 9 | 3.14 | | | |
| | 12 | 3.49 | | | |
| 防阳光双层玻璃 | 6 | — | 黏土砖墙 | 240mm 厚 | 3.40 |
| | 12 | | | 365mm 厚 | 2.23 |

## （五）满足隔热功能要求

在我国南方炎热地区，为减少太阳的辐射和减少能耗，玻璃幕墙一般应采用吸热玻璃和热反射玻璃。常用的吸热玻璃又称为有色玻璃，可以吸收太阳辐射热45%左右；热反射玻璃又称为镜面玻璃，它能反射太阳辐射热30%左右，反射可见光40%左右。

最新研制成功的热反射玻璃，在夏季能反射86%的太阳辐射热，室内的可见光仅为17%左右，是一种极好的玻璃幕墙材料。

在玻璃幕墙的设计中，还可以根据实际情况，采用不同品种的玻璃组合的中空玻璃，如吸热玻璃与无机玻璃的组合、吸热玻璃与热反射玻璃的组合、热反射玻璃与无色玻璃的组合等。其中，热反射玻璃与无色玻璃的组合是采用最多的一种。

热反射玻璃的最大特征是具有视线的单向性，即视线只能从室内的一侧看到室外的一侧，但不能从室外的一侧看到室内的一侧。这种特征使玻璃既有"冷房效应"，又有单向观察室外的效果。

## （六）满足隔声功能要求

作为建筑结构外围的玻璃幕墙，必须具有一定的隔声性能，其隔声效果主要考虑隔离来自室外的噪声。按照声音传播的质量定律和材料试验，一般玻璃幕墙的隔声量低于实体承重墙，通常只有30dB左右，约为半砖双面抹灰墙体隔声量65%左右。如果采用中空玻璃，其隔声量可以达到45dB；如果采用中空玻璃加其他隔声措施，其隔声效果会更好。

在表3-2中列举了不同材料墙体隔声性能的有关数据，在进行玻璃幕墙设计和施工中可供参考。

表3-2　不同材料墙体隔声性能的有关数据

| 名称 | 厚度/mm | 隔声量/dB | 名称 | 厚度/mm | 隔声量/dB |
|------|---------|-----------|------|---------|-----------|
| 单层玻璃 | 6 | 30 | 混凝土墙 | 150（双面喷浆） | 48 |
| 普通双层玻璃 | 6+12+6 | 39~44 | 黏土砖墙 | 240（双面抹灰） | 48 |

## （七）具有一定防火能力

玻璃幕墙的防火必须符合《玻璃幕墙工程技术规范》（JGJ 102—2003）中的要求。采用铝合金全玻璃幕墙的高层建筑，一旦发生火灾，铝合金框架达不到预定的耐火极限，为此除应设置砖石材料的里衬墙外，还应设置防火隔墙，即在玻璃与墙体之间填充岩棉或矿棉等非燃烧材料。

为确保玻璃幕墙具有一定的防火能力，在幕墙与楼板处的水平空隙，应采用阻燃性材料进行填充，有条件时应设置水幕，水幕的喷水强度为0.5L/s，喷头的间距应不大于1m。此外，所有裸露的金属支座均应采用防火涂料进行保护。

## （八）满足清洁更换要求

玻璃幕墙位于建筑结构的外围，暴露于大自然之中，其表面不可避免地存在着不同程度的污染问题，所以在玻璃幕墙设计中应设置擦窗机。如深圳国贸大厦的玻璃幕墙为满足清洗和维修的要求，共设置了三台擦窗机，在主楼、裙房和旋转餐厅各设置一台。

擦窗设备种类很多，如平台、滑动梯、单元式吊架、整体式吊架、吊轨式吊箱、轨道式悬臂吊箱、无轨吊车和大型轨道式双悬臂吊箱等多种，在设计中应根据玻璃幕墙的实际情况进行选用。

## （九）防止"冷热桥"出现

玻璃幕墙一般由金属骨架和玻璃饰面组成，这两种材料的热导率存在很大差别，因此玻璃幕墙的"冷热桥"现象，是玻璃幕墙在使用中常见的一种质量问题，多发生在玻璃和型材的接触部分。

为减少这种不良现象的发生，一种方法是在其间设置绝热材料，如聚氯乙烯硬质塑料垫等，这是最常采用的方法；另一种方法是金属骨架中间设置阻止导热的材料，不使金属传热速度过快，从而可防止"冷热桥"出现。

最近几年，玻璃幕墙发展非常迅速，国外已朝着进一步提高保温、隔热、防水、气密、隔声、节能方向发展。除玻璃幕墙以外，还有铝板幕墙、铝合金复合保温板幕墙、其他金属复合保温板幕墙等。这些幕墙的骨架组合施工吊装和玻璃幕墙相同，幕墙饰面板的安装固定方法主要采用扣式连接和挂式连接。

# 第二节　新型建筑节能玻璃

现代建材工业技术的迅猛发展，使建筑玻璃的新品种不断涌现，使建筑玻璃既具有装饰性，又具有良好的功能性，为现代建筑幕墙结构设计和装饰提供了广阔的选择范围，已成为建筑幕墙工程中一种重要的装饰材料。例如中空玻璃、镜面玻璃、热反射玻璃等品种，既能调节居室内的温度，节约能源，又能使建筑幕墙起到良好的装饰效果，给人以美的感受。这些新型多功能玻璃以其特有的优良装饰性能和物理性能，在改善建筑物的使用功能及美化环境方面起到越来越重要的作用。

## 一、镀膜建筑节能玻璃

镀膜节能玻璃也称反射玻璃。镀膜节能玻璃是在玻璃表面涂镀一层或多层金属、金属化合物或其他物质，或者把金属离子迁移到玻璃表面层的产品。玻璃的镀膜改变了玻璃的光学性能，使玻璃对光线、电磁波的反射率、折射率、吸收率及其他表面性质满足了玻璃表面某种特定要求。

随着镀膜生产技术的日臻成熟，镀膜节能玻璃可以按生产环境不同、生产方法不同和使用功能不同进行分类。按生产环境分为在线镀膜节能玻璃和离线镀膜节能玻璃；按生产方法可分为化学涂镀法镀膜节能玻璃、凝胶浸镀法镀膜节能玻璃、CVD（化学气相沉积）法镀膜节能玻璃和PVD（物理气相沉积）法镀膜节能玻璃等；按使用功能可分为阳光控制镀膜节能玻璃、Low-E玻璃、导电膜玻璃、自洁净玻璃、电磁屏蔽玻璃、吸热镀膜节能玻璃等。

### （一）阳光控制镀膜玻璃

（1）阳光控制镀膜玻璃的定义和原理　阳光控制镀膜玻璃又称为热反射镀膜玻璃，也就是通常所说的镀膜玻璃，一般是指具有反射太阳能作用的镀膜玻璃。阳光控制镀膜玻璃是通过在玻璃表面镀覆金属或金属氧化物薄膜，以达到大量反射太阳辐射热和光的目的，因此热反射镀膜玻璃具有良好的遮光性能和隔热性能。

阳光控制镀膜玻璃的种类，按照颜色不同划分，有金黄色、珊瑚黄色、茶色、古铜色、灰色、褐色、天蓝色、银色、银灰色、蓝灰色等。按照生产工艺不同划分，有在线镀膜和离线镀膜两种，在线以硅质膜玻璃为主。按照膜材不同划分，有金属膜、金属氧化膜、合金膜和复合膜等。

阳光控制镀膜玻璃之所以能够节能，是因为它能把太阳的辐射热反射和吸收，从而可以调节室内的温度，减轻制冷和采暖装置的负荷，与此同时由于它的镜面效果而赋予建筑以美感，起到节能、装饰的作用。

阳光控制镀膜玻璃的节能原理，就是向玻璃表面上涂敷一层或多层铜、铬、钛、钴、银、铂等金属单体或金属化合物薄膜，或者把金属离子渗入玻璃的表面层，使之成为着色的反射玻璃。阳光控制镀膜玻璃和浮法玻璃在使用功能上差别很大，它们各自对太阳能传播的特性见表3-3。

表3-3　阳光控制镀膜玻璃和浮法玻璃对太阳能传播的特性

| 玻璃的性能 | 6mm 无色浮法玻璃 | 6mm 阳光控制镀膜玻璃(遮蔽系数 0.38) |
|---|---|---|
| 入射太阳能/％ | 100 | 100 |
| 外表面反射/％ | 7 | 22 |
| 外表面再辐射和对流/％ | 11 | 45 |
| 透射进入室内/％ | 78 | 17 |
| 内表面再辐射和对流/％ | 4 | 16 |

从表 3-3 中可知，6mm 阳光控制镀膜玻璃可挡住 67％的太阳能，只有 33％的太阳能进入室内；而普通的 6mm 浮法玻璃只能挡住 18％的太阳能，却有 82％的太阳能进入室内。

（2）阳光控制镀膜玻璃的性能与标准　阳光控制镀膜玻璃的检测，一般应采用国家标准《镀膜玻璃 第 1 部分：阳光控制镀膜玻璃》（GB/T 18915.1—2013）和美国标准 AST-MC 1376—03。根据国家标准《镀膜玻璃 第 1 部分：阳光控制镀膜玻璃》（GB/T 18915.1—2013）中的规定，阳光控制镀膜玻璃的性能指标主要有：化学性能、物理性能和光学性能。

阳光控制镀膜玻璃的化学性能包括耐酸性和耐碱性；物理性能包括外观质量、颜色均匀性和耐磨性等；光学性能包括可见光透射比、可见光反射比、太阳光直接透射比、太阳光反射比、太阳能总透射比、紫外线透射比等。

阳光控制镀膜玻璃的质量要求，应符合国家标准《镀膜玻璃 第 1 部分：阳光控制镀膜玻璃》（GB/T 18915.1—2013）中的规定，主要包括以下方面：

① 阳光控制镀膜玻璃的光学性能、色差和耐磨性要求，应符合表 3-4 中的规定。

表3-4　阳光控制镀膜玻璃的光学性能、色差和耐磨性要求

| 种类 | 品种 | | | 可见光(380～780nm) | | 太阳光(380～780nm) | | | 遮蔽系数 | 色差 | 耐磨性 |
|---|---|---|---|---|---|---|---|---|---|---|---|
| | 系列 | 颜色 | 型号 | 透射比/％ | 反射比/％ | 透射比/％ | 反射比/％ | 总透射比/％ | | $\Delta E$ | $\Delta T$/％ |
| 真空阴极溅射 | St | 银 | MStSi-14 | 14±2 | 26±3 | 14±3 | 26±3 | 27±5 | 0.30±0.06 | ≤4.0 | ≤8.0 |
| | | 灰 | MStGr-8 | 8±2 | 36±3 | 8±3 | 35±3 | 20±5 | 0.20±0.05 | | |
| | | | MStGr-32 | 32±4 | 16±8 | 20±4 | 14±3 | 44±6 | 0.50±0.08 | | |
| | Ti | 金 | MStGo-10 | 10±2 | 23±3 | 10±3 | 26±3 | 22±5 | 0.25±0.05 | | |
| | | 蓝 | MTiBl-30 | 30±4 | 15±3 | 24±4 | 18±3 | 38±6 | 0.42±0.08 | | |
| | | 土 | MTiEa-10 | 10±2 | 22±3 | 8±3 | 28±3 | 20±5 | 0.23±0.05 | | |
| | Cr | 银 | MCrSi-20 | 20±3 | 30±3 | 18±3 | 24±3 | 32±5 | 0.38±0.06 | | |
| | | 蓝 | MtiBl-20 | 20±3 | 19±3 | 19±3 | 18±3 | 34±5 | 0.38±0.06 | | |
| | | 茶 | MCrBr-14 | 14±2 | 15±3 | 13±3 | 15±3 | 28±5 | 0.32±0.05 | | |
| | | | MCrBr-10 | 10±2 | 10±3 | 13±3 | 9±3 | 30±5 | 0.35±0.05 | | |
| 电浮法 | Bi | 茶 | EBiBr | 30～45 | 10～30 | 50～65 | 12～25 | 50～70 | 0.50～0.80 | ≤4.0 | ≤8.0 |
| 离子镀膜 | Cr | 灰 | ICrGr | 4～20 | 20～40 | 6～24 | 20～38 | 18～38 | 0.20～0.45 | ≤4.0 | ≤8.0 |
| | | 茶 | ICrBr | 10～20 | 20～40 | 10～24 | 20～38 | 18～38 | 0.20～0.45 | | |

② 非钢化阳光控制镀膜玻璃的尺寸允许偏差、厚度允许偏差、弯曲度、对角线差，应当符合《平板玻璃》（GB 11614—2009）中的规定。

③ 阳光控制镀膜玻璃和半钢化阳光控制镀膜玻璃的尺寸允许偏差、厚度允许偏差、弯曲度、对角线差等技术指标，应当符合《半钢化玻璃》（GB/T 17841—2008）中的规定。

④ 外观质量要求　阳光控制镀膜玻璃原片的外观质量，应符合《平板玻璃》（GB 11614—2009）中汽车级的技术要求；作为幕墙用钢化玻璃与半钢化阳光控制镀膜玻璃，其原片要进行边部精磨边处理。阳光控制镀膜玻璃的外观质量应符合表3-5中的规定。

表3-5　阳光控制镀膜玻璃的外观质量

| 缺陷名称 | 说明 | 优等品 | 合格品 |
|---|---|---|---|
| 针孔 | 直径＜0.8mm | 不允许集中 | — |
| | 0.8mm≤直径＜1.2mm | 中部：3.0S 个且任意两针孔之间的距离大于 300mm；75mm 边部：不允许集中 | 不允许集中 |
| | 1.2mm≤直径＜1.5mm | 中部：不允许；75mm 边部：3.0S 个 | 中部：3.0S 个；75mm 边部：8.0S 个 |
| | 1.5mm≤直径＜2.5mm | 不允许 | 中部：2.0S 个；75mm 边部：5.0S 个 |
| | 直径≥2.5mm | 不允许 | 不允许 |
| 斑点 | 1.0mm≤直径＜2.5mm | 中部：不允许；75mm 边部：2.0S 个 | 中部：5.0S 个；75mm 边部：6.0S 个 |
| | 2.5mm≤直径＜5.0mm | 不允许 | 中部：1.0S 个；75mm 边部：4.0S 个 |
| | 直径≥5.0mm | 不允许 | 不允许 |
| 斑纹 | 目视可见 | 不允许 | 不允许 |
| 暗道 | 目视可见 | 不允许 | 不允许 |
| 膜面划伤 | 0.1mm≤宽度＜0.3mm 长度≤60mm | 不允许 | 不限，划伤间距不得小于 100mm |
| | 宽度＞0.3mm 或长度＞60mm | 不允许 | 不允许 |
| | 宽度＜0.5mm 长度≤60mm | 3.0S 条 | — |
| | 宽度＞0.3mm 或长度＞60mm | 不允许 | 不允许 |

注：1. 针孔集中是指在 $100mm^2$ 面积内超过 20 个。

2. S 是以平方米为单位的玻璃板面积，保留小数点后两位。

3. 允许个数及允许条数为各数与 S 相乘所得的数值，按《数值修约规则与极限数值的表示和判定》（GB/T 8170—2008）中的规定计算。

4. 玻璃板的中部是指距玻璃板边缘 76mm 以内的区域，其他部分为边部。

⑤ 化学性能　阳光控制镀膜玻璃的化学性能应符合表 3-6 中的要求。

表3-6　阳光控制镀膜玻璃的化学性能

| 项目 | 允许偏差最大值(明示标称值) | | 允许最大值(未明示标称值) | |
|---|---|---|---|---|
| 可见光透射比＞30% | 优等品 | 合格品 | 优等品 | 合格品 |
| | ±1.5% | ±2.5% | ≤3.0% | ≤5.0% |
| 可见光透射比≤30% | 优等品 | 合格品 | 优等品 | 合格品 |
| | ±1.0% | ±2.0% | ≤2.0% | ≤4.0% |

注：对于明示标称值（系列值）的产品，以标称值作为偏差的基准，偏差的最大值应符合表 3-6 中的规定；对于未明示标称值（系列值）的产品，则取三块试样进行测试，三块试样之间差值应符合表 3-6 中的规定。

⑥ 颜色均匀性　阳光控制镀膜玻璃的颜色均匀性，采用 CIELAB 均匀色空间的色差 $\Delta E_{ab}$ 来表示，单位为 CIELAB。阳光控制镀膜玻璃的反射色色差优等品不得大于

2.5CIELAB，合格品不得大于 3.0CIELAB。

⑦ 耐磨性　阳光控制镀膜玻璃的耐磨性，应按照现行规定进行试验，试验前后可见光透射比平均值差值的绝对值不应大于 4%。

⑧ 耐酸性　阳光控制镀膜玻璃的耐酸性，应按照现行规定进行试验，试验前后可见光透射比平均值的差值的绝对值不应大于 4%，并且膜层不能有明显的变化。

⑨ 耐碱性　阳光控制镀膜玻璃的耐碱性，应按照现行规定进行试验，试验前后可见光透射比平均值的差值的绝对值不应大于 4%，并且膜层不能有明显的变化。

（3）阳光控制镀膜玻璃的特点与用途　阳光控制镀膜玻璃与其他玻璃相比，其具有以下特性和用途。

① 太阳光反射比较高、遮蔽系数小、隔热性较高　阳光控制镀膜玻璃的太阳光反射比为 10%～40%（普通玻璃仅为 7%），太阳光总透射比为 20%～40%（电浮法为 50%～70%），遮蔽系数为 0.20～0.45（电浮法为 0.50～0.80）。因此，阳光控制镀膜玻璃具有良好的隔绝太阳辐射能的性能，可保证炎热夏季室内温度保持稳定，并可以大大降低制冷空调费用。

② 镜面效应与单向透视性　阳光控制镀膜玻璃的可见光反射比为 10%～40%，透射比为 8%～30%（电浮法为 30%～45%），从而使阳光控制镀膜玻璃具有良好的镜面效应与单向透视性。阳光控制镀膜玻璃较低的可见光透射比避免了强烈的日光，使光线变得比较柔和，能起到防止眩目的作用。

③ 化学稳定性比较高　材料试验结果表明，阳光控制镀膜玻璃具有较高的化学稳定性，在浓度 5% 的盐酸或 5% 的氢氧化钠中浸泡 24h 后，膜层的性能不会发生明显的变化。

④ 耐洗刷性能比较高　材料试验结果表明，阳光控制镀膜玻璃具有较高的耐洗刷性能，可以用软纤维或动物毛刷任意进行洗刷，洗刷时可使用中性或低碱性洗衣粉水。

由于阳光控制镀膜玻璃具有良好的隔热性能，所以在建筑工程中获得广泛应用。阳光控制镀膜玻璃多用来制成中空玻璃或夹层玻璃。如用阳光控制镀膜玻璃与透明玻璃组成带空气层的隔热玻璃幕墙，其遮蔽系数仅 0.1 左右，这种玻璃幕墙的热导率约为 1.74W/(m·K)，比一砖厚两面抹灰的砖墙保暖性能还好。

**（二）贴膜玻璃**

贴膜玻璃是指贴有有机薄膜的玻璃制品，在足够强的冲击下将其破碎，玻璃碎片能够黏附在有机膜上不飞散。贴膜玻璃是一种新型的节能安全玻璃。这种玻璃能改善玻璃的性能和强度，使玻璃具有节能、隔热、保温、防爆、防紫外线、美化外观、遮蔽私密、安全等多种功能。玻璃贴膜按其功能主要分为：私密膜、装饰膜、隔热节能膜、防爆膜、防弹膜，其中防爆膜和防弹膜，均属于典型安全膜的行列。

根据现行的行业标准《贴膜玻璃》（JC 846—2007）中的规定，本标准适用于建筑用贴膜玻璃，其他场所用贴膜玻璃可参照使用。

（1）贴膜玻璃的分类方法

① 贴膜玻璃按功能不同，可分为 A 类、B 类、C 类和 D 类。A 类具有阳光控制或低辐射及抵御破碎飞散功能；B 类具有抵御破碎飞散功能；C 类具有阳光控制或低辐射功能；D 类仅具有装饰功能。

② 贴膜玻璃按双轮胎冲击功能不同，可分为 Ⅰ 级和 Ⅱ 级。Ⅰ 级贴膜玻璃以 450mm 及 1200mm 的冲击高度冲击后，结果应满足表 3-7 中的有关规定；Ⅱ 级贴膜玻璃以 450mm 的冲击高度冲击后，结果应满足表 3-7 中的有关规定。

（2）贴膜玻璃的技术要求　贴膜玻璃的技术要求，应符合表 3-7 中的规定。

表3-7　贴膜玻璃的技术要求

| 项目 | 技术指标 | | | | | | |
|---|---|---|---|---|---|---|---|
| 玻璃基片及贴膜材料 | 贴膜玻璃所用玻璃基片应符合相应玻璃产品标准或技术条件的要求。贴膜玻璃所用的贴膜材料,应符合相应技术条件或订货文件的要求 | | | | | | |
| 厚度及尺寸偏差 | 贴膜玻璃的厚度、长度及宽度的偏差,必须符合与所使用的玻璃基片的相应的产品标准或技术条件中的有关厚度、长度及宽度的允许偏差要求 | | | | | | |
| 外观质量 | 贴膜层杂质(含气泡)应满足以下规定,不允许存在边部脱膜,磨伤、划伤及薄膜接缝等要求由供需双方协商确定 | | | | | | |
| | 杂质直径 $D$/mm | $D{\leqslant}0.5$ | $0.5{<}D{\leqslant}1.0$ | $0.5{<}D{\leqslant}1.0$ | | | $D{>}3.0$ |
| | 板面面积 $A$/m² | 任何面积 | 任何面积 | $A{\leqslant}1$ | $1{<}A{\leqslant}2$ | $2{<}A{\leqslant}8$ | $A{>}8$ | 任何面积 |
| | 缺陷数量/个 | 不作要求 | 不得密集存在 | 1 | 2 | 1.0/m² | 1.2/m² | 不允许存在 |
| | 注:密集存在是指在任意部位直径200mm的圆内,存在4个或4个以上的缺陷 | | | | | | |
| 光学性能 | 可见光透射比、紫外线透射比、太阳能总透射比、太阳光直接透射比、可见光反射比和太阳光直接反射比应符合以下规定,遮蔽系数应不高于标称值 | | | | | | |
| | 允许偏差最大值(明示标称值) | | | 允许最大差值(未明示标称值) | | | |
| | ±2.0% | | | ${\leqslant}3.0\%$ | | | |
| 传热系数 | 由供需双方协商确定 | | | | | | |
| 双轮胎冲击试验 | 试验后试样应符合下列要求:试样不破坏;若试样破坏,产生的裂口不可使直径76mm的球在25N的最大推力下通过。冲击后3min内剥落的碎片总质量不得大于相当于试样100cm²面积的质量,最大剥落的碎片总质量不得大于相当于试样44cm²面积的质量 | | | | | | |
| 抗冲击性 | 试验后试样应符合下列要求:试样不破坏;若试样破坏,不得穿透试样。5块或5块试样符合时为合格。3块或3块以下试样符合时为不合格。当4块试样符合时,应再追加6块试样,6块试样全部符合要求时为合格 | | | | | | |
| 耐辐照性 | 试验后试样应同时满足下列要求:试样不可产生气泡,不可产生显著变色,膜层经擦拭不可脱色;贴膜层不得产生显著尺寸变化;试样的可见光透射比相对变化率不应大于3%。3块试样全部符合时为合格,1块试样符合时为不合格。当2块试样符合时,应再追加新3块试样,3块试样全部符合要求时为合格 | | | | | | |
| 耐磨性 | 试样试验前后的雾度(透明或半透明材料的内部或表面由于光漫射造成的云雾状或浑浊的外观)差值均应不大于5% | | | | | | |
| 耐酸性 | 试验后试样应同时满足下列要求:试样不可产生显著变色,膜层经擦拭不可脱色,不得出现脱膜现象;试验前后的可见光透射比差值不应大于4%。3块试样全部符合时为合格,1块试样符合时为不合格。当2块试样符合时,应再追加3块新试样,3块试样全部符合要求时为合格 | | | | | | |
| 耐碱性 | 同耐酸性 | | | | | | |
| 耐温度变化性 | 试验后试样不得出现变色、脱膜、气泡或其他显著缺陷 | | | | | | |
| 耐燃烧性 | 试验后试样应符合下列a、b或c中任意一条的要求:a. 不燃烧;b. 燃烧,但燃烧速率不大于100mm/min;c.如果从试验计时开始,火焰在60s内自行熄灭,且燃烧距离不大于50mm,也被认为满足b条燃烧速率要求 | | | | | | |
| 黏结强度耐久性 | 试验后试样的黏结强度应不低于试验前的90% | | | | | | |

## 二、中空建筑节能玻璃

现代建筑的趋势是采用大面积玻璃甚至玻璃墙体,但单片玻璃在采光、减重、华丽方面的优点,却不能克服其采暖、制冷耗能大的致命弱点,中空玻璃是解决这一矛盾的重要途径。中空玻璃是两层或多层平板玻璃由灌注了干燥剂的铝框用聚硫胶等黏结而成。另外,还有采用空腔内抽真空或充氩气,而不只是干燥空气。

中空玻璃的最大优点是节能与环保。现代建筑能耗主要是空调和照明,前者占55%,后者占23%,玻璃是建筑外墙中最薄、最易传热的材料。中空玻璃由于铝框内的干燥剂通过框上面缝隙使玻璃空腔内空气长期保持干燥,所以隔温性能极好。由于这种玻璃由多层玻璃和空腔结构组成,所以它还具有高度隔声的功能。

### (一)中空玻璃的定义

国家现行标准《中空玻璃》(GB/T 11944—2012)中对中空玻璃定义:两片或多片玻璃

以有效支撑均匀隔开并周边黏结密封，使玻璃层间形成有干燥气体空间的制品。这个定义包括四个方面的含义：一是中空玻璃由两片或多片玻璃构成；二是中空玻璃的结构是密封结构；三是中空玻璃空腹中的气体必须是干燥的；四是中空玻璃内必须含有干燥剂。合格的中空玻璃使用寿命至少应为 15 年。

### （二）中空玻璃的作用

工程实践证明，中空玻璃具有以下 3 个明显的作用。

（1）由于玻璃之间空气层的热导率很低，仅为单片玻璃热交换量的 2/3，因此具有明显的保温节能作用，是一种节能性能优良的建筑材料。

（2）由于中空玻璃的保温性能好，内外两层玻璃的温差尽管比较大，干燥的空气层不会使外层玻璃表面结露，因此具有良好的防止结露作用。

（3）材料试验证明，一般的中空玻璃可以降低噪声 30～40dB，能给人们创造一个安静的生活和工作环境。中空玻璃的这种隔声作用受到越来越多用户青睐。

### （三）中空玻璃的应用

在建筑装饰工程中使用中空玻璃时首先应注重它的使用功能：第一是保温隔热效果；第二是隔声效果；第三是防止结露效果。所以，中空玻璃适用于有恒温要求的建筑物，例如住宅、办公楼、医院、旅馆、商店等。在建筑装饰工程中中空玻璃主要用于需要采暖、需要空调、防止噪声、防止结露及需要无直射阳光等建筑物领域。

按节能要求使用中空玻璃时，主要注意以下 4 个方面。

（1）使用间隔层中充入隔热气体的中空玻璃。在中空玻璃内部充入隔热气体，可以大大提高玻璃的节能效率。通常是充入氩气。在玻璃的间隔层中充入氩气，不仅可以减少热传导损失，而且可以减少对流损失。

（2）使用低传导率的间隔框中空玻璃。中空玻璃的间隔框是造成热量流失的关键环节。应用低传导率的间隔框中空玻璃，其好处是可以提高中空玻璃内玻璃底部表面的温度，以便更有效地减少在玻璃表面的结露。

（3）使用节能玻璃为基片的中空玻璃。根据不同地区、不同朝向，选择不同的节能玻璃作为中空玻璃制作基片，如 Low-E 玻璃、阳光控制镀膜玻璃、夹层玻璃等。

（4）使用隔热性能好的门窗框材料。中空玻璃最终要装入门窗框才能使用，但门窗框材料是整个门窗能量流失的薄弱环节，所以中空玻璃能否达到节能目的，关键是与之配套的门窗框材料，应当选择最低传导热损失的材料。

### （四）中空玻璃的质量要求

对于中空玻璃的质量要求，主要包括材料要求、尺寸偏差、外观质量、密封性能、露点性能、耐紫外线照射性能、气候循环耐久性能和高温高湿耐久性能等。

（1）材料要求　玻璃可采用浮法玻璃、夹层玻璃、钢化玻璃、幕墙用钢化玻璃和半钢化玻璃、着色玻璃、镀膜玻璃和压花玻璃等。浮法玻璃应符合《平板玻璃》（GB 11614—2009）中的规定；夹层玻璃应符合《建筑用安全玻璃 第 3 部分：夹层玻璃》（GB 15763.3—2009）中的规定；幕墙用钢化玻璃和半钢化玻璃应符合《建筑用安全玻璃 第 2 部分：钢化玻璃》（GB 15763.2—2005）中的规定；其他品种的玻璃应符合相应标准的规定。

对于所用的密封胶，应满足以下要求：中空玻璃用弹性密封胶，应符合《中空玻璃用弹性密封胶》（JC/T 486—2018）的规定；中空玻璃用塑性密封胶，应符合相关的有关规定。中空玻璃所用的胶条，应采用塑性密封胶制成的含有干燥剂和波浪形铝带的胶条，其性能应符合相应标准。中空玻璃使用金属间隔框时，应去污或进行化学处理。中空玻璃所用的干燥剂，其质量、性能应符合相应标准。

（2）尺寸偏差　中空玻璃的长度和宽度的允许偏差见表3-8，中空玻璃的厚度允许偏差见表3-9。

表3-8　中空玻璃的长度和宽度的允许偏差

| 长（宽）度 $L$/mm | 允许偏差/mm | 长（宽）度 $L$/mm | 允许偏差/mm |
|---|---|---|---|
| $L<1000$ | ±2 | $L\geqslant2000$ | ±3 |
| $1000\leqslant L<2000$ | +2，−3 | | |

表3-9　中空玻璃的厚度允许偏差

| 公称厚度/mm | 允许偏差/mm | 公称厚度/mm | 允许偏差/mm |
|---|---|---|---|
| $t<17$ | ±1.0 | $t\geqslant22$ | ±2.0 |
| $17\leqslant t<22$ | ±1.5 | | |

注：中空玻璃的公称厚度为玻璃原片的公称厚度与间隔层厚度之和。

正方形和矩形中空玻璃对角线之差，应不大于对角线平均长度的0.2%。中空玻璃的胶层厚度，单道密封胶层厚度为10mm±2mm，双道密封外层密封胶层厚度为5～7mm。其他规格和类型的尺寸偏差由供需双方协商决定。

（3）外观质量　中空玻璃不得有妨碍透视的污迹、夹杂物及密封胶飞溅现象。

（4）密封性能　20块4mm+12mm+4mm试样全部满足以下两条规定为合格：①在试验压力低于环境气压10kPa±0.5kPa下，初始偏差必须≥0.8mm；②在该气压下保持2.5h后，厚度偏差的减少应不超过初始偏差的15%。

20块5mm+9mm+5mm试样全部满足以下两条规定为合格：①在试验压力低于环境气压10kPa±0.5kPa下，初始偏差必须≥0.5mm；②在该气压下保持2.5h后，厚度偏差的减少应不超过初始偏差的15%。其他厚度的样品由供需双方商定。

（5）露点性能　20块中空玻璃的试样露点均≤−40℃为合格。

（6）耐紫外线照射性能　2块试样紫外线照射168h，试样内表面上均无结雾或污染的痕迹、玻璃原片无明显错位和产生胶条蠕变为合格。如果有1块或2块试样不合格，可另取2块备用试样重新试验，2块试样均满足要求为合格。

（7）气候循环耐久性能　试样经循环后进行露点测试，4块中空玻璃的试样露点均≤−40℃为合格。

（8）高温高湿耐久性能　试样经循环后进行露点测试，8块中空玻璃的试样露点均≤−40℃为合格。

## 三、吸热建筑节能玻璃

吸热建筑节能玻璃是能吸收大量红外线辐射能并保持较高可见光透过率的平板玻璃。生产吸热玻璃的方法有两种：一种是在普通钠钙硅酸盐玻璃的原料中加入一定量的有吸热性能的着色剂；另一种是在平板玻璃表面喷镀一层或多层金属或金属氧化物薄膜而制成。

材料试验证明，吸热建筑节能玻璃不仅具有令人赏心悦目的外观色彩，而且还具有特殊的对光和热的吸收、透射和反射能力，用于建筑物的外墙窗和玻璃幕墙时，可以起到显著的节能效果，现已被广泛地应用于各种高级建筑物之上。

### （一）吸热节能玻璃的特点和原理

（1）吸热节能玻璃的主要特点

① 吸收太阳的辐射热　吸热玻璃能够吸收太阳辐射热的性能，具有明显的隔热效果，

但玻璃的颜色和厚度不同，对太阳的辐射热吸收程度也不同。如 6mm 厚的蓝色吸热节能玻璃，可以挡住 50％左右的太阳辐射热。

② 吸收太阳的可见光　吸热节能玻璃比普通玻璃吸收可见光的能力要强。如 6mm 厚的普通玻璃能透过太阳光的 78％，而同样厚的古铜色吸热节能玻璃仅能透过太阳光的 26％。这样不仅使光线变得柔和，而且能有效地改善室内环境，使人感到凉爽舒适。

③ 吸收太阳的紫外线　材料试验证明：吸热节能玻璃不仅能吸收太阳的红外线，而且还能吸收太阳的紫外线，可显著减少紫外线透射对人体的伤害。

④ 具有良好的透明度　吸收节能玻璃不仅能吸收红外线和紫外线，而且还具有良好的透明度，对观察物体颜色的清晰度没有明显影响。

⑤ 玻璃色泽经久不变　吸热节能玻璃中可引入无机矿物颜料作为着色剂，这种颜料性能比较稳定，可达到经久不褪色的要求。

虽然吸热节能玻璃的热阻性优于镀膜玻璃和普通透明玻璃，但由于其二次辐射过程中向室内放出的热量较多，吸热和透光经常是矛盾的，所以吸热玻璃的隔热功能受到一定限制，况且吸热玻璃吸收的一部分热量，仍然有相当一部分会传到室内，其节能的综合效果不是很理想。

（2）吸热节能玻璃的节能原理

玻璃节能与三个方面有关：①由外面大气和室内空气温度的温差引起的、通过外墙和窗户玻璃等传热的热量；②通过外墙和窗户等日照的热量；③室内产生的热量。吸热玻璃的节能就是能使采光所需的可见光透过，而限制携带热量的红外线通过，从而降低进入室内的日照热量。日照热量取决于日照透射率 $\eta$，吸热玻璃的日照透射率 $\eta$ 见表 3-10。

表3-10　吸热玻璃的日照透射率 $\eta$

| 玻璃品种 | 厚度/mm | 日照透射率 | | 玻璃品种 | 厚度/mm | 日照透射率 | |
| --- | --- | --- | --- | --- | --- | --- | --- |
| | | 无遮阳设施 | 有遮阳设施 | | | 无遮阳设施 | 有遮阳设施 |
| 透明玻璃 | 6 | 084 | 0.47 | 单面镀膜玻璃 | 6 | 0.68 | 0.43 |
| | 8 | 0.82 | 0.46 | | 8 | 0.65 | 0.42 |
| 基体着色蓝色吸热玻璃 | 6 | 0.68 | 0.39 | 双面镀膜玻璃 | 6 | 0.68 | 0.43 |
| | 8 | 0.65 | 0.39 | | 8 | 0.66 | 0.42 |
| 基体着色灰色吸热玻璃 | 6 | 0.73 | 0.42 | 双面镀膜蓝色吸热玻璃 | 6 | 0.53 | 0.35 |
| | 8 | 0.58 | 0.39 | | 8 | 0.51 | 0.34 |
| 基体着色青铜色吸热玻璃 | 6 | 0.73 | 0.42 | 双面镀膜灰色吸热玻璃 | 6 | 0.53 | 0.35 |
| | 8 | 0.68 | 0.39 | | 8 | 0.51 | 0.34 |
| 双面镀膜青铜色吸热玻璃 | 6 | 0.53 | 0.34 | 双面镀膜青铜色吸热玻璃 | 8 | 0.51 | 0.34 |

由于吸热节能玻璃对热光线的吸收率高，因此接收日照热量之后玻璃本身的温度升高，这个热量从玻璃的两侧放散出来，受到风吹的室外一侧热量很容易散失，可以减轻冷气的负载。另外，在使用吸热玻璃后，可减少室内的照度差，呈现出调和的气氛，向外观望可避免眩光，使眼睛避免疲劳。吸热玻璃与普通浮法玻璃的热量吸收与透射，如图 3-1 所示。

从图 3-1 中可以看出，当太阳光透过吸热玻璃时，吸热玻璃将光能吸收转化为热能，热能又以导热、对流和辐射的形式散发出去，从而减少太阳能进入室内。在进入室内的太阳能方面，吸热玻璃比普通浮法玻璃可以减少 20％～30％，因此吸热玻璃具有节能的功能。

**（二）镀膜吸热玻璃和热反射玻璃的区别**

吸热镀膜玻璃和热反射玻璃都是镀膜玻璃。但吸热镀膜玻璃的膜层主要用来将热能（太阳的红外线）吸收，热量从玻璃两侧放散出来，受到风吹的室外一侧，热量很容易散失，以阻隔热能

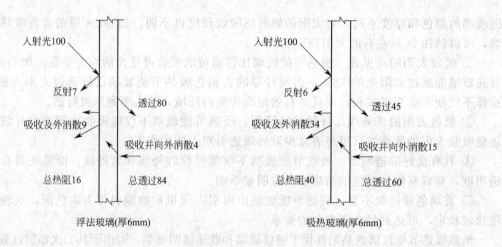

入射光100  反射7  透过80  吸收及外消散9  吸收并向外消散4  总热阻16  总透过84  浮法玻璃(厚6mm)

入射光100  反射6  透过45  吸收及外消散34  吸收并向外消散15  总热阻40  总透过60  吸热玻璃(厚6mm)

图 3-1　吸热玻璃与普通浮法玻璃的热量吸收与透射

进入室内。而热反射玻璃的膜层主要是用来把太阳的辐射热反射掉，以阻隔热能进入室内。

由以上两者的区别可知，判定镀膜玻璃是吸热镀膜玻璃还是热反射镀膜玻璃的方法，就是看是以热（光）吸收为主，还是热反射为主。吸热镀膜玻璃与热反射镀膜玻璃的区别可用反射系数 $S$ 表示，$S = A/B$（其中 $A$ 为玻璃对全部光通量的吸热系数，$B$ 为玻璃对全部光通量的反射系数）：当 $S > 1$ 时，为吸热镀膜玻璃；当 $S < 1$ 时，为热反射镀膜玻璃。

**（三）吸热节能玻璃的应用**

（1）应用吸热节能玻璃的注意事项　由于吸热玻璃具有吸收红外线的性能，能够衰减 $20\% \sim 30\%$ 的太阳能入射，从而降低进入室内的热能；在夏季可以降低空调的负荷，在冬季由于吸收红外线而使玻璃自身温度升高，从而达到节能效果。

为合理使用吸热玻璃，在设计、安装和使用吸热玻璃时，应注意以下事项。

① 吸热玻璃越厚，颜色就越深，吸热能力就越强。在进行吸热玻璃设计时，应注意不能使玻璃的颜色暗到影响室内外颜色的分辨，否则会对人的眼睛造成不适，甚至会影响人体的健康。

② 使用吸热玻璃一定要按规范进行防炸裂设计，按设计要求选择玻璃。吸热玻璃容易发生炸裂，且当玻璃越厚吸热能力就越强，发生炸裂的可能性就越大。吸热玻璃的安装结构应当是防炸裂结构的。

③ 吸热玻璃的边部最好要进行细磨，尽量减少缺陷，因为这种缺陷是造成热炸裂的主要原因。在没有条件做到这一点时，玻璃如果在现场切割后，一定要进行边部修整。

④ 在使用过程中，注意不要让空调的冷风直接冲击吸热玻璃，不要在吸热玻璃上涂刷涂料或标语，另外不要在靠近吸热玻璃的表面处安装窗帘或摆放家具。

（2）吸热节能玻璃的选择和应用　实际上对吸热玻璃的色彩选择，也就是对玻璃工程装饰效果的选择，这是建筑美学涉及的问题，一般由建筑美学设计者根据建筑物的功能、造型、外墙材料、周围环境及所在地等综合考虑确定。

对于吸热镀膜玻璃，吸收率则取决于薄膜及玻璃本身的色泽。常见的基体着色玻璃品种一般不超过 10 个，而在吸热玻璃上镀膜品种很多。但是，通过多项工程长时间观察，基体着色玻璃具有很好的抗变色性，价格也比镀膜吸热玻璃低，因此，只要基体着色玻璃的装饰色彩能满足设计要求，就应当优先选用。

吸热玻璃既能起到隔热和防眩的作用，又可营造一种优美的凉爽气氛。在南方炎热地区，非常适合使用吸热玻璃，但在北方大部分地区不适合选用吸热玻璃。吸热玻璃慎用的主要原因有以下几个方面。

① 吸热玻璃的透光性比较差，通常能阻挡50％左右的阳光辐射，本应起到杀菌、消毒、除味作用的阳光，由于吸热玻璃对阳光的阻挡，所以不能起到以上作用。

② 阳光通过普通玻璃时，人们接受的是全色光，但通过吸热玻璃时则不然，会被吸收掉一部分色光。长期生活在波长较短的光环境中，会使人的视觉分辨力下降，甚至造成精神异变和性格扭曲。特别是对幼儿的危害更大，容易造成视力发育不全。

③ 在夏季很多门窗安装纱网，其透光率大约为70％，如果再配上吸热玻璃，其透光率仅为35％，很难满足室内采光的要求。

④ 吸热玻璃吸取阳光中的红外线辐射，其自身的温度会急剧升高，与边部的冷端之间形成温度梯度，从而造成非均匀性膨胀，形成较大的热应力，进而使玻璃薄弱部位发生裂纹而"热炸裂"。

### （四）吸热玻璃的性能、标准与检测

**1. 吸热玻璃的性能**

（1）基体着色吸热玻璃的性能

① 光学性能　根据现行国家标准《建筑玻璃　可见光透射比、太阳光直接透射比、太阳能总透射比、紫外线透射比及有关窗玻璃参数的测定》（GB/T 2680—2021）的规定，吸热玻璃的光学性能，用可见光透射比和太阳光直接透射比来表达，二者的数值换算成为5mm标准厚度的值后，应当符合表3-11中的要求。

表3-11　吸热玻璃的光学性能　　　　　　　　　　　　　　单位：%

| 颜色 | 太阳投射比不小于 | 太阳透射比不小于 | 颜色 | 太阳投射比不小于 | 太阳透射比不小于 |
|------|------|------|------|------|------|
| 茶色 | 42 | 60 | 灰色 | 30 | 60 |
| 蓝色 | 45 | 70 | | | |

② 颜色均匀性　1976年，国际照明协会（CIE）推荐了新的颜色空间及其有关色差公式，即CIE1976LAB系统，现在已被世界各国正式采纳，并作为国际通用的测色标准，适用于一切光源色或物体色的表示。

玻璃的颜色均匀性实际上是指色差的大小。色差是指用数值的方法表示两种颜色给人色彩感觉上的差别，其又包括单片色差和批量色差。色差应采用符合《物体色的测量方法》（GB/T 3979—2008）标准要求的光谱测色仪和测量方法进行测量。

（2）吸热镀膜玻璃的主要性能

吸热镀膜玻璃有茶色、灰色、银灰色、浅灰色、蓝色、蓝灰色、青铜色、古铜色、金色、粉红色和绿色等，建筑工程中常用的有茶色、蓝色、灰色和绿色。吸热镀膜玻璃的主要性能有热学和光学两个方面。

① 吸热玻璃能吸收太阳的辐射热　随着吸热镀膜玻璃的颜色和厚度不同，其吸热率也不同，与同厚度的平板玻璃对比见表3-12。

表3-12　吸热玻璃同厚度平板玻璃热学性能的对比

| 玻璃品种 | 透过热值/(W/m²) | 透过率/% | 玻璃品种 | 透过热值/(W/m²) | 透过率/% |
|------|------|------|------|------|------|
| 空气（暴露空间） | 879.2 | 100.00 | 蓝色 3mm 吸热玻璃 | 551.3 | 62.70 |
| 普通 3mm 平板玻璃 | 725.7 | 82.55 | 蓝色 6mm 吸热玻璃 | 432.5 | 49.21 |
| 普通 6mm 平板玻璃 | 662.9 | 75.53 | | | |

材料试验结果表明，3mm 厚的蓝色吸热玻璃可以挡住 37.3% 的太阳辐射热，6mm 厚的蓝色吸热玻璃可以挡住 50.79% 的太阳辐射热。因此，这样就可以降低室内空调的能耗和费用。

② 可以吸收部分太阳可见光　测试结果表明，吸热玻璃可以使刺目的太阳光变得比较柔和，起到防眩的作用。我国对 5mm 不同颜色吸热玻璃要求的可见光透过率和太阳光直接透过率见表 3-13。

表3-13　5mm 不同颜色吸热玻璃要求的光学性质

| 颜色 | 可见光透过率/% | 太阳光直接透过率/% |
| --- | --- | --- |
| 茶色 | ≥45 | ≤60 |
| 灰色 | ≥30 | ≤60 |
| 蓝色 | ≥50 | ≤70 |

**2. 吸热玻璃的标准**

基体吸热玻璃的质量技术应符合现行国家标准的要求。着色玻璃按生产工艺分为着色浮法玻璃和着色普通玻璃，按用途分为制镜级吸热玻璃、汽车级吸热玻璃、建筑级吸热玻璃。其中，着色普通平板玻璃应按《平板玻璃》（GB 11614—2009）划分等级。着色浮法玻璃按色调分为不同的颜色系列，包括茶色系列、金色系列、绿色系列、蓝色系列、紫色系列、灰色系列、红色系列等。

吸热玻璃按照厚度不同可分为 2mm、3mm、4mm、5mm、6mm、8mm、10mm、12mm、15mm 和 19mm，其中着色普通平板玻璃按厚度分为 2mm、3mm、4mm、5mm。基本着色吸热玻璃的质量要求如下：

（1）尺寸允许偏差、厚度允许偏差、对角线偏差、弯曲度的要求。着色浮法玻璃应符合《平板玻璃》（GB 11614—2009）相应级别的规定。

（2）外观质量要求　着色普通平板玻璃应符合普通平板玻璃相应级别的规定。在着色浮法玻璃外观质量中，光学变形的入射角各级别可降低 5°，其余各项指标均应符合《平板玻璃》（GB 11614—2009）相应级别的规定。

（3）光学性能要求　2mm、3mm、4mm、5mm、6mm 厚度的着色浮法玻璃及着色普通平板玻璃的可见光透射比均不低于 25%；8mm、10mm、12mm、15mm、19mm 厚度的着色浮法玻璃的可见光透射比均不低于 18%。

着色浮法玻璃和着色普通平板玻璃的可见光透射比、太阳光直接透射比、太阳能总透射比允许偏差值应符合表 3-14 中的规定。

表3-14　着色玻璃的光学性能

| 玻璃类别 | 允许偏差 | | |
| --- | --- | --- | --- |
| | 可见光透射比<br>(380~780nm)/% | 太阳光直接透射比<br>(340~1800nm)/% | 太阳能总透射比<br>(340~1800nm)/% |
| 着色浮法玻璃 | ±2.0 | ±3.0 | ±4.0 |
| 着色普通平板玻璃 | ±2.5 | ±3.5 | ±4.5 |

（4）颜色的均匀性　着色玻璃的颜色均匀性，采用 CIELAB 均匀空间的色差来表示。同一片和同一批产品的色差应符合表 3-15 中的规定。

表3-15　着色玻璃的颜色均匀性

| 玻璃类别 | CIELAB | 玻璃类别 | CIELAB |
| --- | --- | --- | --- |
| 着色浮法玻璃 | ≤2.5 | 着色普通平板玻璃 | ≤3.0 |

**3. 吸热玻璃的检测**

（1）尺寸允许偏差、厚度允许偏差、对角线偏差、弯曲度、外观质量的要求。着色浮法玻璃应按《平板玻璃》（GB 11614—2009）中的规定进行检验。

（2）光学性能　着色玻璃的光学性能应按《建筑玻璃 可见光透射比、太阳光直接透射比、太阳能总透射比、紫外线透射比及有关窗玻璃参数的测定》（GB/T 2680—2021）中的规定进行测定。

（3）颜色均匀性　着色玻璃的颜色均匀性应按《彩色建筑材料色度测量方法》（GB/T 11942—1989）中的规定进行测定。

## 四、真空建筑节能玻璃

真空建筑节能玻璃是两片平板玻璃中间由微小支撑物将其隔开，玻璃四周用钎焊材料加以封边，通过抽气口将中间的气体抽至真空，然后封闭抽气口保持真空层的特种玻璃。

真空节能玻璃是受到保温瓶的启示而研制的。1913 年世界上第一个平板真空玻璃专利发布，科学家们相继进行了大量探索，使真空玻璃技术得到较快发展。20 世纪 80 年代，世界各国对真空玻璃的研制普遍重视起来，美国、英国、希腊和日本等国家的技术比较先进。

### （一）真空节能玻璃的特点和原理

（1）真空节能玻璃的特点

① 真空节能玻璃具有比中空玻璃更好的隔热、保温性能，其保温性能是中空玻璃的 2 倍，是单片普通玻璃的 4 倍。

② 由于真空玻璃热阻高，具有更好的防结露、结霜性能，在相同湿度条件下，真空玻璃结露温度更低，这对严寒地区的冬天采光极为有利。

③ 真空玻璃具有良好的隔声性能，在大多数声波频段，特别是中低频段，真空玻璃的防噪声性能优于中空玻璃。

④ 真空玻璃具有更好的抗风压性能，在同样面积、同样厚度条件下，真空玻璃抗风压性能等级明显高于中空玻璃。

⑤ 真空玻璃还具有持久、稳定、可靠的特性，在参照中空玻璃拟定的环境和寿命试验进行的紫外线照射试验、气候循环试验、高温高湿试验，真空玻璃内的支撑材料的寿命可达 50 年以上，高于其使用的建筑寿命。

⑥ 真空玻璃最薄只有 6mm，现有住宅窗框原封不动即可安装，并可减少窗框材料，减轻窗户和建筑物的重量。

⑦ 真空玻璃属于玻璃深加工产品，其加工过程对水质和空气不产生任何污染，并且不产生噪声，对环境没有任何有害影响。

（2）真空节能玻璃的隔热原理　真空节能玻璃是一种新型玻璃深加工产品，它的隔热原理比较简单，从原理上看可将其比喻为平板形的保温瓶。真空节能玻璃与保温瓶相同点，夹层均为气压低于 0.1Pa 的真空和内壁涂有 Low-E 膜。因此，真空节能玻璃之所以能够节能，一是玻璃周边密封材料的作用和保温瓶瓶塞的作用相同，都是阻止空气的对流作用，因此真空双层玻璃的构造，最大程度地隔绝了热传导；两层玻璃夹层为气压低于 0.1Pa 的真空，使气体传热可忽略不计；二是内壁镀有 Low-E 膜，使辐射热大大降低。

材料试验表明，用两层 3mm 厚的玻璃制成的真空玻璃，与普通的双层中空玻璃相比，在一侧为 50℃ 的高温条件下，真空玻璃的另一侧表面与室温基本相同，而普通双层中空玻璃的另一侧就非常烫手。这就充分说明真空节能玻璃具有良好的隔热节能性能，其节能效果是非常显著的。

## （二）真空节能玻璃的结构

真空节能玻璃是一种新型玻璃深加工产品，可将两片玻璃板洗净，在一片玻璃板上放置线状或格子状支撑物，然后再放上另一片玻璃板，将两片玻璃板的四周涂上玻璃钎焊料；在适当位置开孔，用真空泵抽真空，使两片玻璃之间的真空压力达到 0.001mmHg（1mmHg＝133.322Pa），即形成真空节能玻璃。真空玻璃的基本结构如图 3-2 所示。

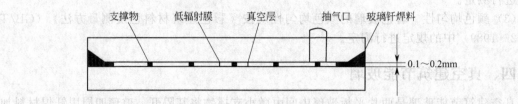

图 3-2  真空玻璃的基本结构

由于真空玻璃的结构与中空玻璃不同，则真空玻璃与中空玻璃的传热机理也有所不同。真空玻璃中心部位传热由辐射传热和支撑物传热及残余气体传热三部分构成，而中空玻璃则由气体传热（包括传导和对流）和辐射传热构成。

## （三）真空节能玻璃的性能和应用

真空节能玻璃的性能有隔热性能、防止结露性能、隔声性能、抗风压性能、耐久性能等。

（1）真空节能玻璃的隔热性能  真空节能玻璃的真空层消除了热传导，若再配合采用Low-E 玻璃，还可以减少辐射传热，因此和中空玻璃相比，真空玻璃的隔热保温性能更好。表 3-16 为真空玻璃与中空玻璃隔热性能比较。

表3-16  真空玻璃与中空玻璃隔热性能比较

| 玻璃样品类别 | | 玻璃结构/mm | 热阻/(m² · K/W) | 表观热导率/[W/(m · K)] | $K$ 值/[W/(m² · K)] |
|---|---|---|---|---|---|
| 真空玻璃 | 普通型 | 3＋0.1＋3 | 0.1885 | 0.0315 | 2.921 |
| | 单面 Low-E 膜 | 4＋0.1＋4 | 0.4512 | 0.0155 | 1.653 |
| | 单面 Low-E 膜 | 4＋0.1＋4 | 0.6553 | 0.0122 | 1.230 |
| 中空玻璃 | 普通型 | 3＋6＋3 | 0.1071 | 0.1120 | 3.833 |
| | 普通型 | 3＋1＋3 | 0.1350 | 0.1350 | 3.483 |
| | 单面 Low-E 膜 | 6＋12＋6 | 0.3219 | 0.0746 | 2.102 |

（2）真空节能玻璃的防止结露性能  由于真空玻璃的隔热性能好，室内一侧玻璃表面温度不容易下降，所以即使室外温度很低，也不容易出现结露。表 3-17 为单片玻璃、中空玻璃和真空玻璃防止结露性能比较。

表3-17  单片玻璃、中空玻璃和真空玻璃防止结露性能比较

| 室内湿度 | 玻璃种类 | 发生结露时室外温度/℃ | | 室内湿度 | 玻璃种类 | 发生结露时室外温度/℃ | |
|---|---|---|---|---|---|---|---|
| | | 室温 10℃ | 室温 20℃ | | | 室温 10℃ | 室温 20℃ |
| 60% | 单片玻璃 | 0 | 8 | 70% | 真空玻璃 | －15 | －8 |
| | 中空玻璃 | －9 | －1 | | 单片玻璃 | 5 | 15 |
| | 真空玻璃 | －26 | －21 | 80% | 中空玻璃 | 2 | 11 |
| 70% | 单片玻璃 | 2 | 12 | | 真空玻璃 | －6 | 2 |
| | 中空玻璃 | －3 | 5 | | | | |

（3）真空节能玻璃的隔声性能　由于真空玻璃的特殊结构，对于声音的传播可大幅度地降低。材料试验证明，真空玻璃在大部分音域都比间隔6mm的中空玻璃隔声性能好，可使噪声降低30dB以上。

表3-18为真空玻璃与中空玻璃隔声性能比较。

表3-18　真空玻璃与中空玻璃隔声性能比较

| 样品类别 | 玻璃结构/mm | 不同频段的透过衰减分贝/dB | | | | | |
|---|---|---|---|---|---|---|---|
| | | 100~160Hz | 200~315Hz | 400~630Hz | 800~1250Hz | 1600~2500Hz | 3150~5000Hz |
| 真空玻璃 | 3+0.1+3 | 22 | 27 | 31 | 35 | 37 | 31 |
| 中空玻璃 | 3+6+3 | 20 | 22 | 20 | 29 | 38 | 23 |
| 中空玻璃 | 3+12+3 | 19 | 17 | 20 | 32 | 40 | 30 |

（4）真空节能玻璃的耐久性能　真空玻璃是一种全新的产品，目前国内外还没有耐久性相应的测试标准，也没有相应的测试方法。目前暂参照中空玻璃国家标准中关于紫外线照射、气候循环、高温高湿度的试验方法进行测试，同时参照国家标准《绝热材料稳态热阻及有关特性的测定　防护热板法》（GB 10294—2008）中的规定，以真空玻璃热阻的变化来考察其环境适应性。普通真空玻璃环境测试结果见表3-19。

表3-19　普通真空玻璃环境测试结果

| 类别 | 检测项目 | 试样处理 | 检测条件 | 检测结果 | 热阻变化 |
|---|---|---|---|---|---|
| 紫外线照射 | 热阻[(m²·K)/W] | 23℃±2℃、(60%±5%)RH 条件下放置7天 | 平均温度14℃ | 0.223 | −1.3% |
| | | 浸水-紫外线照600h后，23℃±2℃、(60%±5%)RH 条件下放置7天 | | 0.220 | |
| 气候循环试验 | 热阻[(m²·K)/W] | 23℃±2℃、(60%±5%)RH 条件下放置7天 | 平均温度13℃ | 0.210 | +0.5% |
| | | −23℃±2℃下500h，23℃±2℃、(60%±5%)RH 条件下放置7天 | | 0.217 | |
| 高温高湿试行 | 热阻[(m²·K)/W] | 23℃±2℃、(60%±5%)RH 条件下放置7天 | 平均温度13℃ | 0.214 | −2.0% |
| | | 250次热冷循环，23℃±2℃、(60%±5%)RH 条件下放置7天；循环条件：加热52℃±2℃，RH<95%，(140±1)min；冷却25℃±2℃，(40±1)min | | 0.210 | |

（5）真空节能玻璃的抗风压性能　真空玻璃中的两片玻璃是通过支撑物牢固地压在一起的，具有与同等厚度的单片玻璃相近的刚度。在一般情况下，真空玻璃的抗风压能力是中空玻璃的1.5倍。

表3-20是某种真空玻璃、中空玻璃和单片玻璃允许载荷比较。

表3-20　真空玻璃、中空玻璃和单片玻璃允许载荷比较

| 玻璃品种 | 玻璃总厚度/mm | 允许载荷/Pa | 玻璃品种 | 玻璃总厚度/mm | 允许载荷/Pa |
|---|---|---|---|---|---|
| 真空玻璃 | 6 | 3500 | 中空玻璃 | 12 | 2355 |
| | 8 | 5760 | 浮法玻璃 | 3 | 1575 |
| | 10 | 8400 | | | |
| | 9.8(夹丝) | 7100 | | 5 | 3375 |

**（四）真空玻璃的质量标准**

根据我国现行的行业标准《真空玻璃》（JC/T 1079—2020）中的规定，本标准适用于建筑、家电和其他保温隔热、隔声等用途的真空玻璃，包括用于夹层、中空等复合制品中的真空玻璃。

真空玻璃的分类方法、材料要求和尺寸偏差如下。

① 真空玻璃的分类方法　真空玻璃按其保温性能（K 值）不同，可为 1 类、2 类和 3 类。

② 真空玻璃的材料要求　构成真空玻璃的原片质量，应符合《平板玻璃》（GB 11614—2009）中一等品以上（含一等品）的要求，其他材料的质量应符合相应标准的技术要求。

③ 真空玻璃的尺寸偏差　真空玻璃的尺寸偏差，应符合表 3-21 中的规定。

表3-21　真空玻璃的尺寸偏差

| 真空玻璃厚度偏差/mm | | | |
|---|---|---|---|
| 公称厚度 | 允许偏差 | 公称厚度 | 允许偏差 |
| ≤12 | ±0.40 | >12 | 供需双方商定 |
| 尺寸及允许偏差/mm | | | |
| 公称厚度 | 边的长度 L | | |
| | L≤1000 | 1000<L≤2000 | L>2000 |
| ≤12 | ±2.0 | +2，−3 | ±3.0 |
| >12 | ±2.0 | ±3.0 | ±3.0 |
| 对角线差：按照 JC 846—2007 中规定的方法进行检验，对于矩形真空玻璃，其对角线差不大于对角线平均长度的 0.2% | | | |

## （五）真空玻璃的技术要求

真空玻璃的技术要求，应符合表 3-22 中的规定。

表3-22　真空玻璃的技术要求

| 项目 | 技术指标 | | 项目 | 技术指标 |
|---|---|---|---|---|
| 边部加工质量 | 磨边倒角，不允许有裂纹等缺陷 | | 保护帽 | 高度及形状由供需双方商定 |
| 支撑物 | 缺陷种类 | 质量要求 | 弯曲度 | 玻璃厚度 / 弓形弯曲度 |
| | 缺位 连续 | 不允许 | | ≤12 / 0.3% |
| | 非连续 | ≤3 个/m² | | >12 / 供需双方商定 |
| | 重叠 | 不允许 | 保温性能（K 值） | 类别 / K 值/[W/(m²·K)] |
| | 多余 | ≤3 个/m² | | 1 / K≤1.0 |
| 外观质量 | 划伤 | 宽度<0.1mm 的轻微划伤，长度≤100mm 时，允许 4 条/m²；宽度 0.1～1mm 的轻微划伤，长度≤100 mm 时，允许 4 条/m² | | 2 / 1.0<K≤2.0 |
| | | | | 3 / 2.0<K≤2.8 |
| | | | 耐辐照性 | 样品试验前后 K 值的变化率应不超过 3% |
| | 爆裂边 | 每片玻璃每米边长上允许有长度不超过 10mm，自玻璃边部向玻璃表面延伸深度不超过 2mm，自玻璃边部向玻璃表面厚度延伸深度不超过 1.5mm 的爆裂边 1 个 | 封闭边质量 | 封闭边后的熔融封接缝应保持饱满、平整，有效封闭边宽度应≥5mm |
| | | | 气候循环耐久性 | 试验后，样品不允许出现炸裂，试验前后 K 值的变化率应不超过 3% |
| | | | 高温高湿耐久性 | 试验后，样品不允许出现炸裂，试验前后 K 值的变化率应不超过 3% |
| | 内面污迹和裂纹 | 不允许 | 隔声性能 | ≥30dB |

## （六）真空节能玻璃的工程应用

真空节能玻璃具有优异的保温隔热性能，其性能指标明显优于中空玻璃。一般的单片玻璃传热系数为 6.0W/(m²·K)，中空玻璃传热系数为 3.4W/(m²·K)，真空玻璃的传热系数为 1.2W/(m²·K)。一片只有 6mm 厚的真空玻璃隔热性能相当于 370mm 的实心黏土砖墙，隔声性能可达到五星级酒店的静音标准，可将室内噪声降至 45dB 以下，相当于四砖墙的水平。由于真空玻璃隔热性能优异，在建筑上应用可达到节能和环保的双重效果。

据有关部门统计，使用真空节能玻璃后，空调节能可达50%。与单层玻璃相比，每年每平方米幕墙、窗户可节约700MJ的能源，相当于一年节约192kW·h的电，是目前世界上节能效果最好的玻璃之一。

通过在日本的应用表明，真空玻璃内的支撑材料在涉及金属疲劳度方面的寿命可达50年以上，高于其使用的建筑寿命。真空玻璃最薄只有6mm，现有住宅窗框原封不动即可安装，并可减少窗框材料，减轻窗户和建筑物的重量。真空玻璃属于玻璃深加工产品，其加工过程对水质和空气不产生任何污染，并且不产生噪声，因此对环境不会造成有害影响。

真空玻璃的工业化、产业化对玻璃工业调整产品结构，提升生产设备技术水平，增加玻璃行业产品的科技含量，具有重大的促进作用。真空玻璃与其他各种节能玻璃组成的"超级节能玻璃"，既能满足建筑师追求通透、大面积使用透明幕墙的艺术创意，又能使墙体的传热系数符合《公共建筑节能设计标准》（GB 50189—2015）中的规定。

## 五、其他新型节能玻璃

随着玻璃工业的快速发展，玻璃的生产新工艺不断出现，特别是新型节能玻璃产品种类日益增加。目前，在建筑工程已开始推广应用的新型节能玻璃有：夹层节能玻璃、Low-E节能玻璃、变色节能玻璃和"聪明玻璃"等。

### （一）夹层节能玻璃

（1）夹层节能玻璃的定义和分类

① 夹层节能玻璃的定义　夹层节能玻璃是由两片或两片以上的平板玻璃用透明的黏结材料牢固黏合而成的制品。夹层玻璃具有很高的抗冲击和抗贯穿性能，在受到冲击破碎时，使得无论垂直安装还是倾斜安装，均能抵挡意外撞击的穿透。在一般情况下，夹层玻璃不仅具有良好的节能功能，而且还能保持一定的可见度，从而起到节能和安全的双重作用。因此，又称为夹层节能安全玻璃。

制作夹层玻璃的原片，既可以是普通平板玻璃，也可以是钢化玻璃、半钢化玻璃、吸热玻璃、镀膜玻璃、热弯曲玻璃等。中间层有机材料最常用的是PVB（聚乙烯醇缩丁醛树脂），也可以用甲基丙烯酸甲酯、有机硅、聚氨酯等材料。

② 夹层节能玻璃的分类　夹层玻璃的种类很多，按照生产方法不同可分为干法夹层玻璃和湿法夹层玻璃。按产品用途不同，可分为建筑、汽车、航空、保安防范、防火及窥视夹层玻璃等。按产品的外形不同，可分为平板夹层玻璃和弯曲夹层玻璃（包括单曲面和双曲层）。

建筑工程中常用的夹层玻璃见表3-23。

表3-23　建筑工程中常用的夹层玻璃

| 玻璃品种 | 结构特点 | 应用场合 | 玻璃品种 | 结构特点 | 应用场合 |
| --- | --- | --- | --- | --- | --- |
| 普通夹层 | 两片玻璃一层胶片 | 有安全性要求、隔声 | 彩色夹层 | 使用彩色胶片 | 有装饰要求的场合 |
| 防火夹层 | 使用防火胶片 | 用作防火玻璃 | 高强夹层 | 使用钢化玻璃 | 有强度要求的场合 |
| 多层复合 | 三片以上玻璃 | 防盗、防弹、防爆 | 屏蔽夹层 | 夹入金属丝网或膜 | 有电磁屏蔽要求的场合 |
| 防紫外线 | 使用防紫外线胶片 | 展览馆、博物馆等 | 节能夹层 | 用热反射或吸热玻璃 | 外窗及玻璃幕墙 |

（2）夹层节能玻璃的主要性能　夹层玻璃是一种多功能玻璃，不仅具有透明、机械强度高、耐热、耐湿、耐寒等特点，而且具有安全性好、隔声、防辐射和节能等优良性能。与普通玻璃相比，尤其是在安全性能、保安性能、隔热性能和隔声性能方面更加突出。

① 夹层节能玻璃的安全性能　夹层玻璃具有良好的破碎安全性，一旦玻璃遭到破坏，其碎片仍与中间层粘接在一起，这样就可以避免因玻璃掉落造成的人身伤害或财产损失。

材料试验证明，在同样厚度的情况下，夹层玻璃的抗穿透性优于钢化玻璃。夹层玻璃具有结构完整性，在正常负载情况下，夹层玻璃性能基本与单片玻璃性能接近，但在玻璃破碎时，夹层玻璃则有明显的完整性，很少有碎片掉落。

② 夹层节能玻璃的保安性能　由于夹层玻璃具有优异的抗冲击性和抗穿透性，因此在一定时间内可以承受砖块等的攻击，通过增加 PVB 胶片的厚度，还能大大提高防穿透的能力。材料试验表明，仅从一面无法将夹层玻璃切割开来，这样也可防止用玻璃刀子破坏玻璃。

PVB 夹层玻璃非常坚韧，即使盗贼将玻璃敲裂，由于中间层同玻璃牢牢地黏附在一起，仍保持整体性，使盗贼无法进入室内。安装夹层玻璃后可省去护栏，既省钱又美观，还可摆脱牢笼之感。

③ 夹层节能玻璃的防紫外线性能　夹层玻璃中间层为聚乙烯醇缩丁醛树脂（PVB）薄膜，能吸收掉 99％以上的紫外线，从而保护了室内家具、塑料制品、纺织品、地毯、艺术品、古代文物或商品，免受紫外线辐射而发生的褪色和老化。

④ 夹层节能玻璃的隔热性能　最近几年，我国对建筑节能方面非常重视，现在建筑节能已进入强制性实施阶段。因此在进行建筑设计时，不仅必须考虑采光的需要，同时也要考虑建筑节能问题。夹层玻璃通过改进隔热中间膜，可以制成夹层节能玻璃。

经过试验证明，PVB 薄膜制成的建筑夹层玻璃能有效减少太阳光透过。在同样厚度情况下，若采用深色低透光率 PVB 薄膜制成的夹层玻璃，阻隔热量的能力更强，从而可达到节能的目的。

表 3-24 中列出了使用隔热节能胶片制作的夹层玻璃性能。

表3-24　使用隔热节能胶片制作的夹层玻璃性能

| 性能 \ 颜色 | 无色 | 绿色 | 蓝色 | 灰色 |
|---|---|---|---|---|
| 可见光透过率/％ | 82.1 | 71.0 | 48.2 | 48.8 |
| 可见光反射率/％ | 8.1 | 7.1 | 6.4 | 5.8 |
| 太阳能透过率/％ | 60.4 | 49.9 | 34.6 | 32.6 |
| 太阳能反射率/％ | 7.0 | 5.7 | 5.8 | 5.3 |
| 太阳热量获得系数 SHGC | 0.69 | 0.61 | 0.50 | 0.49 |
| 遮阳系数 S | 0.80 | 0.71 | 0.58 | 0.57 |

⑤ 夹层节能玻璃的隔声性能　隔声性能是夹层玻璃的一个重要性能。控制噪声的方法有两种：一种是通过反射的方法隔离噪声，即改变声音的传播方向；另一种是通过吸收的方法衰减能量，即吸收声音的能量。夹层玻璃就是采用吸收能量的方法控制噪声。特别是位于机场、车站、闹市及道路两侧的建筑物在安装夹层玻璃后，其隔声效果十分明显。

评价噪声降低一般采用计权隔声量表示，表 3-25 是不同结构夹层玻璃的计权隔声量。从表中可以看出，玻璃原片相同，PVB 胶片厚度不同时，夹层玻璃的隔声量不同，PVB 胶片厚度越大，隔声效果越好。

表3-25　不同结构夹层玻璃的计权隔声量

| 玻璃组合/mm | 3＋0.38＋3 | 3＋0.76＋3 | 3＋1.14＋3 | 5＋0.38＋5 | 5＋0.76＋5 |
|---|---|---|---|---|---|
| 计权隔声量/dB | 34 | 35 | 35 | 36 | 36 |
| 玻璃组合/mm | 6＋0.38＋6 | 6＋0.76＋6 | 6＋1.14＋6 | 6＋1.52＋6 | 12＋1.52＋12 |
| 计权隔声量/dB | 36 | 38 | 38 | 39 | 41 |

（3）夹层节能玻璃的质量要求与检测　对夹层玻璃的质量要求主要包括：外观质量、尺寸允许偏差、弯曲度、可见光透射比、可见光反射比、耐热性、耐热性、耐湿性、耐辐照性、落球冲击剥离性能、霰弹袋冲击性能、抗压性等。这些性能的质量要求及检测方法分别如下。

① 外观质量要求与检测　对夹层玻璃的外观质量要求是：不允许有裂纹；表面存在的划伤和碰伤不能影响使用；存在爆裂边的长度或宽度不得超过玻璃的厚度；不允许存在脱胶现象；气泡、中间层杂质及其他可观察到的不透明的缺陷允许存在个数见表3-26。

表3-26　夹层玻璃表面对点缺陷的要求

| 缺陷尺寸 λ/mm | | | $0.5<\lambda\leqslant1.0$ | $1.0<\lambda\leqslant3.0$ | | | |
|---|---|---|---|---|---|---|---|
| 板面面积 $S/m^2$ | | | $S$ 不限 | $S\leqslant1$ | $1<S\leqslant2$ | $2<S\leqslant8$ | $S>8$ |
| 允许的缺陷数/个 | 玻璃层数 | 2 层 | 不得密集存在 | 1 | 2 | 1.0/m² | 1.2/m² |
| | | 3 层 | | 2 | 3 | 1.5/m² | 1.8/m² |
| | | 4 层 | | 3 | 4 | 2.0/m² | 2.4/m² |
| | | ≥5 层 | | 4 | 5 | 2.5/m² | 3.0/m² |

注：1. 小于 0.5mm 的缺陷可不予以考虑，不允许出现大于 3mm 的缺陷。

2. 当出现下列情况之一时，视为密集存在：①2 层玻璃时，出现 4 个或 4 个以上的缺陷，且彼此相距不到 200mm；②3 层玻璃时，出现 4 个或 4 个以上的缺陷，且彼此相距不到 180mm；③4 层玻璃时，出现 4 个或 4 个以上的缺陷，且彼此相距不到 150mm；④5 层以上玻璃时，出现 4 个或 4 个以上的缺陷，且彼此相距不到 100mm。

② 尺寸允许偏差要求与检测　夹层玻璃的尺寸允许偏差包括：边长的允许偏差、最大允许叠差、厚度允许偏差、中间层允许偏差和对角线偏差。平面夹层玻璃边长的允许偏差应符合表3-27的规定，夹层玻璃的最大允许叠差应符合表3-28的规定。

表3-27　平面夹层玻璃边长的允许偏差

| 总厚度 D /mm | 长度或宽度 L/mm | | 总厚度 D /mm | 长度或宽度 L/mm | |
|---|---|---|---|---|---|
| | $L\geqslant1200$ | $1200<L<2400$ | | $L\geqslant1200$ | $1200<L<2400$ |
| $4<D<6$ | $+2$ $-1$ | — | $11\leqslant D<6$ | $+3$ $-2$ | $+4$ $-2$ |
| $6\leqslant D<11$ | $+2$ $-1$ | $+3$ $-1$ | $17\leqslant D<24$ | $+4$ $-3$ | $+5$ $-3$ |

表3-28　夹层玻璃的最大允许叠差

| 长度或宽度 L/mm | 最大允许叠差/mm | 长度或宽度 L/mm | 最大允许叠差/mm |
|---|---|---|---|
| $L<1000$ | 2.0 | $2000\leqslant L<4000$ | 4.0 |
| $1000\leqslant L<2000$ | 3.0 | $L>4000$ | 6.0 |

干法夹层玻璃的厚度偏差不能超过构成夹层玻璃的原片允许偏差和中间层允许偏差之和。中间层总厚度小于 2mm 时，其允许偏差不予考虑。中间层总厚度大于 2mm 时，其允许偏差为 ±0.2mm。

湿法夹层玻璃的厚度偏差不能超过构成夹层玻璃的原片允许偏差和中间层允许偏差之和。湿法夹层玻璃中间层允许偏差见表3-29。

表3-29　湿法夹层玻璃中间层允许偏差

| 中间层厚度 d/mm | 允许偏差/mm | 中间层厚度 d/mm | 允许偏差/mm |
|---|---|---|---|
| $d<1$ | ±0.4 | $2\leqslant d<3$ | ±0.6 |
| $1\leqslant d<2$ | ±0.5 | $d\geqslant3$ | ±0.7 |

对于矩形夹层玻璃制品，当一边长度小于 2400mm 时，其对角线偏差不得大于 4mm，一边长度大于 2400mm 时，其对角线偏差可由供需双方商定。

③ 弯曲度要求与检测　平面夹层玻璃的弯曲度不得超过 0.3%，使用夹丝玻璃或钢化玻璃制作的夹层玻璃由供需双方商定。

④ 可见光透射比要求与检测　夹层玻璃的可见光透射比由供需双方商定。取三块试样进行试验，三块试样均符合要求时为合格。

⑤ 可见光反射比要求与检测　夹层玻璃的可见光反射比由供需双方商定。取三块试样进行试验，三块试样均符合要求时为合格。

⑥ 耐热性要求与检测　夹层玻璃在耐热性试验后允许试样存在裂口，但超出边部或裂口 13mm 部分不能产生气泡或其他缺陷。取三块试样进行试验，三块试样均符合要求时为合格，一块试样符合要求时为不合格。当两块试样符合要求时，再追加试验三块新试样，三块全部符合要求时则为合格。

⑦ 耐湿性要求与检测　试验后超过原始边 15mm、新切边 25mm、裂口 10mm 部分不能产生气泡或其他缺陷。取三块试样进行试验，三块试样均符合要求时为合格，一块试样符合要求时为不合格。当两块试样符合要求时，再追加试验三块新试样，三块全部符合要求时则为合格。

⑧ 耐辐照性要求与检测　夹层玻璃试验后要求试样不可产生显著变色、气泡及浑浊现象。可见光透射比相对减少率应不大于 10%。当使用压花玻璃作原片的夹层玻璃时，对可见光透射比不作要求。取三块试样进行试验，三块试样均符合要求时为合格，一块试样符合要求时为不合格。当两块试样符合要求时，再追加试验三块新试样，三块全部符合要求时则为合格。

⑨ 落球冲击剥离性能要求与检测　试验后中间层不得断裂或不得因碎片的剥落而暴露。钢化夹层玻璃、弯夹层玻璃、总厚度超过 16mm 的夹层玻璃、原片在三片或三片以上的夹层玻璃，可由供需双方商定。取六块试样进行试验，当五块或五块以上符合要求时为合格，三块或三块以上符合要求时为不合格。当四块试样符合要求时，再追加六块新试样，六块全部符合要求时为合格。

⑩ 霰弹袋冲击性能要求与检测　取四块试样进行霰弹袋冲击性能试验，四块试样均应符合表 3-30 中的规定（不适用评价比试样尺寸或面积大得多的夹层玻璃制品）。

表3-30　霰弹袋冲击性能试验

| 种类 | 冲击高度/mm | 结果判定 |
|---|---|---|
| Ⅱ-1 类 | 1200 | 试样不破坏；如试样破坏，破坏部分不应存在断裂或使直径 75mm 球自由通过的孔 |
| Ⅱ-2 类 | 750 | |
| Ⅲ类 | 300→450→<br>600→750→<br>900→1200 | 需要同时满足以下要求：<br>(1)破坏时，允许出现裂缝和碎裂物，但不允许出现断裂或使直径 75mm 球自由通过的孔；<br>(2)在不同高度冲击后发生崩裂而产生碎片时，称量试验后 5min 内掉下来的 10 块最大碎片，其质量不得超过 65cm² 面积内原始试样质量；<br>(3)1200mm 冲击后，试样不一定保留在试验框内，但应保持完整 |

⑪ 抗风压性能要求与检测　玻璃的抗风压性能应由供需双方商定是否有必要进行，以便合理选择给定风载条件下适宜的夹层玻璃厚度，或验证所选定玻璃厚度及面积是否满足设计抗风压值的要求。

## （二）Low-E 节能玻璃

### 1. Low-E 节能玻璃的定义及分类

（1）Low-E 节能玻璃的定义　Low-E 玻璃又称低辐射玻璃，是英文 low emissivity

coating glass 的简称。它是在平板玻璃表面镀覆特殊的金属及金属氧化物薄膜，使照射于玻璃的远红外线被膜层反射，从而达到隔热、保温的目的。

（2）Low-E 节能玻璃的分类　按膜层的遮阳性能分类，可分为高透 Low-E 玻璃和遮阳型 Low-E 玻璃两种。高透 Low-E 玻璃适用于我国北方地区，冬季太阳能波段的辐射可透过这种玻璃进入室内，从而可节省暖气的费用。遮阳型 Low-E 玻璃适用于我国南方地区，这种玻璃对透过的太阳能衰减较多，可阻挡来自室外的远红外线热辐射，从而可节省空调的使用费用。

按膜层的生产工艺分类，可分为离线真空磁控溅射法 Low-E 玻璃和在线化学气相沉积法 Low-E 玻璃两种。

**2. 对 Low-E 节能玻璃的要求**

我国幅员辽阔，涉及不同的气候带，对建筑用玻璃的性能要求也不同。Low-E 玻璃可以根据不同气候带的应用要求，通过降低或提高太阳热量获得系数等性能，以达到最佳的使用效果。对于寒冷地区，应防止室内的热能向室外泄漏，同时提高可见光和远红外的获得量；对于炎热地区，应将室外的远红外和中红外辐射阻挡在室外，而让可见光透过。

根据以上分析，对于 Low-E 玻璃的应用有以下要求。

（1）炎热气候条件下，由于阳光充足，气候炎热，应选用低遮阳系数（即遮阳系数 $S_c < 0.5$）、低传热系数的遮阳型 Low-E 玻璃，减少太阳辐射通过玻璃进入室内的热量，从而降低空调制冷的费用。

（2）我国的中部过渡气候，选用适合的高透 Low-E 玻璃或遮阳型 Low-E 玻璃，在寒冷时减少室内热辐射的外泄，降低取暖消耗；在炎热时控制室外热辐射的传入，这样可节省空调制冷的费用。

（3）对于比较寒冷气候，采暖期较长，既要考虑提高太阳热量的获得量，增强采光能力，又要减少室内热辐射的外泄。应选用可见光透过率高、传热系数低的低辐射 Low-E 玻璃，降低取暖能源的消耗。

**3. Low-E 节能玻璃在建筑上的应用**

在建筑门窗中使用 Low-E 玻璃，对于降低建筑物能耗有重要作用，尤其是在墙体保温性能进一步改善的情况下，解决好门窗的节能问题是实现建筑节能的关键。门窗的传热系数（$K$）和遮阳系数（$S_c$）是建筑节能设计中的两个重要指标。通过计算和材料试验表明，Low-E 玻璃门窗在降低传热系数（$K$）的同时，其遮阳系数（$S_c$）也随之降低，这与冬季要求尽量利用太阳辐射能是有矛盾的。因此，在使用 Low-E 玻璃门窗时，应根据各自地区气候、建筑类型等因素综合考虑。对于气候寒冷、全年以供暖为主的地区，应以降低传热系数 $K$ 值为主；对于气候炎热、太阳辐射强、全年以供冷为主的地区，应选用遮阳系数较低的 Low-E 玻璃。

玻璃幕墙作为建筑主体的维护和装饰结构，其节能效果的好坏，将直接影响整体建筑物的节能。随着建筑材料行业的发展和进步，玻璃幕墙所用玻璃品种越来越多，例如普通透明玻璃、吸热玻璃、热反射镀膜玻璃、中空玻璃、夹层玻璃等。Low-E 玻璃由于具有较低的辐射率，能有效阻止室内外热辐射。由于其极好的光谱选择性，可以在保证大量可见光通过的基础上，阻挡大部分红外线进入室内，已成为现代玻璃幕墙原片的首选材料之一。

**4. Low-E 节能玻璃性能及质量要求**

（1）Low-E 节能玻璃的性能　由于 Low-E 玻璃分为高透 Low-E 玻璃和遮阳型 Low-E 玻璃，所以不同类型的 Low-E 玻璃具有不同的性能。高透 Low-E 玻璃在可见光谱波段具有高透过率、低反射率、低吸收率的性能。允许可见光透过玻璃传入室内，增强采光效果；在红外波段具有高反射率、低吸收性。遮阳型 Low-E 玻璃可整体降低太阳辐射热量进入室内，选择性透过可见光，并同样具有对远红外波段的高反射特性。

（2）Low-E 节能玻璃质量要求　Low-E 玻璃的质量要求主要包括：厚度偏差、尺寸偏差、外观质量、弯曲度、对角线差、光学性能、颜色均匀性、辐射率、耐磨性、耐酸性、耐碱性等。

① 厚度偏差　Low-E 玻璃的厚度偏差，应符合现行国家标准《平板玻璃》（GB 11614—2009）中的有关规定。

② 尺寸偏差　Low-E 玻璃的尺寸偏差，应当符合现行国家标准《平板玻璃》（GB 11614—2009）中的有关规定，不规则形状的尺寸偏差由供需双方商定。钢化、半钢化 Low-E 玻璃的尺寸偏差，应当符合现行国家标准《半钢化玻璃》（GB/T 17841—2008）的有关规定。

③ 外观质量　Low-E 玻璃的外观质量应符合表 3-31 中的规定。

表3-31　Low-E 玻璃的外观质量

| 缺陷名称 | 说明 | 优等品 | 合格品 |
|---|---|---|---|
| 针孔 | 直径 0.8mm | 不允许集中 | — |
| | 0.8mm≤直径＜1.2mm | 中部：3.0S 个且任意两针孔之间的距离大于 300mm；75mm 边部：不允许集中 | 不允许集中 |
| | 1.2mm≤直径＜1.5mm | 中部：不允许；75mm 边部：3.0S 个 | 中部：3.0S 个；75mm 边部：8.0S 个 |
| | 1.5mm≤直径＜2.5mm | 不允许 | 中部：2.0S 个；75mm 边部：5.0S 个 |
| | 直径≥2.5mm | 不允许 | 不允许 |
| 斑点 | 1.0mm≤直径＜2.5mm | 中部：不允许；75mm 边部：2.0S 个 | 中部：5.0S 个；75mm 边部：6.0S 个 |
| | 2.5mm≤直径＜5.0mm | 不允许 | 中部：1.0S 个；75mm 边部：4.0S 个 |
| | 直径≥5.0mm | 不允许 | 不允许 |
| 膜面划伤 | 0.1mm≤宽度＜0.3mm 长度≤60mm | 不允许 | 不限，划伤间距不得小于 100mm |
| | 宽度＞0.3mm 或 长度＞60mm | 不允许 | 不允许 |
| 玻璃面划伤 | 宽度＜0.5mm 长度≤60mm | 3.0S 条 | — |
| | 宽度＞0.3mm 或 长度＞60mm | 不允许 | 不允许 |

注：1. 针孔集中是指在 100mm² 面积内超过 20 个。

2. S 是以平方米为单位的玻璃板面积，保留小数点后两位。

3. 允许个数及允许条数为各数与 S 相乘所得的数值，按《数值修约规则与极限数值的表示和判定》（GB/T 8170—2008）中的规定计算。

4. 玻璃板的中部是指距玻璃板边缘 76mm 以内的区域，其他部分为边部。

④ 弯曲度　Low-E 玻璃的弯曲度不应超过 0.2％；钢化、半钢化 Low-E 玻璃的弓形弯曲度不得超过 0.3％，波形弯曲度（mm/300mm）不得超过 0.2％。

⑤ 对角线差　Low-E 玻璃的对角线差应符合《平板玻璃》（GB 11614—2009）中的有关规定。钢化、半钢化 Low-E 玻璃的对角线差应符合《半钢化玻璃》（GB/T 17841—2008）中的有关规定。

⑥ 光学性能　Low-E 玻璃的光学性能包括紫外线透射比、可见光透射比、可见光反射比、太阳光直接透射比和太阳能总透射比，这些性能的差值应符合表 3-32 的规定。

表3-32　Low-E玻璃的光学性能要求

| 项目 | 允许偏差最大值(明示标称值) | 允许偏差最大值(未明示标称值) |
|---|---|---|
| 指标 | ±1.5 | ≤3.0 |

注：对于明示标称值（系列值）的产品，以标称值作为偏差的基准，偏差的最大值应符合本表的规定；对于未明示标称值的产品，则取三块试样进行测试，三块试样之间差值的最大值应符合本表的规定。

⑦ 颜色均匀性　Low-E玻璃的颜色均匀性，以CIELAB均匀空间的色差 $\Delta E$ 来表示，单位为CIELAB。测量Low-E玻璃在使用时朝向室外的表面，该表面的反射色差 $\Delta E$ 不应大于2.5CIELAB色差单位。

⑧ 辐射率　离线Low-E玻璃的辐射率应低于0.15，在线Low-E玻璃的辐射率应低于0.25。

⑨ 耐磨性　试验前后试样的可见光透射比差值的绝对值不应大于4%。

⑩ 耐酸性　试验前后试样的可见光透射比差值的绝对值不应大于4%。

⑪ 耐碱性　试验前后试样的可见光透射比差值的绝对值不应大于4%。

### （三）变色节能玻璃

（1）变色节能玻璃的定义和分类

① 变色节能玻璃的定义　变色节能玻璃是指在光照、通过低压电流或表面施压等一定条件下改变颜色，且随着条件的变化而变化，当施加条件消失后又可逆地自动恢复到初始状态的玻璃。这种玻璃也被称为调光玻璃、透过率可调玻璃。这种玻璃随着环境改变自身的透过特性，可以实现对太阳辐射能量的有效控制，从而满足需求和达到节能的目的。

② 变色节能玻璃的分类　根据玻璃特性改变的机理不同，变色玻璃可分为热致变色玻璃、光致变色玻璃、电致变色玻璃等。所谓热致变色玻璃就是玻璃随着温度升高而透过率降低；光致变色玻璃就是玻璃随着光强度增大而透过率降低；电致变色玻璃就是当有电流通过的时候玻璃透过率降低。

对于以上几种变色节能玻璃，其中光致变色玻璃和电致变色玻璃尤为引起设计人员的关注，尤其是电致变色玻璃由于可以人为控制其改变过程和程度，已经在幕墙工程中得到应用。在电致变色玻璃应用中，现在世界上应用较广泛的是液晶类调光玻璃。

（2）几种常用的变色玻璃

① 光致变色玻璃　物质在一定波长光的照射下，其化学结构发生变化，使可见光部分的吸收光谱发生改变，从而发生颜色变化；然后又会在另一波长光的照射或热的作用下，恢复或不恢复原来的颜色。这种可逆或不可逆的呈色、消色现象，称为光致变色。

光致变色玻璃是指在玻璃中加入卤化银，或在玻璃与有机夹层中加入铝和钨的感光化合物，就能获得光致变色性的玻璃。光致变色玻璃受太阳或其他光线照射时，颜色随着光线的增强而逐渐变暗；照射停止时又恢复原来的颜色。

② 电致变色玻璃　电致变色是在电流或电场的作用下，材料对光的投射率能够发生可逆变化的现象，具有电致变色效应的材料通常称为电致变色材料。根据变色原理，电致变色材料可分为三类：在不同价态下具有不同颜色的多变色电致变色材料；氧化状态下无色、还原状态下着色的阴极变色材料；还原状态下无色、氧化状态下着色的阳极变色材料。

电致变色玻璃是指通过改变电流的大小可以调节透光率，实现从透明到不透明的调光作用的智能型高档变色玻璃。电致变色玻璃可分为液晶类、可悬浮粒子类和电解电镀类等。

③ 热致变色玻璃  热致变色玻璃通常是由普通玻璃上镀一层可逆热致变色材料而制成的玻璃制品。热致变色材料是受热后颜色可变化的新型功能材料，根据工艺配方的不同，可得到各种变色温度和各种不同的颜色，可以可逆变色或不可逆变色。

经过几十年的研究和发展，已开发出无机、有机、聚合物及生物大分子等各种可逆热致变色材料，但是对于变色玻璃来说，变色温度要处于低温区才具有实用价值。

④ 液晶变色玻璃  液晶变色玻璃是一种由电流的通电与否来控制液晶分子的排列，从而达到为控制玻璃透明与不透明状态为最终目的的玻璃。中间层的液晶膜作为调光玻璃的功能材料。其应用原理是：液晶分子在通电状态下呈直线排列，此时液晶玻璃透光透明；断电状态时，液晶分子呈散射状态，此时液晶玻璃透光不透明。

液晶变色玻璃是一种新型的电致变色玻璃，是在两层玻璃之间或一层玻璃和一层塑料薄膜之间灌注液晶材料，或者采用层合工艺由液晶胶片制成的变色玻璃。

（3）变色玻璃的发展趋势  美国 SERI 研究所的一项研究结果表明，变色玻璃可以使建筑物室内的空调能耗降低 25％左右，同时还可以起到装饰美化的作用，并可减少室内外的遮光设施，从而降低遮光设施的费用。正因为具有以上优点，美国、日本、欧洲等国家相继确定发展计划，投入大量人力和财力，对变色玻璃进行研究。我国在变色玻璃研究方面起步较晚，但近些年来发展较快，并也取得了一定成果。

玻璃的应用正经历着迅速变化，传统的玻璃材料已经不能满足今天的要求。由于各种需求和挑战正变得日益复杂，因此玻璃的性能、质量和产量都有待提高，同时还应减少能源消耗。变色玻璃的研究虽取得了一定进步，但我国尚处于研究开发阶段，还须进一步加强如稳定性研究、商品化课题、新体系与新品种变色材料的深入开发等。今后的研究应该主要侧重于以下几个方面。

① 热致变色玻璃应主要应用于建筑上，由于受技术、成本等方面的原因，其在建筑应用方面一直受到限制。因此，研制出变色温度处于低温区的变色玻璃才具有更大的实用价值。

② 在电致变色玻璃材料中，非晶氧化钨的研究最为实用。寻找与阴极变色非晶氧化钨的互补材料且比 NiO 更加易得和廉价的材料，是电致变色玻璃研究中亟待解决的问题。

③ 光致变色玻璃主要用于眼镜行业。由于受技术、成本等原因，其在建筑应用方面受到局限。所以，未来的研究应着重开发大规格的光致变色玻璃，不断拓展其应用领域。

④ 气致变色玻璃中的变色器件虽然系统结构简单，但是在实际应用中成本相对比较高，从工业化开发方面考虑，需要研究的应该是研制出低成本、高性能、寿命长、响应速度快的变色器件。

### （四）聪明玻璃

据英国《新科学家》在线报道，如果室内温度在 29℃以下，无论是可见光还是红外线都可以透过这种玻璃。但当室内温度超过 29℃时，覆盖在玻璃表面的一层物质就会发生化学反应，将红外线挡在外面。这样即使屋外的温度猛涨，房间里头温度仍然宜人，而且光线充足。一片薄薄的玻璃，既可把炎热阻隔在室外，也能将寒冷阻挡在门外。实践证明，使用这种玻璃后，人们的空调间至少要比现在节能一半以上。这种新型节能玻璃是目前节能效果最好的建筑节能材料，被称为"聪明玻璃"。

这种神奇的玻璃，外表看起来毫无奇特之处，但该玻璃的另一面涂有一层膜。根据不同的功能要求，涂以不同的镀膜，这也产生了神奇玻璃的两大类：一类是阳光控制镀膜玻璃；另一类是低辐射镀膜玻璃。

阳光控制镀膜玻璃，其镀膜层以硅或金属钛为主。这种神奇玻璃有很好的反射作用，对可见光有一定吸收能力。此特性使得这种玻璃产生了神奇的阻挡夏天酷热的本领。使用上述这种玻璃，室内空调至少节能 50％以上，我国杭州世贸大楼和杭州黄龙附近的公元大厦的幕墙均成功地使用了这种玻璃，并获得巨大的节能效益。

据介绍，天气较冷的欧美国家 90％以上的建筑物都使用这种神奇玻璃。这种技术国外曾一度垄断。为此，我国开始了自主研发，浙江省绅仕镭集团走在了前列。绅仕镭集团研发了一种"聪明玻璃"，酷热的夏日，这种玻璃不仅通透而且能将太阳光中大部分热量阻隔在室外，可以降低空调能耗，保持室内凉爽；在寒冷的冬天，可以降低室内热量的损失，保持室内的温暖；同时，还能有效阻隔室外噪声。

目前"聪明玻璃"已投入生产，但是由于其价格高，现在的价格是 300 元/m² 左右，比普通玻璃贵将近 10 倍，所以在推广中还有一定的难度。但它的节能效果是普通玻璃所不能相比的。

# 第三节　有框玻璃幕墙的施工

有框玻璃幕墙是一种金属框架构件显露在外表面的玻璃幕墙，其可分为明框玻璃幕墙和隐框玻璃幕墙。它以特殊断面的铝合金型材为框架，玻璃面板全嵌入型材的凹槽内。其特点在于铝合金型材本身兼有骨架结构和固定玻璃的双重作用。有框玻璃幕墙是最传统的形式，应用最广泛，工作性能可靠。相对于隐框玻璃幕墙，更易满足施工技术水平要求。

有框玻璃幕墙的类别不同，其构造形式也不同，施工工艺有较大差异。现以铝合金全隐框玻璃幕墙为例，说明这类幕墙的构造。所谓全隐框是指玻璃组合构件固定在铝合金框架的外侧，从室外观看只看见幕墙的玻璃及分格线，铝合金框架完全隐蔽在玻璃幕墙的后边，如图 3-3（a）所示。

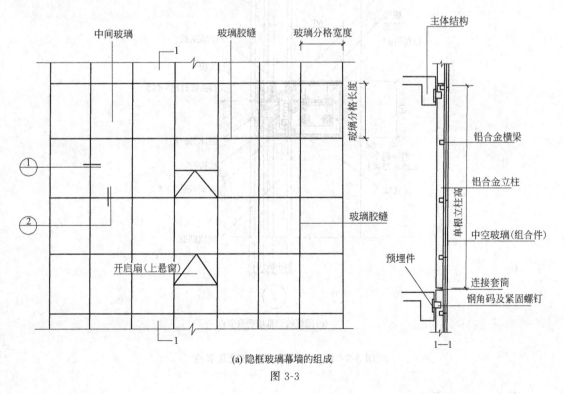

(a) 隐框玻璃幕墙的组成

图 3-3

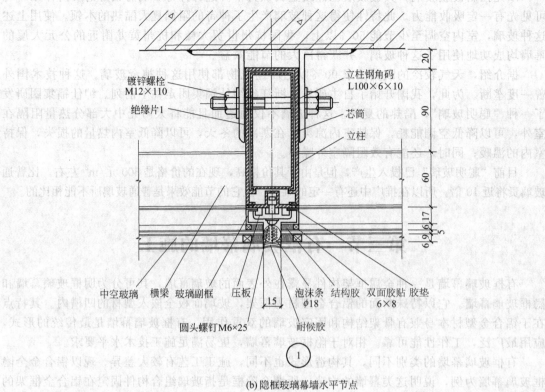

镀锌螺栓
M12×110

绝缘片1

立柱钢角码
L100×6×10

芯筒

立柱

20
90
60
6 9 6 17
5

中空玻璃　横梁　玻璃副框　　压板　　　泡沫条　结构胶　双面胶贴　胶垫
　　　　　　　　　　　　　　　　　φ18　　　　　　　6×8

圆头螺钉M6×25　　　　　耐候胶

①

15

(b)隐框玻璃幕墙水平节点

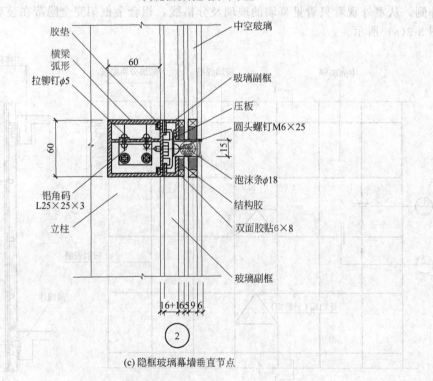

胶垫

横梁
弧形

拉铆钉φ5

铝角码
L25×25×3

立柱

中空玻璃

玻璃副框

压板

圆头螺钉M6×25

泡沫条φ18

结构胶

双面胶贴6×8

玻璃副框

60

60

15

16+165 9 6

②

(c)隐框玻璃幕墙垂直节点

图3-3　隐框玻璃幕墙的组成及节点

## 一、有框玻璃幕墙的组成

有框玻璃幕墙主要由幕墙立柱、横梁、玻璃、主体结构、预埋件、连接件，以及连接螺栓、垫杆、胶缝、开启扇等组成，如图 3-3（a）所示。竖直玻璃幕墙立柱应悬挂连接在主体结构上，并使其处于受拉工作状态。

## 二、有框玻璃幕墙的构造

### （一）基本构造

从图 3-3（b）中可以看到，立柱两侧角码是 L100mm×60mm×10mm 的角钢，它通过 M12×110mm 的镀锌连接螺栓将铝合金立柱与主体结构预埋件焊接，立柱又与铝合金横梁连接，在立柱和横梁的外侧再用连接压板通过 M6×25mm 圆头螺钉将带副框的玻璃组合构件固定在铝合金立柱上。

为了提高幕墙的密封性能，在两块中空玻璃之间填充直径为 18mm 的塑料泡沫条，并填充耐候胶，从而形成 15mm 宽的缝，使得中空玻璃发生变形时有位移的空间。《玻璃幕墙工程技术规范》（JGJ 102—2003）中规定，隐框玻璃幕墙拼缝宽度不宜小于 15mm。

为了防止接触腐蚀物质，在立柱连接杆件（角钢）与立柱之间垫上 1mm 厚的隔离片。中空玻璃边上有大、小两个"図"符号，这个符号代表接触材料——干燥剂和双面胶贴。干燥剂（大符号）放在两片玻璃之间，用于吸收玻璃夹层间的湿气。双面胶贴（小符号）是用于玻璃和副框之间灌注结构胶前，固定胶缝位置和厚度用的呈海绵状的低发泡黑色胶带。两片中空玻璃周边凹缝中填有结构胶，从而使两片玻璃粘接在一起。使用的结构胶是玻璃幕墙施工成功与否的关键材料，应必须使用国家定期公布的合格成品，并且必须在保质期内使用。玻璃还必须用结构胶与铝合金副框粘接，形成玻璃组合件，挂接在铝合金立柱和横梁上形成幕墙装饰饰面。

图 3-3（c）反映横梁与立柱的连接构造，以及玻璃组合件与横梁的连接关系。玻璃组合件应在符合洁净要求的车间中生产，然后运至施工现场进行安装。

幕墙构件应连接牢固，接缝处须用密封材料使连接部位密封 ［图 3-3（b）中玻璃的副框与横梁、主柱相交均有胶垫］，用于消除构件间的摩擦声，防止串烟串火，并消除由于温差变化引起的热胀冷缩应力。玻璃幕墙立柱与混凝土结构宜通过预埋件连接，预埋件应在主体结构施工时埋入。没有条件采用预埋件连接时，应采用其他可靠的连接措施，如采用后置钢锚板加膨胀螺栓的方法，但要经过试验决定其承载力。

### （二）防火构造

为了保证建筑物的防火能力，玻璃幕墙与每层楼板、隔墙处以及窗间墙、窗槛墙的缝隙应采用不燃烧材料（如填充岩棉

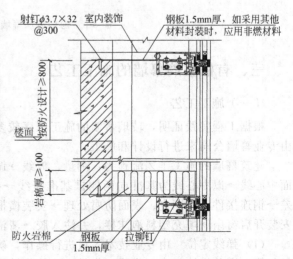

图 3-4　隐框玻璃幕墙防火构造节点

等）填充严密，形成防火隔层。隔层的隔板必须用经防火处理的厚度不小于1.5mm的钢板制作，不得使用铝板、铝塑料等耐火等级低的材料，否则起不到防火的作用。隐框玻璃幕墙防火构造节点如图3-4所示。还应在横梁位置安装厚度不小于100mm防护岩棉，再用厚度为1.5mm钢板加以包制。

### （三）防雷构造

建筑幕墙大多用于多层和高层建筑，其防雷是一个必须解决的问题。《建筑物防雷设计规范》（GB 50057—2010）规定，高层建筑应设置防雷用的均压环（沿建筑物外墙周边每隔一定高度的水平防雷网，用于防侧向雷），环间垂直间距不应大于12m，均压环可利用钢筋混凝土梁体内部的纵向钢筋或另行安装。

如采用梁体内的纵向钢筋做均压环时，幕墙位于均压环处的预埋件钢筋必须与均压环处梁的纵向钢筋连通；设均压环位置的幕墙立柱必须与均压环连通，该位置处的幕墙横梁必须与幕墙立柱连通；未设均压环处的立柱必须与固定在设均压环楼层的立柱连通，如图3-5所示。以上所有均压环的接地电阻应小于4Ω。

幕墙防顶部的雷可采用避雷带或避雷针，可由建筑防雷系统进行考虑。

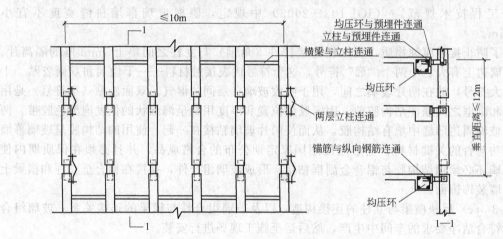

图3-5　隐框玻璃幕墙防雷构造简图

## 三、有框玻璃幕墙的施工工艺

### （一）施工工艺

根据工程实践证明，玻璃幕墙的施工工序较多、技术比较复杂和安装精度要求高，应当由专业幕墙公司来进行设计和施工。

建筑幕墙的施工工艺流程为：测量、放线→调整和后置预埋件→确认主体结构轴线和各面中心线→以中心线为基准向两侧排基准竖线→按图样要求安装钢连接件和立柱、校正误差→钢连接件满焊固定、表面防腐处理→安装横框→上、下边缘封闭修饰→安装玻璃组件→安装开启窗扇→填充塑料泡沫棒，并注入胶→清洁、整理→检查、验收。

（1）弹线定位　由专业技术人员进行操作，确定玻璃幕墙的位置，这是保证工程安装质量的第一道关键性工序。弹线工作是以建筑物轴线为准，依据设计要求先将骨架的位置线弹到主体结构上，以确定竖向杆件的位置。工程主体部分，应以中部水平线为基准，向上下返线，每层水平线确定后，即可用水准仪找平横向节点的标高。以上测量结果应与主体工程施工测量轴线一致，如果主体结构轴线误差大于规定的允许偏差时，则在征得监理和设计人员的同意后，调整装饰工程的轴线，使其符合装饰设计及构造的需要。

（2）钢连接件安装 作为外墙装饰工程施工的基础，钢连接件的预埋钢板应尽量采用原主体结构预埋钢板，无条件时可采用后置钢锚板加膨胀螺栓的方法，但要经过试验决定其承载力。目前应用化学浆锚螺栓代替普通膨胀螺栓效果较好。玻璃幕墙与主体结构连接的钢构件，一般采用三维可调连接件，其特点是对预埋件埋设的精度要求不太高，在安装骨架时，上下左右及幕墙平面垂直度等可自如调整。

（3）框架安装 将立柱先与连接件连接，连接件再与主体结构预埋件连接，并进行调整、固定。立柱安装标高偏差不应大于3mm，轴线前后偏差不应大于2mm，左右偏差不应大于3mm。相邻两根立柱安装的标高偏差不应大于3mm，同层立柱的最大标高偏差不应大于5mm，相邻两根立柱的距离偏差不应大于2mm。

同一层横梁安装由下向上进行，当安装完一层高度时，进行检查调整校正，符合质量要求后固定。相邻两根横梁的水平标高偏差不应大于1mm。同层横梁标高偏差：当一幅幕墙宽度小于或等于35m时，不应大于5mm；当一幅幕墙宽度大于35m时，不应大于7mm。

横梁与立柱相连处应垫弹性橡胶垫片，主要用于消除横向热胀冷缩应力以及变形造成的横竖杆间的摩擦响声。铝合金框架构件和隐框玻璃幕墙的安装质量应符合表3-33和表3-34中的规定。

表3-33 铝合金构件安装质量要求

| 项 目 | | 允许偏差/mm | 检查方法 |
|---|---|---|---|
| 幕墙垂直度 | 幕墙高度≤30m | 10 | 激光仪或经纬仪 |
| | 30m＜幕墙高度≤60m | 15 | |
| | 60m＜幕墙高度≤90m | 20 | |
| | 幕墙高度＞90m | 25 | |
| 横向构件水平度 | 竖向构件直线度 | 3 | 3m靠尺，塞尺 |
| | 构件长度≤2m | 2 | 水准仪 |
| | 构件长度＞2m | 3 | |
| | 同高度相邻两根横向构件高度差 | 1 | 钢直尺，塞尺 |
| 幕墙横向水平度 | 幅宽≤35m | 5 | 水准仪 |
| | 幅宽＞35m | 7 | |
| 分格框对角线 | 对角线长≤2000mm | 3 | 3m钢卷尺 |
| | 对角线长＞2000mm | 3.5 | |

注：1. 前5项按抽样根数检查，最后项按抽样分格数检查。
2. 垂直于地面的幕墙，竖向构件垂直度主要包括幕墙平面内及平面外的检查。
3. 竖向垂直度主要包括幕墙平面内和平面外的检查。
4. 在风力小于4级时测量检查。

表3-34 隐框玻璃幕墙安装质量要求

| 项 目 | | 允许偏差/mm | 检查方法 |
|---|---|---|---|
| 竖向缝及墙面垂直度 | 幕墙高度≤30m | 10 | 激光仪或经纬仪 |
| | 30m＜幕墙高度≤30m | 15 | |
| | 60m＜幕墙高度≤90m | 20 | |
| | 幕墙高度＞90m | 25 | |
| 幕墙平面度 | | 3 | 3m靠尺，钢直尺 |
| 竖向缝的直线度 | | 3 | 3m靠尺，钢直尺 |
| 横向缝的直线度 | | 3 | 3m靠尺，钢直尺 |
| 拼缝宽度（与设计值相比） | | 2 | 卡尺 |

（4）玻璃安装　玻璃安装前将表面尘土污物擦拭干净，所采用镀膜玻璃的镀膜面朝向室内，玻璃与构件不得直接接触，以防止玻璃因温度变化引起胀缩导致破坏。玻璃四周与构件凹槽底应保持一定空隙，每块玻璃下部应设不少于 2 块的弹性定位垫块（如氯丁橡胶等），"垫块"的宽度应与槽口宽度相同，长度不小于 100mm。隐框玻璃幕墙用经过设计确定的铝压板用不锈钢螺钉固定玻璃组合件，然后在玻璃拼缝处用发泡聚乙烯垫条填充空隙。塞入的垫条表面应凹入玻璃外表面 5mm 左右，再用耐候密封胶封缝，胶缝必须均匀、饱满，一般注入深度在 5mm 左右，并使用修饰胶的工具修整，之后揭除遮盖压边胶带并清洁玻璃及主框表面。玻璃的副框与主框之间设置橡胶条隔离，其断口留在四角，斜面断开后拼成预定的设计角度，并用胶粘接牢固，提高其密封性能。玻璃安装可参见图 3-3（b）、（c）。

（5）缝隙处理　这里所讲的缝隙处理，主要是指幕墙与主体结构之间的缝隙处理。窗间墙、窗槛墙之间采用防火材料堵塞，隔离挡板采用厚度为 1.5mm 的钢板，并涂防火涂料 2 遍。接缝处用防火密封胶封闭，保证接缝处的严密，参见图 3-4。

（6）避雷设施安装　在进行安装立柱时，应按照设计要求进行防雷体系的可靠连接。均压环应与主体结构避雷系统相连，预埋件与均压环通过截面积不小于 48mm$^2$ 的圆钢或扁钢连接。圆钢或扁钢与预埋件均压环进行搭接焊接，焊缝长度不小于 75mm。位于均压环所在层的每个立柱与支座之间应用宽度不小于 24mm、厚度不小于 2mm 的铝条连接，保证其导电电阻小于 10Ω。

**（二）施工安装要点及注意事项**

（1）测量放线　有框玻璃幕墙测量放线应符合下列要求。

① 放线定位前使用经纬仪、水准仪等测量设备，配合标准钢卷尺、重锤、水平尺等复核主体结构轴线、标高及尺寸，注意是否有超出允许值的偏差。对超出者，需经监理工程师、设计师同意后，适当调整幕墙的轴线，使其符合幕墙的构造要求。

② 高层建筑的测量放线应在风力不大于四级时进行，测量工作应每天定时进行。质量检验人员应及时对测量放线情况进行检查。测量放线时，还应对预埋件的偏差进行校验，其上下左右偏差不应大于 45mm，超出允许偏差的预埋件必须进行适当处理或重新设计，应把处理意见上报监理、业主和项目部。

（2）立柱安装　有框玻璃幕墙的立柱安装可按以下方法和要求进行。

① 立柱安装的准确性和质量，将影响整个玻璃幕墙的安装质量，是幕墙施工的关键工序之一。安装前应认真核对立柱的规格、尺寸、数量、编号是否与施工图纸一致。单根立柱长度通常为一层楼高，因为立柱的支座一般都设在每层边楼板位置（特殊情况除外），上、下立柱之间用铝合金套筒连接。在该处形成铰接、构成变形缝，从而适应和消除幕墙的挠度变形和温度变形，保证幕墙的安全和耐久。立柱安装质量要求参见表 3-33。

② 施工人员必须进行有关高空作业的培训，并取得上岗证书后方可参与施工活动。在施工过程中，应严格遵守《建筑施工高处作业安全技术规范》（JGJ 80—2016）的有关规定。特别注意在风力超过六级时，不得进行高空作业。

③ 立柱和连接杆（支座）接触面之间一定要加防腐隔离垫片。

④ 立柱按表 3-33 要求初步定位后应进行自检，对合格的部分应进行调整修正，自检完全合格后再报质检人员进行抽检。抽检合格后方可进行连接件（支座）的正式焊接，焊缝位置及要求按设计图样进行。焊缝质量必须符合现行《钢结构工程施工验收规范》。焊接好的连接件必须采取可靠防腐措施。焊工是一种技术性很强的特殊工种，需经专业安全技术学习和训练，考试合格获得"特殊工种操作证书"后，才能参与施工。

⑤ 玻璃幕墙立柱安装就位后应及时固定，并及时拆除原来的临时固定螺栓。

（3）横梁安装　有框玻璃幕墙横梁安装可按以下方法和要求进行。

① 横梁安装定位后应进行自检，对不合格的应进行调整修正；自检合格后再报质检人员进行抽检。

② 在安装横梁时，应注意设计中如果有排水系统，冷凝水排出管及附件应与横梁预留孔连接严密，与内衬板出水孔连接处应设橡胶密封条，其他通气孔、雨水排出口，应按设计进行施工，不得出现遗漏。

（4）玻璃安装　有框玻璃幕墙玻璃安装可按以下方法和要求进行。

① 玻璃安装前应将表面及四周尘土、污物擦拭干净，保证嵌缝耐候胶可靠粘接。玻璃的镀膜面朝向室内，如果发现玻璃色差明显或镀膜脱落等，应及时向有关部门反映，得到处理方案后方可安装。

② 安装用于固定玻璃组合件的压块或其他连接件及螺钉等时，应严格按设计或有关规范执行，严禁少装或不装紧固螺钉。

③ 玻璃组合件安装时应注意保护，避免碰撞、损伤或跌落。当玻璃面积较大或自身重量较大时，应采用机械安装，或利用中空吸盘帮助提升安装。

隐框幕墙玻璃的安装质量要求，如表 3-34 所示。

（5）拼缝及密封　有框玻璃幕墙拼缝及密封可按以下方法和要求进行。

① 玻璃拼缝应横平竖直、缝宽度均匀，并符合设计要求及允许偏差要求。每块玻璃初步定位后进行自检，不符合要求的应进行调整，自检合格后再报质检人员进行抽检。每幅幕墙抽检 5% 的分格，且不少于 5 个分格。允许偏差项目有 80% 抽检实测值合格，其余抽检实测值不影响安全和使用的，则判为合格。抽检合格后才能进行泡沫条的填充和耐候胶灌注。

② 耐候胶在缝内相对两面黏结，不得三面粘接，较深的密封槽口应先填充聚乙烯泡沫条。耐候胶的施工厚度应大于 3.5mm，施工宽度不应小于施工厚度的 2 倍。注胶后胶缝饱满，表面光滑细腻，不污染其他表面。注胶前应在可能导致污染的部位贴上纸基胶带（即美纹纸条），注胶完成后再将胶带揭除。

③ 玻璃幕墙的密封材料，常用的是耐候硅酮密封胶，立柱、横梁等交接部位胶的填充一定要密实、无气泡。当采用明框玻璃幕墙时，在铝合金的凹槽内玻璃应用定形的橡胶压条进行嵌填，然后再用耐候胶嵌缝。

（6）窗扇安装　有框玻璃幕墙窗扇安装可按以下方法和要求进行。

① 安装时应注意窗扇与窗框的配合间隙是否符合设计要求，窗框胶条应安装到位，以保证其密封性。如图 3-6 所示为隐框玻璃幕墙开启扇的竖向节点详图，除与图 3-3(c) 所示相同者外，增加了开启扇的固定框和活动框，连接用圆头螺钉（M5×32），扇框相交处垫有胶条密封。

② 窗扇连接件的品种、规格、质量应当符合设计要求，并应采用不锈钢或轻钢金属制品，以保证窗扇的安全和耐用。安装中严禁私自减少连接螺钉等紧固件的数量，并应严格控制螺钉的底孔直径。

（7）保护和清洁　有框玻璃幕墙保护和清洁可按以下方法和要求进行。

① 在整个施工过程中的玻璃幕墙，应采取可靠的技术措施加以保护，防止产生污染、碰撞和变形受损。

② 整个玻璃幕墙工程完工后，应从上到下用中性洗涤剂对幕墙表面进行清洗，清洗剂在清洗前要进行腐蚀性试验，确实证明对玻璃、铝合金无腐蚀作用后方可使用。清洗剂清洗后应用清水冲洗干净。

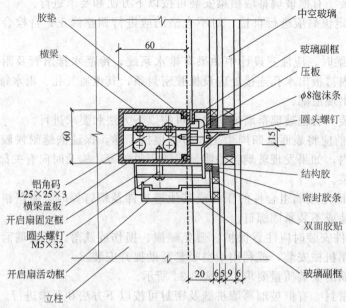

胶垫　　　　　　　　　　　　　　　　　　　　　　中空玻璃

横梁　　　　　　　　　　　　　　　　　　　　　玻璃副框

　　　　　　　　　　　　　　　　　　　　　　　压板

　　　　　　　　　　　　　　　　　　　　　　φ8泡沫条

　　　　　　　　　　　　　　　　　　　　　　圆头螺钉

　　　　　　　　　　　　　　　　　　　　　　结构胶

铝角码　　　　　　　　　　　　　　　　　　　密封胶条
L25×25×3
横梁盖板　　　　　　　　　　　　　　　　　　双面胶贴
开启扇固定框
圆头螺钉
M5×32
开启扇活动框　　　　　　　　　　　　　　　　玻璃副框
立柱

图 3-6　隐框玻璃幕墙开启扇的竖向节点详图（单位：mm）

**（三）玻璃幕墙安装的安全措施**

（1）安装玻璃幕墙用的施工机具应进行严格检验。手电钻、射钉枪等电动工具应作绝缘性试验，手持玻璃吸盘、电动玻璃吸盘等，应进行吸附重量和吸附持续时间的试验。

（2）幕墙施工人员在进入施工现场时，必须佩戴安全帽、安全带、工具袋等。

（3）在高层玻璃幕墙安装与上部结构施工交叉时，结构施工下方应设安全防护网。在离地 3m 处，应搭设挑出 6m 的水平安全网。

（4）在玻璃幕墙施工现场进行焊接时，在焊件下方应吊挂上接焊渣的斗，以防止焊渣任意掉落而引起事故。

# 第四节　全玻璃幕墙的施工

在建筑物首层大堂、顶层和旋转餐厅，为增加玻璃幕墙的通透性，不仅采用玻璃板，而且包括支承结构都采用玻璃肋，这类幕墙称为全玻璃幕墙。全玻璃幕墙通透性特别好、造型简捷明快、视觉非常宽广。由于全玻璃幕墙通常采用比较厚的玻璃，所以其隔声效果比较好，加之视线的无阻碍性，用于外墙装饰时，可以使室内、室外环境浑然一体，幕墙显得非常广阔、明亮、美观、气派，被广泛应用于各种底层公共空间的外装饰。

## 一、全玻璃幕墙的分类

全玻璃幕墙根据其构造方式的不同，可分为吊挂式全玻璃幕墙和坐落式全玻璃幕墙两种。

### （一）吊挂式全玻璃幕墙

当建筑物层高很大，采用通高玻璃的坐落式幕墙时，因玻璃变得比较细长，其平面的外刚度和稳定性相对很差，在自重作用下就很容易压屈破坏，不可能再抵抗其他各种水平力的作用。为了提高玻璃的刚度、安全性和稳定性，避免产生压屈破坏，在超过一定高度的通高玻璃上部设置专用的金属夹具，将玻璃和玻璃肋吊挂起来形成玻璃墙面，这种玻璃幕墙称为吊挂式全玻璃幕墙。吊挂式全玻璃幕墙的下部需要镶嵌在槽口内，以利于玻璃板的伸缩变形。吊挂式全玻璃幕墙的玻璃尺寸和厚度，要比坐落式全玻璃幕墙的大，而且构造复杂、工序较多，因此工程造价也较高。

根据工程实践证明，下列情况可采用吊挂式全玻璃幕墙：玻璃厚度为 10mm，幕墙高度在 4～5m 时；玻璃厚度为 12mm，幕墙高度在 5～6m 时；玻璃厚度为 15mm，幕墙高度在 6～8m 时；玻璃厚度为 19mm，幕墙高度在 8～10m 时。

### （二）坐落式全玻璃幕墙

当全玻璃幕墙的高度较低时，可以采用坐落式安装。这种幕墙的通高玻璃板和玻璃肋上下均镶嵌在槽内，玻璃直接支撑在下部槽内的支座上，上部镶嵌玻璃的槽与玻璃之间留有空隙，使玻璃有伸缩的余地。这种做法构造简单、工序较少、造价较低，但只适用于建筑物层高较小的情况下。

全玻璃幕墙所使用的玻璃，多数为钢化玻璃和夹层钢化玻璃。无论采用何种玻璃，其边缘都应进行磨边处理。

## 二、全玻璃幕墙的构造

### （一）坐落式全玻璃幕墙的构造

坐落式全玻璃幕墙为了加强玻璃板的刚度，保证玻璃幕墙整体在风压等水平荷载作用下的稳定性，构造中应加设玻璃肋。这种玻璃幕墙的构造组成为：上下金属夹槽、玻璃板、玻璃肋、弹性垫块、聚乙烯泡沫条或橡胶嵌条、连接螺栓、硅酮结构胶及耐候胶等，如图 3-7（a）所示。上下夹槽为 5 号槽钢，槽底垫弹性垫块，两侧嵌填橡胶条，封口用耐候胶。当玻璃高度小于 2m 且风压较小时，可不设置玻璃肋。

玻璃肋应当垂直于玻璃板面布置，间距根据设计计算而确定。图 3-7（b）为坐落式全玻璃幕墙平面示意图。从图中可看到玻璃肋均匀设置在玻璃板面的一侧，并与玻璃板垂直相交，玻璃竖向缝嵌入结构胶或耐候胶。

玻璃肋布置方式很多，各种布置方式各具有不同特点。在工程中常见的有后置式、骑缝式、平齐式和突出式。

（1）后置式　后置式是玻璃肋置于玻璃板的后部，用密封胶与玻璃板粘接成为一个整体，如图 3-8（a）所示。

（2）骑缝式　骑缝式是玻璃肋位于两玻璃板的板缝位置，在缝隙处用密封胶将三块玻璃黏结起来，如图 3-8（b）所示。

（3）平齐式　平齐式玻璃肋位于两块玻璃之间，玻璃肋前端与玻璃板面平齐，两侧缝隙用密封胶嵌入、粘接，如图 3-8（c）所示。

（4）突出式　突出式玻璃肋夹在两玻璃板中间，两侧均突出玻璃表面，两面缝隙用密封胶嵌入、粘接，如图 3-8（d）所示。

玻璃板、玻璃肋之间交接处留缝尺寸，应根据玻璃的厚度、高度、风压等确定，缝中灌注透明的硅酮耐候胶，使玻璃连接、传力，玻璃板通过密封胶缝将板面上的一部分作用力传给玻璃肋，再经过玻璃肋传递给结构。

### （二）吊挂式全玻璃幕墙构造

吊挂式全玻幕墙，玻璃面板采用吊挂支承，玻璃肋板也采用吊挂支承，幕墙玻璃重量都由上部结构梁承载，因此幕墙玻璃自然垂直，板面平整，反射映像真实，更重要的是在地震

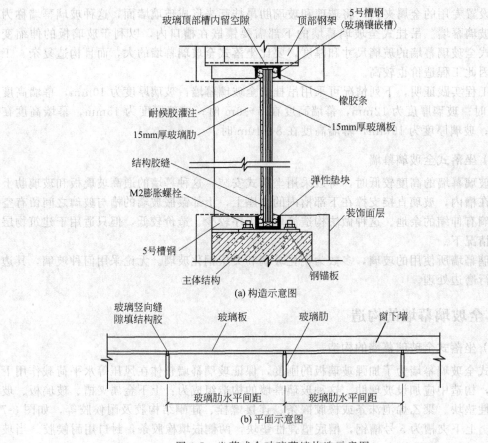

(a) 构造示意图

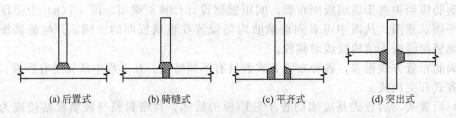

(b) 平面示意图

图 3-7 坐落式全玻璃幕墙构造示意图

(a) 后置式     (b) 骑缝式     (c) 平齐式     (d) 突出式

图 3-8 玻璃肋布置方式

或大风冲击下，整幅玻璃在一定限度内作弹性变形，可以避免应力集中造成玻璃破裂。

1995 年 1 月，在日本阪神大地震中吊挂式全玻幕墙的完好率远远大于坐落式全玻幕墙，况且坐落式全玻幕墙一般都是低于 6m 高度的。事后经有关方面调查，吊挂式全玻幕墙出现损失的原因，并不是因为其构造的问题。

分析国内外部分的吊挂式全玻幕墙产生破坏主要原因有：①混凝土结构破坏导致整个幕墙变形损坏；②吊挂钢结构破坏、膨胀螺栓松脱、焊缝断裂或组合式钢夹的夹片断裂；③玻璃边缘原来就有崩裂或采用钻孔工艺；④玻璃与金属横档间隔距离太小；⑤玻璃之间粘接的硅酮胶失效。

国内外工程实践充分证明，当幕墙的玻璃高度超过一定数值时，采用吊挂式全玻璃幕墙的做法是一种较成功的方法。

吊挂式全玻璃幕墙的安装施工是一项多工种联合施工，不仅工序复杂，操作也要求十分精细；同时，它又与其他分项工程的施工进度计划有密切关系。为了使玻璃幕墙的施工安装顺利进行，必须根据工程实际情况，编制好单项工程施工组织设计，并经总承包单位确认。

现以图 3-9、图 3-10 为例说明其构造做法。

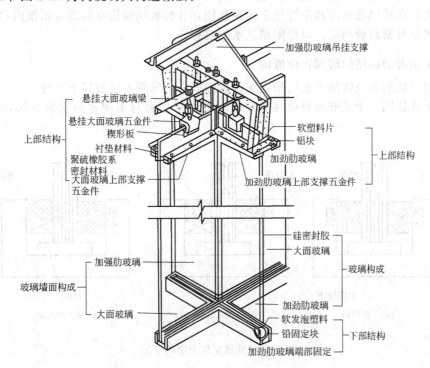

图 3-9　吊挂式全玻璃幕墙构造

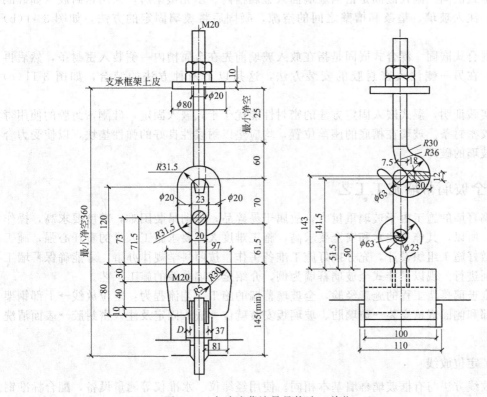

图 3-10　全玻璃幕墙吊具构造（单位：mm）

吊挂式全玻璃幕墙主要构造方法是：在玻璃顶部增设钢梁、吊钩和夹具，将玻璃竖直吊挂起来，然后在玻璃底部两角附近垫上固定垫块，并将玻璃镶嵌在底部金属槽内，槽内玻璃两侧用密封条及密封胶填实，以便限制其水平位移。

**（三）全玻璃幕墙的玻璃定位嵌固**

全玻璃幕墙的玻璃需插入金属槽内定位和嵌固，其安装方法有以下 3 种。

（1）干式嵌固　干式嵌固是指在固定玻璃时，采用密封条固定的安装方法，如图 3-11（a）所示。

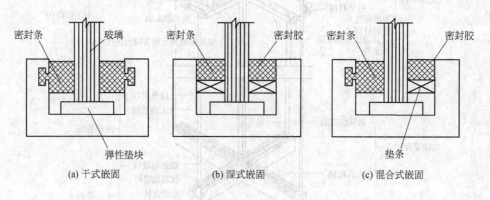

(a) 干式嵌固　　　　　　(b) 湿式嵌固　　　　　　(c) 混合式嵌固

图 3-11　玻璃定位固定的方法

（2）湿式嵌固　湿式嵌固是指当玻璃插入金属槽内、填充垫条后，采用密封胶（如硅酮密封胶等）注入玻璃、垫条和槽壁之间的空隙，凝固后将玻璃固定的方法，如图 3-11（b）所示。

（3）混合式嵌固　混合式嵌固是指在放入玻璃前先在金属槽内一侧装入密封条，然后再放入玻璃，在另一侧注入密封胶的安装方法，这是以上两种方法的结合，如图 3-11（c）所示。

工程实践证明，湿式嵌入固定方法的密封性能优于干式嵌入固定，硅酮密封胶的使用寿命长于橡胶密封条。玻璃在槽底的座落位置，均应垫以耐候性良好的弹性垫块，以使受力合理、防止玻璃的破碎。

## 三、全玻璃幕墙施工工艺

全玻璃幕墙的施工由于玻璃重量大，故属于易碎品，移动吊装困难，精度要求高，操作工艺复杂。所以，其施工技术和安全要求高，施工难度大，要求施工人员的责任心强，施工前一定要做好施工组织设计，充分搞好施工准备工作，按照科学规律办事，才能确保幕墙工程施工顺利进行。现以吊挂式全玻璃幕墙为例，介绍全玻璃幕墙的施工工艺。

根据全玻璃幕墙工程的施工经验，全玻璃幕墙的施工工艺流程为：定位放线→上部钢架安装→下部和侧面嵌槽安装→玻璃肋、玻璃板安装就位→嵌入固定及注入密封胶→表面清洗和验收。

### （一）定位放线

定位放线方法与有框玻璃幕墙基本相同。使用经纬仪、水准仪等测量设备，配合标准钢卷尺、重锤、水平尺等复核主体结构轴线、标高及尺寸，并对原预埋件进行位置检查、复核。

## （二）上部钢架安装

上部钢架用于安装玻璃吊具支架时，强度和稳定性要求都比较高，应使用镀锌钢材，严格按照设计要求施工、制作。在钢架的安装过程中，应注意以下事项。

（1）钢架安装前要检查预埋件或钢锚板的质量是否符合设计要求，锚栓位置离开混凝土外缘不小于50mm。

（2）相邻柱间的钢架、吊具的安装必须通顺平直，吊具螺杆的中心线在同一铅垂平面内，应分段拉通线检查、复核，吊具的间距应均匀一致。

（3）钢架应进行隐蔽工程验收，需要经监理公司有关人员验收合格后，方可对施焊处进行防锈处理。

## （三）下部和侧面嵌槽安装

嵌入固定玻璃的槽口应采用型钢，如尺寸较小的槽钢等，应与预埋件焊接牢固，验收后应进行防锈处理。下部槽口内每块玻璃的两角附近应放置两块氯丁橡胶垫块，长度一般不小于100mm。

## （四）玻璃板的安装

大型玻璃板的安装难度大、技术要求高，施工前要检查安全、技术措施是否齐全到位，各种工具机具是否齐备、适用和正常等，待一切就序后方可吊装玻璃。在玻璃板安装中的主要工序包括如下。

（1）检查玻璃。在将要吊装玻璃前，需要再一次检查玻璃质量，尤其注意检查有无裂纹和崩边，粘接在玻璃上的铜夹片位置是否正确，用干布将玻璃表面擦干净，用规定的记号做好中心标记。

（2）安装电动玻璃吸盘。玻璃吸盘要对称吸附于玻璃面，吸附必须牢固。

（3）在安装完毕后，先进行试吸，即将玻璃试吊起2～3m，检查各个吸盘的牢固度，试吸成功才能正式吊装玻璃。

（4）在玻璃适当位置安装手动吸盘、拉缆绳和侧面保护胶套。手动吸盘用于在不同高度工作的工人能够用手协助玻璃就位，拉缆绳是为玻璃在起吊、旋转、就位时，能控制玻璃的摆动，防止因风力作用和吊车转动发生玻璃失控。

（5）在嵌入固定玻璃的上下槽口内侧应粘贴上低发泡垫条，垫条宽度同嵌缝胶的宽度，并且留有足够的注胶深度。

（6）吊车将玻璃移动至安装位置，并将玻璃对准安装位置徐徐靠近。

（7）上层的工人把握好玻璃，防止玻璃就位时碰撞钢架。等下层工人都能握住深度吸盘时，可将玻璃一侧的保护胶套去掉。上层工人利用吊挂电动吸盘的手动吊链慢慢吊起玻璃，使玻璃下端略高于下部槽口，此时下层工人应及时将玻璃轻轻拉入槽内，并利用木板遮挡防止碰撞相邻玻璃。另外，应有人用木板轻轻托着玻璃下端，保证在吊链慢慢下放玻璃时，能准确落入下部的槽口中，并防止玻璃下端与金属槽口碰撞。

（8）玻璃定位。安装好玻璃夹具，各吊杆螺栓应在上部钢架的定位处，并与钢架轴线重合，上下调节吊挂螺栓的螺钉，使玻璃提升和准确就位。第一块玻璃就位后要检查其侧边的垂直度，以后玻璃只需要检查其缝隙宽度是否相等、符合设计尺寸即可。

（9）在做好上部吊挂后，嵌入固定上下边框槽口外侧的垫条，使安装好的玻璃嵌入固定部位。

## （五）灌注密封胶

（1）在灌注密封胶之前，所有注胶部位的玻璃和金属表面，均用丙酮或专用清洁剂擦拭干净，但不得用湿布和清水擦洗，所有注胶面必须干燥。

（2）为确保幕墙玻璃表面清洁美观，防止在注入胶液时将玻璃污染，在注胶前需要在玻璃上粘贴上美纹纸加上保护。

（3）安排受过训练的专业注胶工施工，注胶时内外两侧应同时进行。注胶的速度要均匀，厚度要一致，不要夹带气泡。注胶道表面要呈凹曲面。注胶不应在风雨天气和温度低于5℃的情况下进行。温度太低，胶凝固速度慢，不仅易产生流淌，甚至会影响拉伸强度。总之，一切应严格遵守产品说明进行施工。

（4）耐候硅酮密封胶的施工厚度一般应为 3.5～4.5mm，如果胶缝的厚度太薄则对保证密封性能不利。

（5）胶缝厚度应遵守设计中的规定，结构硅酮胶必须在产品有效期内使用。

## （六）清洁幕墙表面

在以上工序完成后，要认真清洗玻璃幕墙的表面和施工现场，使之达到竣工验收的标准。

## 四、全玻璃幕墙施工注意事项

（1）玻璃磨边　每块玻璃四周均需要进行磨边处理，不要因为上下不露边而忽视玻璃安全和质量。科学试验证明，玻璃在生产、施工和使用过程中，其应力是非常复杂的。玻璃在生产、加工过程中存在一定内应力；玻璃在吊装中下部可能临时落地受力；在玻璃上端有夹具夹固，夹具具有很大的应力；吊挂后玻璃又要整体受拉，内部存在着应力。如果玻璃边缘不进行磨边，在复杂的外力、内力共同作用下，很容易产生裂缝而破坏。

（2）夹持玻璃的铜夹片一定要用专用胶粘接牢固，密实且无气泡，并按说明书要求充分养护后，才可进行吊装。

（3）在安装玻璃时应严格控制玻璃板面的垂直度、平整度及玻璃缝隙尺寸，使之符合设计及规范要求，并保证外观效果的协调、美观。

# 第五节　"点支式"连接玻璃幕墙

由玻璃面板、点支撑装置和支撑结构构成的玻璃幕墙称为"点支式"玻璃幕墙。根据支撑结构不同分类，"点支式"玻璃幕墙可分为工字形截面钢架、柱式钢桁架、鱼腹式钢架、空腹弓形钢架、单拉杆弓形钢架、双拉杆梭形钢架等；按照玻璃面板的材料不同分类，可分为钢化玻璃"点支式"玻璃幕墙、夹层安全玻璃"点支式"玻璃幕墙、中空玻璃"点支式"玻璃幕墙、双层玻璃"点支式"玻璃幕墙、光电玻璃"点支式"玻璃幕墙等；按照玻璃面板支承形式不同分类，可分为四点支承点支承玻璃幕墙、六点支承点支承玻璃幕墙、多点支承点支承玻璃幕墙、托板支承点支承玻璃幕墙、夹板支承点支承玻璃幕墙等。

"点支式"玻璃幕墙是一门新兴技术，它体现的是建筑物内外的流通和融合，改变了过去用玻璃来表现窗户、幕墙的传统做法，着重强调的是玻璃的透明性。透过透明的玻璃，人们可以清晰地看到支撑玻璃幕墙的整个结构系统，将单纯的支撑结构系统转化为可视性、观赏性和表现性。由于"点支式"玻璃幕墙表现方法奇特，尽管它诞生的时间不长，但应用却极为广泛，并且日新月异地发展着。

## 一、"点支式"玻璃幕墙的特性

工程实践充分证明，"点支式"玻璃幕墙主要具有通透性好、灵活性好、安全性好、工艺感好、环保节能性好等显著特点。

(1) 通透性好　玻璃面板仅通过几个点连接到支撑结构上，几乎无遮挡，透过玻璃视线达到最佳，视野达到最大，将玻璃的透明性应用到极限。

(2) 灵活性好　在金属紧固件和金属连接件的设计中，为减少、消除玻璃板孔边缘的应力集中，应使玻璃板与连接件处于铰接状态，使得玻璃板上的每个连接点都可自由地转动，并且还允许有少许的平动，用于弥补安装施工中的误差。所以，"点支式"玻璃幕墙的玻璃一般不产生安装应力，并且能顺应支撑结构受荷载作用后产生的变形，使玻璃不产生过度的应力集中。同时，采用"点支式"玻璃幕墙技术可以最大限度地满足建筑造型的需求。

(3) 安全性好　由于"点支式"玻璃幕墙所用玻璃全都是经过钢化处理的，属于安全玻璃，并且使用金属紧固件和金属连接件与支撑结构相连接，注入的耐候密封胶液只起到密封作用，不承受荷载，即使玻璃意外发生破坏，钢化玻璃破裂成碎片，形成所谓的"玻璃雨"，也不会出现整块玻璃坠落的严重伤人事故。

(4) 工艺感好　"点支式"玻璃幕墙的支撑结构虽然有多种形式，但支撑构件的加工均要求比较精细、表面平整光滑，具有良好的工艺感和艺术感。因此，许多建筑师喜欢选用这种结构形式。

(5) 环保节能性好　"点支式"玻璃幕墙的显著特点之一是通透性好，因此在玻璃的使用上应当多选择无光污染的白玻璃、超白玻璃和低辐射玻璃等，尤其是中空玻璃的应用，使玻璃幕墙的环保节能效果更加明显。

## 二、"点支式"玻璃幕墙设计

### （一）玻璃材料的设计

(1) "点支式"玻璃幕墙在一般情况下四边形玻璃面板可采用四点支承，有依据时也可采用六点支承，三角形玻璃面板可采用三点支承。点支承玻璃幕墙一般常采用四点支承，相邻两块四点支承板改为六点支承板后，最大弯矩由四点支承板的"跨中"转移至六点支承板的支座且数值相近，承载力没有显著提高，但"跨中"挠度可大大减小。所以，一般情况下可采用单块四点支承玻璃。当挠度够大时，可将相邻两块四点支承板改为六点支承板。

点支承幕墙面板采用开孔支承装置时，玻璃板在孔洞边缘处会产生较高的应力集中。为防止玻璃板破裂，孔洞距离板边不宜太近，此距离应根据面板尺寸、板厚和荷载大小而确定。在一般情况下，孔洞边到板边的距离有两种限制方法：一种孔边距不得小于 70mm；另一种是按板厚的倍数规定。当板厚不大于 12mm 时，取 6 倍板厚；当板厚不小于 15mm 时，取 4 倍板厚。这两种方法的限值是大致相当的。孔边距为 70mm 时可以采用爪长较小的 200 系列钢爪支承装置。

(2) 采用浮头式连接件的幕墙玻璃厚度不应小于 6mm；采用沉头式连接件的幕墙玻璃厚度不应小于 8mm。点支承幕墙采用四点支承装置，玻璃在支承部位的应力集中明显，受力比较复杂。因此，点支承玻璃的厚度应具有比普通幕墙更严格的基本要求。对于安装连接件的夹层玻璃和中空玻璃，其单片的厚度也应符合上述要求。

(3) 玻璃之间的空隙宽度不应小于 10mm，且应采用硅酮建筑密封胶进行嵌缝。玻璃之间的缝隙宽度要满足幕墙在温度变化和主体结构侧移时玻璃互不相碰的要求；同时，在密封胶缝受拉时，其自身拉伸变形也要满足温度变化和主体结构侧移使胶缝变宽的要求，因此胶缝的宽度不宜过小。对于有气密和水密要求的点支承幕墙的板缝，应采用硅酮建筑密封胶进行密封。

（4）点支承玻璃支承孔周边应进行可靠的密封。当支承玻璃为中空玻璃时，其支承孔周边应采取多道密封措施。为便于装配和安装进行位置调整，玻璃板开孔的直径应稍大于穿孔而过的金属轴，除轴上加封龙套管外，还应采用密封胶将空隙密封。

### （二）支承装置的设计

（1）"点支式"玻璃幕墙的支承装置，应符合现行的行业标准《点支式玻璃幕墙工程技术规程（附条文说明）》（CECS 127：2001）中的规定，在此标准中给出了钢爪式支承装置的技术条件，但点支承玻璃幕墙并不局限于采用钢爪式支承装置，还可以采用夹板式或其他形式的支承装置。

（2）支承装置应能适应玻璃面板在支承点的转动变形。支承面板变弯后，板的角部产生移动，如果转动被约束，则会在支承处产生较大的弯矩，因此支承装置应能适应板角部的转动变形。当面板尺寸较小、荷载较小、角部转动较小时，可以采用夹板式和固定式支承装置；当面板尺寸较大、荷载较大、面板转动变形较大时，则宜采用带转动球铰的活动式支承装置。

（3）支承装置的钢材与玻璃之间，应当设置弹性材料的衬垫或衬套，衬垫和衬套的厚度不应小于1mm。

（4）除承受玻璃面板所传递的荷载或作用外，支承装置不应兼作他用。点支承玻璃幕墙的支承装置只用来支承幕墙玻璃和玻璃承受的风荷载或地震作用，不应在支承装置上附加其他设备和重物。

## 三、"点支式"玻璃幕墙支承结构

（1）点支承玻璃幕墙的支承结构宜单独进行计算，玻璃面板不宜兼作支承结构的一部分。复杂的支承结构宜采用有限元方法进行计算分析。点支承玻璃幕墙的支承结构可由玻璃肋和各种钢结构面板承受直接作用于其上的荷载作用，并通过支承装置传递给支承结构。在进行玻璃幕墙设计时，支承结构单独进行结构分析。

（2）点支承玻璃幕墙的玻璃肋，可以按现行的行业标准《玻璃幕墙工程技术规范》（JGJ 102—2003）中第7.3节的规定进行设计。

（3）点支承玻璃幕墙的支承钢结构的设计应符合现行国家标准《钢结构设计标准》（GB 50017—2017）的有关规定。

（4）选用单根型钢或钢管作为玻璃幕墙支承结构时，应符合下列规定。

① 端部与主体结构的连接构造应当能够适应主体结构的位移。

② 竖向构件宜按偏心受压构件或偏心受拉构件进行设计；水平构件宜按双向受弯曲构件进行设计；有扭矩作用时应考虑扭矩的不利影响。

③ 受压杆件的长细比（$\lambda$）不应大于150。

④ 在风荷载标准值的作用下，挠度限值宜取其跨度的1/250。计算时，悬臂结构的跨度可取其悬挑长度的2倍。

单根型钢或钢管作为竖向支承结构时，是偏心受拉或偏心受压杆件，上、下端宜铰支承于主体结构上。当屋顶或楼盖有较大位移时，支承构造应能与之相适应，如采用长圆孔、设置双铰摆臂连接机构等。

（5）桁架或空腹桁架设计应符合下列规定。

① 可采用型钢或钢管作为杆件。采用钢管时宜在节点处直接焊接，主管不宜开孔，支

管不应穿入主管内。

② 钢管的外直径不宜大于其壁厚的 50 倍，支管外直径不宜小于主管外直径的 0.3 倍。钢管壁厚不宜小于 4mm，主管的壁厚不应小于支管的壁厚。

③ 桁架杆件不宜偏心连接。弦杆与腹杆、腹杆与腹杆之间的夹角不宜小于 30°。

④ 焊接钢管桁架应按照刚性连接体系进行计算，焊接钢管空腹桁架也应按照刚性连接体系进行计算。

⑤ 轴心受压或偏心受压的桁架杆件长细比不应大于 150；轴心受拉或偏心受拉的桁架杆件长细比不宜大于 350。

⑥ 当桁架或空腹桁架平面外的不动支承点相距远时，应设置正交方向上的稳定支承结构；在风荷载标准值的作用下，其挠度限值宜取其跨度的 1/250。

（6）张拉索杆体系的设计应符合下列规定。

① 应在正、反两个方向上形成承受风荷载或地震作用的稳定结构体系。在主要受力方向的正交方向，必要时应设置稳定性拉索、拉杆或桁架。

② 连接件、受压件和拉杆宜采用不锈钢材料，拉杆的直径不宜小于 10mm；自平衡体系的受压杆件可采用碳素结构钢。拉索宜采用不锈钢铰线、高强度钢铰线，也可采用铝包钢铰线。采用高强度钢铰线时，其表面应进行防腐涂层处理。

③ 在对张拉索杆体系进行结构力学分析时，应当考虑几何非线性的影响。

④ 与主体结构的连接部位应能适应主体结构的位移，主体结构应能承受拉杆体系或拉索体系的预应力和荷载作用。

⑤ 自平衡体系、索杆体系的受压杆件的长细比（λ）不应大于 150。

⑥ 拉杆不宜采用焊接，拉索可采用冷挤压锚具进行连接，但不可采用焊接。

⑦ 在风荷载标准值的作用下，其挠度限值宜取其支承点距离的 1/200。

张拉索杆体系的拉杆和拉索只承受拉力，不承受压力，而风荷载和地震作用是反正两个不同方向的。因此，张拉索杆系统应在两个正交方向都形成稳定的结构体系，除主要受力方向外，其正交方向也应布置平衡或稳定拉索或拉杆，或者采用双向受力体系。

钢铰线是由若干根直径较大的光圆钢丝铰捻而成的螺旋钢丝束，通常由 7 根、19 根或 37 根直径大于 2mm 的钢丝铰捻成。拉索通常采用不锈钢铰线，不必另行进行防腐处理，外表也比较美观。当拉索受力较大时，往往需要采用强度更高的高强度钢铰线，高强度钢铰线不具备自身防腐能力，必须采取可靠的防腐措施。实际工程经验证明，铝包钢铰线是在高强度钢铰线的外层被覆 0.2mm 厚的铝层，兼有高强和防腐双重功能，工程应用效果良好。

张拉索杆体系只有在施加预应力后，才能形成形状不变的受力体系。因此，一般张拉索杆体系都会使主体结构承受附加的作用力，在主体结构设计时必须加以考虑。索杆体系与主体结构的屋盖和楼盖连接时，既要保证索杆体系承受的荷载能可靠地传递到主体结构上，也要考虑主体结构变形时不会使幕墙产生破损。因而幕墙支承结构的上部支承点要根据主体结构的位移方向和变形量，设置单向（通常为竖向）或多向（竖向和一个或两个水平方向）的可动铰支座。

拉索和拉杆都通过端部螺纹连接件与节点相连，螺纹连接件也用于施加预应力。螺纹连接件通常在拉杆的端部直接制作，或通过冷挤压锚具与钢铰线拉索进行连接。

实际工程和"三性"试验证明，张拉索杆体系即使到 1/80 的位移量，也可以做到玻璃与支承结构完好，抗雨水渗漏和空气渗透性能正常，不妨碍安全和使用。因此，张拉索杆体系的位移控制值为跨度的 1/200 是留有余地的。

（7）张拉索杆体系预应力的最小值，应使拉杆或拉索在风荷载设计值的作用下保持一定的预应力储备。

用于建筑幕墙的索杆体系一般应对称布置，施加预应力主要是为了形成稳定不变的结构体系，预应力的大小对减少挠度的作用不大。所以，预应力不必过大，只要保证在荷载、地震、温度作用下索杆还存在一定的拉力，不至于松弛即可。

(8) 点支承玻璃幕墙的安装施工组织设计尚应包括以下内容。

① 支承钢结构的运输、现场拼装和吊装方案。

② 拉杆、拉索体系预应力的施加、测量、调整方案及索杆的定位、固定方法。

③ 玻璃的运输、就位、调整和固定方法。

④ 玻璃幕墙胶缝的充填及质量保证措施等。

## 四、"点支式"玻璃幕墙施工工艺

钢架式点支玻璃幕墙是最早的"点支式"玻璃幕墙结构，按其结构形式又有钢架式、拉锁式。其中，钢架式是建筑工程中采用最多的结构类型。

### （一）钢架式点支玻璃幕墙安装工艺流程

由于钢架式点支玻璃幕墙的结构组成比较复杂，所以其施工工艺也比较烦琐。根据工程施工经验，钢架式点支玻璃幕墙安装工艺流程为：检验并分类堆放幕墙构件→现场测量放线→安装钢桁架→安装不锈钢拉杆→安装接驳件（钢爪）→玻璃就位→钢爪紧固螺钉→固定玻璃→玻璃缝隙内注胶→表面清理。

### （二）安装前的准备工作

在玻璃幕墙正式施工前，应根据土建结构的基础验收资料复核各项数据，并标注在检测资料上，预埋件、支座面和地脚螺栓的位置、标高的尺寸偏差，应符合现行技术规定及验收规范，钢柱脚下的支撑预埋件应符合设计要求。

在玻璃幕墙正式安装之前，应认真检验并分类堆放幕墙所用的构件。钢结构在装卸、运输堆放的过程中，应防止出现损坏和变形。钢结构运送到安装地点的顺序，应当满足安装程序的需要。

### （三）施工测量放线

钢架式点支玻璃幕墙分格轴线的测量应与主体结构的测量配合，其误差应及时调整，不得出现积累。钢结构的复核定位应使用轴线控制点和测量标高的基准点，保证幕墙主要竖向构件及主要横向构件的尺寸允许偏差符合有关规范及行业标准。

### （四）钢桁架的安装

钢桁架安装应按现场实际情况及结构采用整体或综合拼装的方法施工。确定几何位置的主要构件，如柱、桁架等应吊装在设计位置上，在松开吊挂设备后应进行初步校正，构件的连接接头必须经过检查合格后，方可紧固和焊接。

对于焊接部位应按要求进行打磨，消除尖锐的棱角和尖角，达到圆滑过渡要求的钢结构表面，还应根据设计要求喷涂防锈漆和防火漆。

### （五）接驳件（钢爪）安装

在安装横梁的同时按顺序及时安装横向及竖向拉杆。对于拉杆接驳结构体系，应保证驳接件（钢爪）位置的准确，紧固拉杆或调整尺寸偏差时，宜采用先左后右、由上自下的顺序，逐步固定接驳件位置，以单元控制的方法调整校核结构体系安装精度。

在接驳件安装时，不锈钢爪的安装位置一定要准确，在固定孔、点和接驳件（钢爪）间的连接应考虑可调整的余量。所有固定孔、点和玻璃连接的接驳件螺栓都应用测力扳手拧紧，其力矩的大小应符合设计规定值，并且所有的螺栓都应用自锁螺母固定。常见钢爪示意如图 3-12 所示；钢爪安装示意如图 3-13 所示。

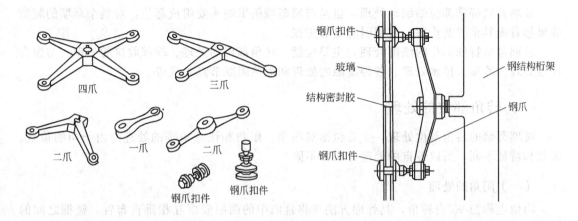

图 3-12　常见钢爪示意

图 3-13　钢爪安装示意

### （六）幕墙玻璃安装

在进行玻璃安装前，首先应检查、校对钢结构主支撑的垂直度、标高、横梁的高度和水平度等是否符合设计要求，特别要注意安装孔位的复查；然后清洁钢件表面杂物，驳接玻璃底部"U"形槽内应装入橡胶垫块，对应于玻璃支撑面的宽度边缘处应放置垫块。

在进行玻璃安装时，应清洁玻璃及吸盘上的灰尘，根据玻璃重量及吸盘规格确定吸盘个数；然后检查驳接爪的安装位置是否正确，经校核无误后，方可安装玻璃。正式安装玻璃时，应先将驳接头与玻璃在安装平台上装配好，然后再与驳接爪进行安装。为确保驳接头处的气密性、水密性，必须使用扭矩扳手，根据驳接系统的具体尺寸来确定扭矩的大小。玻璃安装示意如图 3-14 所示。

玻璃在现场初步安装后，应当认真调整玻璃上下左右的位置，以便保证玻璃安装的水平偏差在允许范围内。玻璃全部调整好后，还应进行立面平整度的检查，经检查确认无误后，才能打密封胶。

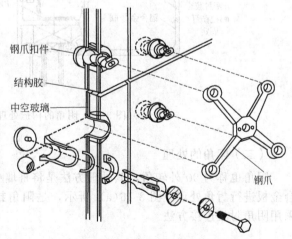

图 3-14　玻璃安装示意

### （七）玻璃缝隙注密封胶

在进行注入密封胶前，应进行认真清洁工作，以确保密封胶与玻璃结合牢固。注胶前在需要注胶的部位粘贴保护胶纸，并要注意胶纸与胶缝要平直。注胶时要持续均匀，其操作顺序是：先打横向缝，后打竖向缝；竖向胶缝宜自上而下进行，胶注满后，应检查里面是否有气泡、空心、断缝、夹杂，如果有应及时处理。

# 第六节　玻璃幕墙的细部处理

玻璃幕墙特殊部位的细部处理，也是玻璃幕墙施工的重要组成部位，对整个幕墙的装饰效果起着极其重要的作用，必须引起足够重视。

玻璃幕墙特殊部位的细部处理，主要包括：转角部位的处理、端部收口的处理、与窗台连接处理、冷凝水排水处理、各种缝隙的处理和隔热阻断节点处理等。

## 一、转角部位的处理

玻璃幕墙的转角部位处理，主要包括对阴角、阳角和任意角等的处理。由于角的位置、形状和特征不同，所以各自的处理方法也不同。

### （一）阴角的处理

阴角也称为90°内转角，其处理方法是将幕墙中的两根竖框互相垂直布置。竖框之间的缝隙，外侧用弹性密封材料进行密封，室内一侧采用压型薄铝板进行饰面，薄铝板与铝合金竖框之间用铝钉连接。阴角的构造处理如图3-15所示。

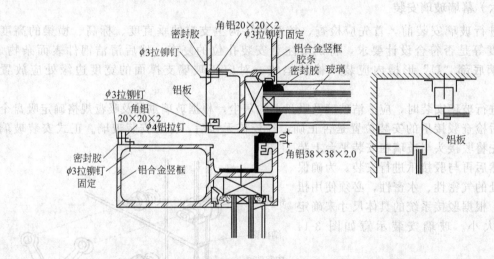

图3-15　阴角的构造处理（单位：mm）

### （二）阳角的处理

阳角也称为90°外转角，其处理方法是将幕墙中的两根竖框以垂直方式布置，然后用铝合金板进行封角处理。图3-16（a）所示，是阳角封板连接方法；图3-16（b）所示，是阳角采用阴角封板连接方法。

### （三）任意角的处理

任意角是指外墙角度不是90°的角，如外墙拐角、锐角和钝角，其中钝角的处理最为典型。钝角的处理方法是：幕墙两个竖框靠紧，中间用现场电焊制作的异型连接板塞紧，并与竖框贯通，螺栓固定内缝用密封胶进行嵌缝，外角用1.5mm厚的铝板，扣入竖框卡口，缝隙用密封胶嵌缝。钝角的构造处理如图3-17所示。

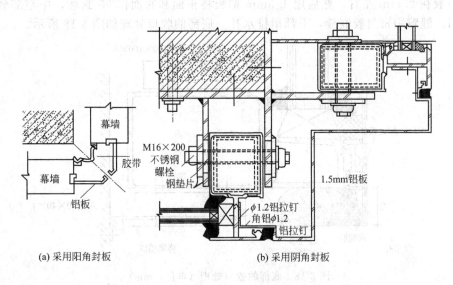

(a) 采用阳角封板　　　　　　　(b) 采用阴角封板

图 3-16　阳角的构造处理示意图（单位：mm）

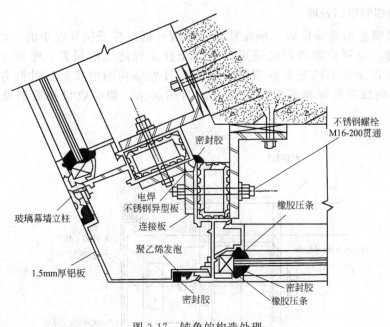

图 3-17　钝角的构造处理

## 二、端部收口的处理

玻璃幕墙的端部收口处理，是确保玻璃幕墙内部密封，不受外界侵蚀的重要细部技术措施。根据玻璃幕墙的结构特点，一般主要包括底部的收口处理、侧端的收口处理和顶部的收口处理等五个部分。

### （一）底部的收口处理

底部的收口是指幕墙最底部的所有横框与墙面接触部位的处理方法。底部收口经常见到的有：横框与下墙、横框与窗台板、横框与地面之间的交接等。横框与结构脱开一段距离，其间隔一般在 25mm 左右，然后用 1.5mm 铝板将正面和底面作 90°封堵，中空部分用泡沫塑料填满。缝隙用密封胶嵌缝，下部留排水孔。底部的收口处理如图 3-18 所示。

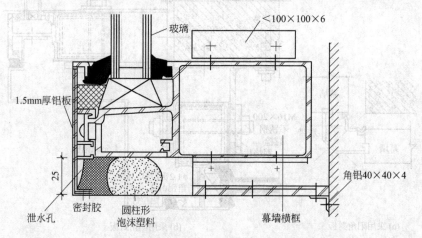

图 3-18　底部的收口处理（单位：mm）

### （二）侧端的收口处理

当安装玻璃幕墙遇到最后一根立柱时，幕墙竖框与柱子拉开较小的一段距离，并用铝板进行封堵。这样处理的好处是可以清除土建工程施工的误差，弥补土建工程遗留的缺陷，也可以满足不同变形的需要。竖框与其他结构的连接，其过渡方法仍然是采用 1.5mm 厚的成型铝板将幕墙与骨架之间封闭起来。侧端收口构造的处理如图 3-19 所示。

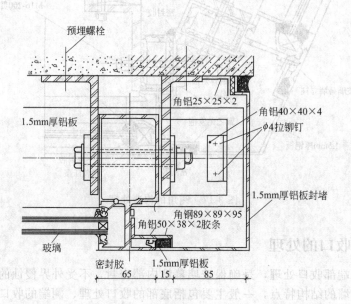

图 3-19　侧端收口构造的处理（单位：mm）

### （三）顶部的收口处理

顶部是指玻璃幕墙的上端水平面。对于这个部位的处理，一方面要考虑顶部收口，另一方面要考虑防止雨水渗漏。顶部收口的通常做法仍然是采用铝板进行封盖，其一端固定在横框上，另一端固定在结构骨架上。

相连的接缝部位应做密封处理，其收口处理的方法如图 3-20 所示。

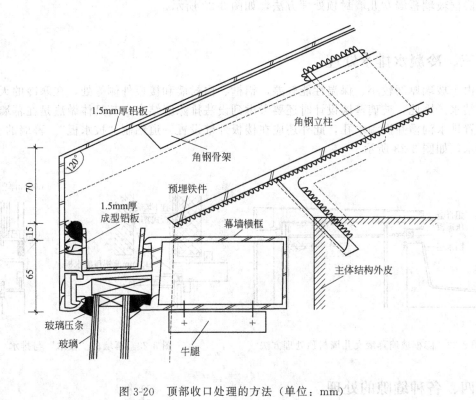

图 3-20　顶部收口处理的方法（单位：mm）

### （四）隐框玻璃幕墙根部收口处理

隐框玻璃幕墙与明框玻璃幕墙相同，只是在玻璃幕墙的根部横框底部设置垫板垫块，外侧安装一条压型"披水板"，外用防水密封胶封严即可。"披水板"的根部是窗台，最下面的横框与地面之间要留 25mm 的间隙，内部填满密封胶，铝合金"披水板"厚度为 1.5mm。

隐框玻璃幕墙根部收口处理方法如图 3-21 所示。

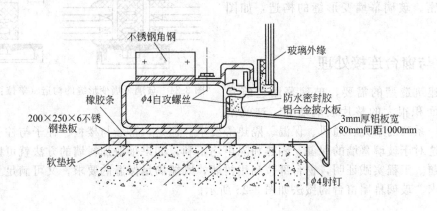

图 3-21　隐框玻璃幕墙根部收口处理方法（单位：mm）

### （五）隐框玻璃幕墙女儿墙封顶处理

隐框玻璃幕墙女儿墙封顶处理，是利用铝合金压型板材做压顶，用螺栓加防水垫与骨架进行连接，板缝与螺栓孔用密封胶填缝封严。

隐框玻璃幕墙女儿墙封顶处理方法，如图 3-22 所示。

## 三、冷凝水排水处理

由于玻璃厚度较小、保温性能较差，铝框、内衬墙和楼板外侧等处，在寒冷的天气会出现凝结水。因此，玻璃幕墙设计时还要考虑到设法排除凝结水。其具体做法是在幕墙的横框处设置排水沟槽并设滴水孔，此外还应在楼板外壁设置一道铝制"披水板"。幕墙的"披水"与排水，如图 3-23 所示。

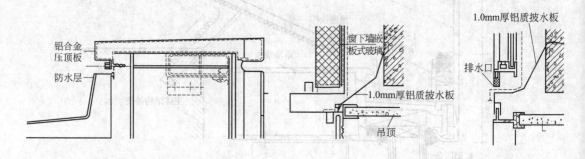

图 3-22　隐框玻璃幕墙女儿墙封顶处理方法　　　　图 3-23　幕墙的"披水"与排水

## 四、各种缝隙的处理

在建筑结构中存在伸缩缝、沉降缝和防震缝等，这些缝通称为变形缝。究竟需要设置何种缝，主要取决于建筑结构变形的需要。玻璃幕墙在缝隙部位也要适应结构变形的需要，设置相应的变形缝，将两个竖框伸出的铝板彼此插接，缝隙部分用弹性较好的橡胶带堵塞严密。玻璃幕墙变形缝的构造，如图 3-24 所示。

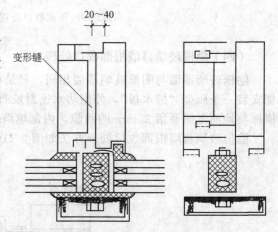

图 3-24　玻璃幕墙变形缝的构造（单位：mm）

## 五、与窗台连接处理

由于建筑造型的需要，玻璃幕墙建筑常常是设计面积很大的整片玻璃墙面，这就给幕墙带来一系列的采光、通风、保温、隔热等要求。但是，幕墙与楼板、柱子与柱子之间均有缝隙，这对于玻璃幕墙的保温、隔热和隔声均不利，如果采取加衬墙的方法就可以解决以上这些问题。工程实践证明，窗台部位利用衬墙，既能满足保温的要求，又可满足上、下层隔声的要求。玻璃幕墙窗台的做法如图 3-25 所示。

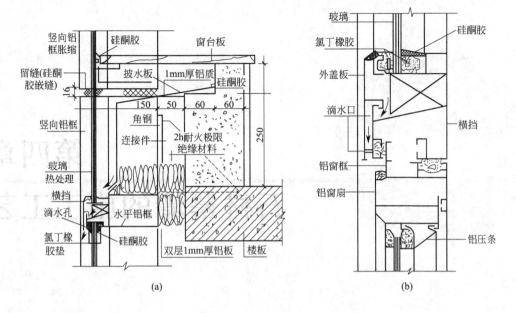

图 3-25　玻璃幕墙窗台的做法示意（单位：mm）

## 六、隔热阻断节点处理

在明框式玻璃幕墙构造中，由于骨架的外露很容易形成"冷热桥"，金属与玻璃的膨胀收缩差别很大，玻璃会因挤压而损坏。为阻断"冷热桥"的传导，必须在骨架与玻璃骨架、外侧罩板之间设橡胶垫，尽量减少传导热的面积。

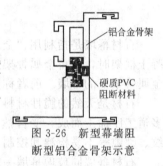

图 3-26　新型幕墙阻断型铝合金骨架示意

为解决"冷热桥"问题，许多单位进行大量试验研究，并取得了较好成果。某厂生产了一种新型骨架材料，有效地防止了"冷热桥"现象。这种新型幕墙阻断型铝合金骨架，如图 3-26 所示。在幕墙中常用隔热阻断构造如图 3-27 所示。

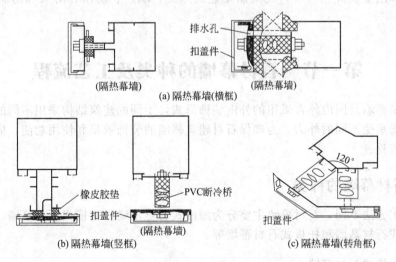

图 3-27　幕墙中常用隔热阻断构造

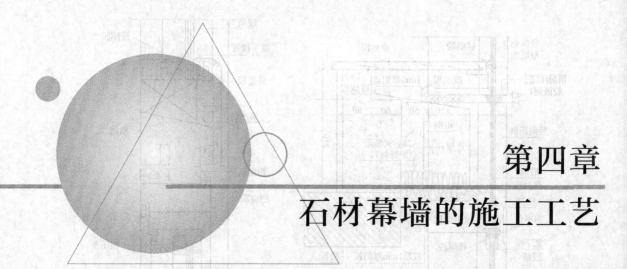

# 第四章
# 石材幕墙的施工工艺

石材幕墙是指利用"金属挂件"将石材饰面板直接挂在主体结构上，或当主体结构为混凝土框架时，先将金属骨架悬挂于主体结构上，然后再利用"金属挂件"将石材饰面板挂于金属骨架上的幕墙。前者称为直接式干挂幕墙，后者称为骨架式干挂幕墙。

石材是天然的脆性材料，建筑幕墙用石材板是天然石材经过开采、切割、抛光、火烧等多道工序加工而成，受自然成因及后期开采、加工技术等多种因素的影响，很容易产生暗纹、裂隙等不易检测和控制的质量缺陷。

石材幕墙同玻璃幕墙一样，需要承受各种外力的作用，还需要适应主体结构位移的影响，所以石材幕墙必须按照现行标准《金属与石材幕墙工程技术规范》（JGJ 133—2001）进行强度计算和刚度验算。另外，还应满足建筑热工、隔声、防水、防火和防腐蚀等方面的要求。

## 第一节 石材幕墙的种类及工艺流程

石材建筑幕墙是国内外常采用的外围装饰形式，不同的建筑结构采用不同的种类，在施工和使用中均承受不同的外力。为确保石材建筑幕墙的装饰效果和使用功能，应当采用不同的施工工艺流程。

### 一、石材幕墙的种类

按照施工方法不同，石材幕墙主要分为短槽式石材幕墙、通槽式石材幕墙、钢销式石材幕墙、背栓式石材幕墙和托板式石材幕墙等。

#### （一）短槽式石材幕墙

短槽式石材幕墙是在幕墙石材侧边中间开短槽，用不锈钢挂件挂接、支撑石板的做法。

短槽式做法的构造简单，技术成熟，目前应用较多。

**（二）通槽式石材幕墙**

通槽式石材幕墙是在幕墙石材侧边中间开通槽，嵌入和安装通长金属卡条，石板固定在金属的卡条上的做法。此种做法施工复杂，开槽比较困难，目前应用较少。

**（三）钢销式石材幕墙**

钢销式石材幕墙是在幕墙石材侧面打孔，穿入不锈钢钢销将两块石板连接，钢销与挂件连接，将石材挂接起来的做法。这种做法目前应用也较少。

**（四）背栓式石材幕墙**

背栓式石材幕墙是在幕墙石材背面钻四个扩底孔，孔中安装柱（锥）式锚栓，然后再把锚栓通过连接件与幕墙的横梁相接的幕墙做法。背栓式是石材幕墙的新型做法，它受力合理、维修方便、更换简单，是一项引进新技术，目前已经在很多幕墙工程中推广应用。

**（五）托板式石材幕墙**

托板式石材幕墙采用铝合金托板进行连接，整个粘接一般在工厂内完成，施工质量可靠。在现场安装时采用挂式结构，在安装过程中可实现三维调整；并可使用弹性胶垫安装，从而实现柔性连接，提高抗震性能。这种石材幕墙具有高贵、亮丽的质感，使建筑物表现得庄重大方、高贵豪华。

## 二、石材幕墙的工艺流程

石材幕墙按其施工方式不同，虽然可以分为很多种类，但总起来讲，它们的工艺流程还是大同小异的。根据工程实践证明，干挂石材幕墙安装施工工艺流程为：测量放线→预埋位置尺寸检查→金属骨架安装→钢结构防锈漆涂刷→防火保温棉安装→石材干挂→嵌填密封胶→石材幕墙表面清理→工程竣工验收。

# 第二节　石材幕墙对石材的要求

作为建筑结构外围护结构的石材建筑幕墙，除了要承受结构本身的自重外，还要承受风荷载、地震作用和温度变化作用的影响，因此要求选用的石材质量必须符合设计和现行规范的规定；同时，天然材料属于脆性材料，而幕墙的很多部位都是整块石料采用浮雕加工而成为设计造型，对石材的抗压强度、抗弯强度、硬度、耐磨性、抗冻性、耐火性、可加工性等都有相应要求，在设计中要认真进行幕墙石材的选用。

## 一、建筑幕墙石材的选用

建筑幕墙石材的选用，是石材幕墙设计和施工中极其重要的技术问题。石材选用是否适宜，不仅直接关系到石材幕墙的工程造价和装饰效果，而且也直接关系到石材幕墙的使用功能和使用年限。

由于幕墙工程是属于室外墙面装饰，要求所用石材具有良好的耐久性。因此，一般宜选用火成岩，通常选用花岗石。因为花岗石的主要结构物质是长石和石英，其质地坚硬、结构密实，具有耐酸碱、耐腐蚀、耐高温、耐日晒雨淋、耐寒冷、耐摩擦等优异性能，使用年限较长，比较适宜作为建筑物的外饰面。

在现行的行业标准《金属与石材幕墙工程技术规范》（JGJ 133—2001）中，也规定幕墙所用的石材种类为花岗岩，且其抗弯强度试验值应大于 8MPa。

近几年由于建筑艺术发展的需要，非花岗岩的石材，如砂岩、凝灰岩等已在建筑幕墙中得到应用。尤其是在欧洲，已开始广泛采用砂岩、凝灰岩石材，有的甚至采用多孔凝灰岩等石材，作为建筑幕墙饰面的应用已经相当多。

由于我国建筑室外的环境条件比欧洲还差，所以大理石等易受酸雨腐蚀的岩石，一般不宜用于室外建筑幕墙工程。如果在建筑设计中确实需要采用其他石材，砂岩、凝灰岩等石材也可以用于建筑幕墙，但应采取相应的加强和防护措施。

## 二、幕墙石材的厚度确定

工程实践充分证明，按规定选用相应厚度的石材，有助于减少或消除石材天然形成的薄弱带和石材加工中产生的微小裂缝造成的不良影响。多数幕墙用花岗石最小厚度一般不宜小于 25mm。我国幕墙石材的常用厚度一般为 25～30mm。

在行业标准《金属与石材幕墙工程技术规范》（JGJ 133—2001）中明确规定，为满足强度计算的要求，幕墙石材的厚度最薄应不小于 25mm。火烧石材的厚度应比抛光石材的厚度尺寸大 3mm。石材经过火烧加工后，因在板材表面形成细小的不均匀麻坑效果而影响了板材厚度，同时也影响了板材的强度，故规定在设计计算强度时，对同厚度火烧板一般需要按减薄 3mm 进行。

## 三、幕墙板材的表面处理

石板的表面处理方法，应根据环境和用途决定。其表面应采用机械加工，加工后的表面应用高压水冲洗或用水和刷子清理。

严禁用溶剂型的化学清洁剂清洗石材。因石材是多孔的天然材料，一旦使用溶剂型的化学清洁剂就会有残余的化学成分留在微孔内，与工程密封材料及黏结材料会起化学反应而造成饰面污染。

## 四、幕墙石材的技术要求

为确保石材幕墙的设计要求，用于幕墙的石材，应满足最基本的技术要求。这些石材的技术要求主要包括：吸水率、弯曲强度和其他技术性能。

### （一）吸水率

由于幕墙石材处于比较恶劣的使用环境中，尤其是冬季产生的冻胀影响，很容易损伤石材，甚至将石料板材胀裂。因此，用于幕墙的石材吸水率要求较高。

工程材料试验证明，幕墙石材的吸水率和空隙的大小，直接影响含水量的变化及风化的强度，并通过这些因素影响石材的使用寿命（耐风化能力），所以石材吸水率是选择外墙用石材的一个重要物理性能。因此，在现行的行业标准《金属与石材幕墙工程技术规范》（JGJ 133—2001）中规定，用于幕墙石材的吸水率应小于 0.80%。

### （二）弯曲强度

幕墙石材的弯曲强度是石材非常重要的力学指标，不仅关系到石材的强度高低和性能好坏，而且关系到幕墙的安全性和使用年限。因此，用于幕墙的花岗石板材弯曲强度，应经相应资质的检测机构进行检测确定，其弯曲强度应≥8.0MPa。

（三）其他技术性能

幕墙石材进场后，应开箱对其进行技术性能方面的检查，重点检查主要包括：是否有破碎、缺楞角、崩边、变色、局部污染、表面坑洼、明暗裂缝、有无风化及进行外形尺寸边角和平整度测量、表面荔枝面形态深浅等。对存在明显缺陷及隐伤的石材严格控制不准上墙安装。安装时严格按编号就位，防止因返工引起石材损伤。

为确保石材幕墙的质量符合设计要求，所用石材的技术要求和性能试验方法，应符合国家现行标准的有关规定。

（1）幕墙石材的技术要求　幕墙石材的技术要求应符合行业标准《天然花岗石荒料》（JC/T 204—2011）、国家标准《天然花岗石建筑板材》（GB/T 18601—2009）中的规定。尤其是行业标准《天然花岗石荒料》中的体积密度、吸水率、干燥压缩强度和弯曲强度等技术要求，采用了美国标准《花岗石规格板材规范》（ASTMC 615—1996）中的规定，其技术指标与《花岗石规格板材规范》（ASTMC 615—1996）基本一致。

（2）石材的性能试验方法　建筑幕墙所用石材的主要性能试验方法，应当符合下列现行国家标准的规定：《天然石材试验方法　第1部分：干燥、水饱和、冻融循环后压缩强度试验》（GB/T 9966.1—2020）；《天然石材试验方法　第2部分：干燥、水饱和、冻融循环后弯曲强度试验》（GB/T 9966.2—2020）；《天然石材试验方法　第3部分：吸水率、体积密度、真密度、真气孔率试验》（GB/T 9966.3—2001）；《天然石材试验方法　第4部分：耐磨性试验方法》（GB/T 9966.4—2020）；《天然石材试验方法　第5部分：硬度试验》（GB/T 9966.5—2020）；《天然石材试验方法　第6部分：耐酸性试验》（GB/T 9966.6—2020）。

# 第三节　石材幕墙的构造与施工工艺

## 一、石材幕墙的组成和构造

石材幕墙主要是由石材面板、不锈钢挂件、钢骨架（立柱和横撑）及预埋件、连接件和石材拼缝注胶等组成。然而直接式干挂幕墙将不锈钢挂件安装于主体结构上，不需要设置钢骨架，这种做法要求主体结构的墙体强度较高，最好为钢筋混凝土墙，并且要求墙面平整度、垂直度要好；否则，应采用骨架式做法。石材幕墙的横梁、立柱等骨架，是承担主要荷载的框架，可以选用型钢或铝合金型材，并由设计计算确定其规格、型号，同时也要符合有关规范的要求。

图4-1为有金属骨架的石材幕墙组成示意图；图4-2为短槽式石材幕墙构造；图4-3为钢销式石材幕墙构造；图4-4为背栓式石材幕墙构造。

石材幕墙的防火、防雷等构造与有框玻璃幕墙基本相同。

## 二、石材幕墙施工工艺

干挂石材幕墙安装施工工艺流程主要包括：测量放线→预埋位置尺寸检查→金属骨架安装→钢结构防锈漆涂刷→防火保温棉安装→石材干挂→嵌填密封胶→石材幕墙表面清理→工程验收。

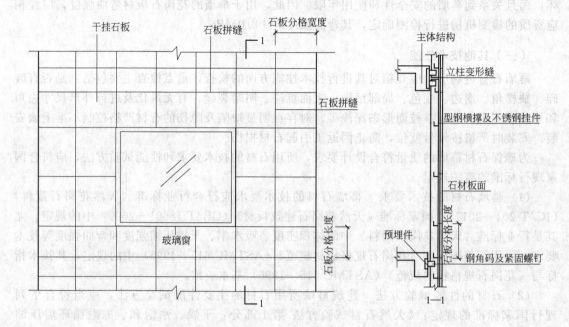

图 4-1　有金属骨架的石材幕墙组成示意图

**（一）石材幕墙施工机具**

石材幕墙施工所用的机具主要有：数控刨沟机、手提电动刨沟机、电动吊篮、滚轮、热压胶带电炉、双斜锯、双轴仿形铣床、凿榫机、自攻电钻、手电钻、夹角机、铝型材弯曲机、双组分注胶机、清洗机、电焊机、水准仪、经纬仪、托线板、线坠、钢卷尺、水平尺、钢丝线、螺丝刀、工具刀、泥灰刀、筒式注胶枪等。

**（二）预埋件检查、安装**

安装石板的预埋件应在进行土建工程施工时埋设，幕墙施工前要根据该工程基准轴线和中线以及基准水平点对预埋件进行检查、校核。当设计无明确要求时，一般位置尺寸的允许偏差为 ±20mm，预埋件的标高允许偏差为 ±10mm。

如果由于预埋件标高及位置偏差造成无法使用或遗漏时，应当根据实际情况提出选用膨胀螺栓或化学锚栓加钢锚板（形成后补预埋件）的方案，并应在现场进行拉拔试验，并做好详细施工记录。

**（三）测量放线**

（1）根据干挂石材幕墙施工图，结合土建施工图复核轴线的尺寸、标高和水准点，并予以校正。

（2）按照设计图纸的要求，在底层确定幕墙的位置线和分格线位置，以便依次向上确定各层石板的位置线和分格线位置。

（3）用经纬仪将幕墙的阳角和阴角位置及标高线定出，并用固定在屋顶钢支架上的钢丝作为标志控制线。

（4）使用水平仪和标准钢卷尺等引出各层标高线。

（5）确定好幕墙石材每个立面的中线。

（6）在进行施工测量时，应注意控制分配测量误差，不能使误差产生积累。

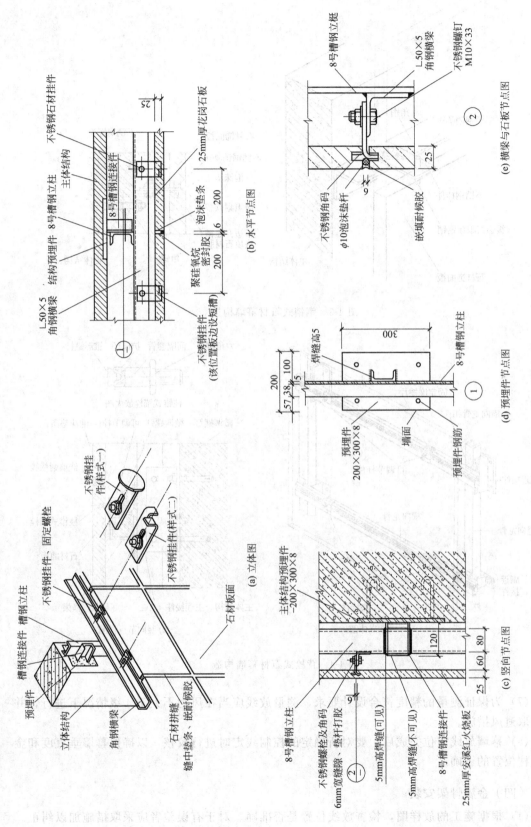

图 4-2　短槽式石材幕墙构造

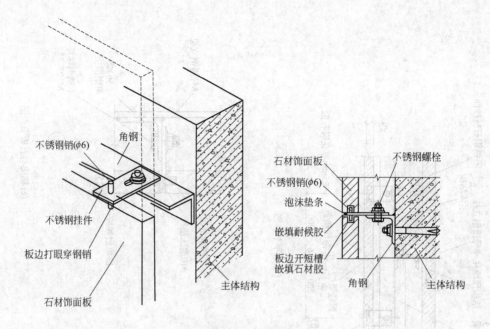

图 4-3　钢销式石材幕墙构造

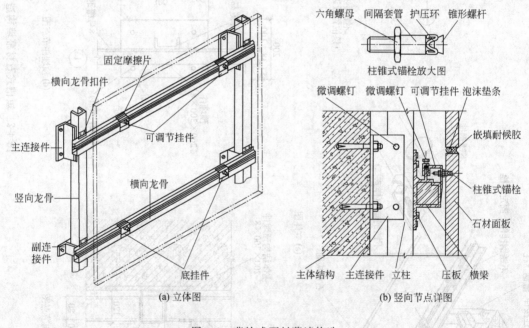

(a) 立体图　　　　　　　　　(b) 竖向节点详图

图 4-4　背栓式石材幕墙构造

（7）为保证测量的精度符合设计要求，测量放线应当在风力不大于 4 级情况下进行，并要采取避风措施。

（8）幕墙放线定位完成后，要对所确定的控制线定时进行校核，以确保幕墙垂直度和金属立柱位置的正确。

**（四）金属骨架安装**

（1）根据施工的放样图，检查放线位置是否准确。对于有误差者应采取措施加以纠正。

（2）在检查和纠正放线位置后，可安装固定立柱上的铁件，为安装立柱做好准备工作。

（3）在安装幕墙的立柱时，应先安装同立面两端的立柱，然后拉通线顺序安装中间立柱，使同层立柱安装在同一水平位置上。

（4）将各施工水平控制线引至立柱上，并用水平尺进行校核，以便使石板材在立柱上安装。

（5）按照设计尺寸安装金属横梁，横梁一定要与立柱垂直。

（6）钢骨架中的立柱和横梁采用螺栓连接。如采用焊接时，应对下方和临近的已完工装饰饰面进行成品保护。焊接时要采用对称焊，以减少因焊接产生的变形。检查焊缝质量合格后，所有的焊点、焊缝均需除去焊渣及做防锈处理，如刷防锈漆等。

（7）待金属骨架安装完工后，应通过监理公司对隐蔽工程检查后，方可进行下道工序。

**（五）防火、保温材料安装**

（1）必须采用合格的材料，即要求有出厂合格证。

（2）在每层楼板与石材幕墙之间不能有空隙，应用 1.5mm 厚镀锌钢板和防火岩棉形成防火隔离带，用防火胶密封。

（3）在北方寒冷地区，保温层最好应有防水、防潮保护层，在金属骨架内填塞固定，要求严密牢固。

（4）幕墙保温层施工后，保温层最好应有防水、防潮保护层，以便在金属骨架内填塞固定后严密可靠。

**（六）石材饰面板安装**

（1）将运至工地的石材饰面板按编号分类，检查尺寸是否准确和有无破损、缺棱、掉角。按施工要求分层次将石材饰面板运至施工面附近，并注意摆放可靠。

（2）按幕墙墙面基准线仔细安装好底层第一层石材。

（3）注意每层金属挂件安放的标高，金属挂件应紧托上层饰面板（背栓式石板安装除外）而与下层饰面板之间留有间隙（间隙留待下道工序处理）。

（4）安装时，要在饰面板的销钉孔或短槽内注入石材胶，以保证饰面板与挂件的可靠连接。

（5）安装时，宜先完成窗洞口四周的石材镶边。

（6）安装到每一楼层标高时，要注意调整垂直误差，使得误差不积累。

（7）在搬运石材时，要有安全防护措施，摆放时下面要垫木方。

**（七）注胶封缝**

（1）要按设计要求选用合格且未过期的耐候嵌缝胶。最好选用含硅油少的石材专用嵌缝胶，以免硅油渗透污染石材表面。

（2）用带有凸头的刮板填装聚乙烯泡沫圆形垫条，保证胶缝的最小宽度和均匀性。选用的圆形垫条直径应稍大于缝宽。

（3）在胶缝两侧粘贴胶带纸保护，以免嵌缝胶的痕迹污染石材表面。

（4）用专用清洁剂或草酸擦洗缝隙处石材表面。

（5）安排受过训练的注胶工注胶。注胶应均匀无流淌，边打胶边用专用工具勾缝，使嵌缝胶成型后呈微弧形凹面。

（6）施工中要注意不能有漏胶污染墙面，如墙面上粘有胶液应立即擦去，并用清洁剂及时擦净余胶。

（7）在刮风和下雨时不能进行注胶作业，因为刮起的尘土及水渍进入胶缝会严重影响密封质量。

（八）清洗和保护

施工完毕后，应除去石材表面的胶带纸，用清水和清洁剂将石材表面擦洗干净，按照要求进行打蜡或者涂刷防护剂。

（九）施工注意事项

（1）在石材幕墙正式施工前，应严格检查石材质量，材质和加工尺寸都必须符合设计要求，不合格的产品不得用于工程。

（2）施工人员要仔细检查每块石材是否有裂纹，防止石材在运输和施工时发生断裂，影响石材幕墙的作业计划和工程质量。

（3）测量放线要精确，各专业施工要组织统一放线、统一测量，避免各专业的施工因为测量和放线误差发生施工矛盾。

（4）在石材幕墙正式施工前，应严格检查预埋件的设置是否合理，位置是否准确。

（5）根据现场放线数据绘制施工放样图，落实实际施工和加工尺寸。

（6）在安装和调整石材板位置时，一般可以用垫片适当调整缝宽，所用垫片必须与挂件是同质材料。

（7）固定挂件的不锈钢螺栓要加弹簧垫圈，在调平、调直、拧紧螺栓后，在螺母上抹少许石材胶固定。

（十）施工质量要求

（1）石材幕墙的立柱、横梁的安装应符合下列规定。

① 立柱安装标高偏差不应大于3mm，轴线前后偏差不应大于2mm，轴线左右偏差不应大于3mm。

② 相邻两立柱安装标高偏差不应大于3mm，同层立柱的最大标高偏差不应大于5mm，相邻两根立柱的距离偏差不应大于2mm。

③ 相邻两根横梁的水平标高偏差不应大于1mm，同层标高偏差：当一幅幕墙宽度小于等于35m时，不应大于5mm；当一幅幕墙宽度大于35m时，不应大于7mm。

（2）石板安装时左右、上下的偏差不应大于1.5mm。石板空缝隙安装时必须有防水措施，并有符合设计的排水出口。石板缝中填充硅酮密封胶时，应先垫上比缝隙略宽的圆形泡沫垫条，然后填充硅酮密封胶。

（3）石材幕墙钢构件施焊后，其表面应进行防腐处理，如涂刷防锈漆等。

（4）石材幕墙安装施工时应对下列项目进行验收：①主体结构与立柱、立柱与横梁连接节点安装及防腐处理；②墙面的防火层、保温层安装；③幕墙的伸缩缝、沉降缝、防震缝及阴阳角的安装；④幕墙防雷节点的安装；⑤幕墙的封口安装。

## 三、石材幕墙施工安全

（1）石材幕墙施工不仅应当符合行业标准《建筑施工高处作业安全技术规范》（JGJ 80—2016）中的规定，还应遵守施工组织设计确定的各项要求。

（2）安装石材幕墙的施工机具和吊篮在使用前应进行严格检查和试车，必须达到规定的要求后方可使用。

（3）在石材幕墙正式施工前，应对施工人员进行安全教育和技术培训，现场施工人员应佩戴安全帽、安全带、工具袋等。

（4）当需要工程上下部交叉作业时，结构施工层下方应采取可靠的安全防护措施。

（5）在施工现场进行焊接作业时，在焊件的下方应设置接焊渣斗，以防止焊渣掉落引起火灾。

（6）脚手架上的废弃物应及时加以清理，不得在窗台、栏杆上放置施工工具，以免坠落出现伤人事故。

# 第四节　干挂陶瓷板幕墙的应用

陶瓷板自 1969 年在德国开始生产，至今已近五十多年的历史。工程实践充分证明，该产品作为幕墙的面板，具有自清洁性强、质量较小、强度较高、安装简便等特点。干挂陶瓷板幕墙已被世界级的建筑大师所选择，在欧美建筑工程中广为应用。近年来，这种幕墙已进入中国市场，现按照中国的建筑工程及自然环境，对干挂陶瓷板幕墙的应用进行探讨。

## 一、陶瓷板材料的分析

（1）陶瓷板（简称陶板）是用天然材料瓷土、陶土、石英砂，根据德国 DIN EN186-1A11a 的标准，用独特的挤拉式多孔结构生产工艺成型，在 1260℃的高温下窑烧成材。

（2）品种及规格　陶瓷板的品种丰富（有 K1～K12 型），有平面板和条纹板；色彩各异，有独特的质感和耐久性。其规格主要有：400mm×200mm，500mm×250mm，500mm×280mm，600mm×280mm；厚度为 15mm 或 20mm；也可以根据工程需要由厂家制作。

（3）技术性能　陶瓷板具有低吸水率、强度高、耐腐蚀、耐污染、耐高温、耐低温、抗紫外线、不褪色、抗冻性及最佳的隔热隔声性能，是非易燃材料。

（4）自清洁性好　建筑工程上专门为陶土板材研制的 HYDROTECT 透明自洁涂料，陶瓷板表面涂上这种涂料后，在紫外线照射时，会产生二氧化碳气体，可降低陶瓷板表面水的表面张力。当下雨时，会降低水附着于陶瓷板表面的机会，雨水的冲洗会带走陶瓷板表面的灰尘和污垢，微生物也不易滋生，使陶瓷板表面光亮如新，从而可节省幕墙清洗费用。

## 二、干挂陶瓷板幕墙的性能分析

陶瓷板产品强度较高、质量较小、色彩各异、安装简便、自清洁性强。现对干挂陶瓷板幕墙与天然石材幕墙性能对比分析如下。

### （一）建筑艺术性更强

工程实践证明，陶瓷板的品种非常丰富，规格可满足各种建筑工程的需要，不仅有平板、条纹板等多种板面，而且有单色、组合色、石材色、风景及人物像等多种色彩，可使建筑更具有艺术性，而天然花岗岩石材色彩局限和色差较大。

### （二）结构先进，安全耐久

干挂陶瓷板幕墙的结构先进，与主体建筑的使用寿命相同，可确保建筑工程能长期安全使用，主要表现在以下方面。

（1）陶瓷板材料的分析　陶瓷板是用天然材料瓷土或陶土、石英砂等采用独特的挤拉式多孔结构生产工艺成型，在陶瓷板的背面预制挂接用的沟槽，在 1260℃的高温下烧制成材，15mm 厚即可满足建筑工程的需要，其强度高、质量小。

（2）结构先进，安全耐久　陶瓷板幕墙是柔性结构，采用陶瓷板背面的沟槽吊在具有弹性的开口铝型材横梁上，在陶瓷板背面与铝横梁之间设置减振弹簧片；在风荷载、地震、建筑沉降变形及温度效应作用时，有较大的随动位移空间，可以避免陶瓷板挂接沟槽，更适宜作百叶幕墙。

天然花岗岩石材幕墙是采用背栓或槽式（长槽或短槽）结构，按照行业标准《金属与石材幕墙工程技术规范》（JGJ 133—2001）中的规定，石板厚度不得小于 25mm，在石板上下边开槽宽度宜为 7mm，短槽的长度不应小于 100mm，有效槽的深度不宜小于 15mm，铝合金挂件支承板厚不宜小于 4mm，插在石板槽内用石材专用胶粘接后挂在横龙骨上，位移量比较小，一般只有 3mm。有的建筑工程在使用过程中，在石材板块连接处很容易发生裂纹，安全耐久性较差。

（3）性能稳定　陶瓷板幕墙具有强度高、耐腐蚀、耐高温、耐低温、无污染、易清洁、抗紫外线、不褪色、抗冻性好、隔热保温、隔声等特点，是非易燃材料。而天然花岗岩石材是多孔易碎性材料，易污染及老化变色，性能较差。

（4）经济性好　天然花岗岩石材的体积密度为 2.56g/cm³，厚度不得小于 25mm；而陶瓷板的体积密度为 2.00g/cm³，厚度为 15mm 时即可满足工程的使用要求，每平方米陶瓷板比石材轻 25kg。每 1 万平方米陶瓷板幕墙可以轻 280t 左右，既可减少幕墙承载龙骨的用料，又可减少工程基础用料。由于陶瓷板表面会有保护液，可以免洗，从而可节省清洗费用。

## 三、干挂陶瓷板幕墙的设计施工

### （一）干挂陶瓷板幕墙的结构设计

陶瓷板属于一种人造板材，目前我国的《人造板幕墙标准》正在编制之中，目前仍可参照《金属与石材幕墙工程技术规范》（JGJ 133—2001）进行设计计算、结构设计及选材。

（1）幕墙所用的竖龙骨可选用 6063T5 铝合金管材或 T 型铝材，也可选用型钢，通过连接"角码"与预埋件可靠连接。

（2）幕墙所用的横梁选择专用的、具有弹性的开口铝型材，并根据设计规定距离切制成分段挂钩。嵌板之间铝横梁和嵌板上下端所用的铝横梁，根据陶瓷板幕墙的分格，将铝横梁固定在竖龙骨上。

（3）K3 型陶瓷板在背面预制了沟槽，吊挂于横梁上，在横梁与陶瓷板之间连接减振弹簧片。由于正负风压的作用，其可避免陶瓷板与横梁之间碰撞发生噪声。

（4）有的陶瓷板在侧面设有孔。因此也可利用陶瓷板的这些孔，利用专用配件采用插孔结构与龙骨进行连接。

（5）K12 型陶瓷板在背面预制成 T 形槽，可采用铝合金挂件与横梁连接结构。该结构承力状态好，可做成大板面建筑幕墙（长 1200mm）。

（6）陶瓷板可做成开缝式或闭缝式幕墙结构，在板块间缝可安装饰嵌条。

### （二）干挂陶瓷板幕墙的安装施工

（1）首先按照陶瓷板幕墙的设计分格图，在建筑结构施工中定位设置预埋件，这是准确安装陶瓷片的重要基础工作。

（2）通过连接"角码"将竖龙骨与预埋件进行可靠连接，按照幕墙风格图放线定位后将横梁与竖龙骨连接。

（3）安装不锈钢减振弹簧片，然后将陶瓷板上部的沟槽挂在横梁上，在安装工具的帮助下压下板面，使陶瓷板下部的沟槽锁定在横梁下边的挂钩上。

（4）在脚手架处的陶瓷板可以后装。这种结构陶瓷板单元的板块可以进行拆装，以便维修。

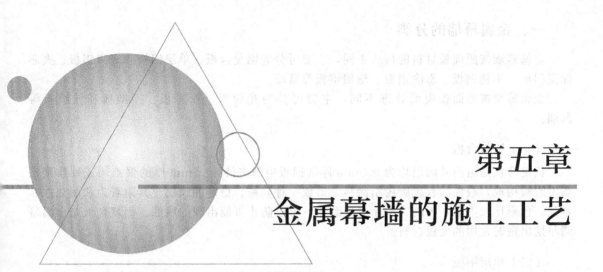

# 第五章
# 金属幕墙的施工工艺

自 20 世纪 70 年代末期，我国铝合金门窗、玻璃幕墙开始起步，铝合金玻璃幕墙在建筑中的推广应用和发展，从无到有，从仿制到自行研制开发，从承担小工程的施工到承揽大型工程项目，从生产施工中低档产品到生产高新技术产品，从依靠进口发展到对外承包工程，铝合金门窗及玻璃幕墙得到了迅速发展。

自从 20 世纪 90 年代新型建筑材料的出现推动了建筑幕墙的进一步发展，一种新型的建筑幕墙形式在全国各地相继出现，即金属幕墙。金属幕墙是一种新型的建筑幕墙，实际上是将玻璃幕墙中的玻璃更换为金属板材的一种幕墙形式。但由于幕墙面材的不同，两者之间又有很大区别。所以，在建筑幕墙的设计、施工过程中应对其分别进行考虑。随着金属幕墙技术的发展，金属幕墙面板材料种类越来越多，在建筑工程上常见的如铝塑复合板、单层铝板、铝蜂窝板、防火板、夹芯保温铝板、不锈钢板、彩涂钢板、珐琅钢板等。

到目前为止，铝板幕墙一直在金属幕墙中占主导地位，铝板轻质高强的材质，大大减少了建筑幕墙的负荷，为高层建筑外部装饰提供了良好的选择条件。因其防水、防污、防腐蚀性能优良，保证了建筑外表面持久长新；加工、运输、安装施工等都比较容易实施，为其广泛使用提供强有力的支持；色彩的多样性及可以组合加工成不同的外观形状，拓展了建筑师的设计空间；较高的性能价格比，易于维护，使用寿命长，也符合业主的要求。因此，铝板幕墙作为一种极富冲击力的建筑形式，深受建筑师的青睐。

## 第一节　金属幕墙的分类、性能和构造

目前，以铝塑复合板、铝单板、蜂窝铝板、彩涂钢板等作为饰面的金属幕墙，在幕墙装饰工程中的应用已比较普遍，它们具有艺术表现力强、色彩比较丰富、质量比较轻、抗震性能好、安装维修方便等优点，是建筑外围护装饰一种极好的形式。

## 一、金属幕墙的分类

金属幕墙按照面板材料的材质不同，主要可分为铝复合板、单层铝板、蜂窝铝板、夹芯保温铝板、不锈钢板、彩涂钢板、珐琅钢板等幕墙。

金属幕墙按照面板表面处理不同，主要可分为光面板、亚光板、压型板和波纹板等幕墙。

### （一）铝复合板

铝复合板是由内外两层均为 0.5mm 厚的铝板中间夹持 2～5mm 厚的聚乙烯或硬质聚乙烯发泡板构成，板面涂有氟碳树脂涂料，形成一种坚韧、稳定的膜层。其附着力和耐久性非常强，色彩比较丰富，板的背面涂有聚酯漆，可以防止可能出现的腐蚀。铝复合板是金属幕墙早期出现时常用的面板材料。

### （二）单层铝板

单层铝板采用 2.5mm 或 3.0mm 厚铝合金板，外幕墙用单层铝板表面与铝复合板正面涂膜材料一致，膜层坚韧性、稳定性、附着力和耐久性完全一致。单层铝板是铝复合板之后，又研制出来的一种金属幕墙饰面板材料，随着金属幕墙的推广其应用越来越广泛。

### （三）蜂窝铝板

蜂窝铝板是两块铝板中间加蜂窝芯材黏结而成的一种复合材料，根据幕墙的使用功能和耐久年限的要求，可分别选用厚度为 10mm、12mm、15mm、20mm 和 25mm 的蜂窝铝板。厚度为 10mm 的蜂窝铝板，应由 1mm 的正面铝板和 0.5～0.8mm 厚的背面铝合金板及铝蜂窝黏结而成；厚度在 10mm 以上的蜂窝铝板，其正面及背面的铝合金板厚度均应为 1mm，幕墙用的蜂窝铝板应为铝蜂窝，蜂窝的形状有正六角形、扁六角形、长方形、正方形、十字形、扁方形等。

蜂窝芯材要经特殊处理，否则其强度低、寿命短，如对铝箔进行化学氧化处理，其强度及耐蚀性能会有所增加。蜂窝芯材除铝箔外，还有玻璃钢蜂窝和纸蜂窝，但实际中使用得不多。由于蜂窝铝板的造价很高，所以在幕墙中用量不大。

### （四）夹芯保温铝板

夹芯保温铝板与铝蜂窝板和铝复合板形式类似，只是中间的芯层材料不同，夹芯保温铝板芯层采用的是保温材料（岩棉等）。由于夹芯保温铝板价格很高，而且用其他铝板内加保温材料也能达到与夹芯保温铝板相同的保温效果，所以目前夹芯保温铝板用量不大。

### （五）不锈钢板

不锈钢板有镜面不锈钢板，亚光不锈钢板、钛金板等。不锈钢板的耐久、耐磨性非常好，但过薄的钢板会鼓凸，过厚的自重和价格又非常高，所以不锈钢板幕墙使用得不多，只是在幕墙的局部装饰上发挥着较大作用。

### （六）彩涂钢板

彩涂钢板是一种带有有机涂层的钢板，具有耐蚀性好，色彩鲜艳，外观美观，加工成型方便及具有钢板原有的强度等优点，而且成本较低。彩涂钢板的基板为冷轧基板、热镀锌基板和电镀锌基板。涂层种类可分为聚酯、硅改性聚酯和塑料溶胶。彩涂钢板的表面状态可分为涂层板、压花板和印花板。

彩涂钢板广泛用于建筑家电和交通运输等行业，对于建筑业主要用于钢结构厂房、机场、库房和冷冻等工业及商业建筑的屋顶墙面和门等，民用建筑采用彩钢板的较少。

（七）珐琅钢板

珐琅钢板其基材厚度为 1.6mm 的极低碳素钢板（含碳量为 0.004％，一般钢板含碳量是 0.060％），它与珐琅层釉料的膨胀系数接近，烧制后不会产生因膨胀应力而造成翘曲和鼓出现象；同时，也提高了釉质与钢板的附着强度。其生产工艺与搪瓷工艺相近，在钢板经酸洗等反复清洗后，涂敷玻璃质混合料粉末，经 850℃ 高温烧熔而成。珐琅钢板兼具钢板的强度与玻璃质的光滑和硬度，却没有玻璃质的脆性，玻璃质混合料可调制成各种色彩、花纹。

目前，由于珐琅钢板的质量检测标准及珐琅钢板作为覆面材料的施工规范和验收标准尚未出台，所以在建筑幕墙工程中，珐琅钢板应用很少。

## 二、金属幕墙的性能

金属幕墙的性能与玻璃幕墙、石材幕墙一样，主要包括风压变形性能、雨水渗漏性能、空气渗透性能、平面内变形性能、保温性能、隔声性能及耐撞击性能。

### （一）金属幕墙性能等级

金属幕墙的性能等级，应根据建筑物所在地的地理位置、气候条件、建筑物高度、体型及周围环境进行确定。

### （二）金属幕墙的构架

金属幕墙构架的立柱与横梁，在风荷载标准值的作用下，钢型材的相对挠度不应大于 $L/300$（$L$ 为立柱或横梁两支点的跨度），绝对挠度不应大于 15mm；铝合金型材的相对挠度不应大于 $L/180$，绝对挠度不应大于 20mm。

### （三）金属幕墙风荷载与渗漏

金属幕墙在风荷载标准值的作用下，不应当发生雨水渗漏，其雨水渗漏性能应符合设计要求。

### （四）金属幕墙的热工性能

当金属幕墙有热工性能要求时，其空气渗透性能应当符合设计要求。

### （五）金属幕墙平面内变形性能

金属幕墙的平面内变形性能，是关系到幕墙装饰效果和使用安全的重要技术性能，应当符合以下规定。

（1）平面内变形性能可用建筑物的层间相对位移值表示，在设计允许的相对位移范围内，金属幕墙不应损坏。

（2）金属幕墙的平面内变形性能，应按主体结构弹性层间位移值的 3 倍进行设计。

## 三、金属幕墙的构造

金属幕墙主要由金属饰面板、连接件、金属骨架、预埋件、密封条和胶缝等组成。金属幕墙的设计要根据建筑物的使用功能、建筑立面装饰要求和技术经济能力，选择适宜的金属幕墙的立面构成、结构形式和材料品质。在一般情况下，金属幕墙的色调、构图和线型等方面，应与建筑物立面的其他部位相协调，幕墙设计应保障幕墙维护和清洗方便与安全。

金属幕墙的构造与石材幕墙的构造基本相同。按照安装方法不同，也有直接安装和骨架式安装两种。与石材幕墙构造不同的是，金属面板采用折边加上副框的方法形成组合件，然后再进行安装。图 5-1 所示为铝塑复合板面板的骨架式幕墙构造，它是用镀锌钢方管作为横梁立柱，用铝塑复合板做成带副框的组合件，用直径为 4.5mm 自攻螺钉固定，板缝之间用硅酮密封胶进行密封。

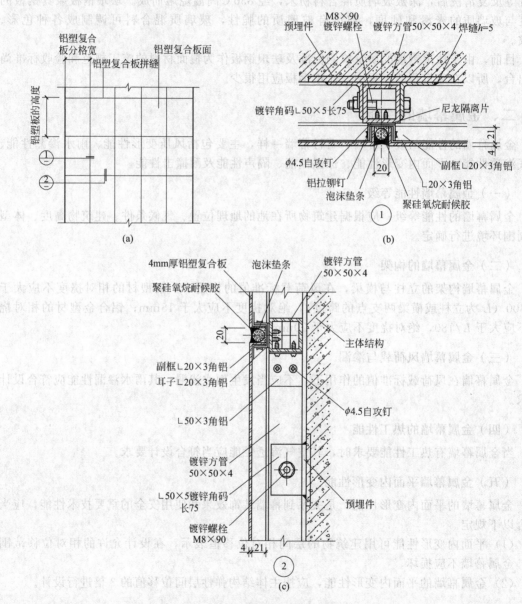

图 5-1　铝塑复合板面板的骨架式幕墙构造（单位：mm）

在实际应用中对金属幕墙使用的铝塑复合板的要求是：用于外墙时板的厚度不得小于 4mm，用于内墙时的厚度不小于 3mm；铝塑复合板的铝材应为防锈铝（内墙板可使用纯铝）。外墙铝塑复合板所用铝板的厚度不小于 0.5mm，内墙板所用铝板的厚度不小于 0.2mm，外墙板氟碳树脂涂层的含量不应低于 75%。

在金属幕墙中不同的金属材料接触处除不锈钢外，均应设置耐热的环氧树脂玻璃纤维布和尼龙 12 垫片。有保温要求时，金属饰面板可与保温材料结合在一起，但应与主体结构外表面有 50mm 以上的空气层。金属板拼缝处嵌入泡沫垫条和硅酮耐候密封胶进行密封处理，也可采用密封橡胶条。

金属饰面板组合件的大小根据设计确定。当尺寸较大时，组合件内侧应增设加劲肋，铝塑复合板折边处应设置边缘肋，加劲肋可用金属方管、槽形或角形型材，并应与面板可靠连接和采取防腐措施。

为了确保金属幕墙的骨架刚度和强度，其横梁、立柱等骨架可采用型钢或铝型材。

金属饰面板组合件的大小根据设计确定。当尺寸较大时，组合件内侧应增设加劲肋，铝塑复合板折边处，应当设置"边肋"，加劲肋可用金属方管、槽形或角形型材，并应与面板可靠连接和采取防腐措施。金属幕墙的横梁、立柱等骨架可采用型钢或铝型材。在进行金属幕墙构造设计时，应当特别注意防雨水渗漏构造、不同金属材料接触处的处理、幕墙及结构变形缝的处理、幕墙保温构造的处理、幕墙防火构造的处理和幕墙防雷构造处理等。

**（一）幕墙的防雨水渗漏构造**

在进行金属幕墙防雨水构造设计时，应符合以下规定：

（1）幕墙构架　金属幕墙构架的立柱与横梁的截面形式，应当按照等压原理进行设计，即通过各种渠道使雨水能进能出。工程实践证明，只要有水、缝和压力差的存在，就会有水的渗漏问题，就应采取切实措施加以解决。

（2）排水装置　单元金属幕墙应设置相应的排水孔。在有霜冻的地区，应采用室内排水装置；在无霜冻的地区，宜在室外设置排水装置，同时应有防风装置。

（3）密封设计　当金属幕墙采用无硅酮耐候密封胶封闭设计时，必须有可靠的防风雨措施，以防止幕墙因雨水渗透而损坏。

**（二）不同金属材料接触处理**

为防止不同金属相接触时发生不良化学反应，从而造成对金属幕墙的损坏，在金属幕墙中不同金属材料的接触处，除不锈钢材料外，均应设置耐热的环氧树脂玻璃纤维布垫片或尼龙垫片。

**（三）金属幕墙及结构变形缝**

当金属幕墙采用钢框架结构时，应按设计要求设置温度变形缝，以适应金属幕墙骨架系统的热胀冷缩变形。在实际幕墙装饰工程中，大多数金属幕墙习惯采用钢骨架，温度变形缝一般为两层一个。

**（四）金属幕墙的保温构造**

金属幕墙的保温材料可与所用的金属板结合在一起，但应与主体结构外表面有 50mm 以上的空气层（或称通气层）。

**（五）金属幕墙的防火构造**

金属幕墙的防火，除应符合《建筑设计防火规范》（GB 50016—2014）和《金属与石材幕墙工程技术规范》（JGJ 133—2001）中的有关规定外，还应符合以下规定。

（1）设置防火隔层　金属幕墙的防火层应采取隔离措施，即在楼层之间设置一道防火隔层，这道防火隔层并不是指布置在幕墙板后面的保温层。防火隔层应根据防火材料的耐火极限决定防火层的厚度和宽度，并且应在楼板处形成防火带。

（2）防火隔层包覆　金属幕墙的防火层隔板应当用钢板进行包覆，包覆防火隔层的钢板必须采用经过防腐处理、厚度不小于1.5mm的耐热钢板，不得采用耐热性差的铝板，更不允许采用铝塑复合板。材料试验证明，铝板和铝塑复合板起不到防火作用。

（3）防火层的密封　金属幕墙防火层的密封材料，应当采用防火密封胶。所用的防火密封胶，应当有法定检测机构的防火检验报告。不符合防火要求的密封胶，绝对不能用于金属幕墙防火层的密封。

### （六）金属幕墙的防雷构造

金属幕墙的防雷构造应符合设计要求及国家标准的有关规定，其防雷装置设计及安装应经建筑设计单位认可，并还应符合以下规定：

（1）防雷装置　在金属幕墙结构中应当自上而下地安装防雷装置，并应与主体结构的防雷装置进行可靠连接。

（2）导线连接　为了确保防雷装置的防雷效果，防雷装置中的导线应在材料表面的保护膜除掉部位进行连接。

# 第二节　对金属板材的质量要求

## 一、金属幕墙对材料的要求

### （一）一般规定

（1）金属幕墙所选用的所有材料，均应符合现行国家标准或行业标准，并应有产品出厂合格证，无出厂合格证和不符合现行标准的材料，不能用于金属幕墙工程。

（2）金属幕墙所选用的所有材料，应具有较足够的耐候性，它们的物理力学性能应符合设计要求。

（3）金属幕墙所选用的所有材料，应采用不燃型和难燃型材料，以防止发生火灾时造成重大损失。

（4）金属幕墙所选用的结构硅酮密封胶材料，应有与接触材料相容性试验的合格报告。所选用的橡胶条应有成分化验报告和保质年限证书。

### （二）金属材料

（1）金属幕墙所选用的不锈钢材料，宜采用奥氏体不锈钢材。不锈钢材的技术要求和性能试验方法，应符合国家现行标准的规定。

（2）金属幕墙所选用的标准五金件材料，应当符合金属幕墙的设计要求，并应有产品出厂合格证书。

（3）金属幕墙所选用的钢材的技术性能，应当符合金属幕墙的设计要求，性能试验方法应符合国家现行标准的规定，并应有产品出厂合格证书。

（4）当钢结构幕墙的高度超过40m时，钢构件应当采用高耐候性结构钢，并应在其表面涂刷防腐涂料。

（5）铝合金金属幕墙应根据幕墙面积、使用年限及性能要求，分别选用铝合金单板、铝塑复合板、铝合金蜂窝板。所用铝合金板材的物理力学性能，应符合现行的国家标准及设计要求。

（6）根据金属幕墙的防腐、装饰及耐久年限的要求，采取相应措施对铝合金板的表面进行处理。

### （三）结构密封胶

金属幕墙宜采用硅酮结构密封胶，单组分和双组分的硅酮密封胶应用高模数中性胶，其性能应符合表 5-1 中的规定，并应有保质年限的质量证书。

表5-1　硅酮结构密封胶的技术性能

| 项　目 | 技术指标 | 项　目 | 技术指标 |
|---|---|---|---|
| 有效期/月 | 双组分:9;单组分:9~12 | 邵氏硬度/度 | 35~45 |
| 施工温度/℃ | 双组分:10~30;单组分:5~48 | 黏结拉伸强度/(N/mm²) | ≥0.70 |
| 使用温度/℃ | −48~88 | 延伸率(哑铃型)/% | ≥100 |
| 操作时间/min | ≤30 | 黏结破坏率(哑铃型)/% | 不允许 |
| 表面干燥时间/h | ≤3 | 内聚力(母材)破坏率/% | 100 |
| 初步固化时间/d | 7 | 剥离强度(与玻璃、铝)/(N/mm²) | 5.6~8.7 |
| 完全固化时间/d | 14~21 | | |

## 二、对铝合金及铝型材的要求

在金属幕墙的实际工程中，由于铝合金及铝型材具有质轻、高强、装饰性好、维修方便等特点，所以在金属幕墙中得到广泛应用。但对这种材料的有以下具体要求。

（1）金属幕墙采用的铝合金型材应符合现行国家标准《铝合金建筑型材　第 1 部分：基材》（GB/T 5237.1 —2017）中规定的高精级和《铝及铝合金阳极氧化膜与有机聚合物膜》（GB/T 8013.1~3—2018）、（GB/T 8013.4~5—2021）的规定；铝合金的表面处理层厚度和材质，应符合国家标准《铝合金建筑型材》（GB/T 5237.2~5—2017）的有关规定。

（2）幕墙采用的铝合金板材的表面处理层厚度和材质，还应符合行业标准《建筑幕墙》（GB/T 21086—2007）中的有关规定。

（3）金属幕墙应根据幕墙面积、使用年限及性能要求，分别选用铝合金单板（简称铝单板）、铝塑复合板、铝合金蜂窝板（简称蜂窝铝板）；铝合金板材应达到国家相关标准及设计的要求，并有出厂合格证。

（4）根据防腐、装饰及建筑物的耐久年限的要求，对铝合金板材（铝单板、铝塑复合板、蜂窝铝板）表面进行氟碳树脂处理时，应符合下列规定：氟碳树脂含量不应低于 75%；海边及严重酸雨地区，可采用三道或四道氟碳树脂涂层，其厚度应大于 $40\mu m$；其他地区，可采用两道氟碳树脂涂层，其厚度应大于 $25\mu m$；氟碳树脂涂层应无起泡、裂纹、剥落等现象。

（5）铝合金单板的技术指标应符合国家标准《一般工业用铝及铝合金板、带材》（GB/T 3880.1~3—2012）、《变形铝及铝合金牌号表示方法》（GB/T 16474—2011）和《变形铝及铝合金状态代号》（GB/T 16475—2008）中的规定。幕墙用纯铝单板厚度不应小于 2.5mm，高强合金铝单板不应小于 2mm。

# 第三节　金属幕墙的工艺流程和施工工艺

金属幕墙是一种新型的建筑幕墙形式，主要用于建筑外围护结构的装修。实际上是将玻璃幕墙中的玻璃更换为金属板材的一种幕墙形式，但由于面材的不同，两者之间又有很大区别，在设计和施工过程中应对其分别进行考虑。由于金属板材优良的加工性能，色彩的多样及良好的安全性，能完全适应各种复杂造型的设计，可以任意增加凹进和凸出的线条，而且可以加工各种形式的曲线线条，给建筑师的设计和施工以巨大的发挥空间，深受建筑师的青睐，因而其施工工艺获得了突飞猛进的发展。

## 一、金属幕墙的工艺流程

根据工程实践经验证明，金属幕墙工艺流程为：测量放线→预埋件位置尺寸检查→金属骨架安装→钢结构刷防锈漆→防火保温岩棉安装→金属板安装→注密封胶→幕墙表面清理→工程验收。

## 二、金属幕墙的施工工艺

### （一）施工准备工作

在施工之前做好科学规划，熟悉图样，编制单项工程施工组织设计，做好施工方案部署，确定施工工艺流程和工、料、机具安排等。

详细核查施工图样和现场实际尺寸，领会设计意图，做好技术交底工作，使操作者明确每一道工序的装配、质量要求。

### （二）预埋件的检查

预埋件应当在进行土建工程施工时进行埋设，在幕墙施工前要根据该工程基准轴线和中线以及基准水平点，对预埋件进行检查和校核。当设计无具体的要求时，一般位置尺寸的允许偏差为±20mm，预埋件的标高允许偏差为±10mm。如有预埋件标高及位置偏差造成无法使用或漏放时，应当根据实际情况提出选用膨胀螺栓或化学锚栓加钢锚板（形成后补预埋件）的方案，并应在现场做拉拔试验，并做好记录。

### （三）测量放线工作

测量放线工作是非常重要的基础性工作，也是幕墙安装施工的基本依据。工程实践证明：金属幕墙的安装质量在很大程度上取决于测量放线的准确与否。如果发现轴线和结构标高与图样有出入时，应及时向业主和监理工程师报告，得到处理意见后进行必要调整，并由设计单位做出设计变更。

### （四）金属骨架安装

（1）为确保金属骨架安装位置的准确，在金属骨架安装前，还要根据施工放样图纸检查施工放线位置是否符合设计要求。

（2）在校核金属骨架位置确实正确后，可以安装固定立柱上的铁件，以便进行金属骨架的安装。

（3）在进行金属骨架安装时，先安装同立面两端的立柱，然后拉通线顺序安装中间立柱，并使同层立柱安装在同一水平位置上。

（4）将各施工水平控制线引至已安装好的各个立柱上，并用水平仪进行认真校核，检查各立柱的安装是否标高一致。

（5）按照设计尺寸安装幕墙的金属横梁。在安装过程中，要特别注意横梁一定要与立柱垂直，这是金属骨架安装中必须做到的要求。

（6）钢骨架中的立柱和横梁，一般可采用螺栓连接。如果采用焊接时，应对下方和靠近的已完工装饰饰面进行成品保护。焊接时要采用对称焊，以减少因焊接产生的变形。

检查焊缝质量合格后，对所有的焊点、焊缝均需除去焊渣及做防锈处理。防锈处理一般采用刷防锈漆等方法。

（7）在两种不同金属材料接触处，除不锈钢材料外均应垫好隔离垫片，防止发生接触腐蚀。隔离垫片常采用耐热的环氧树脂玻璃纤维布或尼龙。

（8）待幕墙的金属骨架安装完工后，应通过监理公司对隐蔽工程检查验收后，方可进行下道工序。

### （五）金属板制作

金属幕墙所用的金属饰面板种类多，一般是在工厂加工后运至工地现场安装。铝塑复合板组合件一般在工地制作和安装。

现在以铝单板、铝塑复合板、蜂窝铝板为例，说明金属板的加工制作要求。

（1）铝单板　铝单板在弯折加工时弯折外圆弧半径不应小于板厚的1.5倍，以防止出现折裂纹和集中应力。板上加劲肋的固定可以采用电栓钉，但应保证铝板外表面不变形、不褪色，固定应牢固。铝单板的折边上要做耳子用于安装，如图5-2所示。

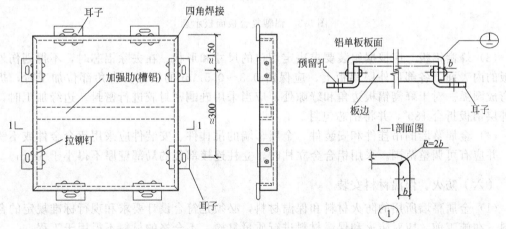

图 5-2　铝单板示意

耳子的中心间距一般为300mm左右，角端为150mm左右。表面和耳子的连接可用焊接、铆接或在铝板上直接冲压而成。铝单板组合件的四角开口部位凡是未焊接成形的，必须用硅酮密封胶密封。

（2）铝塑复合板　铝塑复合板面有内外两层铝板，中间复合聚乙烯塑料。在切割内层铝板和聚乙烯塑料时，应保留不小于0.3mm厚的聚乙烯塑料，并不得划伤外层铝板的内表面。铝塑复合板面板示意如图5-3所示。

打孔、切口后外露的聚乙烯塑料及角部缝隙处，应采用中性的硅酮密封胶密封，防止水渗漏到聚乙烯塑料内。加工过程中铝塑复合板严禁与水接触，以确保质量。其耳子材料一般宜采用角铝。

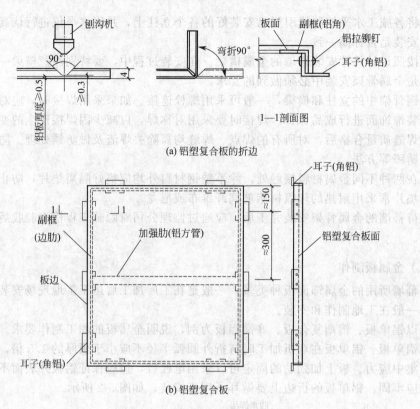

(a) 铝塑复合板的折边

(b) 铝塑复合板

图 5-3 铝塑复合板面板示意

（3）蜂窝铝板 应根据组装要求决定切口的尺寸和形状。在去除铝芯时，不得划伤外层铝板的内表面，各部位外层铝板上，应保留 0.3～0.5mm 的铝芯。直角部位加工时，折角内弯成圆弧。对于蜂窝铝板边角和缝隙处，应当采用硅酮密封胶进行密封。边缘加工时，应将外层铝板折合 180°，并将铝芯包封。

（4）金属幕墙的吊挂件和安装件 金属幕墙的吊挂件、安装件应采用铝合金件或不锈钢件，并应有可调整范围。采用铝合金立柱时，立柱连接部位的局部壁厚不得小于 5mm。

（六）防火、保温材料安装

（1）金属幕墙所用的防火材料和保温材料，必须是符合设计要求和现行标准规定的合格材料。在施工前，应对防火和保温材料进行质量复检，不合格的材料不得用于工程。

（2）在每层楼板与石材幕墙之间不能有空隙，应用 1.5mm 厚镀锌钢板和防火岩棉形成防火隔离带，用防火胶密封。

（3）在北方寒冷地区，保温层最好应有防水、防潮保护层，在金属骨架内填塞固定，要求严密牢固。

（4）幕墙保温层施工后，保温层最好应有防水、防潮保护层，以便在金属骨架内填塞固定后严密可靠。

（七）金属幕墙的吊挂件、安装件

金属面板安装同有框玻璃幕墙中的玻璃组合件安装。金属面板是经过折边加工、装有耳子（有的还有加劲肋）的组合件，通过铆钉、螺栓等与横竖骨架连接的。

## （八）注胶密封与清洁

金属幕墙板的拼缝的密封处理与有框玻璃幕墙相同，以保证幕墙整体有足够的、符合设计的黏结强度和防渗漏能力。施工时应注意成品保护和防止构件污染。待密封胶完全固化后或在工程竣工验收时再撕去金属板面的保护膜。

## （九）施工注意事项

（1）金属面板通常应当由专业工厂加工成型。但因实际工程的需要，部分面板由现场加工是不可避免的。现场加工应使用专业设备和工具，由专业操作人员进行操作，以确保板件的加工质量和操作安全。

（2）为确保施工中的安全，各种电动工具在正式使用前，必须进行性能和绝缘检查，吊篮须做荷载、各种保护装置和运转试验。

（3）金属面板在运输、保管和施工中不要重压，在条件允许时要采取有效的保护措施，以免发生因重压而变形。

（4）由于金属板表面上均有防腐及保护涂层，应注意硅酮密封胶与涂层黏结的相容性问题，事先做好相容性试验，并为业主和监理工程师提供合格成品的试验报告，保证胶缝的施工质量和耐久性。

（5）在金属面板加工和安装时，应当特别注意金属板面的压延纹理方向，通常成品保护膜上印有安装方向的标记；否则，会出现纹理不顺、色差较大等现象，严重影响装饰效果和安装质量。

（6）固定金属面板的压板、螺钉，其规格、间距一定要符合规范和设计要求，并要拧紧不松动。

（7）金属板件的四角如果未经焊接处理，应当用硅酮密封胶来进行嵌填，以保证密封、防渗漏效果。

（8）其他注意事项同隐框玻璃幕墙和石材幕墙。

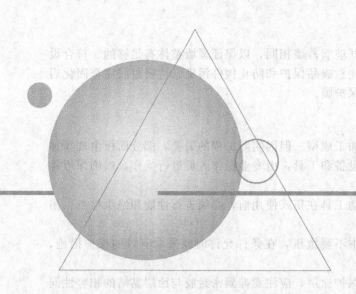

# 第六章
## 建筑幕墙密封及结构粘接

建筑是多种材料、构件和部件组合的构筑体，各种荷载作用产生的应力和应变可在结构联结部位呈现，联结接缝也可能成为液体、气体、粉尘、声波和热量在建筑物内外流动和交换的通道。为了保证建筑的功能质量，接缝的位置及构造的设定必须考虑接缝的密封，接缝的密封也必须考虑接缝的构造、力学条件和环境。

建筑工程实践充分证明，最佳的接缝设计是接缝可靠密封的基础。保证耐久、可靠的密封是建筑设计、结构施工、材料供应、质量监理和业主各方的责任，特别是在建筑结构粘接装配体系中，各方都是构成密封链的一个环节，任何一个环节失误都会导致粘接密封的失效。

## 第一节　建筑接缝的基本特征

建筑渗漏一直是影响建筑质量的顽症，在建筑上曾被称为"十缝九漏"。实际上，建筑接缝密封本身就是建筑体系杜绝渗漏的一道独立防线，其作用和功能难以为其他材料所替代。在玻璃、金属板等不渗透材料构建的屋面及外墙围护结构中，结构的粘接密封不仅是设防的主体，而且是建筑结构联结的重要构成。因此，建筑接缝密封和结构粘接密封装配技术在建筑幕墙、采光顶和门窗的设计、制造和安装中深受关注。

### 一、接缝的构成和功能

建筑接缝主要包括接缝和裂缝。其中，接缝大多是在设计中设置的连接不同材料、构件或分割统一构件的规则缝隙；裂缝一般是意外发生的、走向和形状不规则的有害缝隙。在建筑成形和使用寿命期间，由于地震、建筑沉降或倾斜、环境温度及湿度变化、附加荷载或局部应力的传递等因素作用，建筑材料或构件发生膨胀或收缩、拉伸或压缩、剪切或扭曲等形式的运动，构件的体积或形状产生变化并集中在端部或边缘，呈现明显的尺寸位移。这种运动无法加以限制，不论出于什么原因约束这种形变位移，必将产生一定的应力。当建筑结构难以承受该应力时，构件只能开裂、局部破坏，甚至产生结构性挠曲以满足其应力释放，产生难以控制的裂缝或更大的危害。

工程实践证明，预防裂缝的发生必须正确设置接缝的位置和接缝的尺寸，保证构件在低应力水平或零应力下不受约束地自由运动，为此，应对不同约束条件下构件的长度必须给予限定。例如，建筑规范规定混凝土及钢筋混凝土墙体接缝的最大间隔距离分别为 20m 和 30m，接缝宽度不小于 20mm，结构设计必须满足这一必要条件。该条件对保证接缝密封必要但不充分，因为必须考虑密封胶对接缝位移的承受能力，一旦接缝的位移量超出所选用密封胶的位移能力，这样的结构设计明显不合理，必须对结构设计进行修改，以缩小接缝间隔距离或扩大接缝宽度，减小接缝的相对位移量，以及选择适用的密封胶。

## 二、接缝的类型和特点

### （一）收缩（控制）缝和诱发缝

收缩缝又称为控制缝，属于变形缝的一种。一般是应在面积较大而厚度较薄的构件上设置成规则分布的分割线，将构件分成尺寸较小的板块。

混凝土结构构件的收缩应集中在接缝处变形，以防止裂缝的发生并控制裂缝的位置，避免构件产生有害的裂缝。这种缝可用以分割如路面、地坪、渠道内衬、挡土墙及其他墙体。可在混凝土浇筑时放入金属隔板、塑料或木质隔条，混凝土初凝后取出隔条，从而形成一种收缩缝，也可在刚凝固的混凝土上锯切。

收缩缝可以是断开贯通的分隔缝，也可以是横截面局部减小的分割成多个构件的单元。为保持收缩缝的自由开合运动，还应要求连续性，可使用插筋，也可成形为台阶状或榫接形。为保证缝隙不渗漏并保证构件的伸缩位移，收缩缝应用时应有足够位移能力的密封胶进行密封。

"诱发缝"是收缩缝的一种形式，又被称为假缝。其特点是上部有缝，下部连续（有的也可完全断开），可利用截面上部的缺损，使干燥收缩所引起的拉应力集中，在诱发缝处引发开裂，减少其他部位出现裂缝造成危害。

### （二）膨胀（隔离）缝

结构受热膨胀或在荷载及不均匀沉降时可产生应力导致对接结构单元受压破坏或扭曲（包括位移、起拱和翘曲），为防止这类现象发生必须设置膨胀缝。常用于墙体-屋面或墙体-地面的隔离、柱体与地面或墙面隔离、路面板以及平台同桥台或桥墩的隔离，还用于其他一些不希望发生的对次生应力约束或传递的情况中。膨胀缝的设置一般在墙体方向发生变化处（在 L 形、T 形和 U 形结构中）或墙体截面发生变化处。膨胀缝常用于隔开性状结构不同的结构单元，也被称为隔离缝，属于变形缝的一种。

膨胀缝的做法是在对接结构单元之间的整个截面上形成一个间隙，现浇混凝土结构可安置一个具有规定厚度的填料片，预制构件安装时预先留置一个缝隙。为限制不希望发生的侧向位移或维持连续性起见，可设置穿通两边的插筋、阶梯或榫槽。接缝密封处理后，应保证不渗漏，保证构件位移不产生有害的应力。

### （三）施工缝和后浇缝

施工缝应在混凝土浇筑作业中断的表面或在预制构件安装过程中设置。混凝土施工过程中有时出现预想不到的中断，也需要设置施工缝。依据浇筑的顺序不同，施工缝可有水平施工缝和垂直施工缝两大类。根据结构设计要求，有些施工缝在以后可以用于膨胀缝或收缩缝，同时也应进行密封处理。

后浇缝是在现浇整体式钢筋混凝土结构施工期间预留的临时性温度收缩变形缝。该接缝保留一定时间后将再进行填充封闭，浇成连续整体的无伸缩缝结构。这是一种临时性伸缩缝，目的是减少永久性伸缩缝。

### （四）特种功能接缝

（1）铰接缝  "铰接缝"是允许构件发生旋转起铰接作用的缝。常用于路面的纵向接缝上，克服轮子碾压或路基下沉所引起的翘曲。当然，其他一些建筑结构也使用这种铰接缝。这种接缝中不能存在插筋等，接缝必须密封处理。

（2）滑动缝  "滑动缝"是使构件能沿着另一构件滑动的缝。如某些水库的墙体允许发生同地面或屋面板相对独立的位移时，就需设滑动缝。这种缝的做法是使用阻碍构件之间粘接的材料，如沥青复合物、沥青纸或其他有助于滑动的片材。

（3）装饰缝  "装饰缝"是在外墙装置接缝作为处理建筑立面的一种表现手法，以及其他部位专为装饰设置的接缝。装饰嵌缝用的密封胶更应注意颜色和外观效果。

### （五）建筑结构密封粘接装配接缝

建筑结构密封粘接装配系统的接缝，不仅具有阻止空气和水通过建筑外墙的密封功能，而且具有结构粘接功能，为结构提供稳定可靠的弹性联结和固定，承受荷载和传递应力，能承受较大位移。

# 第二节  接缝密封材料分类及性能

建筑工程所用的接缝密封材料主要包括定型材料和不定型材料两大类。接缝密封材料是以不定型状态嵌填接缝实现密封的材料，如液态及半液态流体、团块状塑性体、热熔固体和粉末状等形态的密封材料。接缝密封材料主要包括嵌缝膏和密封胶。嵌缝膏一般为团块状塑性体、半流体、热熔固体，黏结强度不高，无弹性或弹性很小；密封胶一般为液态及半液态流体，黏结强度比较高，呈现明显的弹性。在结构装配中以承受结构荷载为主要功能的弹性密封胶，也称为结构密封胶。

## 一、主题词"Sealant"的概念

### （一）主题词"Sealant"的定义

我国《标准文献主题词表》中对主题词"Sealant"的定义为"密封胶或密封剂"。化工、机械、航空、轻工及建筑等产业已经普遍采用该主题词。

### （二）术语标准对"Sealant"的定义

（1）国际标准 ISO 6927《建筑结构·接缝产品·密封胶·术语》定义术语"Sealant"为"以非定型状态填充接缝并与接缝对应表面粘接在一起实现接缝密封的材料"。

（2）国家标准 GB/T 14682—2006《建筑密封材料术语》基本采用国际标准 ISO 6927 对"Sealant"定义为"以非定型状态填充接缝并与接缝对应表面粘接在一起实现接缝密封的材料"。

（3）国家标准 GB/T 2943—2008《胶黏剂术语》定义"Sealant"为"具有密封功能的

胶黏剂"。

### （三）对密封胶的理解和认识

在现行国家标准 GB/T 2943—2008《胶黏剂术语》中对"Sealant"的定义，更突出了建筑密封胶以粘接为基本特征，将其同胶黏剂归为同类，而突出的功能是密封，即嵌填接缝实现封堵和密封。但应当看到胶黏剂和密封胶的渊源是有很大区别的，最早的胶黏剂是树胶、糨糊等，而密封胶源于桐油灰、沥青等。

此外，两者粘接接头的应力-应变特征有较大区别。胶黏剂以实现界面粘接、承受荷载的强度为特征，一般在应力作用下明显呈现刚性，接头直接断裂，基本不发生显著的位移，具有类似刚性材料的特征；密封剂粘接界面并形成密封体，一般在应力作用下呈现弹性或弹塑性，接头密封体能在一定范围内伸缩运动、发生位移而不发生破坏，位移能力高达 25%甚至可以更高，更接近橡胶弹性材料的特征。

在现代建筑工程中，由于密封胶的应用范围越来越广泛，品种和用量都在不断增长，所以行业内一般将两种材料并称为"Adhesives and Sealant"，也可以说密封胶已经独立成为平行于胶黏剂的一类材料。

## 二、建筑密封胶分类和分级

密封胶分别有嵌缝膏（Caulk）、密封胶（Sealant）和结构密封胶（Construction Sealant）。它们按照功能和基础聚合物的不同进行名称命名，在各相关产品标准中分别有各自定义。在建筑工程中，根据国际标准 ISO 11600《建筑结构·密封胶·分级和要求》中的规定，我国及大多数国家基本按产品用途、适用功能（位移能力及模量）及相应的耐久性指标要求，对建筑结构密封胶进行分类和分级；产品也可按组分数、固化机理、适用季节、流动性等划分产品类别，标明产品代号，以便于工程选用；产品还可以按材料基础聚合物类型、产品特征功能等进行分类。

建筑密封胶可以有不同的基础聚合物，主要类型有硅酮（SR，硅酮为聚硅氧烷的俗称）、聚硫（PS）、聚氨酯（PU）、丙烯酸（AC）、丁基（BR）、沥青、油性树脂及各种新发展的改性聚合物，但这种分类并不表征材料在建筑工程应用中的优劣，不能笼统地说硅酮密封胶优于聚氨酯密封胶，也不能说聚硫类产品一定都比丙烯酸类的更优。实际上每一类聚合物都具有优于其他聚合物的特点，所以密封材料的选材依据应是按使用功能要求进行技术测试和评价。我国按产品的功能用途已建立一系列建筑密封胶标准，如幕墙玻璃接缝密封胶、结构密封胶、中空玻璃密封胶、窗用密封胶、混凝土接缝密封胶、石材接缝密封胶等。以上这些密封胶的性能和用途虽然不同，但产品的基本特性和技术规格应遵守国际标准 ISO 11600 中的规定。

国际标准 ISO 11600《建筑结构·密封胶·分级和要求》对产品进行了分级和分型，并按产品用途提出具体技术要求。在选用密封胶时必须注意产品的性能级别。例如，符合玻璃接缝密封胶标准的"玻璃密封胶"，可以有高模量和低模量之分，又有 7.5 级、12.5 级、20级、25 级甚至更高级别的位移能力，它们的价格、使用方法和耐久性有明显差别，必须依据具体接缝设计要求选用。

### （一）基本分类方法

（1）用途　适用于玻璃，代号为 G 类（仅限于 25 级和 20 级）；其他用途，代号为 F 类（包括 25 级、20 级、12.5 级和 7.5 级）。

（2）级别　建筑密封胶的级别应按其位移能力进行划分。建筑密封胶级别见表 6-1。

表6-1　建筑密封胶级别

| 级别 | 热压-冷拉循环幅度/% | 位移能力/% | 级别 | 热压-冷拉循环幅度/% | 位移能力/% |
|---|---|---|---|---|---|
| 25 | ±25 | 25 | 12.5 | ±12.5 | 12.5 |
| 20 | ±20 | 20 | 7.5 | ±7.5 | 7.5 |

（3）模量　对符合25级和20级的弹性密封胶划分模量级别：低模量，代号为LM；高模量代号为HM。模量级别技术指标见表6-2。

表6-2　模量级别技术指标

| 模量级别 | | 低模量 LM | 高模量 HM |
|---|---|---|---|
| 拉伸100%时的模量/MPa | 23℃时 | ≤0.4 | >0.4 |
| | −20℃时 | 和≤0.6 | 或>0.6 |

（4）弹性　对12.5级以下的密封胶按照弹性恢复率划分为：弹性体（代号12.5E），弹性恢复率大于40%；塑性体（代号12.5P），弹性恢复率小于40%；塑性嵌缝膏（代号7.5P）。

建筑结构接缝密封胶的分级见图6-1。

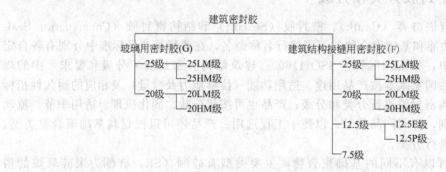

图6-1　建筑结构接缝密封胶的分级

（二）型别划分原则

型别划分有多种原则，产品外包装的标记含义和标记方法也不尽相同，例如：

（1）按流动性不同可划分为非下垂型（N）、自流平型（L）。

（2）按组分数不同可分为单组分型、双组分型或多组分型。

（3）按产品适用的季节不同分为夏季型（S）、冬季型（W）、全年型（A）。

（4）按固化机理不同可分为湿气固化型（K）、化学固化型（Z）、溶胶型（Y）、乳液干燥固化型（E）。

（三）产品功能类别

目前，我国已经明确且具有相应标准的功能产品有：幕墙玻璃接缝密封胶、结构密封胶、中空玻璃密封胶、窗用密封胶、混凝土接缝密封胶、防霉密封胶、石材接缝密封胶、彩色涂漆钢板用密封胶等，今后还会随着用途的特定技术要求进一步扩展，如可能有钢结构用的阻止锈蚀密封胶、防火密封胶、绝缘密封胶、道路接缝密封胶等。这些产品必须具备特殊的功能性，如防霉性、对石材污染性、低透气率和低发雾性、对涂漆钢板的粘接性和更高的位移能力等，尽管它们已经具备建筑密封胶的基本性能（如施工工艺性、弹性级别、粘接性和力学性能等），也可用于其他密封用途，但必须还应具备特定的功能。工程实践证明，这样分类不仅有利于产品质量控制，也有利于工程设计和施工的选材。在这一分类中没有"耐候密封胶"，因为所有建筑密封胶都具有耐受环境气候的能力，难以对具体的"耐候性"指标进行量化核定，所以"耐候密封胶"只是商业上的俗称。

## 三、密封胶的基本性能及主要特征

### （一）密封胶的基本性能

(1) 现场嵌入施工性良好，能挤注涂饰、固化，储存期性能稳定，无毒或低毒害。

(2) 对流体介质不溶解，无过度溶胀和过度收缩，具有较低的渗透性。

(3) 能承受接缝位移，并能随伸缩运动而变形。

(4) 在按缝中经受反复变形后，保证能充分恢复其性能和形状。

(5) 有适度的模量，能承受施加的应力并适应结构的变形。

(6) 能与接缝基面稳定粘接，不发生剥离和脱胶等质量问题。

(7) 用于建筑工程的接缝后，在高温下不过度软化，低温下不产生脆裂。

(8) 有较好的耐候性，不过度软化、不粉化龟裂，符合设计的使用寿命。

(9) 特定场合使用时具有相应的特定性能，如彩色、耐磨、抗穿刺、耐腐蚀、抗碾压、不燃烧、不污染、绝缘或导电等。

### （二）密封胶的主要特征

建筑密封胶主要特征为施工操作性、力学性能及耐久性、储存稳定性。

(1) 施工操作性

① 外观　在进行操作中比较容易做到光滑平整，即能使建筑密封胶具有良好的可操作性和外观。

② 挤出性　建筑密封胶应当具有保证挤出涂抹施工的性能，即在规定压力下在单位时间能挤出一定量值的密封胶。

③ 表干期　单组分建筑密封胶挤出后表面固化的最短时间应符合设计要求。

④ 适用期　双组分建筑密封胶能保持施工操作性（易刮平或可挤出）的最长时间也应符合设计要求。

⑤ 下垂度　接缝密封采用 N 型密封胶时，在垂直接缝中应保证不流淌、不变形。

⑥ 流平性　接缝密封采用 L 型密封胶时，在水平接缝中应具有自动流平整的能力。

(2) 力学性能及耐久性

① 弹性恢复率　建筑密封胶在拉伸变形后，应具有恢复原来形状和尺寸的能力。

② 粘接拉伸性能　在接缝中受拉破坏时，其最大强度和最大伸长率应符合设计要求。

③ 弹性模量　弹性模量是以拉伸变形至规定伸长时的应力表征。

④ 位移能力　接缝密封胶的位移能力是指经受规定幅度反复冷拉伸、热压缩的性能。

⑤ 低温柔性　接缝密封胶的低温柔性是指在低温下弯折不发生脆断、保持柔软性能。

⑥ 热水-光照耐久性　接缝密封胶的热水-光照耐久性以试验后的粘接拉伸性能表征。

⑦ 热空气-水浸耐久性　接缝密封胶的热空气-水浸耐久性以试验后的粘接拉伸性能表征。

⑧ 耐化学侵蚀稳定性　接缝密封胶的耐化学侵蚀稳定性是指在酸、碱、盐溶液及油、有机溶剂等化学介质中保持稳定的性能。

(3) 储存稳定性　建筑密封胶的储存稳定性是指从制造之日起保证使用性能的最长储存时间，建筑工程中所用的密封胶储存稳定期应大于 6 个月。

## 四、建筑嵌缝膏的技术要求

建筑嵌缝膏是由天然或合成的油脂、液体树脂、低熔点沥青、焦油或这些材料的复合共混物，加入改性胶与纤维、矿物填料共混制成的黏稠膏状物。基础材料一般有干性油、橡胶沥青、橡胶焦油、煤焦油、聚丁烯、聚异丁烯、聚氯乙烯及其复合物。

建筑嵌缝膏为塑性或弹塑性体，嵌缝后由于氧化、低分子物挥发或冷却，在表面形成皮膜或随时间延长而硬化，但通常不发生化学固化。建筑嵌缝膏一般可承受接缝位移±3%以下，优质产品可达到±5%左右。建筑嵌缝膏很容易粘灰，易受烃类油软化，易随使用时间延长而失去塑性及弹性，使用寿命较短。材料试验证明，以聚丁烯、聚异丁烯为基础的嵌缝膏成本较高，但耐久性好，可制成自粘性条带用于嵌填接缝，也可用于中空玻璃一道密封。

### （一）油性嵌缝膏

（1）定义  油性嵌缝膏产品是由天然或合成的油脂为基础，掺加碳酸钙、滑石粉等矿物，形成高黏度的塑性膏状物。油性嵌缝膏一般在氧化后表面成膜，并随时间延续氧化逐渐深入内部而产生硬化。

（2）品种  油性嵌缝膏产品按含水率、下垂度及附着力高低分为两类。

（3）外观和用途  油性嵌缝膏为团块膏状物，具有明显的塑性，可用手或刮刀嵌入缝隙中。成本较低，施工方便，主要用于建筑防水接缝的填充和钢、木门窗玻璃镶装中接缝位移不明显、耐候性要求不高、对油脂渗透污染装饰面无要求的场合。

（4）物理性能  油性嵌缝膏的物理性能包括含水率、附着力、针入度、下垂度、结膜时间、龟裂试验、操作性和耐寒性等。门窗用油灰嵌缝膏的物理性能见表6-3。

**表6-3  门窗用油灰嵌缝膏的物理性能**

| 测试项目 | 性能指标 | |
|---|---|---|
| | **1 类** | **2 类** |
| 含水率/% | 0.6 | 1.0 |
| 附着力/(g/cm$^2$) | 2.84×10$^4$ | 1.96×10$^4$ |
| 针入度/mm | 15 | 15 |
| 下垂度(60℃)/mm | 1 | 3 |
| 结膜时间/h | 3～7 | 3～7 |
| 龟裂试验(80℃) | 不龟裂、无裂纹、不脱框 | |
| 耐寒性(−30℃) | 不开裂、不脱框 | |
| 操作性 | 不明显粘手，操作时容易做到光滑平整 | |

### （二）玛碲脂

（1）定义  玛碲脂是指以石油沥青为基料，同溶剂、复合填料改性制成的冷胶接密封材料。

（2）外观和用途  玛碲脂为黑色团块状，加热可倾流，不燃烧、易施工、运输方便，主要可用于建筑接缝密封。

（3）物理性能  玛碲脂的物理性能见表6-4。

**表6-4  玛碲脂的物理性能**

| 测试项目 | | 性能指标 |
|---|---|---|
| 耐热度/℃ | 1∶1斜坡，2h 无滑动、无流淌 | 80 |
| 低温柔性/℃ | 直径 20mm 棒，2h，弯曲不脆断 | −5 |
| 粘接力 | 揭开后检查，粘接面积/总面积 | ≤1/3 |

#### （三）建筑防水沥青嵌缝油膏

（1）定义　建筑防水沥青嵌缝油膏是指以石油沥青为基料，加入橡胶（包括废橡胶）、SBS树脂等改性材料，热熔共混而制成的嵌缝材料。

（2）外观和用途　建筑防水沥青嵌缝油膏为黑色黏稠状材料。可采用冷用填入的方法，主要用于建筑接缝、孔洞、管口等部位的防水防渗。

（3）品种　建筑防水沥青嵌缝油膏按照耐热度、低温柔性分成6个标号：701、702、703、801、802、803。

（4）物理性能　按行业标准《建筑防水沥青嵌缝油膏》（JC/T 207—2011）中的要求，建筑防水沥青嵌缝油膏物理性能应符合表6-5中的规定。

**表6-5　建筑防水沥青嵌缝油膏物理性能**

| 项目 | | 标号 | | | | | |
|---|---|---|---|---|---|---|---|
| | | 701 | 702 | 703 | 801 | 802 | 803 |
| 耐热性 | 温度/℃ | 70 | | | 80 | | |
| | 下垂度/mm | ≤4 | | | | | |
| 粘接性/mm | | ≥15 | | | | | |
| 保油性 | 渗油幅度/mm | ≤5 | | | | | |
| | 渗油张数 | ≤4 | | | | | |
| 挥发性/% | | ≤2.8 | | | | | |
| 针入度/mm | | ≥22 | | | | | |
| 低温柔性 | 温度/℃ | −10 | −20 | −30 | −10 | −20 | −30 |
| | 粘接状况 | 合格 | | | | | |
| 操作性 | | 不明显粘手，操作时容易做到光滑平整 | | | | | |

#### （四）聚氯乙烯防水接缝嵌缝膏

（1）定义　聚氯乙烯防水接缝嵌缝膏是以聚氯乙烯（含PVC废料）和焦油为基料，同增塑剂、稳定剂、填充剂等共混经塑化或热熔制成。

（2）外观和用途　聚氯乙烯防水接缝嵌缝膏为黑色黏稠膏状或块状。其施工方便，价格低廉，主要用于建筑接缝、孔洞、管口等部位防水防渗。此外，还可用于屋面涂膜防水。

（3）品种　聚氯乙烯防水接缝嵌缝膏分为热塑型和热熔型，具有703和803两个标号。

（4）物理性能　聚氯乙烯防水接缝嵌缝膏的物理性能见表6-6。

**表6-6　聚氯乙烯防水接缝嵌缝膏的物理性能**

| 项目 | | 标号 | |
|---|---|---|---|
| | | 703 | 803 |
| 耐热度 | 温度/℃ | 70 | 80 |
| | 下垂度/mm | ≤4 | ≤4 |
| 低温柔性 | 温度/℃ | −20 | −30 |
| | 柔性 | 合格 | 合格 |
| 粘接延伸率/% | | ≥250 | |
| 浸水后粘接延伸率/% | | ≥200 | |
| 挥发率/% | | ≥3 | |
| 回弹率/% | | ≥80 | |

（五）丁基及聚异丁烯嵌缝膏

（1）定义　丁基及聚异丁烯嵌缝膏是丁基、氯化丁基橡胶或聚异丁烯为基料，同软化剂、填充剂等混炼制成。

（2）外观和用途　丁基及聚异丁烯嵌缝膏一般为塑性团块状膏状物，也可制成腻子条带。由于具有耐老化、粘接稳定、透气率低等特点，主要用于嵌填接缝、孔洞密封。其中聚异丁烯为基础的产品可热挤注，可用于中空玻璃一道密封。

（3）物理性能　丁基嵌缝膏的技术性能见表6-7，中空玻璃用聚异丁烯密封膏的技术性能见表6-8。

**表6-7　丁基嵌缝膏的技术性能**

| 项目 | 指标 | 项目 | 指标 |
|---|---|---|---|
| 可塑性测试(23℃)/s | 3～20 | 剪切强度/MPa | ≥0.02 |
| 耐热性(130℃,2h) | 不结皮,保持棱角 | 耐水粘接性 | 不脱落 |
| 低温柔性(−40℃,2h弯曲180°) | 不脆断 | 耐水增重/% | ≤6 |

**表6-8　中空玻璃用聚异丁烯密封膏的技术性能**

| 项目 | 指标 | 项目 | 指标 |
|---|---|---|---|
| 固含量/% | 100 | 低温柔性/℃ | −40 |
| 相对密度 | 1.15～1.25 | 水蒸气渗透率/[g/(d·m²)] | 10 |
| 粘接性 | 与玻璃、钢材兼容 | 耐紫外-热水(GB/T 7020) | 合格 |
| 耐热性/℃ | 130 | | |

## 五、密封胶的技术性能要求

密封胶是以弹性（弹塑性）聚合物或其溶液、乳液为基础，添加改性剂、固化剂、补强剂、填充剂、颜料等均匀混合制成，在接缝中可依靠化学固化或空气的水分交联固化，或依靠溶剂、水蒸发固化，成为接缝粘接密封用的弹性体或弹塑性体。此类产品按聚合物分类，有硅酮、聚氨酯、聚硫、丙烯酸等类型。

近年来，用共聚、接枝、嵌段、共混等方法，发展了改性硅酮、环氧改性聚氨酯、聚硫改性聚氨酯、环氧改性聚硫、硅化丙烯酸等改性型密封胶，技术性能远超出原有类型密封胶，使密封胶分类多样化。

（一）幕墙玻璃接缝密封胶

（1）定义　幕墙玻璃接缝密封胶是指用于粘接密封幕墙玻璃接缝的密封胶，在实际工程中最常见的是硅酮型密封胶。

（2）外观和用途　幕墙玻璃接缝密封胶的颜色以黑色为主，为单组分可挤注的黏稠液体，挤注在玻璃接缝中不变形下垂。这种接缝密封胶可用于长期承受日光、雨雪和风压等环境条件的交变作用，承受较大接缝位移的幕墙玻璃-玻璃接缝的粘接密封，也可用于建筑玻璃的其他接缝密封。

（3）品种和分级　幕墙玻璃接缝密封胶主要是单组分硅酮型，按位移能力及模量可分为20LM、20HM、25LM、25HM 4个级别。

（4）物理性能　根据行业标准《幕墙玻璃接缝用密封胶》（JC/T 882—2001）中的规定，幕墙玻璃接缝密封胶的物理性能见表6-9。

## 表6-9 幕墙玻璃接缝密封胶的物理性能

| 序号 | 项目 | | 产品级别 | | | |
|---|---|---|---|---|---|---|
| | | | 25LM | 25HM | 20LM | 20HM |
| 1 | 下垂度/mm | 垂直 | ≤3 | | | |
| | | 水平 | 不变形 | | | |
| 2 | 挤出性/(mL/min) | | ≥80 | | | |
| 3 | 表干时间/h | | ≤3 | | | |
| 4 | 弹性恢复率/% | | ≥80 | | | |
| 5 | 拉伸100%时模量/MPa | 23℃ −20℃ | ≤0.4和≤0.6 | >0.4或>0.6 | ≤0.4和≤0.6 | >0.4或>0.6 |
| 6 | 定伸(100%)粘接性 | | 无破坏 | | | |
| 7 | 浸水光照后定伸(100%)粘接性 | | 无破坏 | | | |
| 8 | 循环热压缩(70℃)-冷拉伸(−20℃)后的粘接性 | | 拉压幅度±20% | | 拉压幅度±25% | |
| | | | 无破坏 | | | |
| 9 | 质量损失/% | | ≤10 | | | |

### （二）建筑窗用密封胶

（1）定义　建筑窗用密封胶是指用于窗洞、窗框及窗玻璃密封镶装的密封胶。

（2）外观　建筑窗用密封胶为单组分黏稠流体，属于非下垂型。其颜色主要有透明、半透明、茶色、白色、黑色等。

（3）分级和用途　建筑窗用密封胶按照模量及位移能力大小可分3个级别。由于有窗框及受力结构件，该类密封胶主要用于接缝密封，不承受结构应力。适应要求的密封胶可以是硅酮、改性硅酮、聚氨酯、聚硫型等。洞口-窗框用的密封胶可以是硅化丙烯酸型或丙烯酸型密封胶。

（4）物理性能　建筑窗用密封胶模量较低、弹性好，能适应结构变形而稳定密封。现行行业标准《建筑窗用弹性密封胶》（JC/T 485—2007）中规定的3个级别，实际相当于ISO 11600中的20LM、12.5E及12.5P级。建筑窗用弹性密封胶的技术要求见表6-10。

### 表6-10 建筑窗用弹性密封胶的技术要求

| 项目 | 1级品 | 2级品 | 3级品 |
|---|---|---|---|
| 挤出性/(mL/min) | ≥50 | ≥50 | ≥50 |
| 适用期/h | ≥3 | ≥3 | ≥3 |
| 表干时间/h | ≥24 | ≥48 | ≥72 |
| 下垂度/mm | ≤2 | ≤2 | ≤2 |
| 粘接拉伸弹性模量/MPa | ≤0.4(100%) | ≤0.5(60%) | ≤0.6(25%) |
| 热-水循环后定伸性能/% | ≥100 | ≥60 | ≥25 |
| 水-紫外线试验后弹性恢复率/% | ≥100 | ≥60 | ≥25 |
| 热水循环后弹性恢复率/% | ≥60 | ≥30 | ≥5 |
| 低温柔性/℃ | ≤−30 | ≤−20 | ≤−10 |
| 黏附破坏% | ≤25 | ≤25 | ≤25 |
| 低温储存稳定性① | 无凝胶、离析 | | |
| 初期耐水性① | 不产生浑浊 | | |

① 仅对乳胶型密封剂要求。

### （三）混凝土建筑接缝密封胶

（1）定义　混凝土建筑接缝密封胶是指用于混凝土建筑屋面、混凝土墙体变形缝密封的密封胶。

（2）外观　混凝土建筑接缝密封胶为单组分黏稠流体。

（3）分级和用途　由于混凝土构件材质、尺寸、使用温度、结构变形、基础沉降影响等使用条件范围宽，对密封胶接缝位移能力及耐久性要求差别较大，所以这类密封胶包括 25 级至 7.5 级的所有级别。按流动性分为 N 型（非下垂型），用于垂直接缝；S 型（自流平型），用于水平接缝。

混凝土建筑接缝密封胶主要包括聚氨酯、聚硫橡胶型、中性硅酮和改性硅酮密封胶，还包括丙烯酸密封胶、硅化丙烯酸密封胶、丁基型密封胶、改性沥青嵌缝膏等，后三种主要用于建筑内部接缝的密封。

（4）物理性能　根据行业标准《混凝土接缝用建筑密封胶》（JC/T 881—2017）中的规定，混凝土接缝用建筑密封胶的技术要求见表 6-11。

表6-11　混凝土接缝用建筑密封胶的技术要求

| 序号 | 项目 | | 产品级别 | | | | | | |
| --- | --- | --- | --- | --- | --- | --- | --- | --- | --- |
| | | | 25LM | 25HM | 20LM | 20HM | 12.5E | 12.5P | 7.5P |
| 1 | 下垂度（N 型）/mm | 垂直 | ≤3 | | | | | | |
| | | 水平 | ≤3 | | | | | | |
| | 流平性（S 型） | | 光滑平整 | | | | | | |
| 2 | 挤出性/（mL/min） | | ≥80 | | | | | | |
| 3 | 弹性恢复率/% | | ≥80 | | ≥60 | | ≥40 | ≥40 | ≥40 |
| 4 | 拉伸粘接性 | 拉伸模量 23℃ -20℃ /MPa | ≤0.4 和 ≤0.6 （100%） | >0.4 或 >0.6 | ≤0.4 和 ≤0.6 （60%） | >0.4 或 >0.6 | — | | |
| | | 断裂伸长率/% | | | | | — | ≥100 | ≥20 |
| 5 | 定伸粘接性 | 标准条件 | 伸长率100% | | 伸长率100% | | — | — | — |
| | | 浸水后 | 无破坏 | | 无破坏 | | — | — | — |
| 6 | 热压-冷拉后粘接性 （反复拉压幅度）/% | | ±25 | ±25 | ±20 | ±20 | ±12.5 | | |
| 7 | 拉压循环后粘接性 （循环拉压幅度）/% | | — | | | | | ±12.5 | ±7.5 |
| 8 | 浸水后断裂伸长率/% | | — | | | | | ≥100 | ≥20 |
| 9 | 质量损失/% | | ≤10 | | | | ≤25 | ≤25 | |
| 10 | 体积收缩率①/% | | ≤25 | | | | ≤25 | ≤25 | |

① 仅溶剂型、乳胶型密封胶测定体积收缩率。

### （四）建筑用防霉密封胶

（1）定义　建筑用防霉密封胶是指自身不长霉菌或能抑制霉菌生长的密封胶。

（2）外观　建筑用防霉密封胶为单组分黏稠流体。

（3）分级和用途　建筑用防霉密封胶按防霉性可分为 0 级及 1 级，按模量及位移能力可分为 20LM、20HM、12.5E 级 3 个级别。建筑用防霉密封胶主要用于厨房、厕浴间、整体盥洗间、无菌操作间、手术室、生物实验室及卫生洁具等建筑接缝密封。

（4）物理性能　根据行业标准《建筑用防霉密封胶》（JC/T 885—2016）中的规定，建筑用防霉密封胶的技术要求见表 6-12。

表6-12　建筑用防霉密封胶的技术要求

| 序号 | 项目 | 技术指标 | | |
| --- | --- | --- | --- | --- |
| | | 20LM | 20HM | 12.5E |
| 1 | 密度/（g/cm³） | 规定值±0.1 | | |
| 2 | 表干时间/h | ≤3 | | |

| 序号 | 项目 | | 技术指标 | | |
| --- | --- | --- | --- | --- | --- |
| | | | 20LM | 20HM | 12.5E |
| 3 | 挤出性/s | | ≤10 | | |
| 4 | 下垂度/mm | | ≤3 | | |
| 5 | 弹性恢复率/% | | ≥60 | | |
| 6 | 拉伸60%弹性模量/MPa | (23±2)℃ | ≤0.4 | >0.4 | — |
| | | (−20±2)℃ | ≤0.6 | >0.6 | — |
| 7 | 热压缩-冷拉伸后粘接性 | | 不破坏 | 不破坏 | 不破坏 |
| 8 | 定伸160%粘接性 | | 不破坏 | 不破坏 | 不破坏 |
| 9 | 定伸160%浸水粘接性 | | 不破坏 | 不破坏 | 不破坏 |

### （五）石材用建筑密封胶

（1）定义　石材用建筑密封胶是指建筑天然石材接缝用的密封胶。

（2）外观　石材用建筑密封胶为单组分黏稠流体。

（3）分级和用途　石材用建筑密封胶按位移能力及模量不同，可分为25LM、25HM、20LM、20HM和12.5E 5个级别。这类密封胶主要用于花岗岩、大理石等天然石材接缝结构防水、耐候密封及装饰。适用的密封胶主要包括中性硅酮密封胶、聚氨酯密封胶、聚硫型密封胶，还包括丙烯酸型密封胶。

（4）物理性能　石材用建筑密封胶不渗油、不粘灰、不污染石材，并能承受水浸、日光及温度交变作用。根据现行国家标准《石材用建筑密封胶》（GB/T 23261—2009）中的规定，其技术性能应符合表6-13的要求。

#### 表6-13　石材用建筑密封胶的技术要求

| 序号 | 项目 | | 产品级别 | | | | |
| --- | --- | --- | --- | --- | --- | --- | --- |
| | | | 25LM | 25HM | 20LM | 20HM | 12.5E |
| 1 | 下垂度/mm | 垂直 | ≤3 | | | | |
| | | 水平 | 无变形 | | | | |
| 2 | 挤出性/(mL/min) | | ≥80 | | | | |
| 3 | 弹性恢复率/% | | ≥60(拉伸100%后) | | ≥60(拉伸60%后) | | |
| 4 | 拉伸模量/MPa | 23℃ | 100%伸长率 ≤0.4 | 100%伸长率 >0.4 | 60%伸长率 ≤0.4 | 60%伸长率 >0.4 | — |
| | | −20℃ | ≤0.6 | >0.6 | ≤0.6 | >0.6 | — |
| 5 | 定伸粘接性 | | 定伸100%，无破坏 | | 定伸60%，无破坏 | | |
| 6 | 浸水后定伸粘接性 | | 定伸100%，无破坏 | | 定伸60%，无破坏 | | |
| 7 | 压缩加热-拉伸冷却循环后的粘接性 | | ±25% | ±25% | ±20% | ±20% | ±12.5% |
| | | | 无破坏 | | | | |
| 8 | 污染性 | 污染深度/mm | ≤1.0 | | | | |
| | | 污染宽度/mm | ≤1.0 | | | | |
| 9 | 紫外线老化后性能 | | 表面无粉化、龟裂，−20℃无裂纹 | | | | |

### （六）彩色涂层钢板用建筑密封胶

（1）定义　彩色涂层钢板用建筑密封胶是指轻钢结构建筑彩色涂层钢板接缝密封用的密封胶。

（2）外观　彩色涂层钢板用建筑密封胶为单组分、可挤注的黏稠流体，具有与钢板接近的各种彩色颜色。

（3）分级和用途　彩色涂层钢板用建筑密封胶可分为7个级别，工程中常用的是25LM、25HM、20LM、20HM和12.5E。能满足要求的产品主要是中性硅酮密封胶、聚氨酯密封胶和聚硫型弹性密封胶。这类密封胶主要用于轻钢结构建筑彩色涂层钢板屋面或墙体接缝防水、防腐蚀和耐候密封。

（4）物理性能　由于钢材温度膨胀系数较大，产品最大位移能力要求可达±50%；密封胶的稳定粘接同彩色涂层材质有关，要求产品有良好的粘接剥离强度。根据现行行业标准《金属板用建筑密封胶》（JC/T 884—2016）中的规定，彩色涂层钢板用建筑密封胶技术要求见表6-14。

表6-14　彩色涂层钢板用建筑密封胶技术要求

| 序号 | 项目 | | 产品级别 | | | | |
|---|---|---|---|---|---|---|---|
| | | | 25LM | 25HM | 20LM | 20HM | 12.5E |
| 1 | 下垂度/mm | 垂直 | 3 | | | | |
| | | 水平 | 无变形 | | | | |
| 2 | 挤出性/(mL/min) | | ≥80 | | | | |
| 3 | 弹性恢复率/% | | 80 | | 60 | | 40 |
| 4 | 拉伸模量/MPa | 23℃ | 100%伸长率 ≤0.4 | 100%伸长率 ＞0.4 | 60%伸长率 ≤0.4 | 60%伸长率 ＞0.4 | — |
| | | −20℃ | ≤0.6 | ＞0.6 | ≤0.6 | ＞0.6 | |
| 5 | 定伸粘接性 | | 无破坏 | | | | |
| 6 | 浸水后定伸粘接性 | | 无破坏 | | | | |
| 7 | 压缩加热-拉伸冷却循环后的粘接性 | | ±25% | ±25% | ±20% | ±20% | ±12.5% |
| | | | 无破坏 | | | | |
| 8 | 剥离粘接性 | 强度/(N/mm) | ≤1.0 | | | | |
| | | 粘接破坏面积/% | ≤25 | | | | |
| 9 | 紫外线老化后性能 | | 表面无粉化、龟裂，−25℃无裂纹 | | | | |

## 六、结构密封胶技术性能要求

结构密封胶是与建筑接缝基材粘接且能承受结构强度的弹性密封胶，在实际工程中常用的主要有硅酮结构密封胶（SR），用于中空玻璃结构粘接密封的密封胶也可归入此范畴。这类密封胶主要有硅酮密封胶、聚氨酯密封胶和聚硫型密封胶。近几年，随着新型聚合物发展，硅酮改性聚氨酯（SPUR）、聚硫改性聚氨酯和环氧改性聚氨酯等高功能密封胶，以其高模量、高强度、高伸长率、高抗渗透性和耐久性用于结构粘接时，显示出一定的技术经济优势。

（一）建筑用硅酮结构密封胶

（1）定义　建筑用硅酮结构密封胶是指用于玻璃结构装配系统（SSG）的密封胶。

（2）外观　建筑用硅酮结构密封胶单组分产品为可挤注的黏稠流体，双组分为适于挤胶轨挤注施工的桶装。

（3）分类、分级和用途　建筑用硅酮结构密封胶有酸性和中性密封胶（包括脱醇型和脱酮肟型）。酸性密封胶可用于同混凝土及金属接触的玻璃结构粘接，中性结构胶可用于隐框和有框玻璃幕墙的玻璃粘接密封。

（4）物理性能　建筑用硅酮结构密封胶为高模量硅酮密封胶，粘接稳定，有弹性、耐水，可耐湿热及耐候老化，主要技术要求在现行国家标准《建筑用硅酮结构密封胶》（GB 16776—2005）中有明确规定。建筑用硅酮结构密封胶技术要求见表6-15。

不同的幕墙设计和具体结构部位要求不同，结构应力和变形位移不尽相同，不同模量的结构密封胶在玻璃幕墙结构设计、选材中都会有需求，供方必须测定并报告产品模量值。

表6-15　建筑用硅酮结构密封胶技术要求

| 序号 | 项目 | | 技术指标 |
|---|---|---|---|
| 1 | 下垂度/mm | 垂直放置 | ≤3 |
| | | 水平放置 | 不变形 |
| 2 | 挤出性<sup>①</sup>/s | | ≤10 |
| 3 | 适用期<sup>②</sup>/min | | ≥20 |
| 4 | 表干时间/h | | ≤3 |
| 5 | 硬度(邵A) | | 20~60 |
| 6 | 拉伸粘接性 | 拉伸粘接强度/MPa | 23℃ | ≥0.60 |
| | | | 90℃ | ≥0.45 |
| | | | −30℃ | ≥0.45 |
| | | | 浸水后 | ≥0.45 |
| | | | 水-紫外线光照后 | ≥0.45 |
| | | 粘接破坏面积/% | ≤5 |
| | | 23℃时最大拉伸强度时伸长率/% | ≥100 |
| 7 | 热老化 | 热失重/% | ≤10 |
| | | 龟裂 | 无 |
| | | 粉化 | 无 |

① 仅适用于单组分产品。

② 仅适用于双组分产品。

**（二）中空玻璃弹性密封胶**

（1）定义　中空玻璃弹性密封胶是指中空玻璃单元件结构装配二道密封粘接用的密封胶。

（2）外观　中空玻璃弹性密封胶一般为双组分黏稠非下垂流体，适于自动挤胶机挤注施工。

（3）分类、分级和用途　中空玻璃弹性密封胶用于中空玻璃单元件结构装配二道密封粘接成型。这类密封胶主要有聚硫类（含聚氨酯类）和硅酮类。中空玻璃弹性密封胶按模量和位移能力分为5级。

（4）物理性能　根据现行国家标准《中空玻璃用弹性密封胶》（GB/T 29755—2013 ）中的要求，中空玻璃弹性密封胶应具有高粘接性、抗湿气渗透、耐湿热、长期紫外线辐照下在中空玻璃内不发雾等特点，组分比例和黏度应满足机械混胶和注胶施工。目前能满足要求的产品主要有抗湿气渗透的双组分聚硫型和聚氨酯型密封胶。

对用于玻璃幕墙的中空玻璃，应特别强调玻璃结构粘接的安全和耐久性，在新的产品标准中，增加了 SR 类密封胶，降低了对硅酮密封胶透湿性要求，可用作中空玻璃结构的二道密封，但不允许单道使用。中空玻璃弹性密封胶的技术要求见表 6-16。

表6-16　中空玻璃弹性密封胶的技术要求

| 序号 | 项目 | 技术指标 | | | | |
|---|---|---|---|---|---|---|
| | | PS类 | | SR类 | | |
| | | 20HM级 | 12.5E级 | 25HM级 | 20HM级 | 12.5E级 |
| 1 | 密度/(g/cm³) | 规定值×(1±10%) | | | | |
| 2 | 黏度/Pa·s | 规定值×(1±10%) | | | | |
| 3 | 挤出性(单组)/s | ≤10 | | | | |
| 4 | 适用期/min | ≥30 | | | | |
| 5 | 表干时间/h | ≤2 | | | | |

| 序号 | 项目 | | 技术指标 | | | | |
|---|---|---|---|---|---|---|---|
| | | | PS类 | | SR类 | | |
| | | | 20HM级 | 12.5E级 | 25HM级 | 20HM级 | 12.5E级 |
| 6 | 下垂度/mm | 垂直放置 | ≤3 | | | | |
| | | 水平放置 | 不变形 | | | | |
| 7 | 弹性恢复率/% | | ≥60% | | | | |
| 8 | 拉伸弹性模量/MPa | (23±2)℃ | >0.4 | | >0.4 | | |
| | | (−20±2)℃ | >0.6 | | >0.6 | | |
| 9 | 循环热压缩-冷拉伸粘接性 | 位移/% | ±20 | ±12.5 | ±25 | ±20 | ±12.5 |
| | | 破坏性质 | 无破坏 | 无破坏 | 无破坏 | 无破坏 | 无破坏 |
| 10 | 热空气-水循环后定伸粘接性 | 伸长/% | 60 | 10 | 100 | 60 | 60 |
| | | 破坏性质 | 无破坏 | 无破坏 | 无破坏 | 无破坏 | 无破坏 |
| 11 | 紫外线辐照-水浸后定伸粘接性 | 伸长/% | 60 | 10 | 100 | 60 | 60 |
| | | 破坏性质 | 无破坏 | 无破坏 | 无破坏 | 无破坏 | 无破坏 |
| 12 | 水蒸气渗透率/[g/(m²·d)] | | ≤15 | | — | | |
| 13 | 紫外线辐照发雾性(仅单道密封时) | | 无 | | — | | |

# 第三节　密封胶的技术性能试验

## 一、密封胶性能试验的一般规定

建筑密封胶的工艺性能及物理性能对环境温度及湿度均比较敏感，粘接性对基础材料表面状态具有选择性。为保证建筑密封胶技术性能试验具有重复性和可比性，试验必须具备规定的标准试验条件，采用标准基材。

### （一）试验室标准试验条件

密封胶技术性能试验的标准条件为：温度（23±2）℃，相对湿度45%～55%。

### （二）标准试验基材

密封胶技术性能试验的标准试验基材包括：水泥砂浆基材、玻璃基材和铝合金基材。

（1）水泥砂浆基材　水泥质量应符合国家标准《通用硅酸盐水泥》（GB 175—2007）中的规定；砂子质量应符合国家标准《建设用砂》（GB 14684—2011）中细砂的规定。

当试验需用粗糙表面水泥砂浆基材时，应在水泥砂浆成形20h后，用金属丝刷子沿着长度方向反复用力刷基材表面，直至砂粒暴露，然后按标准条件进行养护。具有粗糙表面的水泥砂浆基材不允许有任何孔洞。

（2）玻璃基材　密封胶技术性能试验所用玻璃的厚度应为（6.0±0.1）mm，玻璃板的质量应符合现行国家标准《平板玻璃》（GB 11614—2009）的规定。

（3）铝合金基材　密封胶技术性能试验所用铝合金基材，其化学成分应符合现行国家标准《变形铝及铝合金化学成分》（GB 3190—2020）中6060# 或6063# 的规定。阳极氧化膜厚度应符合现行国家标准《铝及铝合金阳极氧化膜与有机聚合物膜 第1部分：阳极氧化膜》（GB/T 8013.1—2018）规定的AA15级或AA20级。氧化膜封闭质量为吸附损失率不大于2。

## 二、密封胶密度的测定

密封胶的密度是确定施工用胶量的依据，对控制密封胶的质量有重要意义。试验原理是测定规定体积密封胶的质量，试验时将密封胶填满已定容积的黄铜或不锈钢环内，测定金属环内等容积密封胶的质量，求得密封胶的密度。

## 三、密封胶挤出性的测定

按照使用规定的气动注胶枪，测定规定压力下的密封胶由规定枪嘴单位时间挤出的体积（mL/min），按 GB 16776—2005 或 ASTM C 1183—1997 方法，测定规定压力下单位时间密封胶挤出规定体积所用的时间（s）。

## 四、密封胶适用期的测定

测定密封胶达到规定挤出性的时间，用于测定双组分混合后密封胶适于挤注施工的最长期限（h）。

## 五、密封胶表干时间的测定

密封胶表干时间的测定是在矩形模框内均匀刮涂 3mm 厚密封胶，晾置一定时间后将聚乙烯薄膜放在表面上，然后加放 19mm×38mm 的金属板（40g），移去板并从垂直方向匀速揭下薄膜，测定密封胶表面不粘的时间。或者用手轻触密封胶，测定不粘手的时间。

## 六、密封胶流动性的测定

密封胶的流动性包括 N 型密封胶下垂度和 S 型密封胶流平性。在下垂度试验器 150mm×20mm×15mm 金属槽内刮涂密封胶，然后垂直悬挂或水平放置试验器，测定密封胶向下垂流的最大距离（mm）为下垂度；将 100g 密封胶注入流平性模具，测定密封胶表面是否光滑平整，报告其流平性。

## 七、密封胶低温柔性的测定

将密封胶（3mm 厚）涂在 0.3mm 厚的铝片上，待密封胶完全固化在规定的低温下处理后，在直径 6mm 或 25mm 的圆棒上弯曲，检查密封胶是否出现开裂、剥离或粘接破坏。

## 八、密封胶拉伸粘接性的测定

以 5～6mm/min 的速度拉伸粘接试件直至破坏，测定其最大拉伸强度（MPa）和断裂伸长率（%），并记录密封胶粘接破坏的面积，此测定还应包括应力-应变曲线及密封胶的模量。

## 九、密封胶定伸粘接性的测定

将粘接拉伸试样拉伸（25%、60% 或 100%）并插入垫块固定该伸长，在试验温度（−20℃、23℃）保持 24h，然后拆去垫块，检查并报告密封胶粘接或内聚破坏情况、破坏深度和部位。

## 十、密封胶拉压循环粘接性的测定

拉压循环粘接性的测定仅适用于具有明显塑性的嵌缝膏和 12.5P、7.5 级密封胶。试验是将粘接拉伸试样以 1mm/min 的速度拉压 100 次，拉压幅度为 12.5% 或 7.5%，检查并报告密封胶内聚破坏的深度。

## 十一、密封胶热压-冷拉后粘接性测定

密封胶热压-冷拉后粘接性测定适用于弹性密封胶。试验是在低温−20℃下将粘接拉伸试样拉伸（12.5％、20％或25％），保持21h，然后在70℃下以同样幅度压缩并保持21h，拉压两次后在不受力状态下保持2天为一个周期，共进行2个周期，检查并报告密封胶内聚破坏的深度。

## 十二、密封胶弹性恢复率的测定

将粘接定伸试样拉伸（25％、60％或100％）后插入定位垫块，使各伸长率下保持24h，然后拆去垫块，在有滑石粉的玻璃板上静置1h，检查试件两端弹性恢复后的百分比。

## 十三、密封胶粘接剥离强度的测定

将密封胶（2mm厚）涂在试验基材上，沿着180°的方向剥离，测定密封胶的剥离强度（N/mm）和粘接-内聚破坏情况。

## 十四、密封胶污染性的测定

此方法适用于弹性密封胶对多孔材料（如石材、混凝土等）污染性的测定。用密封胶粘接多孔性基材制成试件，按试验密封胶的位移能力等级（如12.5％、20％、25％）压缩试件，分别在常温、70℃及紫外线辐照处理后14d和28d取出，检查并报告试验基材表面变色、污染宽度（mm）和污染深度。

## 十五、密封胶渗出性的测定

此方法适用于溶剂型密封胶渗出、扩散程度。将密封胶填入金属环内，然后放在10张叠放的滤纸上，在环上施加300g砝码，放置72h检查并报告渗出的宽度和渗透滤纸的张数。

## 十六、密封胶水浸-紫外线辐照后粘接拉伸性的测定

此方法适用于测定密封胶经受紫外线-热水综合作用后的拉伸粘接性。将拉伸粘接试件的玻璃基材面向上，浸入50℃热水并透过玻璃进行紫外线照射，经300h或600h后测定密封胶粘接拉伸强度和破坏情况。密封胶水浸-紫外线辐照后粘接拉伸性测定的试验方法步骤见 GB/T 16776—2005。

## 十七、嵌缝膏耐热度的测定

将嵌缝膏嵌入长100mm、深25mm、宽10mm的钢槽内，放在坡度为11的支架上，在规定温度下测定其下垂值（mm）。嵌缝膏耐热度测定的方法步骤见 JC/T 207—2011。

# 第四节　建筑接缝的粘接密封

20世纪80年代以后，我国城市建筑发生明显变化，建筑高度、跨度明显加大，墙体、

楼板大量采用预制构件，大板幕墙、大玻璃窗、金属板件普遍应用，内墙用薄板隔断、配管增多，装饰装修和卫生洁具档次要求提高，结构接缝的处理和密封要求更加突出。工程实践证明，接缝处理不当会引起裂缝、渗漏频发，甚至导致结构过早失效，如广场、公路、机场局部过早出现拱起、塌陷、裂缝甚至基础下沉，地下室及建筑物墙体裂缝、渗漏等，大多同接缝处理不当有关。据报道，建筑墙体约40％存在接缝渗漏问题。

由于我国尚未建立建筑工程接缝密封设计和施工相关的技术规范及验收标准，缺乏对建筑接缝应力、变形位移及其他因素分析和计算的指导性文件，以致有些建筑规范涉及接缝密封时，往往只简单地规定"嵌填弹塑性密封胶"，似乎不管建筑结构接缝工作环境和尺寸大小，不管密封胶具有多大的弹性和强度，即使填入最廉价的塑性沥青也能保证密封。

工程实践证明，这种简单化的处理方法往往是导致渗漏的重要根源，有效密封必须依据接缝的具体情况进行认真处理，应综合各种因素的影响进行必要的设计和验算，合理设定密封接缝的宽度、深度和间隔距离，正确选定密封胶的类型、级别，实现最佳接缝密封设计。这就要求在对密封胶产品的功能特点基本认知的基础上，对接缝位移和有关因素的影响和计算有基本了解，这是建筑接缝密封设计的基础。

## 一、建筑接缝密封设计程序

为了取得功能优良、外观美观、耐久性好的密封接缝，必须有一个正确的设计方法和程序，接缝密封设计的程序可分为三个大的阶段，即研究方案、调查分析和设计图阶段。接缝密封设计的程序如图 6-2 所示。

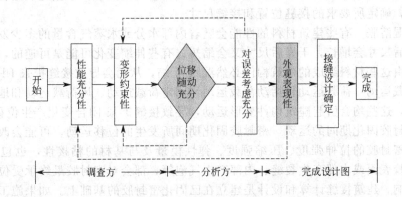

图 6-2  接缝密封设计的程序

第一阶段，主要研究结构对接缝变形的约束，以及对防水性、耐火性、隔声性和耐久性的要求，综合考虑提出接缝密封的设计方案。第二阶段，要对移动的跟踪性和误差的吸收性进行调查分析；最后，对视觉上是否能满足美观要求加以研讨，最终完成接缝设计图。随着工程技术水平的提高和密封材料品种功能的完善，可有条件实现成功的接缝设计。值得引起注意的是：在考虑建筑接缝时一些必要的因素可能被忽略，在实际工程中容易出现意外和误差，这时经验和判断在接缝设计中起着重要作用，建议设计人员应在这方面多进行调查分析，总结和积累经验，做出最佳的接缝设计。

建筑接缝密封设计时首先应确定接缝的构造、位置和接缝宽度，计算出接缝的位移量，然后根据接缝密封材料具有的位移能力进行修正，设计出安全的接缝宽度。如果设定的接缝位移量超出现有密封材料的位移能力，接缝宽度不能满足位移量的要求，就必须重新安排整个结构的接缝的布置，以减小各个接缝的位移量。

## 二、接缝位移量的确定

### （一）影响接缝位移的因素

确定接缝位移量时，设计必须首先给定构件的长度（或体积），确定在接缝部位可能发生的位移变化，即接缝的位移量。造成接缝移动的原因是多方面的，除材料自身收缩而产生的固有变形外，还有温度、湿度（长期位移）和风荷载、地震（短期位移）等。引起接缝移动的原因和特点，不论长期的还是短期的，都必须给予充分考虑，由此提出计算位移量的原则和值得重视的注意事项。如果考虑不充分，将可能导致接缝密封设计的失败。根据工程经验，必须考虑的因素主要包括以下方面。

（1）热位移　大气温度变化、太阳光照射及雨水浸入或蒸发等，都会引起建筑物构件的温度变化，引起构件长度方向的尺寸伸缩变化，表现为构件接缝的扩张-闭合产生热位移作用。材料试验结果表明，热位移是引起材料尺寸变化的主要影响因素。限制或约束构件尺寸的这种变化是很危险的，必然产生极大的热应力甚至导致材料断裂，所以必须正确估计建筑使用期的不同阶段温度变化导致的热位移，预留尺寸足够的接缝以保证构件的自由伸缩。为保证构件的自由伸缩，避免接缝被异物填塞或避免接缝成为渗漏通道，粘接密封接缝的弹性密封胶必须能承受构件伸缩时产生的拉-压位移。

建筑物温度变化应考虑的过程主要包括：施工中的温度变化；未使用和未装配时的温度变化；使用和装配后的温度变化。在这些过程中，不同的建筑有不同的环境条件，应根据不同的建筑材料和建筑体系，考虑这些过程中产生热位移的最大值。根据建筑过程和材料及构件系统种类，确定所要求的接缝位置和接缝尺寸。

（2）潮湿溶胀　有些建筑材料的性能会随着内部水分或水蒸气含量的多少发生变化，有的材料吸水后尺寸会增长，干燥后尺寸又会缩短；有些伸缩变化可能是可逆的，有些可能是不可逆的。由这些材料组成的建筑构件必然湿胀-干缩，从而会导致接缝扩张-闭合运动。

（3）荷载运动　荷载运动包括动荷载运动和固定荷载运动、风荷载运动和地震运动产生的动荷载等，这些均会引起建筑构件变形运动，导致接缝扩张-闭合变化产生位移。

（4）密封胶固化期间的运动　密封胶固化期间所发生的位移运动，可能会改变密封胶的性能，包括密封胶的拉伸强度、压缩强度、弹性模量及与基材的粘接性，也包括外观的变化，如密封胶表面或内部产生裂缝、内部产生气泡等，都会对密封胶最终承受位移的能力产生不利的影响。建筑接缝计算和设计是建立在已固化密封胶的基础上。如果施工时不能避免密封胶固化期间发生位移，那么应该进行适当的补偿工作，包括施工时施加保护措施，使密封胶尽可能在不发生位移的期间固化，或测试密封胶在固化期间发生位移导致的性能变化，在接缝设计中采取必要的措施进行必要的补偿。

（5）框架弹性变形　建筑结构监测结果表明，多层混凝土结构和钢结构在承受荷载后，会发生不同程度的弹性变形，产生层间变位并导致建筑接缝尺寸变化。

（6）蠕变　材料试验结果证明，建筑材料在施加荷载后随着时间的延长而发生一定的形变。

（7）建筑公差　建筑公差包括各种构件各自的公差以及制造、装配时形成的累积公差。工地现场施工和车间制作的构件、组合件及子系统的结合体，多是复杂排列下的组合。现行的建筑标准给出的公差范围有些比较宽，有些不适用于接缝密封设计，应给予仔细斟酌。对某些材料或系统来说，可能还没有认可的公差；或者其公差不适合直接应用于接缝密封设计，密封接缝专业设计应依据接缝施工及条件建立适用的公差范围。如果密封接缝设计时忽视建筑公差的影响，经常会造成接缝粘接密封失败；或者由于接缝过于狭窄导致相邻材料或系统之间接触不良、粘接失败。此外，不同的建筑公差要求不同的施工精度，直接影响到接缝施工的价位，所以设计应具体标明待密封的接缝的尺寸公差。

（8）收缩　工程监测结果表明，建筑结构或构件在浇筑成形后几个月内会产生不同程度的收缩，对建筑密封接缝会产生一定的影响。

### （二）接缝位移量的评估

（1）影响接缝位移量主要因素的分析

① 端部位移量取决于构件的有效长度，即该构件在相继方向上自由移动长度。

② 除设计中设有足够的锚固者外，必须假定结构接缝要承担两单元的全部位移量，这样考虑较为安全。

③ 在计算接缝温差位移量时必须采用构件的实际温度，不能简单采用环境温度计算。

④ 当被连接的两个构件使用不同类型的材料时，应计算它们对接缝位移量的影响，应分别使用不同材料相应的计算系数。此外，按照接缝的形状不同，还应考虑不同材料发生的位移量差异可能引起接缝构造的次生变形。

⑤ 在进行接缝位移量计算和确定时，可参照类似结构中类似接缝实际位移量资料。

⑥ 在确定构件的尺寸公差时，必须考虑其间隙构成及浇筑或安装构件所产生的实际误差。

⑦ 在对接缝中的密封材料主要应考虑适应垂直于接缝面的位移能力，即伸缩位移能力。

（2）接缝密封胶变形位移的基本类型　当建筑接缝发生相对错动产生相对位移时，接缝密封胶的变形位移类型基本有四种：压缩（$C$）、拉伸（$E$）、竖向切变（$E_L$）和水平切变（$E_T$）。

① 在拉伸或压缩应力的作用下，接缝两面发生相对位移时，密封胶被拉伸或压缩承受拉伸-压缩位移。接缝典型拉伸-压缩位移如图 6-3 所示。

② 当接缝两个面发生竖向或水平切变时，密封胶承受剪切位移。切变在接缝表面的位移如图 6-4 所示。

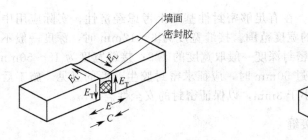

图 6-3　接缝典型拉伸-压缩位移

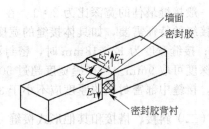

图 6-4　切变在接缝表面的位移

③ 在接缝拉伸-压缩的同时当产生水平切变时，密封胶产生如图 6-5 所示的交叉变形组合位移。

④ 在接缝拉伸-压缩的同时当产生竖向切变时，密封胶产生如图 6-6 所示的交叉变形组合位移。

密封胶在接缝中要适应上述位移或其中几种组合位移，包括拉伸-压缩位移、拉伸-压缩同竖向切变组合位移，或者拉伸-压缩同水平切变组合位移。设计的接缝应对密封胶可能遇到的各种类型的位移进行充分的分析评估，考虑产生这些位移对接缝密封胶的作用，保证选用密封胶的位移能力能够充分适应这些位移。

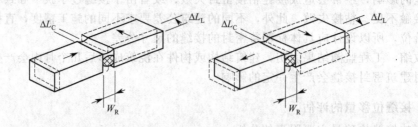

图 6-5  拉伸-压缩与水平切变组合在接缝表面交叉产生位移

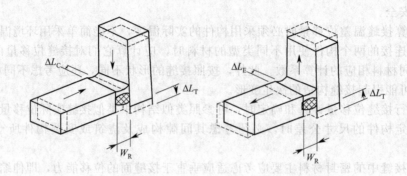

图 6-6  拉伸-压缩与竖向切变组合在接缝表面交叉产生位移

## 三、接缝密封深度尺寸的确定

密封胶的形状系数在密封接缝的设计中也很重要，即接缝宽度和深度的比例应限定在一定范围内，保证密封胶处于合适的受力状态；否则，将会减弱密封胶适应位移的能力。

### （一）对接接缝

一般接缝最佳的宽深比为 2：1。在有足够密封性基础上考虑经济性，实际应用中往往参考接缝的特征需要，如具体接缝的宽度范围。接缝宽度为 6～12mm 时，深度一般不超过 6mm；接缝宽度为 12～18mm 时，密封深度一般取宽度的 1/2；接缝宽度为 18～50mm 时，最大深度可取 9mm。当接缝宽度超过 50mm 时，应征求密封胶生产商的意见。施工后密封接缝，接缝中部密封胶的厚度应不小于 3mm，以保证密封的安全性。

### （二）斜接、搭接和其他形式接缝

基材表面密封胶粘接尺寸通常应不少于 6mm。对于多样化或粗糙的粘接表面，或施工时不宜接近的情况，要达到设计的接缝密封，就需要更大的密封面积。密封胶在基材表面或粘接胶条表面的粘接密封深度（厚度）应为 6mm。可根据密封胶种类和施工水平的不同，密封胶层的最小厚度至少应达到 3mm。

## 四、接缝尺寸公差和接缝尺寸计算

### （一）制造及施工装配公差的影响

对所有的密封胶接缝设计来说，不能忽视接缝尺寸的负公差，必须将该值加入密封胶位移能力选择和接缝宽度尺寸设定计算中。接缝尺寸的负公差引起接缝缩小，设计时要重点考虑；否则，接缝尺寸过于狭窄，密封胶的位移能力将不能满足预计的位移。正公差则引起接缝开口变大，较宽的接缝对密封胶的性能没什么影响，但会影响美观。因此，在确定密封胶接缝宽度值并完成设计验算之后，应归纳、比较数据，选择一个工程中可实际应用的值，作为最终设计的接缝宽度，并以"±"值表示接缝尺寸的正负公差。

### （二）对接接缝公差的确定和表示

建筑接缝中最为多见的是对接接缝，如砖石墙面上的竖向缝和横向缝。为保证密封胶粘接密封接缝的可靠性和耐久性，接缝宽度尺寸必须限定合理的公差，接缝的最终设计宽度应由密封胶位移能力和接缝位移量计算确定，同时增加建筑施工的负公差（$C_X$），可用下式表示。

$$W = W_R + C_X \tag{6-1}$$

式中　$W$——接缝的最终设计宽度，mm；

$\quad\quad W_R$——设计拟采用的接缝宽度，mm；

$\quad\quad C_X$——建筑施工的负公差，mm。

## 五、接缝密封的施工工艺

经设计分析计量确定接缝尺寸和选定密封材料之后，成功和可靠的建筑接缝密封完全依赖接缝施工和密封作业质量。密封作业不仅需要正确熟练的操作技巧，而且必须认真负责加以对待，从而才能避免缺陷隐患。工程实践充分表明，接缝施工缺陷和密封施工不慎是造成渗透的重要原因，建筑接缝一旦发生渗漏，漏源的检查和处理十分费力，恢复密封有时需要剥离装饰层、破坏相近的附加结构，不仅费时、费工，而且增加工程费用。

我国建筑工程实行保修制度，在保修期内为维护业主的合法权益，施工方将负责检漏和修理工程，并可能引起连带损失的赔偿。所以，建立并运行有效的施工程序质量控制和管理，精心进行施工，认真检验并完成质量记录，是实现最佳接缝密封的重要保证。

### （一）密封施工准备

（1）施工条件保证　在正式施工前应首先检查所采购的密封胶是否符合设计要求的类型和级别，熟悉供方提供的储存、混合、使用条件和使用方法及安全注意事项。施工时的气温以接近年平均气温为最佳，施工温度一般应控制在 4～32℃ 范围内，并随时注意环境温度及湿度对施工质量的影响，必要时应采取有效措施加以调节。

（2）建筑接缝检查　检查制作或安装接缝的形状和尺寸是否符合设计要求，检查"预定接缝"外表面裂缝和缺陷，必要时应及时进行处理。建筑接缝主要存在如下缺陷：

① 对接或锯切接缝时，深度、宽度和位置不符合设计要求。

② 接缝与连缝未对齐，妨碍了建筑构件的自由运动。

③ 锯切预制接缝的时机不妥，锯切时间过早造成接缝边缘缺损、干裂，锯切时间过迟因混凝土收缩使构件早期产生裂缝。

④ 接缝处的金属嵌件、附件产生错位或偏移。

（3）涂施密封胶前接缝的表面处理　接缝的表面必须干净，没有影响密封胶粘接的尘沙、污物和夹杂。玻璃及金属等无孔材料的表面，可用溶胶进行去污，混凝土则用经过滤的压缩空气吹净或用真空吸尘器吸附，然后根据要求涂施底胶或表面处理剂。接缝应保持干燥，即使是采用乳胶型密封胶及湿气固化型密封胶，仍以干燥表面的密封效果为最佳。

（4）预填防粘衬垫材料　预填的防粘泡沫棒形状、深度和防粘带的位置应符合设计要求，保证密封胶嵌填尺寸系数，防止三面粘接。

## （二）密封胶混合和涂覆施工

（1）密封胶的混合和装填　密封胶装填在适于挤注枪使用的密闭管中，单组分密封胶不需要进行混合；双组分密封胶必须在使用前进行混合，使用专用的注胶机械或另行装填入枪管内注胶。密封胶混合方式根据工程大小可采用刮刀拌和、手持电动搅拌叶片混合或双组合气动压注静态紊流混合等。密封胶组分的均匀混合和避免空气过多混入十分重要，以免直接影响施工和密封质量。

（2）充分注意密封胶工艺性能和施工的关系

① 挤出性　密封胶的挤出性直接影响密封施工的速度。挤出性差将造成操作费力、费时，难以充满接缝全部空间并渗透粘接表面。如果施工环境温度过低，也会造成挤出性下降。

② 适用期　双组分密封胶的挤注、涂覆、整形必须在适用期内完成。该期限受施工气温的影响：温度高，适用期缩短；温度低，适用期将延长。如果温度过低，密封胶可能难以固化。在特别需要时，也可以将混合好的密封胶装入枪管放入 $-4℃$ 以下冷冻，现场熔化后使用，以获得更长的适用期。

③ 表干时间　密封胶在未达到表干时间前，其表面很容易黏附尘沙，触摸会破坏密封的形状，因此表干时间是密封胶施工中非常重要的技术参数。

④ 下垂度　密封胶的下垂度不合格，难以保证密封胶在垂直缝、顶缝上的涂覆形状。但施工温度过高或一次堆胶量过厚也会造成密封胶下垂。

⑤ 流平度　密封胶的流平度合格可保证密封胶在水平缝中自流平并充满接缝。如果施工温度过低，就很难流平和充满。

（3）密封施工的具体操作　根据建筑工程的施工经验，密封胶主要采用挤胶枪挤注嵌填，很少用刮刀腻缝密封。挤注枪有手动型和气动型，注胶口的大小可由剪口长度确定。挤胶操作应平稳，枪嘴应对准接缝底部，倾角掌握在 $45°$ 左右，移动枪嘴应均匀，使挤出的密封胶始终处于由枪嘴推动状态，保证挤出的密封胶对缝内有挤压力，使接缝内空间充实，胶缝的表面连续、光滑。尺寸较宽的接缝可分别涂两道或多道密封胶，但每次挤注都应形成密实的密封层。

为保证密封胶充满并渗透接缝的表面，在嵌填完成后应进行整形，即用适宜的工具压实、修饰密封胶，排除混入的气泡和空隙，使密封形成光滑、流线的表面。

工程实践证明，控制施工过程是保证密封质量的关键。最终进行质量检查验收只能监视外观质量，要求密封胶嵌填深度一致、表面平整无缺陷、表面无多余胶溢出和污染等。为获得规整的密封缝，一般在接缝两侧粘贴遮蔽胶带，挤注、整形操作后将其揭除。

## （三）密封胶施工技术安全

在进行密封胶的施工过程中，应注意供应方对于安全问题的关注，使用溶剂型密封胶时应注意防火、防蒸气中毒；对铅、锰、铬、有机锡等有毒物质含量超标的密封胶，应避免与皮肤过多接触，更不能入口、溅入眼睛，必要时应戴防护用具，施工后应注意及时清洗。

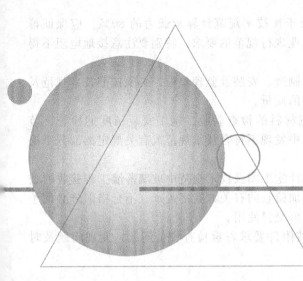

# 第七章

# 幕墙施工注意事项
# 与质量检验

严格按照国家现行规范进行幕墙工程的施工，是确保幕墙工程达到设计要求的关键。因此，在幕墙工程的施工过程中，要特别注意一些事项，使施工快速、高质量地进行。

玻璃幕墙、金属幕墙和石材幕墙等分项工程，均要进行工程质量的验收，验收中应遵循国家标准《建筑装饰装修工程质量验收标准》（GB 50210—2018）中的规定。

## 第一节　装饰幕墙的施工注意事项

玻璃幕墙、金属幕墙和石材幕墙，由于其组成材料和施工方法不同，所以在具体施工过程中的注意事项也不相同。

### 一、玻璃幕墙的施工注意事项

（1）用于玻璃幕墙工程的玻璃、铝合金材料、钢材及配套的材料、五金配件应遵守其相应的国家或行业规范（标准）及检测验收规程。

（2）玻璃幕墙安装完毕后，应按照技术规范中的有关条款对玻璃幕墙的建筑设计、结构设计进行复核。

（3）全面核对幕墙施工图及计算书；对施工中所有技术资料应进行认真整理，并使其达到符合存档备查的条件。

（4）结构计算书中必须按技术规范的规定，对玻璃、横梁、立柱、结构硅酮胶及预埋件进行计算。

（5）当幕墙没有条件通过预埋件与主体结构连接时，应通过实验，采取切实可靠的连接方法，并具有有关试验报告及计算书。

（6）已竣工工程结构的实际承载力不得低于按技术规范计算承载力的80％。应保证幕墙工程的防水、防火和防雷设计满足国家或行业现行规范的要求，特别要注意接地电阻不得大于10Ω。

（7）玻璃幕墙工程的建设、设计、加工、制造、安装及监理单位，必须按照技术规范及其他有关规范、标准严格控制材料和制作安装的质量。

（8）在加工、制造、安装过程中，应注意材料的检查验收、施工安装精度的检查、节点、防火、防雷等隐蔽工程的核查。对于检查中发现不符合技术规范或有关规定的部分坚决予以返修或拆除。

（9）玻璃幕墙工程竣工验收时，应按照设计施工图及技术规范中玻璃幕墙工程验收的条款逐项予以检查验收，并填写验收记录，由参加验收的有关方签字盖章。不合格部分必须予以返修或拆除，重新安装，并经验收合格后方可交付使用。

（10）对玻璃幕墙工程作安全检查时，应按附件要求着重检查安全问题，发现问题及时采取措施，确保玻璃幕墙工程的安全使用。

## 二、金属幕墙的施工注意事项

### （一）金属板的存放和搬运注意事项

（1）金属板（如铝合金板和不锈钢板）应倾斜立放，其倾角不大于10°，地面上垫厚木质衬板，板材上勿放重物或践踏。

（2）在进行金属板搬运时，应当两人抬起搬运，特别应避免由于推拉而损伤金属板表面涂层或氧化层。

（3）金属板的工作台应当平整、清洁，无杂物（尤其是坚硬的物体），否则容易损伤金属板的表面。

### （二）现场加工的注意事项

（1）通常情况下，幕墙金属板均应由专业加工厂一次加工成型后运抵现场，但由于工厂实际情况的局限，部分板件需现场加工是不可避免的。

（2）金属板的现场加工应使用专业设备工具，并由专业人员进行操作，以确保板件的加工质量。

（3）严格按施工规程进行操作，工人应正确、熟练地使用设备工具，以避免因违章操作而造成质量或安全事故。

### （三）安全施工的注意事项

（1）进入施工现场必须佩戴安全帽，高空作业必须系安全带。严禁高空坠物，严禁穿拖鞋、凉鞋进入施工现场。

（2）在外脚手架上进行施工时，禁止施工人员在脚手架上下攀爬，必须经过专门设置的通道上下。

（3）为确保幕墙的施工安全，幕墙施工作业面的下方，应严格禁止人员通行和进行其他施工项目。

（4）电焊机进行焊接作业时，要在其下面设置"接料装置"，以便将电焊所产生的火花接住，以免发生火灾。

（5）所有电动机械必须安装漏电保护器，手持电动工具的操作人员进行操作时需要戴绝缘手套。

（6）在高层建筑幕墙安装与上部结构施工交叉作业时，结构施工层下方必须架设挑出

3m 以上的防护装置。建筑在地面上 3m 左右，应设挑出 6m 的水平安全网。如果架设有困难，也可采取其他有效方法，以确保安全施工。

(7) 应加强各级领导和专职安全员跟踪到位的安全监护，如果发现违章事件应当立即进行制止，杜绝事故的发生。

(8) 当遇到 6 级以上的大风、大雾、雷雨、大雪天气时，严格禁止高空作业。

(9) 职工进场必须搞好安全教育并做好记录，各工序在正式开工前，工长及安全员应做好书面安全技术交底工作。

(10) 安装幕墙所用的施工机具，在使用前必须进行严格检验，使施工机具处于正常运转状态。吊篮需要做载荷试验和各种安全保护装置的运转试验；手电钻、电动旋转工具、焊枪等电动工具，均需要做绝缘电压试验。

(11) 应特别注意防止密封材料在使用时产生溶剂中毒，要做好溶剂的保管和领用工作，以免发生火灾和中毒事故。

### 三、石材幕墙的施工注意事项

(1) 在石材幕墙的设计和施工中，要严格控制材料的质量，所有材料的材质和加工尺寸都必须符合设计要求。

(2) 在采购和使用石材时，要仔细检查每块石材是否有裂纹，防止石材在运输和施工时发生断裂，从而影响石材幕墙的施工。

(3) 对石材幕墙的测量放线要十分准确，各专业施工要组织统一放线、统一测量，避免各专业的施工由于测量和放线的误差而发生矛盾。

(4) 石材幕墙预埋件的设计和放置要科学合理，位置要准确。

(5) 石材幕墙当铺设大理石饰面板时，应彻底清除基层上的灰渣和杂物，并用水冲洗干净、晾干。

(6) 石材铺设的结合层必须采用干硬性砂浆，所用的砂浆应拌和均匀。

(7) 在石材面板铺贴前，要湿润铺砂浆的基层，待水泥浆涂刷均匀后，随即铺结合层砂浆，结合层砂浆应拍实抹平。

(8) 在石材面板铺贴前，板块应浸湿、洗净、晾干，进行试铺后，再正式镶铺。石材面板定位后，将石材板块均匀轻击压实，严禁撒干水泥进行铺贴。

(9) 在安装和调整石材面板的位置时，可用垫片适当调整缝宽，所用垫片必须与挂件是同材质的材料。

(10) 固定金属挂片的螺栓要加弹簧垫圈，或者在调平调直拧紧螺栓后，在螺帽上抹上少量胶液予以固定。

(11) 在进行石材幕墙验收时，应着重注意大理石饰面的铺筑粘贴是否平整牢固，接缝是否平直，无歪斜、无污迹和浆痕，表面洁净，颜色协调。此外，还应注意板块有无空鼓，接缝有无高低偏差。

## 第二节　装饰幕墙所用材料的检验

装饰幕墙所用的材料质量如何，直接关系到幕墙的整体质量和使用年限。因此，在正式施工前，应当对进场的材料严格进行检查，不符合设计要求和现行标准的材料，决不能用于工程。

对于幕墙所用材料的具体质量要求，可参见"建筑装饰幕墙对材料的基本要求"相关规定。在施工现场对材料的检验，可按照以下一般规定进行。

## 一、玻璃幕墙材料的一般规定

（1）幕墙所用的材料应符合现行的国家标准和行业标准，所有材料应有出厂合格证和质量保证书。

（2）幕墙材料应有足够的耐气候性。玻璃幕墙中所用的金属材料和零附件除不锈钢外，钢材应进行表面热浸镀锌处理，铝合金材料应进行表面阳极氧化处理。

（3）为确保幕墙的安全，在进行玻璃幕墙设计时，应当采用不燃型和难燃型材料；在进行玻璃幕墙施工时，必须按设计要求控制材料的质量。

（4）幕墙采用的结构硅酮密封胶，除应符合有关标准外，还应有接触材料相容性试验的合格报告。

## 二、金属幕墙材料的一般规定

（1）金属幕墙所用的材料应符合现行的国家标准和行业标准，所有材料应有出厂合格证和质量保证书。

（2）金属幕墙材料应有足够的耐气候性。幕墙中所用的金属材料和零附件除不锈钢外，钢材应进行表面热浸镀锌处理，铝合金材料应进行表面阳极氧化处理。所有金属材料的物理力学性能应符合设计要求。

（3）为确保幕墙的安全，在进行金属幕墙设计时，应当采用不燃型和难燃型材料；在进行金属幕墙施工时，必须按设计要求控制材料的质量。

（4）幕墙采用的结构硅酮密封胶，除应符合有关标准外，还应有接触材料相容性试验的合格报告。橡胶条应有成分化验报告和保质年限证书。

## 三、石材幕墙材料的一般规定

（1）石材幕墙所用的材料应符合现行的国家标准和行业标准，所有材料应有出厂合格证和质量保证书。

（2）石材幕墙材料应有足够的耐气候性，它的物理力学性能应符合设计要求。石材幕墙中所用的金属材料和零附件除不锈钢外，钢材应进行表面热浸镀锌处理，铝合金材料应进行表面阳极氧化处理。

（3）为确保幕墙的安全，在进行石材幕墙设计时，应当采用不燃型和难燃型材料；在进行石材幕墙施工，必须按设计要求控制材料的质量。

（4）幕墙采用的结构硅酮密封胶，除应符合有关标准外，还应有接触材料相容性试验的合格报告。

（5）当石材含有放射物质时，应符合行业标准《天然石材产品放射性防护分类控制标准》（JC 518—1993）中的规定。

# 第三节　幕墙构件加工制作质量检验

幕墙构件加工制作的质量如何，对于幕墙的安装质量、组装速度和装饰效果等方面都有着很大影响。因此，在幕墙工程正式施工前，应认真检查各种构件的加工制作质量。加工制作质量主要包括：幕墙构件加工制作的一般要求、金属构件的加工制作要求、幕墙玻璃的加工制作要求、石材面板的加工制要求等。

## 一、幕墙构件加工制作的一般要求

（1）幕墙构件在加工制作前，应对建筑物的设计图纸进行认真核对，并应对已建的建筑物进行复测，按实测结果调整幕墙图纸中的偏差，经设计单位和监理人员同意后，方可进行加工制作和组装。

（2）加工制作幕墙构件所采用的设备、机具，应保证幕墙构件加工制作精度的要求，所用量具应定期进行计量鉴定。

（3）当采用硅酮结构密封胶黏结固定构件时，注胶的温度应控制在 15～30℃，相对湿度应在 50% 以上，且在洁净和通风的室内进行，注胶的宽度、厚度应符合设计要求。

（4）当采用硅酮结构密封胶黏结面板时，由于硅酮结构密封胶的长期荷载承载力很低，不仅允许应力仅为 0.007MPa，而且在重力作用下会产生明显的变形，使硅酮结构密封胶长期处于受力状态，会造成幕墙的安全隐患。

（5）对于隐框玻璃幕墙，每个分格块玻璃下端应设两个铝合金或不锈钢托条，其长度不应小于 100mm，厚度不应小于 2mm，高度不应露出玻璃的外表面；倒挂式玻璃顶部应在玻璃四角设置不锈钢安全件。

（6）由于石材面板的厚度远大于玻璃，应在石材底部设置安全支托，使硅酮结构密封胶避免长期处于受力状态。

## 二、金属构件的加工制作要求

金属构件的加工制作，主要是指铝合金构件和钢构件的加工。

### （一）铝合金构件的加工

铝合金构件一般多用于玻璃幕墙，其加工制作应符合以下要求。

（1）铝合金型材在截料之前，应进行校直调整。横梁长度允许偏差为 ±0.5mm，立柱长度允许偏差为 ±1.0mm，端头斜度的允许偏差为 −15′。直角截料如图 7-1 所示，斜角截料如图 7-2 所示。

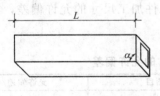

图 7-1　直角截料

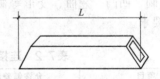

图 7-2　斜角截料

截料的端头不应有加工变形，并随即将毛刺去除。孔位的允许偏差为 ±0.5mm，孔距的允许偏差为 ±0.5mm，累计偏差不应大于 1.0mm。铆钉的通孔尺寸偏差，应符合国家标准《紧固件　铆钉用通孔》（GB/T 152.1—1988）中的规定；沉头螺钉的沉孔尺寸偏差，应符合国家标准《紧固件　沉头螺钉用沉孔》（GB/T 152.2—2014）中的规定；圆柱头、螺栓的沉孔尺寸偏差，应符合国家标准《紧固件　圆柱头用沉孔》（GB/T 152.3—1988）中的规定。螺丝孔的加工，应符合设计要求。

（2）铝合金构件中槽、豁和榫的加工要求　铝合金构件槽口、豁口和榫头的形状如图 7-3 所示；其加工中的允许偏差如表 7-1 所示。

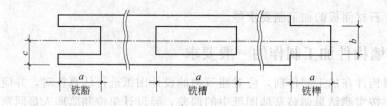

图 7-3　铝合金构件槽口、豁口和榫头的形状

**表7-1　铝合金构件槽口、豁口和榫头的加工允许偏差**

| 构件加工部位名称 | 允许尺寸/mm | | |
|---|---|---|---|
| | a | b | c |
| 槽口与豁口 | +0.5<br>0.0 | +0.5<br>0.0 | ±0.5 |
| 榫头 | 0.0<br>−0.5 | 0.0<br>−0.5 | ±0.5 |

（3）玻璃幕墙铝合金构件的弯加工　铝合金构件宜采用拉弯曲设备进行弯加工，弯曲加工后的构件表面应光滑，不得有皱折、凹凸和裂纹等质量缺陷。

**（二）钢构件的加工**

幕墙工程所用钢构件的加工，应符合下列规定。

（1）平板型预埋件的加工精度　平板型预埋件的加工精度：锚板边长的允许偏差为±5mm，一般锚筋长度的允许偏差为±10mm，两面为整块锚板的穿透式预埋件的锚筋长度的允许偏差为±5mm，均不允许出现负偏差。圆锚筋中心线的允许偏差为±5mm，锚筋与锚板面垂直度的允许偏差为 $L/30$（$L$ 为锚固钢筋的长度，单位为 mm）。

（2）槽型预埋件的加工精度　槽型预埋件的表面及槽内应进行防腐处理，加工时要求其长度、宽度和厚度的允许偏差分别为 +10mm、+5mm 和 +3mm，不允许出现负偏差；槽口的允许偏差为 +5mm，也不允许出现负偏差；钢筋中心线允许偏差为 +1.5mm；锚筋与槽板垂直度的允许偏差为 $L/30$（$L$ 为锚固钢筋的长度，单位为 mm）。

（3）玻璃幕墙连接件和支承件加工精度　玻璃幕墙连接件和支承件外观应平整，不得有裂纹、毛刺、凹凸、翘曲、变形等缺陷；连接件和支承件加工尺寸的允许偏差，应符合表7-2 中的要求。

**表7-2　连接件和支承件加工尺寸的允许偏差**

| 项目 | 允许偏差/mm | 项目 | 允许偏差/mm |
|---|---|---|---|
| 连接件高 a | +5，−2 | 边距 e | +1.0，0 |
| 连接件长 b | +5，−2 | 壁厚 t | +0.5，−0.2 |
| 孔距 c | ±1.0 | 弯曲角度 α | ±2° |
| 孔宽 d | +1.0，0 | | |

（4）钢型材立柱及横梁的加工精度　钢型材立柱及横梁的加工精度，应符合现行国家标准《钢结构工程施工质量验收规范》（GB 50205—2020）中的有关规定。

（5）点支承玻璃幕墙的支承钢结构加工　在进行点支承玻璃幕墙的支承钢结构加工时，应合理划分拼装单元；管桁架应按计算的相关线，采用数控机床切割加工。钢构件拼装单元的节点位置允许偏差为±2.0mm；构件长度和拼装单元长度的允许正、负偏差，均可取长度的 1/2000。管件连接焊缝应沿全长连续、均匀、饱满、平滑、无气泡和夹渣；支管的壁厚小于 6mm 时，可以不切坡口；角焊缝的焊脚高度不宜大于支管壁厚的 2 倍。分单元组装的钢结构，应当进行预拼装。

(6) 拉杆和拉索体系的加工　拉杆和拉索应进行拉断试验；拉索下料前应进行调直预张拉，张拉力可取其破断拉力的 50％，张拉持续时间一般为 2h。截断后的钢索应采用挤压机进行套筒固定；拉杆与端杆不宜采用焊接连接。拉杆和拉索结构应在工作台上进行拼装，并要防止表面损伤。

(7) 钢构件焊接和螺栓连接　钢构件的焊接和螺栓连接，应符合现行国家标准《钢结构设计标准》（GB 50017—2017）及行业标准《建筑钢结构焊接技术规程》（JGJ 81—2002）中的规定。

## 三、幕墙玻璃的加工制作要求

(1) 为确保玻璃幕墙的安全，幕墙应使用安全玻璃。玻璃的品种、规格、颜色、光学性能及安装方向，应符合设计的要求。所用单片钢化玻璃、中空玻璃和夹层玻璃的加工精度要求，其尺寸允许偏差应符合表 7-3～表 7-5 中的规定。

### 表7-3　钢化玻璃尺寸允许偏差

| 项目 | 玻璃厚度/mm | 允许偏差/mm | |
| --- | --- | --- | --- |
| | | 玻璃边长≤2000 | 玻璃边长>2000 |
| 边长 | 6,8,10,12 | ±1.5 | ±2.0 |
| | 15,19 | ±2.0 | ±3.0 |
| 对角线差 | 6,8,10,12 | ±2.0 | ±3.0 |
| | 15,19 | ±3.0 | ±3.5 |

### 表7-4　中空玻璃尺寸允许偏差

| 项目 | | 允许偏差/mm | 项目 | | 允许偏差/mm |
| --- | --- | --- | --- | --- | --- |
| 边长 | $L<1000$ | +2.0 | 对角线差 | $L≤2000$ | ≤2.5 |
| | $1000≤L<2000$ | +2.0,−3.0 | | $L>2000$ | ≤3.5 |
| | $L≥2000$ | ±3.0 | 叠差 | $L<1000$ | ±2.0 |
| 厚度 | $t<17$ | ±1.0 | | $1000≤L<2000$ | ±3.0 |
| | $17≤t<22$ | ±1.5 | | $2000≤L<4000$ | ±4.0 |
| | $t≥22$ | ±2.0 | | $L≥4000$ | ±6.0 |

### 表7-5　夹层玻璃尺寸允许偏差

| 项目 | | 允许偏差/mm | 项目 | | 允许偏差/mm |
| --- | --- | --- | --- | --- | --- |
| 边　长 | $L≤2000$ | ±2.0 | 叠差 | $L<1000$ | ±2.0 |
| | $L>2000$ | ±2.5 | | $1000≤L<2000$ | ±3.0 |
| 对角线差 | $L≤2000$ | ≤2.5 | | $2000≤L<4000$ | ±4.0 |
| | $L>2000$ | ≤3.5 | | $L≥4000$ | ±6.0 |

(2) 玻璃经过弯曲加工后，其每米弦长内拱高的允许偏差为 ±3.0mm，且玻璃的曲边应顺滑一致；玻璃直边的弯曲度，拱形时不应超过 0.5％，波形时不应超过 0.3％。

(3) 全玻璃幕墙的玻璃加工，其玻璃的边缘应呈倒棱并细磨；采用钻孔安装时，孔边缘应进行倒角处理，并且不应出现崩边现象。

(4) 点支承玻璃加工，其玻璃面板及其孔洞边缘均应倒棱和磨边处理，倒棱宽度不宜小于 1mm，磨边宜磨细。玻璃切角、钻孔、磨边应在钢化前进行。玻璃加工的允许偏差应符合表 7-6 中的规定。中空玻璃开孔后，开孔处应采取多道密封措施。夹层玻璃、中空玻璃的钻孔，可采用大孔与小孔相对的方式。

表7-6　支承玻璃加工允许偏差

| 项目 | 边长尺寸 | 对角线差 | 钻孔位置 | 孔径 | 钻孔轴与玻璃平面垂直度 |
| --- | --- | --- | --- | --- | --- |
| 允许偏差/mm | ±1.0 | ≤2.0 | ±0.8 | ±1.0 | ±12′ |

（5）为防止玻璃碎裂，在玻璃上进行开孔时，其尺寸应符合下列要求。

① 圆孔的直径不应小于板厚，且不应小于5mm；孔边缘至板边距离不小于圆孔直径，也不小于30mm。

② 方孔孔宽不应小于25mm；孔边缘至板边距离不小于孔宽和板厚之和；角部的倒圆半径不小于2.5mm。

（6）中空玻璃在进行合成加工时，应考虑制作处和安装处不同气压的影响，应采取防止玻璃大面积变形的措施。

（7）明框玻璃幕墙的组件

① 明框玻璃幕墙组件加工尺寸的允许偏差，应符合表7-7中的要求；相邻构件装配间隙及同一平面度的允许偏差，应符合表7-8中的要求。

② 单层玻璃与槽口的配合尺寸（如图7-4），应符合表7-9中的要求；中空玻璃与槽口的配合尺寸（如图7-5），应符合表7-10中的要求。

表7-7　明框玻璃幕墙组件加工尺寸的允许偏差

| 项目 | 构件长度/mm | 允许偏差/mm | 项目 | 构件长度/mm | 允许偏差/mm |
| --- | --- | --- | --- | --- | --- |
| 型材槽口尺寸 | ≤2000 | ±2.0 | 组件对边尺寸差 | >2000 | ≤3.0 |
| | >2000 | ±2.5 | 组件对角线尺寸差 | ≤2000 | ≤3.0 |
| 组件对边尺寸差 | ≤2000 | ≤2.0 | | >2000 | ≤3.5 |

表7-8　相邻构件装配间隙及同一平面度的允许偏差

| 项目 | 允许偏差/mm | 项目 | 允许偏差/mm |
| --- | --- | --- | --- |
| 相邻构件装配间隙 | ≤0.50 | 同一平面度差 | ≤0.50 |

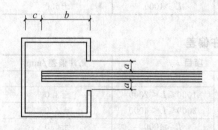

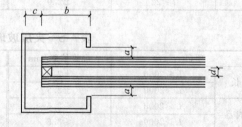

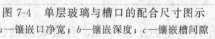

图7-4　单层玻璃与槽口的配合尺寸图示　　　　图7-5　中空玻璃与槽口的配合尺寸图示
a—镶嵌口净宽；b—镶嵌深度；c—镶嵌槽间隙　　a—镶嵌口净宽；b—镶嵌深度；c—镶嵌槽间隙；d—空气层厚度

表7-9　单层玻璃与槽口的配合尺寸　　　单位：mm

| 玻璃厚度 | a | b | c |
| --- | --- | --- | --- |
| 5～6 | ≥3.5 | ≥15 | ≥5.0 |
| 8～10 | ≥4.5 | ≥16 | ≥5.0 |
| 12 以上 | ≥5.5 | ≥18 | ≥5.0 |

表7-10　中空玻璃与槽口的配合尺寸　　　　　　　单位：mm

| 中空玻璃 | a | b | c | | |
|---|---|---|---|---|---|
| | | | 下边 | 上边 | 侧边 |
| 4+d+4 | ≥5.0 | ≥16 | ≥7.0 | ≥5.0 | ≥5.0 |
| 5+d+5 | ≥5.0 | ≥16 | ≥7.0 | ≥5.0 | ≥5.0 |
| 6+d+6 | ≥5.0 | ≥17 | ≥7.0 | ≥5.0 | ≥5.0 |
| 8+d+8 | ≥6.0 | ≥18 | ≥7.0 | ≥5.0 | ≥5.0 |

注：$d$ 为空气层厚度，不应小于 9mm。

③ 明框玻璃幕墙组件的导气孔及排水孔的设置，应符合设计的要求，组装时应保证导气孔及排水孔通畅。

（8）隐框玻璃幕墙的组件

① 对半隐框、隐框玻璃幕墙面板及铝框清洁时，玻璃和铝框黏结表面的尘埃、油渍及其他污物，应分别使用带溶剂的擦布和干擦布清除干净；应在清洁后的 1h 内进行注胶；注胶前再度污染时，应重新清洁。每清洁一个构件或一块玻璃，应更换清洁的干擦布。

② 使用溶剂进行清洁时，注意不应将擦布浸泡在溶剂中，而应将溶剂倾倒在擦布上。使用和储存溶剂时应采用干净的容器；使用溶剂的施工场所严禁烟火；应遵守溶剂产品标签或包装上注明的注意事项。

③ 在硅酮结构密封胶注胶前，必须取得合格的相容性检验报告，必要时应加涂底漆。双组分硅酮结构密封胶还应进行混匀性蝴蝶试验和拉断试验。

④ 采用硅酮结构密封胶黏结板块时，不应使硅酮结构密封胶长期处于受力状态。硅酮结构密封胶组件在固化并达到足够承载力前不应搬动。

⑤ 隐框玻璃幕墙装配组件的注胶必须饱满，不得出现气泡，胶缝表面应平整光滑。胶缝中挤出来的密封胶，不得再回收重复使用。

⑥ 硅酮结构密封胶完全固化后，隐框玻璃幕墙装配组件的尺寸偏差，应符合表 7-11 中的规定。

表7-11　结构胶完全固化后隐框玻璃幕墙装配组件的尺寸偏差

| 序号 | 项目 | | 允许偏差/mm |
|---|---|---|---|
| 1 | 框长宽尺寸 | | ±1.0 |
| 2 | 组件框长宽尺寸 | | ±2.5 |
| 3 | 框接缝高度差 | | ≤0.5 |
| 4 | 框内侧对角线差及组件对角线差 | 当长边≤2000mm 时 | ≤2.5 |
| | | 当长边＞2000mm 时 | ≤3.5 |
| 5 | 框组装间隙 | | ≤0.5 |
| 6 | 胶缝的宽度 | | +2.0,0 |
| 7 | 胶缝的厚度 | | +0.5,0 |
| 8 | 组件周边玻璃与铝框的位置差 | | ±1.0 |
| 9 | 结构组件平面度 | | ≤3.0 |
| 10 | 组件的厚度 | | ±1.5 |

⑦ 当隐框玻璃幕墙采用悬挑玻璃时，玻璃的悬挑尺寸应符合设计要求，且不宜超过 150mm。

（9）单元式玻璃幕墙的加工

① 为便于玻璃的加工和安装，单元式玻璃幕墙在加工之前，应对各板块进行编号，并应注明加工和运输的日期、安装方向和顺序。

② 单元板块的构件连接应当牢固，构件连接处的缝隙应采用硅酮建筑密封胶密封。

③ 单元板块的吊挂件和支撑件应具备一定的可调整范围，并应采用不锈钢螺栓将吊挂件与立柱固定牢固，固定螺栓不得少于 2 个。

④ 单元板块应用硅酮建筑密封胶进行密封，但密封胶不宜外露。

⑤ 明框单元板块在搬动、运输和吊装的过程中，应采取必要的技术措施，以防止玻璃出现滑动或变形。

⑥ 单元板块在组装完毕后，对工艺孔应进行封堵，通气孔及排水孔应畅通。

⑦ 当采用自攻螺钉连接单元组件时，每处的螺钉不应少于 3 个，螺钉的直径不应小于 4mm。螺钉孔的最大内径、最小内径和扭矩，应符合表7-12 中的要求。

表7-12　螺钉孔的最大内径、最小内径和扭矩

| 螺钉公称 | 孔径/mm | | 扭矩/N·m | 螺钉公称 | 孔径/mm | | 扭矩/N·m |
| 直径/mm | 最小 | 最大 | | 直径/mm | 最小 | 最大 | |
|---|---|---|---|---|---|---|---|
| 4.2 | 3.430 | 3.480 | 4.40 | 5.5 | 4.735 | 4.785 | 10.0 |
| 4.6 | 4.015 | 4.065 | 6.30 | 6.3 | 5.475 | 5.525 | 13.6 |

⑧ 单元组件框加工制作的允许偏差，应符合表7-13 中的要求。

表7-13　单元组件框加工制作的允许偏差

| 序号 | 项目 | | 允许偏差/mm | 检验方法 |
|---|---|---|---|---|
| 1 | 框长（宽）度/mm | ≤2000 | ±1.5 | 钢尺或板尺 |
| | | >2000 | ±2.0 | |
| 2 | 分格长（宽）度/mm | ≤2000 | ±1.5 | 钢尺或板尺 |
| | | >2000 | ±2.0 | |
| 3 | 对角线长度差/mm | ≤2000 | ≤2.5 | 钢尺或板尺 |
| | | >2000 | ≤3.5 | |
| 4 | 接缝高低差 | | ≤0.5 | 游标深度尺 |
| 5 | 接缝间隙 | | ≤0.5 | 塞片 |
| 6 | 框面划伤 | | ≤3 处且总长度≤100mm | — |
| 7 | 框料擦伤 | | ≤3 处且总面积≤200mm³ | — |

⑨ 单元组件组装的允许偏差，应符合表7-14 中的规定。

表7-14　单元组件组装的允许偏差

| 序号 | 项目 | | 允许偏差/mm | 检验方法 |
|---|---|---|---|---|
| 1 | 组件长度、宽度/mm | ≤2000 | ±1.5 | 钢尺 |
| | | >2000 | ±2.0 | |
| 2 | 组件对角线长度差/mm | ≤2000 | ≤2.5 | 钢尺 |
| | | >2000 | ≤3.5 | |
| 3 | 胶缝的宽度 | | +1.0,0 | 卡尺或钢板尺 |
| 4 | 胶缝的厚度 | | +0.5,0 | 卡尺或钢板尺 |
| 5 | 各搭接量（与设计值比） | | +1.0,0 | 钢板尺 |
| 6 | 组件的平面度 | | ≤1.5 | 1m 靠尺 |
| 7 | 组件内镶板间接缝宽度（与设计值比） | | ±1.0 | 塞尺 |
| 8 | 连接构件竖向中轴线距组件外表面（与设计值比） | | ±1.0 | 钢尺 |
| 9 | 连接构件水平轴线距组件水平对插中心线 | | ±1.0（可上、下调节时为±2.0） | 钢尺 |
| 10 | 连接构件竖向轴线距离竖向对插中心线 | | ±1.0 | 钢尺 |

| 序号 | 项目 | 允许偏差/mm | 检验方法 |
|------|------|------------|----------|
| 11 | 两连接构件中心水平距离 | ±1.0 | 钢尺 |
| 12 | 两连接构件上、下端水平距离差 | ±0.5 | 钢尺 |
| 13 | 两连接构件上、下端对角线差 | ±1.0 | 钢尺 |

⑩ 玻璃幕墙的玻璃加工制作时，玻璃的允许最大面积可按以下规定进行计算。

单层玻璃的允许最大面积，可按式（7-1）计算：

$$A = (0.3a/\omega)[t + (t/4)] \tag{7-1}$$

式中　$a$——玻璃种类调整系数，如表 7-15 所示；

　　　$\omega$——玻璃的风荷载标准值，$kN/m^2$；

　　　$t$——玻璃的厚度，mm；一般不应小于 6mm。

**表7-15　玻璃种类调整系数**

| 玻璃的品种 | 调整系数 | 玻璃的品种 | 调整系数 |
|-----------|---------|-----------|---------|
| 浮法玻璃厚度 3～6mm | 1.0 | 夹丝玻璃 | 0.7 |
| 浮法玻璃厚度 6～19mm | 0.8 | 夹丝压花玻璃 | 0.5 |
| 钢化玻璃 | 3.0 | 夹丝玻璃 | 1.6 |

中空玻璃的允许最大面积，可按式（7-2）计算：

$$A = (0.3a/\omega)[t_2 + (t_2/4)][1 + (t_1/t_2)] \tag{7-2}$$

式中　$a$——玻璃种类调整系数，采用夹层玻璃制作的中空玻璃为 0.24，用普通玻璃制作的中空玻璃为 0.22，用钢化玻璃制作的中空玻璃为 0.66；

　　　$t_1$，$t_2$——分别为中空玻璃中较薄和较厚玻璃的厚度，mm；

　　　$\omega$——玻璃的风荷载标准值，$kN/m^2$。

# 四、石材面板的加工制作要求

对于石材面板的加工制作要求，应根据其安装方法的不同而相关要求有所不同。在加工制作中，应按以下要求进行。

## （一）石材幕墙加工的一般规定

石材幕墙在加工制作前，应对建筑物的设计和施工图进行核对，并应对已建的建筑物进行复测。按实测的结果对幕墙图纸中的偏差进行调整，经设计单位和监理单位同意后方可加工组装。

加工石材幕墙构件所使用的设备、机具，应保证幕墙构件加工精度的要求，对量具应定期进行计量鉴定。

用硅酮结构密封胶黏结固定幕墙构件时，注胶工作应在温度 10～30℃、相对湿度 50% 以上，且在洁净、通风的环境中进行；注胶的宽度、厚度应符合设计要求。用硅酮结构密封胶黏结石材时，硅酮结构密封胶不应长期处于受力状态。当石材幕墙使用硅酮结构密封胶和硅酮耐候密封胶时，应待石材清洗干净并完全干燥后方可用胶进行操作。

## （二）幕墙石板的加工制作

（1）石板的连接部位应无崩坏、暗裂纹等缺陷；其他部位崩边不大于 5mm×20mm，或缺角不大于 20mm 时可修补后使用；但每层修补的石板块数不应大于 2%，且宜用于立面不明显的部位。

（2）石板的长度、宽度、厚度、直角、异型角、半圆弧形状、异型材及花纹图案造型、石材的外形尺寸，均应符合设计要求。

（3）石板外表面的色泽应符合设计要求，花纹图案应按样板进行对比检查。石板的四周不得有明显的色差。

（4）火烧石应按样板检查其火烧后的均匀程度，火烧石不得出现暗裂纹、崩裂等质量缺陷。

（5）为便于石材幕墙的安装，石板加工的编号应与设计中的编号一致，不得因加工而造成混乱。

（6）石板应结合其组合形式，并应确定工程中使用的基本形式后进行加工。

（7）石板加工尺寸的允许偏差，应符合国家标准《天然花岗石建筑板材》（GB/T 18601—2009）的有关规定。

### （三）钢销式安装的石板加工

（1）钢销的孔位应根据石板的大小而定。孔位距离边端部不得小于石板厚度的 3 倍，也不得大于 180mm；钢销的间距不宜大于 600mm；边长不大于 1.0m 时，每边应设两个钢销，边长大于 1.0m 时，应采用复合连接。

（2）石板所加工的钢销孔的深度宜为 22～33mm，孔的直径宜为 7mm 或 8mm，钢销直径宜为 5mm 或 6mm，钢销的长度宜为 20～30mm。

（3）石板所加工的钢销孔，不得有损坏或崩裂等现象；孔径内应光滑、洁净。

### （四）短槽式安装的石板加工

短槽式安装的石板加工，应符合以下规定。

（1）每块石板的上下边应各开 2 个短平槽，短平槽的长度不应小于 100mm，在有效长度内槽的深度不宜小于 15mm；开槽宽度宜为 6mm 或 7mm；不锈钢支撑板的厚度不宜小于 3.0mm，铝合金支撑板的厚度不宜小于 4.0mm。弧形槽的有效长度，不应小于 80mm。

（2）两短槽边距石板两端部的距离，不应小于石板厚度的 3 倍，且不应小于 85mm，也不应大于 180mm。

（3）石板开槽后不得出现有损坏或崩裂的现象；槽口应打磨成为 45°的倒角；槽内应当光滑、洁净。

### （五）通槽式安装的石板加工

通槽式安装的石板加工，应符合以下规定。

（1）石板的通槽宽度宜为 6mm 或 7mm，不锈钢支撑板的厚度不宜小于 3.0mm，铝合金支撑板的厚度不宜小于 4.0mm。

（2）石板开槽后不得出现有损坏或崩裂的现象；槽口应打磨成为 45°的倒角；槽内应当光滑、洁净。

### （六）石板幕墙转角的组装方法

石板幕墙的转角宜采用不锈钢支撑件或铝合金型材专用件进行组装，并应符合下列规定。

（1）当石板幕墙转角采用不锈钢支撑件组装时，不锈钢支撑件的厚度不应小于 3.0mm。

（2）当石板幕墙转角采用铝合金型材专用件组装时，铝合金型材的壁厚一般不应小于 4.5mm，连接部位的铝合金型材壁厚不应小于 5.0mm。

## （七）单元石板幕墙的加工组装

单元石板幕墙的加工组装，应符合下列规定。

（1）有防火要求的全石板幕墙单元，应当将石板、防火板及防火材料按设计要求组装在铝合金型材框上。

（2）有可视部分的混合幕墙单元，应当将玻璃板、石板、防火板及防火材料按设计要求组装在铝合金型材框上。

（3）幕墙单元内石板之间可采用铝合金 T 形连接件进行连接，T 形连接件的厚度应根据石板的尺寸及重量经计算后确定，其最小厚度不应小于 4.0mm。

（4）在幕墙单元内，边部石板与金属框架的连接，可采用铝合金 L 形连接件进行连接；其厚度应根据石板的尺寸及重量经计算后确定，其最小厚度也不应小于 4.0mm。

## （八）石板的清洗、粘接与存放

石板经切割或开槽加工工序后，均应将加工产生的石屑用水冲洗干净；石板与不锈钢挂件之间，应采用环氧树脂型石材专用结构胶进行粘接。已加工好的石板，应采用立式存放于通风良好的仓库内，板块立放的角度不应小于 85°。

## 五、幕墙构件质量检验要求

（1）幕墙构件应按同一类构件的 5% 进行抽样检查，且每种构件不得少于 5 件。当有一个构件抽检不符合要求时，应加倍抽样进行复验，全部合格后方可出厂。

（2）幕墙构件在出厂时，应附有构件合格证书。

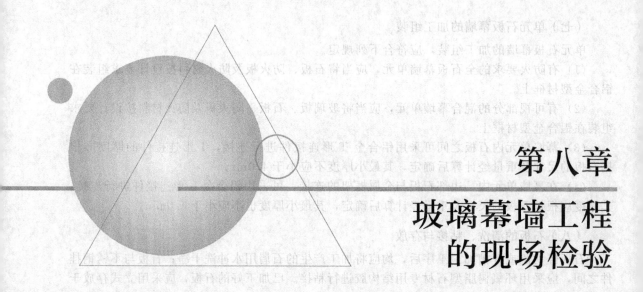

# 玻璃幕墙工程
# 的现场检验

　　为确保玻璃幕墙工程的设计目标和施工质量，在其施工的过程中必须进行一系列现场检验工作，玻璃幕墙的现场检验工作主要包括：工程材料的现场检验、幕墙的防火检验、幕墙的防雷检验、节点与连接的检验等。

## 第一节　玻璃幕墙所用材料的现场检验

　　在现场检验玻璃幕墙工程中所使用的各种材料，是确保幕墙工程质量的一项非常重要的工作。在进行材料的现场检验中，应将同一厂家生产的同一型号、规格、批号的材料作为一个检验批，每批应随机抽取3％且不得少于5件。

　　材料检验应做好记录工作，检验记录应按现行的行业标准《玻璃幕墙工程质量检验标准》（JGJ 139—2020）中附录A规定的表格进行。玻璃幕墙工程质量检验记录表的格式见表8-1。

　　玻璃幕墙工程材料的现场检验，主要包括铝合金型材、钢材、玻璃、密封材料及其他配件等。以上所有材料的质量必须符合国家或行业现行的标准。

### 一、铝合金型材的质量检验

　　玻璃幕墙工程使用的铝合金型材，其质量应符合现行国家及行业标准《铝合金建筑型材第1部分：基材》（GB/T 5237.1—2017）、《建筑门窗幕墙用钢化玻璃》（JG/T 455—2014）、《建筑用硅酮结构密封胶》（GB 16776—2005）及《玻璃幕墙工程技术规范》（JGJ 102—2003）中的规定。为确保玻璃幕墙的施工质量符合设计要求，在建筑幕墙工程的施工现场，应进行铝合金型材壁厚、硬度和表面质量的检验。

表8-1　玻璃幕墙工程质量检验记录表的格式

编号：　　　　　　　　　　　　　　　　　　　　　　　　　　共　　页　第　　页

| 委托单位 | | 工程名称 | | 工程地点 | | | | |
|---|---|---|---|---|---|---|---|---|
| 设计单位 | | 施工单位 | | 工程编号 | | | | |
| 检验依据 | | 检验类别 | | 检验时间 | | | | |
| 序号 | 检验项目 | 检验设备名称、编号 | 抽样部位、数量 | 检验结果 | | | | | 备注 |
| | | | | 1 | 2 | 3 | 4 | 5 | |
| | | | | | | | | | |
| | | | | | | | | | |
| | | | | | | | | | |

校核：　　　　　　　　　　　记录：　　　　　　　　　　　　　　　　　检验：

（一）铝合金型材壁厚的检验

（1）用于横梁、立柱等主要受力杆件，其截面受力部位的铝合金型材壁厚的实测值不得小于3mm。

（2）铝合金型材壁厚的检验，应采用分辨率为0.05mm的游标卡尺或分辨率为0.1mm的金属测厚仪，并在杆件同一截面的不同部位测量，测点不应少于5个，并取最小值。

（3）铝合金型材膜厚的检验指标，应当符合下列规定。

① 阳极氧化膜的最小平均膜厚不应小于$15\mu m$，最小局部的膜厚不应小于$12\mu m$。

② 粉末静电喷涂涂层厚度的平均值不应小于$60\mu m$，其局部最大厚度不应大于$120\mu m$，且也不应小于$40\mu m$。

③ 电泳涂漆复合膜的局部膜厚不应小于$21\mu m$。

④ 氟碳喷涂涂层的最小平均厚度不应小于$30\mu m$，最小局部厚度不应小于$25\mu m$。

（4）铝合金表面膜厚的检验，应采用分辨率为$0.5\mu m$的膜厚检测仪进行检测。每个杆件在不同部位的测点不应少于5个，同一个测点应测量5次，取平均值，精确至整数。

（二）铝合金型材硬度的检验

（1）玻璃幕墙工程使用的铝合金6063T5型材的韦氏硬度值不得小于8，使用的铝合金6063AT5型材的韦氏硬度值不得小于10。

（2）铝合金型材硬度的检验，应采用韦氏硬度计测其表面硬度。型材表面的涂层应清除干净，测点不应少于3个，并应以至少3点的测量值取其平均值，精确至0.5个单位值。

（三）铝合金型材表面质量检验

铝合金型材的表面质量，应当符合下列规定。

（1）铝合金型材的表面应清洁，色泽应均匀。

（2）铝合金型材的表面不应有皱纹、裂纹、起皮、腐蚀斑点、气泡、电灼伤、流痕以及发黏以及膜（涂）层脱落等质量缺陷存在。

## 二、建筑钢材的质量检验

玻璃幕墙工程中所使用的钢材，应当进行膜厚和表面质量的检验。

（1）幕墙工程用钢材表面应进行防腐处理。当采用热浸镀锌处理时，钢材表面的膜厚应大于$45\mu m$；当采用静电喷涂处理时，钢材表面的膜厚应大于$40\mu m$。

（2）幕墙工程用钢材表面膜厚的检验，应采用分辨率为$0.5\mu m$的膜厚检测仪进行检测。

每个杆件在不同部位的测点不应少于 5 个，同一个测点应测量 5 次，取平均值，精确至整数。

（3）幕墙工程用钢材的表面不得有裂纹、气泡、结疤、泛锈、夹杂和折叠等质量缺陷。

（4）幕墙工程用钢材表面质量的检验，应在自然散射光的条件下进行，不得使用放大镜检查和观察检查。

## 三、玻璃材料的质量检验

玻璃幕墙工程所用的玻璃材料，应当进行厚度、边长、外观质量、应力和边缘处理情况的检验。

### （一）玻璃厚度的检查

玻璃幕墙工程所用玻璃的厚度允许偏差，应当符合表 8-2 中的规定。在进行玻璃厚度检验时，应采用以下方法。

（1）玻璃在安装或组装之前，可用分辨率为 0.02mm 的游标卡尺测量被检验玻璃每边的中点，测量结果取平均值，精确至小数点后二位。

（2）对已安装的玻璃幕墙，可用分辨率为 0.1mm 的玻璃测厚仪在被检验玻璃上随机取 4 点进行检测，测量结果取平均值，精确至小数点后一位。

表8-2　幕墙玻璃厚度允许偏差

| 玻璃厚度/mm | 允许偏差/mm | | |
|---|---|---|---|
| | 单片玻璃 | 中空玻璃 | 夹层玻璃 |
| 5 | ±0.2 | 当 $\delta<17$ 时，为 $\pm1.0$；当 $\delta=17\sim22$ 时，为 $\pm1.5$；当 $\delta>22$ 时，为 $\pm2.0$（$\delta$ 为中空玻璃厚度） | 厚度偏差不大于玻璃原片允许偏差和中间层允许偏差之和；<br>中间层的总厚度小于2mm 时，允许偏差为零；<br>中间层的总厚度大于或等于2mm 时，允许偏差为 $\pm0.2mm$ |
| 6 | ±0.2 | | |
| 8 | ±0.3 | | |
| 10 | ±0.3 | | |
| 12 | ±0.4 | | |
| 15 | ±0.6 | | |
| 19 | ±1.0 | | |

### （二）玻璃边长的检查

玻璃幕墙工程所用玻璃的边长检验，应在玻璃安装或组装之前，用分度值为 1mm 的钢卷尺沿玻璃周边测量，取其最大偏差值。玻璃边长的检验指标，应符合以下规定。

（1）单片玻璃边长的允许偏差，应符合表 8-3 中的规定。

表8-3　单片玻璃边长的允许偏差　　　　　　　　单位：mm

| 玻璃厚度 | 允许偏差 | | |
|---|---|---|---|
| | 长度 $L\leqslant1000$ | $1000<L\leqslant2000$ | $2000<L\leqslant3000$ |
| 5,6 | +1,−1 | +1,−2 | +1,−3 |
| 8,10,12 | +1,−2 | +1,−3 | +2,−4 |

（2）中空玻璃边长的允许偏差，应符合表 8-4 中的规定。

表8-4　中空玻璃边长的允许偏差　　　　　　　　单位：mm

| 玻璃长度 | 允许偏差 | 玻璃长度 | 允许偏差 | 玻璃长度 | 允许偏差 |
|---|---|---|---|---|---|
| <1000 | +1.0,−2.0 | 1000~2000 | +1.0,−2.5 | >2000 | +1.0,−3.0 |

（3）夹层玻璃边长的允许偏差，应符合表8-5中的规定。

**表8-5　夹层玻璃边长的允许偏差**　　　　　　　　单位：mm

| 总厚度 D | 允许偏差 | | 总厚度 D | 允许偏差 | |
|---|---|---|---|---|---|
| | L≤1200 | 1200<L≤2400 | | L≤1200 | 1200<L≤2400 |
| 4≤D<6 | ±1 | — | 11≤D<17 | ±2 | ±2 |
| 6≤D<11 | ±1 | ±1 | 17≤D<24 | ±3 | ±3 |

### （三）玻璃外观质量检验

玻璃外观质量的检验，应在良好的自然光或散射光照条件下，距离玻璃正面约600mm处，观察玻璃的表面；其缺陷尺寸，应采用精度为0.1mm的读数显微镜进行测量。玻璃外观质量的检验指标，应符合下列规定。

（1）钢化玻璃、半钢化玻璃的外观质量，应符合表8-6中的规定。

**表8-6　钢化玻璃、半钢化玻璃的外观质量**

| 外观缺陷名称 | 检验指标 | 备注 |
|---|---|---|
| 爆边 | 不允许存在 | |
| 划伤 | 每平方米允许6条，$a$≤100mm，$b$≤0.1mm | $a$ 为玻璃划伤的长度 |
| | 每平方米允许3条，$a$≤100mm，$b$≤0.5mm | $b$ 为玻璃划伤的宽度 |
| 裂纹、缺角 | 不允许存在 | |

（2）热反射玻璃的外观质量，应符合表8-7中的规定。

**表8-7　热反射玻璃的外观质量**

| 缺陷名称 | 检验指标 | 备注 |
|---|---|---|
| 针眼 | 距边部75mm内，每平方米允许8处或中部每平方米允许3处，1.6mm<$d$≤2.5mm | $a$ 为玻璃划伤的长度 |
| 斑纹 | 不允许存在 $d$>2.5mm | $b$ 为玻璃划伤的宽度 |
| 斑点 | 不允许存在 | $d$ 为玻璃缺陷的直径 |
| 划伤 | 每平方米允许8处，1.6mm<$d$≤5.0mm | |
| | 每平方米允许2条，$a$≤100mm，$b$≤0.8mm | |

（3）夹层玻璃的外观质量，应符合表8-8中的规定。

**表8-8　夹层玻璃的外观质量**

| 缺陷名称 | 检验指标 | 缺陷名称 | 检验指标 |
|---|---|---|---|
| 胶合层气泡 | 直径300mm圆内允许长度为1～2mm的胶合层气泡2个 | 胶合层杂质 | 直径500mm圆内允许长度小于3mm的胶合层杂质2个 |
| 爆边 | 长度或宽度不得超过玻璃的厚度 | 划伤、磨伤 | 不得影响使用 |
| 裂纹 | 不允许存在 | 脱胶 | 不允许存在 |

### （四）玻璃应力的检验

幕墙工程所用玻璃的应力检验指标，应符合下列规定。

（1）玻璃幕墙所用玻璃的品种，应符合设计要求，一般应选用质量较好的安全玻璃。

（2）用于幕墙的钢化玻璃和半钢化玻璃的表面应力，应符合以下规定：如果采用钢化玻璃，其表面应力应大于或等于95MPa；如果采用半钢化玻璃，其表面应力应大于24MPa、小于或等于69MPa。

（3）玻璃表面应力的检验，应采用以下方法：①用偏振片确定玻璃是否经过钢化处理；②用表面应力检测仪测量玻璃的表面应力。

### （五）幕墙玻璃边缘的处理

对于玻璃幕墙所用玻璃的边缘，应进行机械磨边、倒棱、倒角等方面的处理，处理的精度应符合设计要求。对玻璃边缘处理结果进行检验时，应采用观察检查和手试检查的方法。

### （六）中空玻璃的质量检验

（1）中空玻璃质量检验指标　幕墙工程所用中空玻璃质量检验的指标，应符合下列规定。

① 中空玻璃的厚度及空气隔层的厚度，应符合设计及有关标准的要求。

② 中空玻璃的两条对角线之差，不应大于对角线平均长度的 0.2%。

③ 胶层应采用双道密封，外层密封胶胶层宽度不应小于 5mm。半隐框和隐框幕墙的中空玻璃的外层应采用硅酮结构胶密封，胶层宽度应符合结构计算的要求。内层密封采用丁基密封腻子，注胶应均匀、饱满，无空隙。

④ 中空玻璃的内表面，不得有妨碍透视的污迹及胶黏剂飞溅现象。

（2）中空玻璃质量检验方法　在进行中空玻璃质量检验时，应采用下列方法。

① 在玻璃安装或组装之前，以分度值为 1mm 的直尺或分辨率为 0.05mm 的游标卡尺在被检验玻璃的周边各取两个点，测量玻璃厚度、空气隔层厚度和胶层厚度。

② 以分度值为 1mm 的钢卷尺测量中空玻璃的两条对角线，以此求得两对角线之差。

③ 以观察的方式检查玻璃的外观质量和注胶的质量情况。

## 四、密封材料的质量检验

玻璃幕墙工程所用密封材料的检验，主要包括硅酮结构胶的检验、密封胶的检验以及其他密封材料和衬垫材料的检验等。

### （一）硅酮结构胶的检验

（1）硅酮结构胶的检验指标　硅酮结构胶的检验指标，应符合以下几项规定。

① 硅酮结构胶必须是内聚性破坏。

② 硅酮结构胶被切开的截面，应当颜色均匀，注胶应饱满、密实。

③ 硅酮结构胶的注胶宽度、厚度，应当符合设计要求，且宽度不得小于 7mm，厚度不得小于 6mm。

（2）硅酮结构胶的检验方法　在进行硅酮结构胶的检验时，应采取以下方法。

① 垂直于胶条做一个切割面，由该切割面沿基材面切出两个长度约为 50mm 的垂直切割面，并以大于 90°方向手拉硅酮结构胶块，观察剥离面的破坏情况。

② 观察检查注胶的质量，用分度值为 1mm 的钢直尺测量胶的厚度和宽度。

### （二）密封胶的检验

（1）密封胶的检验指标　密封胶的检验指标，应符合以下规定。

① 密封胶的表面应光滑，不得有裂缝现象，接口处的厚度和颜色应一致。

② 注胶应当饱满、平整、密实，无缝隙。

③ 密封胶的黏结形式、宽度应符合设计要求，其厚度不应小于 3.5mm。

（2）密封胶的检验方法　密封胶的检验，应采用观察检查、切割检查的方法，并应采用分辨率为 0.05mm 的游标卡尺测量密封胶的宽度和厚度。

（三）其他密封材料和衬垫材料的检验

（1）其他密封材料和衬垫材料的检验指标　其他密封材料和衬垫材料的检验，应符合下列规定。

① 玻璃幕墙应采用有弹性、耐老化的密封材料，所用的橡胶密封条不应有硬化龟裂现象。

② 幕墙所用的衬垫材料与硅酮结构胶、密封胶，应当具有良好的相容性。

③ 玻璃幕墙所用的双面胶带的黏结性能，应符合设计要求。

（2）其他密封材料和衬垫材料的检验方法　其他密封材料和衬垫材料的检验，应采用观察检查的方法；密封材料的延伸性应以手工拉伸的方法进行。

## 五、其他配件的质量检验

玻璃幕墙工程所用的其他配件，主要包括五金件、转接件、连接件、紧固件、滑撑、限位器、门窗及其他配件。

### （一）五金件的质量检验

（1）五金件的检验指标　五金件外观的质量检验，应符合以下规定。

① 玻璃幕墙中与铝合金型材接触的五金件，应采用不锈钢材料或铝合金制品，否则应加设绝缘的垫片。

② 玻璃幕墙中所用的五金件，除不锈钢外，其他钢材均应进行表面热浸镀锌或其他防腐处理，未经如此处理的不得用于工程。

（2）五金件的检验方法　五金件外观的质量检验，应采用观察检查的方法，即以人的肉眼观察、评价其质量如何。

### （二）转接件和连接件的质量检验

（1）转接件和连接件的质量检验指标　转接件和连接件的质量检验指标，应符合以下规定。

① 转接件和连接件的外观应平整，不得有裂纹、毛刺、凹坑、变形等质量缺陷。

② 转接件和连接件的开孔长度不应小于开孔宽度加 40mm，开孔至边缘的距离不应小于开孔宽度的 1.5 倍。转接件和连接件的壁厚不得有负偏差。

③ 当采用碳素钢的转接件和连接件时，其表面应进行热浸镀锌处理。

（2）转接件和连接件的质量检验方法　转接件和连接件的质量检验，一般应采用以下方法。

① 用观察的方法检验转接件和连接件的外观质量，其外观质量应当符合设计要求。

② 用分度值为 1mm 的钢直尺测量构造尺寸，用分辨率为 0.05mm 的游标卡尺测量转接件和连接件的壁厚。

### （三）紧固件的质量检验

紧固件的质量检验指标，应符合以下规定。

（1）紧固件宜采用不锈钢六角螺栓，不锈钢六角螺栓应带有弹簧垫圈。当未采用弹簧垫圈时，应有防止松脱的措施，如拧紧后对明露的螺栓的敲击处理。主要受力杆件不应采用自攻螺钉。

（2）当紧固件采用铆钉时，宜采用不锈钢铆钉或抽芯铝铆钉，作为结构受力的铆钉应进行应力验算，构件之间的受力连接不得采用抽芯铝铆钉。

### （四）滑撑和限位器的质量检验

（1）滑撑和限位器的检验指标　滑撑和限位器的质量检验指标，应符合以下规定。

① 滑撑和限位器应采用奥氏体不锈钢制作，其表面应光滑，不应有斑点、砂眼及明显的划痕。金属层应色泽均匀，不应有气泡、露底、泛黄及龟裂等质量缺陷，强度和刚度应符合设计要求。

② 滑撑和限位器的紧固铆接处不得出现松动，转动和滑动的连接处应灵活，无卡阻。

（2）滑撑和限位器的检验方法　滑撑和限位器的质量检验，应采用以下方法。

① 用磁铁检查滑撑和限位器的材质，其质量必须符合有关规定。

② 采用观察检查和手动试验的方法，检验滑撑和限位器的外观质量和使用功能。

### （五）门窗及其他配件的质量检验

门窗及其他配件的质量检验指标，应符合以下规定。

（1）门窗及其他配件的应开关灵活组装牢固，多点联动锁配件的联动性应当完全一致。

（2）门窗及其他配件的防腐处理应符合设计要求，镀层不得有气泡、露底、脱落等明显的质量缺陷。

# 第二节　玻璃幕墙工程的防火检验

玻璃幕墙工程防火构造的检验，是一项非常重要的检验项目，关系到玻璃幕墙工程的使用安全。根据现行规范的规定，玻璃幕墙工程防火构造检验，应按防火分区的总数抽查5％，并不得少于3处。要求提供设计文件、图纸资料、防火材料产品合格证或材料耐火检测报告、防火构造节点隐蔽工程记录等质量保证资料。

## 一、幕墙防火构造的检验

检验玻璃幕墙的防火构造，应在玻璃幕墙与楼板、墙、柱、楼梯间隔断处，采用观察的方法进行检查。玻璃幕墙防火构造的检验指标，应符合下列规定。

（1）玻璃幕墙与楼板、墙、柱之间，应当按照设计要求设置横向、竖向连续的防火隔断。

（2）对于高层建筑无窗间墙和窗槛墙的玻璃幕墙，应在每层楼板外沿设置耐火极限不低于1h，高度不小于0.8m的不燃烧实体裙墙。

（3）同一块玻璃不宜跨两个分防火区域。

## 二、幕墙防火节点的检验

检验玻璃幕墙的防火节点，应在玻璃幕墙与楼板、墙、柱、楼梯间隔断处，采用观察、触摸的方法进行检查。玻璃幕墙防火节点的检验指标，应符合下列规定。

（1）玻璃幕墙的防火节点构造必须符合设计要求，在施工过程中不得擅自改变。

（2）玻璃幕墙所用防火材料的品种、耐火等级，均应符合设计要求和现行标准的规定，不合格和不符合设计要求的防火材料，不得用于玻璃幕墙工程。

（3）玻璃幕墙所用的防火材料应安装牢固，不得出现遗漏，并应严密无缝隙。

（4）镀锌钢衬板不得与铝合金型材直接接触，衬板就位后应进行密封处理。

（5）防火层与玻璃幕墙和主体结构之间的缝隙，必须用防火密封胶严密封闭。

### 三、幕墙防火材料铺设的检验

检验玻璃幕墙防火材料的铺设，应在玻璃幕墙与楼板和主体结构之间用观察、触摸的方法进行检查，并采用分度值为 1mm 的钢直尺和分辨率为 0.05mm 的游标卡尺测量。防火材料铺设的检验指标，应符合下列规定。

（1）玻璃幕墙所用防火材料的品种、规格、材质、耐火等级和铺设厚度，必须符合设计的规定。

（2）搁置防火材料所用的镀锌钢板，其厚度不宜小于 1.2mm。

（3）玻璃幕墙防火材料的铺设应饱满、均匀，无遗漏，厚度不宜小于 70mm。

（4）防火材料不得与幕墙玻璃直接进行接触，防火材料朝玻璃面处宜采用装饰材料进行覆盖。

## 第三节　玻璃幕墙工程的防雷检验

玻璃幕墙工程的防雷检验也与防火检验一样，是一项关系到幕墙工程使用安全的重要工作，必须按照有关规定认真进行。玻璃幕墙工程的防雷检验主要包括：防雷检验抽样、防雷检验项目和质量保证资料等。

### 一、防雷检验抽样

玻璃幕墙工程的防雷措施的检验抽样，应符合以下规定。

（1）有均压环的楼层数少于 3 层时，应当全数进行检查；当多于 3 层时，抽查不得少于3 层；对有女儿墙盖顶的必须检查，每层至少应检查 3 处。

（2）无均压环的楼层抽查不得少于 2 层，每层至少应检查 3 处。

### 二、防雷检验项目

玻璃幕墙的防雷检验项目，主要包括玻璃幕墙金属框架连接及幕墙与主体结构防雷装置连接的检验指标和检验方法。

（一）玻璃幕墙金属框架连接的检验

（1）玻璃幕墙金属框架连接的检验指标

① 玻璃幕墙所有的金属框架应互相连接，从而形成一个导电的通路，这是玻璃幕墙工程防雷的关键。

② 玻璃幕墙所用连接材料的材质、截面尺寸、连接长度等，均必须符合设计要求。

③ 玻璃幕墙所有的连接接触面，均应紧密可靠，不得有松动现象。

（2）玻璃幕墙金属框架连接的检验方法

① 玻璃幕墙金属框架连接的检验，可用接地电阻仪或兆欧表进行测量检查。

② 玻璃幕墙金属框架连接的检验，也可用观察、手动试验方法检查，并用分度值为1mm 的钢卷尺和分辨率为 0.05mm 的游标卡尺测量。

（二）玻璃幕墙与主体结构防雷装置连接的检验

玻璃幕墙与主体结构防雷装置连接的检验指标，应符合下列规定。

① 玻璃幕墙与主体结构防雷装置的连接材料材质、截面尺寸和连接方式，必须符合设计的要求。

② 玻璃幕墙金属框架与防雷装置的连接应紧密可靠，一般应采用焊接或机械连接的方式，形成导电的通路。连接点水平间距不应大于防雷引下线的间距，垂直间距不应大于均压环的间距。

③ 女儿墙压顶罩板应当与女儿墙部位幕墙构架连接，女儿墙部位幕墙构架与防雷装置的连接节点宜明露，其连接应符合设计的规定。

④ 检查玻璃幕墙与主体结构装置之间的连接，应在幕墙框架与防雷装置连接部位进行，采用接地电阻仪或兆欧表测量和观察检查。

### 三、质量保证资料

为确保玻璃幕墙防雷工程的质量和安全，在进行玻璃幕墙的防雷检验时，应提供设计图纸资料、防雷装置连接测试记录和隐蔽工程检查记录等质量保证资料。

# 第四节　玻璃幕墙工程节点与连接的检验

玻璃幕墙工程节点与连接的检验，也是确保玻璃幕墙工程安全的重要措施，主要包括节点的检验抽样和检验项目等。

## 一、节点的检验抽样规定

玻璃幕墙工程节点的检验，应符合以下规定。

（1）每幅玻璃幕墙应按各类节点总数的5％抽样进行检验，且每类节点不应少于3个；锚栓的抽样应按5％，且每种锚栓不得少于5根。

（2）对于已完成的玻璃幕墙金属框架，应提供隐蔽工程检查验收记录。当隐蔽工程检查记录不完整时，应对该幕墙工程的节点拆开进行检验。

## 二、玻璃幕墙节点的检验项目

玻璃幕墙节点的检验项目，主要包括预埋件与幕墙的连接节点、锚栓的锚固连接节点、幕墙顶部的连接、幕墙底部的连接、幕墙立柱的连接、幕墙梁与柱连接节点、变形缝连接节点、幕墙内排水构造、幕墙玻璃与吊夹具的连接、拉杆（索）结构的节点和点支承装置等项目的检验。

（一）预埋件与幕墙的连接节点

幕墙受到的荷载及其本身的自重，主要是通过该节点传递到主体结构上，因而此节点是幕墙受力最大的节点。由于施工中产生的偏差，连接件（固定支座）的孔位留边宽度过小，甚至出现破口孔，直接影响该节点强度，会造成结构隐患。因此，连接件的调节范围及其材质等，均应符合设计要求和有关标准指标。

在进行检验时，应在预埋件与幕墙连接节点处观察、手动检查，并应采用分度值为1mm的钢直尺和焊缝量规进行测量。预埋件与幕墙的连接节点的检验指标，应符合以下规定。

(1) 玻璃幕墙的连接件、绝缘件和紧固件的规格、数量、质量，应符合设计的要求。

(2) 玻璃幕墙的连接件应安装牢固，螺栓应有防止松脱的措施。

(3) 玻璃幕墙连接件的可调节构造应用螺栓牢固连接，并有防止滑动的措施。角码的调节范围，应符合使用要求。

(4) 玻璃幕墙连接件与预埋件之间的位置偏差，当采用钢板或型钢焊接调整时，构造形式和焊缝应符合使用要求。

(5) 玻璃幕墙的预埋件、连接件表面的防腐层，应当非常完整，不得有破损现象。

### （二）锚栓的锚固连接节点

(1) 锚栓锚固连接节点检验的指标　锚栓锚固连接节点检验的指标，应符合以下规定。

① 使用锚栓进行锚固连接时，锚栓的类型、规格、数量、布置位置和锚固深度，必须符合设计要求和有关标准的规定。

② 锚栓的埋设必须符合设计和施工规范的要求，应当牢固、可靠，不得露出管套。

(2) 锚栓锚固连接节点检验的方法　当进行锚栓连接检验时，应采用下列方法。

① 用精度不大于全量程 2% 的锚栓拉拔仪、分辨率为 0.01mm 的位移计和记录仪，详细检验和记录锚栓的锚固性能。

② 观察、检查锚栓埋设的外观质量，并用分辨率为 0.05mm 的深度尺测量锚固深度。

### （三）玻璃幕墙顶部的连接

玻璃幕墙顶部的处理直接影响到幕墙的雨水渗漏。由于幕墙受到外力环境的影响，其缝隙会发生较大变化。对于朝上及侧向的空隙或缝隙，如果采用硬性材料进行填充，受力后容易产生细缝而造成雨水渗漏。在检验幕墙顶部的连接时，应在幕墙顶部和女儿墙压顶部位手动及观察检查，必要时也可进行淋水试验。

对于玻璃幕墙顶部的处理，必须要保证不渗漏，其检验指标应符合以下规定。

(1) 女儿墙压顶的坡度要正确，罩板安装要牢固，不松动，无空隙，不渗漏。女儿墙内侧罩板深度不应小于 150mm，罩板与女儿墙之间的缝隙应使用密封胶进行密封。

(2) 缝隙间的密封胶注胶应严密平顺，粘接应牢固，无渗漏现象，不得污染相邻部位的表面。

### （四）玻璃幕墙底部的连接

玻璃幕墙作为一种悬挂式围护结构，其底部节点的连接处理非常重要，在实际施工中也是最容易被疏忽的部位。如立柱底部节点与不同材料之间的处理、底部伸缩缝的设置等，都会直接影响幕墙的安全和使用功能。

玻璃幕墙底部连接处的检验，应在幕墙底部采用分度值为 1mm 的钢直尺进行测量和观察检查。玻璃幕墙底部连接的检验指标，应符合以下规定。

(1) 玻璃幕墙采用的镀锌钢材连接件，不得与铝合金立柱直接接触。

(2) 立柱、底部横梁、幕墙板块与主体结构之间，应有伸缩空隙。空隙宽度不应小于 15mm，并用弹性密封材料进行嵌填，不得用水泥砂浆或其他硬质材料嵌填。

(3) 玻璃幕墙底部连接处缝隙注入的密封胶，应当平顺严密、粘接牢固。

### （五）玻璃幕墙立柱的连接

对于玻璃幕墙立柱连接的检验，应在其连接处进行观察、检查，并应采用分辨率为 0.05mm 的游标卡尺和分度值为 1mm 的钢直尺进行测量。玻璃幕墙立柱的检验指标，应符合下列规定。

（1）玻璃幕墙所用立柱芯管材料的材质、规格和尺寸等，均应符合设计要求。

（2）玻璃幕墙工程中的立柱芯管插入上、下立柱的长度，均不得小于200mm。

（3）上、下两立柱之间的空隙，不应小于10mm。

（4）立柱的上端应与主体结构固定连接，下端应为可上、下活动的连接。

### （六）玻璃幕墙梁与柱连接节点

玻璃幕墙梁与柱连接节点的检验，应在梁与柱节点处进行观察检查和手动检查，并应采用分度值为1mm的钢直尺和分辨率为0.02mm的塞尺测量，其检验指标应符合下列规定。

（1）玻璃幕墙梁与柱连接件和螺栓的规格、品种、数量，均应符合设计要求。螺栓应有防止松脱的措施。同一连接处的连接螺栓不应少于2个，且不应采用自攻螺钉。

（2）玻璃幕墙梁与柱的连接应当牢固，不得松动，两端连接处应设弹性橡胶垫片或用密封胶密封。

（3）玻璃幕墙梁与柱和铝合金接触的螺钉及金属配件，应采用不锈钢或铝合金制品。

### （七）变形缝连接节点

变形缝节点连接的检验，应采取在变形缝处观察的检查方法，并采用淋水试验检查其渗漏情况，其检验指标应符合下列规定。

（1）变形缝的构造和施工处理，应符合设计要求。

（2）玻璃幕墙的罩面应平整、宽窄一致，无凹陷和变形现象。

（3）变形缝罩面与两侧幕墙结合处应严密，不得有渗漏。

### （八）玻璃幕墙内排水构造

玻璃幕墙内排水构造的检验，应在设置内排水的部位进行观察检查，其检验指标应符合下列规定。

（1）玻璃幕墙内排水的排水孔、排水槽应畅通，接缝应严密，设置应符合设计要求，不得出现堵塞现象。

（2）玻璃幕墙排水构造中的排水管及附件，应与水平构件预留孔连接严密，与内衬板出水孔连接处应设置橡胶密封圈。

### （九）玻璃幕墙玻璃与吊夹具的连接

对于玻璃幕墙的玻璃与吊夹具连接的检验，应在玻璃的吊夹具处进行观察检查，并应对夹具进行力学性能检验，其检验指标应符合下列规定。

（1）玻璃幕墙所用的吊夹具和衬垫材料的规格、色泽及外观，应符合设计要求和现行标准的规定。

（2）玻璃幕墙所用的吊夹具应安装牢固、位置正确。

（3）玻璃幕墙所用的夹具，不得与玻璃直接接触。

（4）玻璃幕墙所用的夹具衬垫材料，与玻璃应平整结合、紧密牢固。

### （十）拉杆（索）结构的节点

幕墙拉杆（索）结构的检验，应在幕墙拉（索）杆部位进行观察检查；也可采用应力测定仪对拉（索）杆的应力进行测试，其检验指标应符合下列规定。

（1）玻璃幕墙所用的所有拉（索）杆受力状态，应符合设计要求。

（2）玻璃幕墙所用的拉（索）杆焊接节点焊缝，应当饱满、平整光滑。

（3）玻璃幕墙所用的拉（索）杆节点应牢固，不得松动；紧固件应有防止松动的措施。

## （十一）点支承装置

幕墙点支承装置的检验，应在幕墙点支承装置处进行观察检查，其检验指标应符合下列规定。

（1）玻璃幕墙中的点支承装置和衬垫材料的规格、色泽及外观，应符合设计要求和现行标准的规定。

（2）玻璃幕墙中的点支承装置不得与玻璃直接接触，衬垫材料的面积不应小于点支承装置与玻璃的结合面。

（3）玻璃幕墙中的点支承装置应安装牢固，配合应当严密。

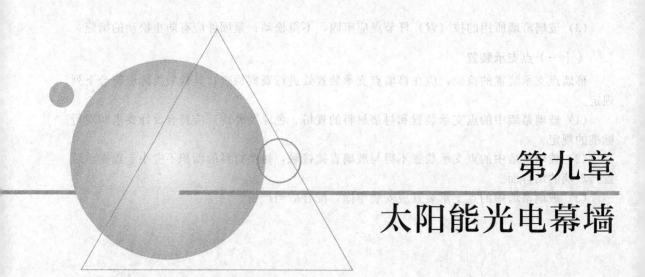

# 第九章
# 太阳能光电幕墙

人类近代社会大规模开发利用的煤炭、石油、天然气等化石能源，其能量来源实际上也是源自太阳能的转化，但它们是地球在远古时期的演化过程中形成和储存下来的，对于人类来说一旦用完就无法恢复和再生。因此，其属于不可再生的能源资源。随着世界石油能源危机的出现，人们开始认识到可再生能源的重要性。

## 第一节　可再生能源与太阳能

自然界中的能源分为不可再生能源和可再生能源。不可再生能源一般是指煤炭、石油、天然气等化石能源；可再生能源一般是指自然界中可以不断利用、循环再生的一种能源，例如太阳能、风能、水能、生物质能、海洋能、潮汐能、地热能等。

### 一、太阳能及其开发利用

据有关专家推算，太阳每秒钟释放出的能量，相当于燃烧 1.28 亿吨标准煤所放出的能量，每秒钟射到地球表面的能量约为 17 万亿千瓦，相当于目前全世界一年能源总消耗量的 3.5 万倍。我国可利用的太阳能每年理论总量约为 17000 亿吨标准煤，太阳能资源是非常丰富的。实践已充分证明，太阳能资源的数量、分布的普遍性、清洁性和技术的可靠性，都优于风能、水能、生物质能等其他可再生能源。因而太阳能光伏发电是各国竞相发展的重点。

国际上普遍认为，在长期的能源战略中，太阳能光伏发电在许多可再生能源中具有更重要的地位。发达国家纷纷以巨大资金投入太阳能光伏发电研究，期望以此作为从永续、安全、洁净等诸方面解决能源问题的战略突破口。德国等国家已停止核电的发展，期望以太阳能光伏发电整体替代核电。光伏发电已成为各国实施发展可再生能源的重要选择。

中国地处北半球，幅员辽阔，大部分地区位于北纬 45°以南，有着十分丰富的太阳能资源。与纬度相当的日本、美国的太阳能资源相比较，可以对我国的太阳能资源做出如下评价：除四川盆地和与其毗邻的地区外，我国绝大多数地区的太阳能资源相当丰富；与美国类似，比日本优越，特别是青藏高原中南部的太阳能资源尤为丰富，接近世界上最著名的撒哈拉大沙漠，我国具有得天独厚的开发利用太阳能的优越资源条件。

## 二、我国光电建筑的发展及预测

在我国经济高速平稳发展环境下，优化能源结构、保护环境，减少温室气体排放、利用洁净能源是当务之急，大力发展光电建筑是利用太阳能的更好途径。

### （一）中国中长期能源发展战略是"开源节能"

所谓"开源节能"是指一方面节约能源，提高能源的利用率；另一方面开发、利用可再生能源。这是确保我国中长期能源供需平衡的出路和条件。中国人口的基数大，无论是从国内资源还是世界资源的可获得量考虑，21世纪中国解决能源问题的出路，除了创造比目前发达国家更高的能源效率之外，只有通过开发比目前发达国家更广泛的可再生能源，以加快可再生能源的替代速度。

中国能源可持续发展可再生能源的替代速度展望见表9-1。

**表9-1　中国能源可持续发展可再生能源的替代速度展望**

| 年份 | 2030 | 2040 | 2050 | 2080 |
|------|------|------|------|------|
| 可再生能源的替代速度 | ＞30％ | ＞40％ | ＞50％ | ＞80％ |

近些年的实践证明，中国要达到表9-1中的可再生能源替代速度，只有创建比目前发达国家更大的光伏发电系统，才可能在有限的资源保证下，实现经济高速增长和达到中等发达国家人均水平。因此，在国家能源发展战略上要充分把新型和再生能源的开发利用作为基本出发点。

我国《可再生能源发展"十三五"规划》中指出：按照"技术进步、成本降低、扩大市场、完善体系"的原则，促进光伏发电规模化应用及成本降低，推动太阳能热发电产业化发展，继续推进太阳能热利用在城乡应用。

在2050年中国可再生能源占总能源50％的情况下，其中，光伏并网发电将占80％，将主要由光伏建筑来完成。光电幕墙和光电屋顶将是重要的组成部分。预计2050年中国光伏发电市场份额见图9-1。

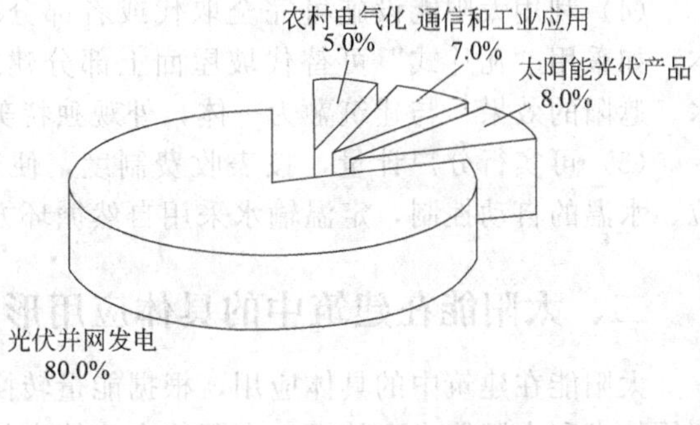

农村电气化　通信和工业应用
5.0%　　　　7.0%
太阳能光伏产品
8.0%

光伏并网发电
80.0%

图9-1　预计2050年中国光伏发电市场份额

### （二）未来我国光伏发电发展十分迅速

据统计，我国现有大约400亿平方米的建筑面积，屋顶面积约达40亿平方米，加上南立面大约40亿平方米的可利用面积，总计约80亿平方米。如果这些建筑中有10％（8亿平方米）安装太阳能电池，今后十几年还将新建300亿平方米的建筑面积，加上南立面大约有30亿平方米的可利用面积。如果这些建筑中有9亿平方米安装太阳能电池，总共将有17亿平方米光电安装面积，以非晶硅太阳能电池板的光电转换效率6％和全国平均每平方米太阳能一年的总辐射能估算，考虑光电电池长期运行性能、灰尘引起光电板透明度的性能变化、光电电池升温导致的功率下降以及导电损耗、逆变器效率、光电模板朝向、日照时间等修正系数，以每平方米光电建筑按 20W 估算，预计 2022 年光电建筑发电装机量约可达 34GW。由此可见，未来我国光伏发电发展将十分迅速。

# 第二节　光伏发电的主要形式

长期以来，我国一直致力于太阳能在建筑技术上的广泛应用，太阳能与建筑相结合具有低能耗、高舒适度、安全环保的特点，可以为人类提供更健康、更舒适的居住环境，对保护生态环境、实现经济可持续发展具有重大意义。

## 一、太阳能应用于建筑的优势和特点

太阳能建筑是未来建筑的发展方向，是节约能源的有效途径。太阳能应用于建筑具有以下几方面的优势和特点。

（1）我国是一个能源消耗大国，建筑是传统的高能耗领域。据统计，国内建筑能耗约占全社会总能耗的 1/3，采暖、热水、空调能耗占建筑总能耗的 65% 左右，而综合利用太阳能，全面实现太阳能与建筑一体化及太阳能光热、光电综合利用一体化，可有效地降低建筑物能耗，减少常规能源的使用量。

（2）太阳能的利用纳入建筑的总体规划与设计中，把建筑、技术和美学融为一体，外观独特。太阳能设施与建筑有机结合，成为建筑的一部分，取代了传统太阳能结构所造成的对建筑物外观形象的影响，不但增强了建筑物的美感，而且降低了能耗，保护了生态环境，提高了人们的生活品质。

（3）太阳能热水器完全纳入建筑物体系，成为建筑体系不可分割的一部分。太阳能热水器是一种绿色环保的产品，太阳能热水器不但具有明显的节能效果，而且使用安全、寿命长，具有良好的技术性和经济性。

（4）利用太阳能设施可完全取代或者部分取代建筑物的屋面覆盖层，可降低建筑的成本。如采用"瓦片式"可替代坡屋面上部分建筑瓦片，这样既减少建筑成本，又可达到防水、遮阳的效果，与建筑融为一体，外观独特美观。

（5）可实行分户计量，按表收费制度，便于企业管理。集中供水可进行上下水量、水位、水温的自动控制，定温输水采用自然循环方式，使用方便。

## 二、太阳能在建筑中的具体应用形式

太阳能在建筑中的具体应用，根据能量转换形式可分为三种：太阳光利用技术、太阳热利用技术和太阳能光电技术。太阳能在建筑中的应用如图 9-2 所示。

太阳能光的利用技术无需进行能量转换，直接用阳光作为照明的光源。与传统利用太阳光照明不同的是，现代太阳光利用技术是利用光纤将阳光导入室内，与电照明结合为室内提供稳定的光源。

太阳能热利用技术是通过转换装置把太阳辐射能转换成热能利用，形式有太阳能热水器、太阳能集热房屋等。相对来说，太阳能热利用技术对太阳能的利用是较为初级的，局限性较强，热利用率也较低。但初始投资成本低，容易大面积推广。此外，将太阳能转化为热能后，还可进一步转化为电能，称为太阳能聚热发电，也属于这一技术领域。

太阳能聚热发电适合在高太阳辐射的沙漠地带集中发电，也是一种有希望大规模供电的太阳能发电方式。太阳能光发电技术是通过转换装置将太阳辐射能直接转换成电能利用，转换装

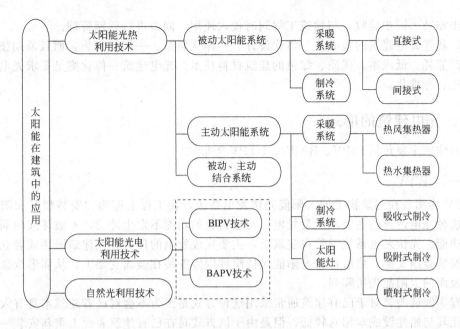

图 9-2  太阳能在建筑中的应用

置通常是利用半导体器件的光伏效应原理进行光电转换的,因此又称为太阳能光伏技术。光电建筑是太阳能光电技术最主要的形式,光电建筑是利用太阳能可再生能源的建筑,即通过建筑物,主要是屋顶(简称光电屋顶)和墙面(简称光电幕墙)与光伏发电集成,使建筑物自身利用绿色、环保的太阳能资源以生产电力。光电幕墙是将传统幕墙与光伏效应相结合的一种新型建筑幕墙,是利用太阳能发电的一种新能源技术,也是光伏发电的主要形式。

### 三、光电建筑的定义

光电建筑(building photo voltie,BPV)是光伏系统与建筑物的结合或集成,是一种能够产生电能的建筑,主要包括 BIPV、BAPV、BTPV 及其他形式。

光电建筑是"太阳能光伏建筑一体化"概念的扩大和延伸。"太阳能光伏建筑一体化"的概念,最早是世界能源组织于 1986 年提出的。我国翻译过来被称为"BIPV",其通常的意义为集成到建筑物上的太阳能光伏发电系统。目前在我国,对于"BIPV"具有广义和狭义两种理解。广义的理解,安装在所有建筑物上的太阳能光伏发电系统均称为"BIPV"。狭义的理解,与建筑物同时设计、同时施工、同时安装并与建筑物完美结合的太阳能光伏发电系统才能称为"BIPV"。在通常情况下,两者常被混淆。为了区别这两种光伏与建筑物结合的方式,在一些书籍或报告中,将广义的方式称为 BAPV,而将狭义的方式称为 BIPV。在建筑系统中,将BAPV 称为"安装型"光电建筑,将 BIPV 称为"构建型"和"建材型"光电建筑。

光电建筑目前已设计和建设了平屋顶光伏建筑、斜屋顶光伏建筑、光伏遮阳板、光伏天棚、光伏幕墙、公共交通车站光伏屋顶、加油站光伏屋顶、高速公路光伏音障等众多应用项目。在进行光电建筑设计中应注意以下事项。

(1)光电建筑(简称 BPV)技术即将太阳能发电(光伏)产品集成或结合到建筑上的技术。光电建筑不但具有外围护结构的功能,同时又能产生电能供建筑使用。

(2)光电建筑不等于太阳能光伏+建筑。所谓光电建筑并不是两者简单的"相加",而应根据节能、环保、安全、美观和经济实用的总体要求,将太阳能光伏发电作为建筑的一种体系融入建筑领域。对于新建的光电建筑要纳入建筑工程基本建设程序,同步设计、同步施工、同步安装、同步验收，与建筑工程同时投入使用，同步进行后期管理。

（3）新建光电建筑的核心是一体化设计、一体化制造、一体化安装，而且辅助技术则是包括了低能耗、低成本、优质、绿色的建筑材料技术。光电建筑一体化则是要求光电建筑实现规范化、标准化。

## 四、光电建筑的形式

光电建筑主要包括 BIPV、BAPV、BTPV 等形式。

### （一）BIPV

BIPV 为附着在建筑物上的太阳能光伏发电系统，在工程上称为"安装型"太阳能光伏建筑。这种光电建筑的主要功能是发电，与建筑物的功能不发生冲突，不破坏或削弱原有建筑物的功能。光伏发电系统安装在建筑上，主要完成发电的任务，在建筑屋顶或者立面墙表面固定安装金属支架，然后再将太阳能光伏组件固定安装在金属支架上，从而形成覆盖在已有建筑表面的太阳能光伏阵列。

工程实践证明，对于已有建筑通常采用这种方式是因为不会对已有建筑本身有太大的改动，因此其初始建设成本相对较低，但是由于该方式是在已有建筑表面上重新安装一整套金属支架，太阳能光伏组件固定在金属支架上，这样就使得太阳能光伏组件以及光伏阵列部分的固定安装连接件，都凸出在建筑本身的屋顶或墙体之外，原有建筑的整体美观性会受到一定影响。同时在安装金属支架时，有可能对原有建筑屋顶或外墙造成一定的破坏，比如损坏建筑屋顶的防水层等，所以在太阳能光伏发电系统的建筑安装时一定要考虑周全。

### （二）BAPV

BAPV 是与建筑物同时设计、同时施工和同时安装，并与建筑物形成完美结合的太阳能光伏发电系统，在工程上也称为"构建型"和"建材型"太阳能光伏建筑。这种形式作为建筑物外部结构的一部分，与建筑物同时设计、同时施工和同时安装，既具有发电功能，又具有建筑构件和建筑材料的功能，甚至还可以提升建筑物的美感，与建筑物形成完美的统一体。如果建筑还处于在建阶段或者还处于设计阶段，就应考虑到该建筑要利用太阳能光伏发电，要将太阳能光伏发电系统结合到建筑中去，在这种情况下就可以考虑将太阳电池组件和一般的建筑材料（例如金属板等）组合在一起作为建筑的表面材料；或者将太阳电池组件本身作为屋顶材料或者幕墙材料覆盖在建筑的表面，在这种方式中太阳能光伏组件真正成为建筑的一部分。

由于是在建筑在建阶段或设计阶段就考虑到太阳能光伏的应用，能够对建筑设计和光伏发电系统设计进行最佳整合，从而可以得到最佳的建筑与光伏发电系统结合的效果，既保持了建筑的美观，又能够最大限度地发挥太阳能系统的发电效能。

### （三）BTPV

BTPV 即光电光热建筑。光电建筑在实际运行中，如果直接将光伏电池铺设在建筑的表面，将会使光伏电池在吸收太阳能的同时，工作温度迅速上升，导致发电效率明显下降。理论研究表明：在标准条件下，单晶硅太阳能电池的最大理论转换效率可达到 30％。在光强一定的条件下，硅电池自身温度升高时，转换效率为 12％～17％。照射到电池表面上的太阳能 83％以上未能转换为有用能量，相当一部分能量转化为热能，从而使太阳能电池温度升高。若能将使电池温度升高的热量加以回收利用，使光电电池的温度维持在一个较低水平，既不降低光电电池的转换效率，又能得到额外的热收益，于是太阳能光伏光热一体化系统（PVT 系统）应运而生。

在建筑的外围护结构外表面设置光伏热组件或以光伏光热构件取代外围护结构，在提供电力的同时又能提供热水或实现室内采暖等功能，解决了光伏模块的冷却问题，改善了建筑外围护结构得热，甚至可以使建筑物室内空调负荷的减少达到50％以上，这种系统就是光电光热综合利用系统，简称PVT系统。PVT与建筑相结合就是光电光热双层幕墙及光电光热双层屋顶，简称BPVT。与BAPV和BIPV相比，BTPV（光电光热建筑）则是一种应用太阳能同时发电供热的更新概念。该系统在建筑围护结构外表面设置光伏光热组件或以光伏光热构件取代外围护结构，在提供电力的同时又能提供热水或实现室内采暖等功能，从而增加了光电建筑的多功能性。

# 第三节　光电建筑系统分类及选择

光电建筑是自身能发电的建筑，是光伏材料以建材的形式，按照建筑规范要求建造的建筑。它是光伏与建筑这两个各自独立行业的融合。我们由光电建筑的定义可以看出，使用在光电建筑上的光伏材料是以建材的方式得以体现的，光伏材料不仅承担发电功能，还起到建筑功能。例如光电幕墙，除了发电功能外，它还有幕墙功能。

## 一、光电建筑系统分类

光电建筑系统分类方法很多，主要可按以下方法进行分类。

（1）按是否接入公共电网分类　按是否接入公共电网，光电建筑的光伏系统主要有三类：独立发电系统、并网发电系统和混合发电系统。独立发电系统完全脱离电网，独立为终端供电。因为太阳能供电强度不稳定且有时间性，因此需要蓄电池作为储存媒介，以长时间提供比较稳定电流。并网发电系统与公共电网相连，可以向电网输电。并网发电系统是一种将集中电站分散到节点上的一种方式，可再分为光电建筑光伏系统和光伏电站。光电建筑是将光伏系统安装在居民和公共建筑顶上，既可以供建筑本身用电，也可以将多余的电力回售电网。光伏系统是目前太阳能电池应用最广泛的一种形式。

（2）按是否具有储能装置分类　按是否具有储能装置可分为：有逆送电功能太阳光电系统——带有储能装置系统；无逆送电功能太阳光电系统——不带储能装置系统。

（3）按负荷形式不同分类　按负荷形式不同可分为：直流系统、交流系统、交直流混合系统。只有直流负荷的光伏系统称为直流系统。在直流系统中，由太阳能电池产生的电能直接提供给负荷或经充电控制器给蓄电池充电。交流系统是指负荷均为交流设备的光伏系统。在此系统中，由太阳能电池产生的直流电需经功率调节器进行直/交流转换再提供给负荷。对于并网光伏系统功率调节器尚需具备并网保护功能。负荷中既有交流供电设备，又有直流供电设备的光伏系统称为交直流混合系统。

（4）按系统装机容量的大小分类　按系统装机容量的大小可分为以下三类：小型光伏系统，装机容量≤20kW；中型光伏系统，20kW＜装机容量≤100kW；大型光伏系统，装机容量＞100kW。

（5）按是否允许通过上级变压器向主电网馈电分类　按是否允许通过上级变压器向主电网馈电可分为：逆流光伏系统；非逆流光伏系统。

（6）按其太阳电池组件的封装形式分类　按其太阳电池组件的封装形式可分为：建筑材料型光伏系统；建筑构件型光伏系统；结合安装型光伏系统。

## 二、光电光伏系统选择

（1）并网光伏系统主要应用于当地已存在公共电网的区域，并网光伏系统为用户提供电能，不足部分由公共电网作为补充；独立光伏系统一般主要应用于远离公共电网覆盖的区域，如山区、岛屿等边远地区。独立光伏系统容量必须满足用户最大电力负荷的需求。

（2）光伏系统所提供电能受外界环境变化的影响比较大，如阴雨天气或夜间都会使系统所提供电能大幅降低，不能满足用户的电力需求。因此，对于无公共电网作为补充的独立光伏系统用户，要满足稳定的电能供应就必须设置储能的装置。储能装置一般采用蓄电池，在阳光充足的时间产生的剩余电能储存在蓄电池内，在阴雨天或夜间则由蓄电池放电提供所需电能。对于供电连续性要求较高的用户的独立光伏系统，也应设置储能装置；对于无供电连续性要求的用户可以不设置储能装置。

并网光伏系统是否设计成为蓄电型系统，可根据用电负荷性质和用户要求进行设置，如光伏系统负荷仅为一般负荷，且又有当地公共电网作为补充，在这种情况下可不设置储能装置；若光伏系统负荷为消防等重要设备，就应该根据重要负荷的容量设置储能装置；同时，在储能装置放电为重要设备供电时，需首先切断光伏系统的非重要负荷。

（3）在公共电网区域内的光伏系统一般采用并网系统，原因是光伏系统输出功率受制于天气等外界环境变化的影响。为了使用户得到可靠的电能供应，有必要将光伏系统与当地公共电网并网。当光伏系统输出功率不能满足用户需求时，超出部分的电能则向公共电网逆向流入，此种并网光伏系统称为逆流系统。非逆流并网光伏系统中，用户本身电能需求远大于光伏系统本身所产生的电能。在正常情况下，光伏系统产生的电能不可能向公共电网送入。逆流或非逆流并网光伏系统均须采取并网保护措施，各种光伏系统在并网前均需与当地电力公司协商，取得一致后方能并入。

（4）集中并网光伏系统的特点是系统所产生的电能被直接输送到当地公共电网，由公共电网向区域内的电力用户供电。这种光伏系统一般需要建设大型光伏电站，规模和投资均比较大，建设周期也较长。由于上述条件的限制，目前集中并网光伏系统的发展受到一定的限制。分散并网光伏系统由于具有规模较小、占地面积少、建设周期短、投资相对少等特点而发展迅速。

目前，国内公共电网工频电压为 220V（380V），为此在我国低压并网系统一般是指光伏系统并入公共电网的电压等级为 220V（380V）。高于这一并网电压的并网系统称为高压并网系统。分散型的小规模光伏系统一般采用低压并网系统，大规模集中并网光伏系统则可采用高压并网方式。

# 第四节　光伏系统的设计

太阳能是最普遍的自然资源，也是取之不尽的可再生能源。太阳能光伏发电技术作为太阳能利用的一个重要部分，被认为是 21 世纪更具发展潜力的一种发电方式。在工程实践中如何搞好光伏系统的设计是太阳能光电建筑设计的核心。

## 一、光伏系统设计的一般规定

（1）光电建筑光伏系统设计应有专项设计或作为建筑电气工程设计的一部分进行设计。广大工程技术人员，尤其是建筑工程设计人员，只有掌握了光伏系统的设计、安装、验收和运行维护等方面的工程技术要求，才能促进光伏系统在建筑工程中的应用，并达到光伏系统与建筑工程密切结合，以确保工程设计质量。

（2）新建建筑安装光伏系统时，光伏系统的设计应纳入建筑工程设计；如有可能，一般建筑工程设计应为将来安装光伏系统预留条件。在既有建筑工程上改造或安装光伏系统，容易影响房屋结构的安全和电气系统的安全，同时可能会造成对房屋其他使用功能的破坏。因此，要求按照建筑工程的审批程序进行专项工程的设计、施工和验收。

（3）光电建筑应用技术涉及规划、建筑、结构、材料、电气等专业，设计时执行的规范主要有：《民用建筑太阳能光伏系统应用技术规范》（JGJ 203—2010）、《民用建筑设计统一标准》（GB 50352—2019）、《住宅建筑规范》（GB 50368—2005）、《通用用电设备配电设计规范》（GB 50055—2011）、《供配电系统设计规范》（GB 50052—2009）、《低压电气装置 第5-52部分：电气设备的选择和安装 布线系统》（GB 16895.6—2014）和《民用建筑电气设计规范》（JGJ/T 16—2008）等。

（4）光电建筑光伏系统应由专业人员进行设计，并应贯穿于工程建设的全过程，以提高光伏系统的投资效益。光伏系统设计应符合国家现行民用建筑电气设计规范的要求。光伏组件形式的选择以及安装数量、安装位置的确定等，需要与建筑师配合进行设计；在设备承载和安装固定以及电气、通风、排水等方面，需要与设备专业进行配合，使光伏系统与建筑物本身和谐统一，实现光伏系统与建筑工程的良好结合。

（5）光伏组件或方阵的选型和设计应与建筑工程结合，在综合考虑发电效率、发电量、电气和结构安全、适用美观的前提下，优先选用光伏构件，并与建筑幕墙及屋面分格相协调，满足安装、清洁、维护和局部更换的要求。

（6）光伏系统输配电和控制用缆线，应当与其他管线统筹安排，应安全、隐蔽、集中布置，满足安装维护的要求。光伏组件或方阵连接电缆及其输出总电缆，应符合现行国家标准《光伏（PV）组件安全鉴定 第1部分：结构要求》（GB/T 20047.1—2006）的相关规定。

（7）在人员有可能接触或接近光伏系统的位置，应设置防触电警示标识。人员有可能接触或接近的、高于直流50V或240W的系统属于应用等级A，适用于应用等级A的设备应采用满足安全等级II要求的设备，即II类设备。当光伏系统从交流侧断开后，直流侧的设备仍有可能带电。因此，光伏系统直流侧应设置必要的触电警示和采取防止触电的安全措施。

（8）并网光伏系统应具有相应的并网保护功能，并且应安装必要的计量装置。对于并网光伏系统，只有具备并网保护功能，才能保障电网和光伏系统的正常运行，确保上述的一方如发生异常情况不至于影响另一方的正常运行；同时，并网保护也是电力检修人员人身安全的基本要求。另外，安装计量装置还便于用户对光伏系统的运行效果进行统计和评估。此外，应考虑随着国家相关政策的出台，国家对光伏系统用户进行补偿的可能。

（9）光伏系统应当满足国家关于电压偏差、闪变、频率偏差、相位、谐波、三相平衡度和功率因数等电能质量指标的要求。

（10）光伏建筑幕墙（屋顶）结构的立柱和横梁要采用断热铝型材。除了要满足现行标准《玻璃幕墙工程技术规范》（JGJ 102—2003）和《建筑幕墙》（GB/T 21086—2007）中的要求外，硅基光电玻璃的刚度一般不得小于 $L/250$，支承梁不得小于 $L/1800$（$L$ 为跨度）。要能够便于更换，宜采用小单元结构。

（11）太阳能光伏夹层玻璃和建筑用太阳能光伏中空玻璃用于建筑幕墙时，要按照现行标准《建筑玻璃均布静载模拟风压试验方法》（JC/T 677—1997）、《建筑幕墙气密、水密、抗风压性能检测方法》（GB/T 15227—2019）进行检测。要求在安全检测以后，光电性能未受影响。

（12）中间胶的材料和厚度与不同结构类型的光伏夹层玻璃和光伏中空玻璃有关。类型不同，中间胶层厚度及粘接界面不同。在正风压作用下，光伏夹层玻璃内外两片玻璃都承受风荷载。在负风压作用下，光伏夹层玻璃的内外两片玻璃部分粘接，若结合面粘接强度合格，光伏夹层玻璃整体强度仍不易保证。若结合面粘接强度不合格，在负风压作用下，仅外边的一片玻璃承受风荷载，外片玻璃将会产生分离而破碎。对光伏夹层玻璃宜进行结合面粘接强度设计验算，必要时也可进行结合面粘接强度试验。

## 二、光伏系统设计的具体要求

（1）应根据建筑物使用功能、电网条件、负荷性质和系统运行方式等因素，选择适宜的光伏系统类型及其电压等级和相数。光伏系统设计选用见表9-2。

**表9-2　光伏系统设计选用**

| 系统类型 | 电流类型 | 是否逆流 | 有无储能装置 | 适用范围 |
|---|---|---|---|---|
| 并网光伏系统 | 交流系统 | 是 | 有 | 发电量大于用电量,且当地电力供应不可靠 |
| | | | 无 | 发电量大于用电量,且当地电力供应比较可靠 |
| | | 否 | 有 | 发电量大于用电量,且当地电力供应不可靠 |
| | | | 无 | 发电量大于用电量,且当地电力供应比较可靠 |
| 独立光伏系统 | 直流系统 | 否 | 有 | 偏远无电地区,电力负荷为直流设备,且供电连续性要求较高 |
| | | | 无 | 偏远无电地区,电力负荷为直流设备,供电无连续性要求 |
| | 交流系统 | | 有 | 偏远无电地区,电力负荷为交流设备,且供电连续性要求较高 |
| | | | 无 | 偏远无电地区,电力负荷为交流设备,且供电无连续性要求 |

（2）光电建筑光伏系统各部件的技术性能，主要包括电气性能、耐久性能、安全性能、可靠性能等几个方面。

（3）光电建筑并网光伏系统由光伏方阵、光伏接线箱、并网逆变器、蓄电池及其充电控制装置（限于带有储能装置系统）、电能表和显示电能相关参数的仪表组成；并网光伏系统的线路设计一般包括直流线路设计和交流线路设计。

（4）光伏方阵的选择应遵循以下原则。

① 根据建筑设计及其电力负荷，确定光伏组件的类型、规格、数量、安装位置、安装方法和可安装场地面积。

② 根据光伏组件的规格和安装面积，确定光伏系统最大装机容量。

③ 根据并网逆变器的额定直流电压、最大功率跟踪控制范围、光伏组件的最大输出工作电压及其温度系数，确定光伏组件的串联数（称为光伏组件串）。

④根据总装机容量及光伏组件串的容量，确定光伏组件串的并联数。

（5）光伏系统防雷和保护应符合以下要求。

① 光伏组件应采取严格措施防直击雷和雷击电磁脉冲，防止建筑光伏系统和电气系统遭到破坏。光伏系统除应遵守现行标准《建筑物防雷设计规范》（GB 50057—2010）的相关规定外，还应根据《光伏（PV）发电系统过电保护-导则》（SJ/T 11127）的相关规定，采取专项过电压保护措施。

② 支架、紧固件等不带电金属材料，应采取等电位连接措施和防雷措施。安装在建筑屋面的光伏组件，采用金属固定构件时，每排（列）金属构件均应可靠连接，且与建筑物屋顶避雷装置有不少于两点的可靠连接；采用非金属固定构件时，不在屋顶避雷装置保护范围之内的光伏组件，应单独加装避雷装置。

若组件的外围为金属，可用作连接器。直击和感应雷都需要防范避雷针、避雷带。光伏系统防雷主要包括组件的设备外壳防雷、直流侧防雷、交流侧防雷、通信系统防雷、变电所的防雷、全场共地等电位联结。

## 三、光伏系统的接入

接入系统设计为并网型光伏电站时，应符合国家电网关于"光伏电站接入电网技术规定"中的要求。逆流光伏系统应先征得当地供电机构的同意后方可实施。

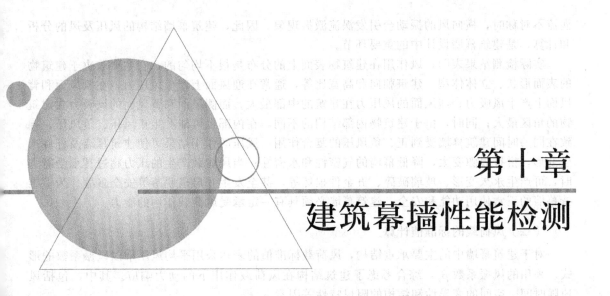

# 第十章
# 建筑幕墙性能检测

建筑幕墙是建筑物的外围结构，是体现建筑师设计观念的重要手段。建筑幕墙的性能如何，直接影响到建筑物的美观、安全、节能、环保等诸多方面。建筑幕墙的性能主要分为两大类：一类是建筑幕墙的力学性能，涉及建筑幕墙使用的安全与可靠性，与其抗风压、抗震紧密联系，主要包括建筑幕墙抗风压性能、平面内变形性能和耐撞击性能、防弹防爆性能等；另一类是建筑幕墙的物理性能，涉及建筑幕墙及整个建筑物的正常使用与节能环保，与建筑物理相联系，具体包括建筑幕墙水密性能、气密性能、热工性能、隔声性能和光学性能等。

谈到建筑幕墙性能时，应必须了解建筑幕墙性能检测，它是将建筑幕墙性能进行测定并量化的过程，从而科学准确地对建筑幕墙的性能作出评价。本章仅对建筑幕墙抗风压性能、水密性能、气密性能、热工性能、隔声性能和光学性能进行介绍。

## 第一节　建筑幕墙抗风压性能检测

### 一、建筑幕墙上的风荷载

#### （一）风对建筑幕墙的作用

建筑幕墙工程设计实践证明，风荷载是建筑结构的重要设计荷载，更是建筑玻璃幕墙体系的主要侧向荷载之一。在通常情况下，建筑幕墙作为建筑外围护结构时，一般不承担建筑物的重力荷载。当风以一定的速度向前运动遇到建筑幕墙阻碍时，建筑幕墙结构就会承受风压。在顺风向，风压常分成平均风压和脉动风压，平均风压使幕墙体系受到一个比较稳定的风压力，而脉动风压则会使幕墙体系产生风致振动。因此，风对于建筑幕墙的作用具有静力、动力双重性。风的静力作用大多是顺风向的，但是动力作用却不一定。建筑幕墙在风的作用下不仅会产生顺风向的振动，而且往往还伴随着横向风振动和扭转振动。此外，当风的涡流不对称时，横向风的振动会引发涡流激振现象。因此，建筑幕墙结构的风压及风的分析和计算，是建筑幕墙设计中的重要环节。

实际检测结果表明，风作用在建筑物表面上的分布是很不均匀的，它主要取决于建筑物的表面形状、立体体型、建筑朝向和高宽比等，通常在迎风面上产生风压力，在侧风面和背风面上产生风吸力。迎风面的风压力在建筑的中部最大，而侧风面和背风面的风吸力在建筑物的角区最大；同时，由于建筑物内部结构的不同，在内部也可能产生正风压、负风压，导致在同一时间建筑幕墙受到正、负风压的复合作用。风压的作用结果可使建筑幕墙及杆件产生变形，拼接缝隙变大，降低幕墙的气密性和水密性；当风荷载产生的压力超过其承受能力时，可产生永久变形、玻璃破碎、五金件损坏等，甚至发生开启扇脱落等安全事故。为了维持幕墙的正常使用功能和安全，建筑幕墙必须具有一定承受风荷载作用的能力。

### （二）风荷载的标准值计算

对于建筑幕墙中的主要承重结构，风荷载标准值的表达采用平均风压乘以风振系数的形式。采用的风振系数 $\beta_z$，综合考虑了建筑结构在风荷载作用下的动力响应。其中，包括风速随时间、空间的变异性和结构的阻尼特性等因素。

对于建筑的围护结构，由于其刚性一般都比较大，在结构效应中可不必考虑其共振分量，此时可仅在平均风压的基础上，近似考虑脉动风瞬间的增大因素，通过阵风系数 $\beta_{gz}$ 来计算其风荷载。

依据现行国家标准《建筑结构荷载规范》（GB 50009—2012）中的规定，当计算主要承重构件时，其风荷载标准值 $w_k$ 可按下式计算：

$$w_k = \beta_z \mu_s \mu_z w_0 \tag{10-1}$$

式中　$w_k$——风荷载标准值，$kN/m^2$；

　　　$\beta_z$——高度 $z$ 处的风振系数；

　　　$\mu_s$——风荷载体型系数；

　　　$\mu_z$——风压高度变化系数；

　　　$w_0$——基本风压，$kN/m^2$。

当计算围护结构时，其风荷载标准值 $w_k$ 可按下式计算：

$$w_k = \beta_{gz} \mu_s \mu_z w_0 \tag{10-2}$$

式中　$w_k$——风荷载标准值，$kN/m^2$；

　　　$\beta_{gz}$——阵风系数；

　　　$\mu_s$——风荷载体型系数；

　　　$\mu_z$——风压高度变化系数；

　　　$w_0$——基本风压，$kN/m^2$。

建筑幕墙的面板、横梁和立柱，一般跨度较小，刚度较大，自振周期短，阵风的影响比较大，可依据《玻璃幕墙工程技术规范》（JGJ 102—2003），采用式(10-2)进行计算。而对于跨度较大的支承结构，其承载的面积较大，阵风的瞬时作用相对较小。但由于跨度大、刚度小、自振周期相对较长，风致振动为主要影响因素，可通过风振系数 $\beta_{gz}$ 加以考虑。

（1）基本风压 $w_0$ 的计算　基本风压为当地比较空旷平坦的地面上，离地 10m 高处统计所得的 50 年一遇 10min 年平均最大风速 $v_0$（m/s）为标准确定的风压值。由流体力学中的贝努利方程可知，风速为 $v_0$ 的自由气流产生的单位面积上的风压力为：

$$w_0 = 0.5 \rho v_0^2 \tag{10-3}$$

式中　$\rho$——空气密度，我国规范统一取为 $1.25 kg/m^3$。

根据以上规定，得基本风压计算公式为：

$$w_0 = v_0^2/1600 \tag{10-4}$$

对于基本风压的大小，可参照现行国家标准《建筑结构荷载规范》（GB 50009—2012）中的规定采用。需要说明的是，对于属于围护结构的玻璃幕墙一般采用 50 年的重现期。

（2）风压高度变化系数 $\mu_z$ 的计算　在大气边界层内，风速随着离地面的高度而变化。平均风速沿高度的变化规律，称为平均风速梯度，在工程上也称为风剖面，它是风的重要特性之一。由于受地表摩擦的影响，使接近地表的风速随着离地面高度的减小而降低。测定结果表明，只有在离地面 $300\sim500\mathrm{m}$ 以上的地方，风才不受地表的影响，能够在气压梯度的作用下自由流动，从而达到所谓梯度速度，出现这种速度的高度称为梯度风高度。梯度风高度以下的近地面层则称为摩擦层，地表的粗糙度不同，近地面层风速变化的快慢也不相同，因此即使同一高度，不同地表的风速值也不相同。

试验结果表明，风压与风速的平方成正比，因而风压沿着高度的变化规律是风速的平方。可设任意高度处的风压与 10m 高度处的风压之比称为风压高度变化系数，对于任意地貌情况下，前者用 $w_a$ 来表示，后者用 $w_{0a}$ 来表示，其风压高度变化系数见式(10-5)；对于空旷平坦地区的地貌，前者用 $w$ 来表示，后者用 $w_0$ 来表示，其风压高度变化系数见式(10-6)。

$$\mu_{za}(z) = w_a/w_{0a} \tag{10-5}$$
$$\mu_{za}(z) = w/w_0 \tag{10-6}$$

风压沿着高度的变化规律是由风压高度变化的系数确定，它由地面粗糙度和离地面高度确定。地面粗糙度类别的规定见表 10-1；风压高度变化系数 $\mu_z$ 见表 10-2。

表10-1　地面粗糙度类别的规定

| 地面粗糙度类别 | 所在地区 |
|---|---|
| A | 近海海面、海岛、海岸、湖岸及沙漠地区 |
| B | 田野、乡村、丛林、丘陵以及房屋比较稀疏的乡镇和城市郊区 |
| C | 密集建筑群的城市市区 |
| D | 有密集建筑群且房屋较高的城市市区 |

表10-2　风压高度变化变化系数 $\mu_z$

| 离地面或海平面高度/m | 地面粗糙度类别 | | | |
|---|---|---|---|---|
| | A | B | C | D |
| 5 | 1.17 | 1.09 | 0.74 | 0.62 |
| 10 | 1.38 | 1.00 | 0.74 | 0.62 |
| 15 | 1.52 | 1.14 | 0.74 | 0.62 |
| 20 | 1.63 | 1.25 | 0.84 | 0.62 |
| 30 | 1.80 | 1.42 | 1.00 | 0.62 |
| 40 | 1.92 | 1.56 | 1.13 | 0.73 |
| 50 | 2.03 | 1.67 | 1.25 | 0.84 |
| 60 | 2.12 | 1.77 | 1.35 | 0.93 |
| 70 | 2.20 | 1.86 | 1.45 | 1.02 |
| 80 | 2.27 | 1.95 | 1.54 | 1.11 |
| 90 | 2.34 | 2.02 | 1.62 | 1.19 |
| 100 | 2.40 | 2.09 | 1.70 | 1.27 |
| 150 | 2.64 | 2.38 | 2.03 | 1.61 |
| 200 | 2.83 | 2.61 | 2.30 | 1.92 |
| 250 | 2.99 | 2.80 | 2.54 | 2.19 |

| 离地面或海平面高度/m | 地面粗糙度类别 | | | |
|---|---|---|---|---|
| | A | B | C | D |
| 300 | 3.12 | 2.97 | 2.75 | 2.45 |
| 350 | 3.12 | 3.12 | 2.94 | 2.68 |
| 400 | 3.12 | 3.12 | 3.12 | 2.91 |
| ≥450 | 3.12 | 3.12 | 3.12 | 3.12 |

（3）风荷载体型系数 $\mu_s$ 的计算　　风荷载体型系数 $\mu_s$ 是指风作用在建筑物表面上所引起的实际压力（或吸力）与来流风的速度压的比值，它描述的是建筑物表面在稳定风压作用下的静态压力的分布规律，主要与建筑物的体型和尺度有关，而与空气的动力作用无关。依据国内外的试验资料和规范建议，我国《建筑结构荷载规范》（GB 50009—2012）中列出了 38 项不同类型的建筑物和各类结构体型及其体型系数，但这种体型系数主要是用于结构整体设计和分析的，对于建筑幕墙结构分析常采用局部风压体型系数。因此，在进行主体结构整体内力与位移计算时，对迎风面与背风面取一个平均体型系数；当验算建筑幕墙一类围护结构的承载能力和刚度时，应按最大的体型系数来考虑。

我国在行业标准《玻璃幕墙工程技术规范》（JGJ 102—2003）中规定，竖直建筑幕墙外表面体型系数可按 ±1.5 取用，现行行业标准《玻璃幕墙工程技术规范》（JGJ 102—2003）则要求按国家标准《建筑结构荷载规范》（GB 50009—2012）采用，这与以前的规范有一定区别。按照《建筑结构荷载规范》（GB 50009—2012）计算围护结构的规定，建筑幕墙的抗风分析应采用局部风压体型系数。

① 外表面　　对于正压区，与一般建筑物相同，竖直幕墙外表面风压体型系数可取 0.8。对于负压区，由于风荷载在建筑物表面分布是不均匀的，在檐口附近、边角部位较大，根据风洞试验和有关资料，在上述区域风吸力系数可取 −1.8，其余墙面可取 −1.0。

② 内表面　　对封闭式建筑物，按外表面风压的正、负情况，取 −0.2 或 0.2。对于建筑幕墙，由于建筑物实际存在的个别孔口和缝隙，以及通风的要求，室内可能存在正、负不同的气压，现行规范中规定取为 ±0.2。因此，建筑幕墙的风荷载体型系数可分别按 −2.0 和 −1.2 采用。

（4）风振系数 $\beta_s$ 的计算　　参考国内外现行规范及我国抗风工程设计理论研究的实践情况，当结构基本自振周期为 $T \geqslant 0.25s$ 时，以及高度 $H > 30m$ 且高宽比为 $H/B > 1.5$ 的房屋，由风引起的振动比较明显，因而随着结构自振周期的增长，风振也随着增强。因此，在设计中应考虑风振的影响。

对于房屋结构，仅考虑第一振型，可采用风振系数 $\beta_s$ 来计量风振的影响。建筑结构在 $z$ 高度处的风振系数 $\beta_s$ 可按下式进行计算：

$$\beta_s = 1 + \zeta \upsilon \varphi_z / \mu_z \tag{10-7}$$

式中　　$\zeta$——脉动增大系数；

$\upsilon$——脉动影响系数；

$\varphi_z$——振型系数；

$\mu_z$——风压高度变化系数。

（5）阵风系数 $\beta_{gs}$ 的计算　　阵风系数是瞬时风压峰值与 10min 平均风压（基本风压 $w_0$）的比值，取决于场地粗糙度类别和建筑物高度。为计算围护结构的风荷载，应考虑瞬时风压的阵风风压作用，依据《建筑结构荷载规范》（GB 50009—2012），阵风系数 $\beta_{gs}$ 由离地面高度 $z$ 和地面粗糙度类别决定。阵风系数 $\beta_{gs}$ 见表 10-3。

表 10-3　阵风系数 $\beta_{gs}$

| 离地面或海平面 | 地面粗糙度类别 | | | |
|---|---|---|---|---|
| 高度/m | A | B | C | D |
| 5 | 1.69 | 1.88 | 2.30 | 3.21 |
| 10 | 1.63 | 1.78 | 2.10 | 2.76 |
| 15 | 1.60 | 1.72 | 1.99 | 2.54 |
| 20 | 1.58 | 1.69 | 1.92 | 2.39 |
| 30 | 1.54 | 1.64 | 1.83 | 2.21 |
| 40 | 1.52 | 1.60 | 1.77 | 2.09 |
| 50 | 1.51 | 1.58 | 1.73 | 2.01 |
| 60 | 1.49 | 1.56 | 1.69 | 1.94 |
| 70 | 1.48 | 1.54 | 1.66 | 1.89 |
| 80 | 1.47 | 1.53 | 1.64 | 1.85 |
| 90 | 1.47 | 1.52 | 1.62 | 1.81 |
| 100 | 1.46 | 1.51 | 1.60 | 1.78 |
| 150 | 1.43 | 1.47 | 1.54 | 1.67 |
| 200 | 1.42 | 1.44 | 1.50 | 1.60 |
| 250 | 1.40 | 1.42 | 1.46 | 1.55 |
| 300 | 1.39 | 1.41 | 1.44 | 1.51 |

## 二、建筑幕墙的抗风性能及分级

抗风压性能是指可开启部分处于关闭状态时，建筑幕墙在风压（风荷载标准值）的作用下，变形不超过允许值且不发生结构损坏（如裂缝、面板破损、局部屈服、五金件松动、开启功能障碍、粘接失效等）的能力。与建筑幕墙抗风压有关的气候参数主要为风速值和相应的风压值。对于建筑幕墙这种薄壁外围护构件，既需考虑长期使用过程中，保证其平均风荷载作用下正常功能不受影响，又要注意到在阵风袭击下不受损坏。

### （一）面法线挠度与分级指标

在建筑幕墙的抗风压试验中，试件受力构件或面板上任意一点沿面法线方向的线位移量，称为面法线位移。试件受力构件或面板表面上某一点沿面法线方向的线位移量的最大差值，称为面法线挠度。在试验过程中，面法线挠度和两端测点间距离 $l$ 的比值，称为相对面法线挠度，主要构件在正常使用极限状态时的相对面法线挠度的限值称为允许挠度（用符号 $f_0$ 表示）。新修订的建筑幕墙试验方法标准，是按照试验通过 $f_0/2.5$ 所对应的风荷载来确定 $P_1$ 值，然后换算到 $P_3 = 2.5 P_1$ 来进行幕墙抗风压性能分级。建筑幕墙标准风荷载作用下最大允许相对面法线挠度 $f_0$ 见表 10-4。

表 10-4　建筑幕墙标准风荷载作用下最大允许相对面法线挠度 $f_0$

| 建筑幕墙类型 | 材料 | 最大挠度发生部位 | 允许挠度 |
|---|---|---|---|
| 有框玻璃幕墙 | 杆件 | 跨中 | 铝合金型材 1/180，钢型材 1/250 |
| | 玻璃 | 短边边长中点 | 1/60 |
| 全玻玻璃幕墙 | 支承结构 | 钢架钢梁的跨中 | 1/250 |
| | 玻璃面板 | 玻璃面板的中上止 | 1/60 |
| | 玻璃肋 | 玻璃肋跨中 | 1/200 |
| "点支式"玻璃幕墙 | 支承结构 | 钢管、桁架及空腹桁架跨中 | 1/250 |
| | | 张拉索杆体系跨中 | 1/200 |
| | 玻璃面板 | 点支承跨中 | 1/60 |

在线形结构假设的前提下，结构的挠度和荷载就存在着一一对应的关系，建筑幕墙的抗风压试验正是利用挠度所对应的荷载来进行建筑幕墙抗风压性能分级的。但是必须注意到，工程检测和定级检测所采用的最大风压值是不一样的。在定级检测中，$P_3$ 对应着建筑幕墙结构变形的允许挠度 $f_0$，这个 $P_3$ 也同样对应着建筑幕墙抗风压性能的分级指标；而在工程检测时，则采用风荷载标准值 $w_k$ 作为衡量标准，要求"在风荷载标准值作用下对应的相对法线挠度小于或等于允许挠度 $f_0$"。

在试验中对建筑幕墙面法线挠度测量时，典型框架式建筑幕墙的主要受力构件比较容易判断。对于其他如带玻璃肋的全玻玻璃幕墙、采用钢桁架或索支承体系的"点支式"玻璃幕墙等位移计的布置见图 10-1～图 10-3。自平衡索杆结构加载及测点布置分布见图 10-4。

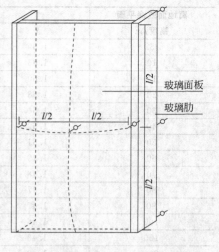

图 10-1　全玻璃幕墙玻璃面

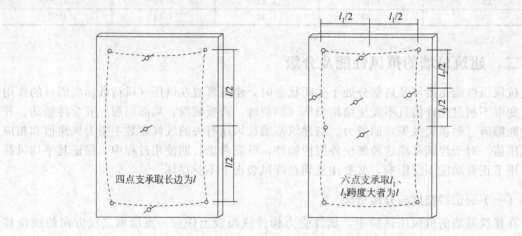

图 10-2　"点支式"幕墙玻璃面板位移计布置示意图

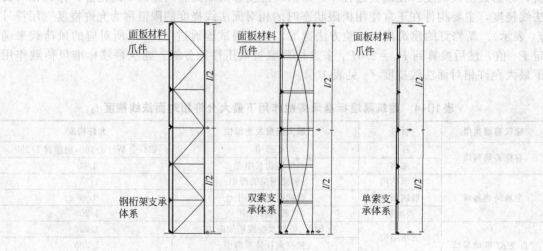

图 10-3　"点支式"幕墙支承体系位移计布置示意图

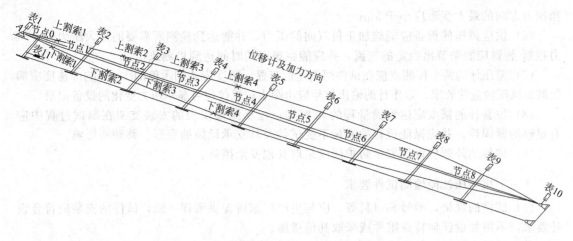

图 10-4　自平衡索杆结构加载及测点布置示意图

### （二）抗风压性能分级

建筑幕墙抗风压性能分级值规定见表 10-5。

表10-5　建筑幕墙抗风压性能分级值

| 性能 | 分级指标 | 分级 | | | | |
|---|---|---|---|---|---|---|
| | | I | II | III | IV | V |
| 抗风压性能 | $P_3$ | $P_3 \geqslant 5$ | $4 \leqslant P_3 < 5$ | $3 \leqslant P_3 < 4$ | $2 \leqslant P_3 < 3$ | $1 \leqslant P_3 < 2$ |

注：表中分级值 $P_3$ 与安全检测压力值相对应，表示在此风压的作用下，建筑幕墙受力构件的相对挠度值应在 $L/180$ 以下；其绝对值在 20mm 以内，如绝对挠度值超过 20mm 时，以 20mm 所对应的压力值为分级值。

## 三、建筑幕墙抗风压性能检测方法

建筑幕墙抗风压性能的检测应按照现行国家标准《建筑幕墙气密、水密、抗风压性能检测方法》（GB/T 15227—2019）的规定执行。

### （一）抗风压性能检测项目

对于建筑幕墙试件的抗风压性能，应检测变形不超过允许值，且不发生结构损坏所对应的最大压力差值，主要包括：变形检测、反复加压检测、安全检测。

### （二）抗风压性能检测装置

（1）抗风压性能检测装置由压力箱、供应压力系统、测量系统及试件安装系统组成。

（2）压力箱的开口尺寸应能满足试件安装的要求，箱体应能承受检测过程中可能出现的压力差。

（3）试件安装系统用于固定幕墙试件，并将试件与压力箱开口部位密封，支承幕墙的试件安装系统宜与工程实际相符，并具有满足试验要求的面外变形刚度和强度。

（4）构件式幕墙、单元式幕墙应通过连接件固定在安装横架上，在建筑幕墙的自重作用下，横架的面内变形不应超过 5mm；安装横架在最大试验风荷载作用下，面外变形应小于其跨度的 1/1000。

（5）"点支式"幕墙和全玻玻璃幕墙宜有独立的安装框架，在最大检测压力差的作用下，安装框架的变形不得影响建筑幕墙的性能。吊挂处在幕墙重力作用下的面内变形不应大于 5mm；采用张拉索杆体系的"点支式"幕墙在最大预拉力作用下，安装框架的受力部位在预拉力方向的最大变形应小于3mm。

（6）供应风压的设备应能施加正负双向的压力，并能达到检测所需要的最大压力差；压力控制-装置应能调节出稳定的气流，并应能在规定的时间达到检测风压。

（7）差压计的两个探测点应在试件两侧就近布置，精度应达到示值的1％，响应速度应满足波动风压测量的要求。差压计的输出信号应由图表记录仪或可显示压力变化的设备记录。

（8）位移计的精度应达到满量程的0.25％；位移测量仪表的安装支架在测试过程中应有足够的紧固性，并应保证位移的测量不受试件及其支承设施的变形、移动所影响。

（9）试件的外侧应设置安全防护网或采取其他安全措施。

### （三）抗风压性能检测试件要求

（1）试件的规格、型号和材料等，应与生产厂家所提供图样一致，试件的安装应符合设计要求，不得加设任何特殊附件或采取其他措施。

（2）试件应有足够的尺寸和配置，代表典型部分的性能。

（3）试件必须包括典型的垂直接缝和水平接缝。试件的组装、安装方向和受力状况应和工程实际相符。

（4）构件式建筑幕墙试件的宽度，至少应包括一个承受设计荷载的典型垂直承力构件。试件的高度不宜少于一个层高，并应在垂直方向上有两处或两处以上与支承结构相连接。

（5）单元式建筑幕墙试件应至少有一个与实际工程相符的典型十字接缝，并应有一个完整单元的四边形成与实际工程相同的接缝。

（6）全玻玻璃幕墙试件应有一个完整的跨距高度，宽度应至少有两个完整的玻璃宽度或三个玻璃肋。

（7）"点支式"建筑幕墙试件应满足以下要求。

① 至少应有4个与实际工程相符的玻璃板块或一个完整的十字接缝，支承结构至少应有一个典型的承力单元。

② 张拉索杆体系支承结构应按照实际支承跨度进行测试，预张力应与设计相符，张拉索杆体系宜检测拉索的预张力。

③ 当支承跨度大于8m时，可用玻璃及其支承装置的性能测试和支承结构的结构静力试验模拟建筑幕墙系统的测试。玻璃及其支承装置的性能测试至少应检测4块与实际工程相符的玻璃板块及一个典型十字接缝。

④ 采用玻璃肋支承的"点支式"建筑幕墙，同时应满足全玻璃幕墙的规定。

### （四）幕墙抗风压性能检测步骤

幕墙抗风压性能检测加压顺序见图10-5。

（1）试件的安装　试件安装完毕后，应进行认真检查，符合设计图样要求后才可进行检测。在正式检测前，应将试件可开启部分开关不少于5次，最后将其关紧。

（2）位移计安装　安装检测位移的测量仪器，位移计宜安装在构件的支承处和较大位移处，测点布置有以下要求。

① 采用简支梁形式的构件式幕墙测点布置见图10-6，两端的位移计应靠近支承点。

② 单元式幕墙采用拼接式受力杆件且单元高度为一个层高时，宜同时检测相邻板块的杆件变形，取变形大者为检测结果；当单元板块较大时，其内部的受力杆件也应布置测点。

③ 全玻玻璃建筑幕墙的玻璃板块，应按照支承于玻璃肋的单向简支板检测跨中变形；玻璃肋按照简支梁检测变形。

④ "点支式"建筑幕墙应检测面板的变形，测点应布置在支点跨距较长方向的玻璃上。

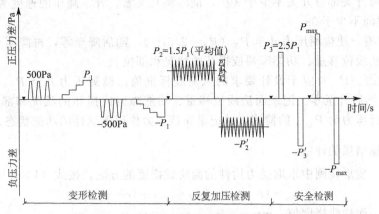

图 10-5　幕墙抗风压性能检测加压顺序示意图

[当工程有要求时，可进行 $P_{max}$ 的检测（$P_{max} > P_3$）]

⑤ "点支式"建筑幕墙支承结构应分别测试结构支承点和挠度最大节点的位移，多于一个承受荷载的受力杆件时可分别检测变形，取大者为检测结果；支承结构采用双向受力体系时，应分别检测两个方向上的变形。

⑥ 对于其他类型建筑幕墙的受力支承构件，可根据有关标准规范的技术要求或设计要求确定。

⑦ "点支式"玻璃幕墙支承结构的结构静力试验应取一个跨度的支承单元，支承单元的结构应与实际工程相同，张拉索拉体系的预张力应与设计相符；在玻璃支承装置同步施加与风荷载方向一致且大小相同的荷载，测试各个玻璃支承点的变形。

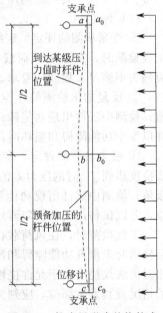

图 10-6　简支梁形式的构件式
幕墙测点布置示意图

（3）预备加压　在正负压检测前，分别施加三个压力脉冲。压力差绝对值为 500Pa，加压速度为 100Pa/s，持续时间为 3s，等待压力回零后开始进行检测。

（4）变形检测

① 定级检测时检测压力分级升降。每级升、降压力不超过 250Pa，加压级数不少于 4 级，每级压力持续时间不少于 10s，压力的升、降直到任一受力构件的相对面法线挠度值达到 $f_0/2.5$ 或最大检测压力达到 2000Pa 时停止检测。记录每级压力差作用下各个测点的面法线位移量，并计算面法线挠度值 $f_{max}$。采用线性方法推算出面法线挠度对应于 $f_0/2.5$ 时的压力值 $\pm P_1$，以正负压检测中较小的绝对值作为 $P_1$ 值。

② 工程检测时检测压力分级升降。每级升、降压力不超过风荷载标准值的 10%，每级压力作用时间不少于 10s。压力的升、降达到幕墙风荷载标准值的 40% 时停止检测，记录每级压力差作用下各个测点的面法线位移量。

（5）反复加压检测　以检测压力 $P_2$（$P_2 = 1.5P_1$）为平均值，以平均值的 1/4 为波幅，进行波动检测，先后进行正负压检测。波动压力周期为 5~7s，波动次数不少于 10 次。记录反复检测压力值 $\pm P_2$，并记录出现的功能障碍或损坏的状况和部位。

（6）安全检测

① 当反复加压未出现功能障碍或损坏时，应进行安全检测。安全检测过程中加正、负

压后将各试件可开关部分开关不少于 3 次，最后将其关紧。升、降压的速度为 300～500Pa/s，压力持续时间不少于 3s。

②定级检测。使检测压力升至 $P_3$（$P_3 = 2.5P_1$），随后降至零，再降至 $-P_3$，然后升至零。记录面法线位移量、功能障碍或损坏的状况和部位。

③工程检测。$P_3$ 对应于设计要求的风荷载标准值。检测压力升至 $P_3$，随后降至零，再降至 $-P_3$，然后升至零。记录面法线位移量、功能障碍或损坏的状况和部位。当有特殊要求时，可进行压力为 $P_{max}$ 的检测，并记录在该压力作用下试件的功能状态。

（五）检测结果的评定

（1）计算　变形检测中求取受力构件的面法线挠度的方法，按式（10-8）计算：

$$f_{max} = (b - b_0) - [(a - a_0) + (c - c_0)]/2 \tag{10-8}$$

式中　$f_{max}$——面法线挠度值，mm；

$a_0$、$b_0$、$c_0$——各测点在预备加压后的稳定初始读数值，mm；

$a$、$b$、$c$——某级检测压力作用过程中各测点的面法线位移，mm。

（2）评定

①变形检测的评定　定级检测时，注明相对面法线挠度达到 $f_0/2.5$ 时的压力差值 $\pm P_1$。工程检测时，在 40% 风荷载标准值的作用下，相对面法线挠度应小于或等于 $f_0/2.5$，否则应判为不满足工程使用要求。

②反复加压检测的评定　按要求经检测，试件未出现功能障碍和损坏时，注明 $\pm P_1$ 值；检测中试件出现功能障碍和损坏时，应注明出现的功能障碍、损坏情况以及发生部位，并以发生功能障碍和损坏时压力差的前一级检测压力值作为安全检测压力 $\pm P_3$ 值进行评价。

③安全检测的评定　定级检测时，经检测试件未出现功能障碍和损坏，注明相对面法线挠度达到 $f_0$ 时的压力差值 $\pm P_3$，并按 $\pm P_3$ 的较小绝对值作为建筑幕墙抗风压性能的定级值；检测中试件出现功能障碍和损坏时，应注明出现的功能障碍、损坏情况以及发生部位，并以试件出现功能障碍或损坏所对应的压力差值的前一级压力差值作为定级值。

工程检测时，在风荷载标准值作用下对应的相对面法线挠度小于或等于允许挠度 $f_0$，且检测时未出现功能障碍和损坏，应判为满足工程使用要求；在风荷载标准值作用下对应的相对面法线挠度大于允许挠度 $f_0$ 或试件出现功能障碍和损坏，应注明出现功能障碍或损坏的情况及其发生部位，应判为不满足工程使用要求。

（六）检测报告的内容

建筑幕墙抗风压性能检测报告至少应包括以下内容。

（1）试件的名称、系列、型号、主要尺寸及图样（包括试件立面、剖面和主要节点，型材和密封条的截面，排水构造及排水孔的位置，试件的支承体系，主要受力构件的尺寸以及可开启部分的开启方式，五金件的种类、数量及位置）。

（2）面板的品种、厚度、最大尺寸和安装方法。

（3）密封材料的材质和牌号；附件的名称、材质和配置。

（4）试件可开启部分与试件总面积的比例。

（5）"点支式"玻璃幕墙的拉索预拉力设计值。

（6）水密性检测的加压方法，出现渗漏时的状态及部位。定级检测时应注明所属级别，工程检测时应注明检测结论。

（7）检测用的主要仪器设备；检测室的温度和气压。

（8）试件单位面积和单位开启缝长的空气渗透量正负压计算结果及所属级别。

（9）主要受力构件在变形检测、反复受荷载检测、安全检测时的挠度和状况。

（10）对试件所进行的任何修改应注明；试件检测日期和检测人员也应注明。

建筑幕墙抗风压性能检测报告可以参照表 10-6、表 10-7 的格式编写。

**表10-6 建筑幕墙产品质量检测报告（1）**

报告编号：　　　　　　　　　　　　　　　　　　　　　　　　　　共　页　第　页

| | | | |
|---|---|---|---|
| 委托单位 | | | |
| 地址 | | 电话 | |
| 送样/抽样日期 | | | |
| 抽样地点 | | | |
| 工程名称 | | | |
| 生产单位 | | | |
| 样品 | 名称 | | 状态 | |
| | 商标 | | 规格型号 | |
| 检测 | 项目 | | 数量 | |
| | 地点 | | 日期 | |
| | 依据 | | | |
| | 设备 | | | |
| 检测结论 | | | |

批准：　　　　　审核：　　　　　主检：　　　　　报告日期

**表10-7 建筑幕墙产品质量检测报告（2）**

报告编号：　　　　　　　　　　　　　　　　　　　　　　　　　　共　页　第　页

| | | | |
|---|---|---|---|
| 缝长(m) | 可开启部分： | | |
| 面积(m²) | 可开启部分： | 固定部分： | |
| 面板品种 | | | |
| 面板材料 | | | |
| 检测室温度(℃) | | | |
| 面板最大尺寸(mm) | 宽： | 长： | 厚： |
| 负压　　kPa | 抗风压性能：变形检测结果为：正压　　　kPa | | |
| 负压　　kPa | 反复加压检测结果为：正压　　　kPa | | |
| (3s阵风风压)负压　　　kPa | 安全检测结果为：正压　　　kPa | | |
| 负压　　kPa | 工程检测结果为：正压　　　kPa | | |

# 第二节　建筑幕墙气密性能检测

## 一、建筑幕墙气密性能及分级

建筑幕墙气密性能系指在风压作用下，幕墙可开启部分在关闭状态时，可开启部分以及建筑幕墙整体阻止空气渗透的能力。与建筑幕墙空气渗透性能有关的气候参数主要为室外风速和温度，影响建筑幕墙气密性能检测的气候因素主要是检测室气压和温度。

从建筑幕墙缝隙渗入室内的空气量多少，对建筑节能与隔声都具有较大的影响。据工程实际统计，由缝隙渗入室内的冷空气的耗热量，可以达到全部采暖耗热量的 $20\%\sim40\%$，必须引起高度重视。按照国家标准中有关"采暖通风与空气调节设计规范"中的规定，由建筑幕墙缝隙渗入室内的冷空气的耗热量计算公式为：

$$Q = \alpha c_p L l (t_n - t_{wn}) \rho_{wn} \tag{10-9}$$

式中　$Q$——由建筑幕墙缝隙渗入室内的冷空气的耗热量，W；

$\alpha$——单位换算系数，对于法定单位 $\alpha=0.28$，对于非法定单位 $\alpha=1$；

$c_p$——空气的定压比热容，kJ/（kg·℃）；

$L$——在基准高度（10m）风压的单独作用下，通过每米建筑幕墙缝隙进入室内的空气量，$m^3$/（m·h）；

$l$——建筑幕墙缝隙的计算长度，m，应分别按各朝向可开启的幕墙全部缝隙长度计算；

$t_n$——采暖室内的计算温度，℃；

$t_{wn}$——采暖室外的计算温度，℃；

$\rho_{wn}$——采暖室外计算温度下的空气密度，$kg/m^3$。

在国家标准中有关"建筑幕墙空气渗透性能检测方法"中，则均以标准状态下单位缝隙长度的空气渗透量作为幕墙固定部分和开启部分气密性能的分级指标。气密性能分级值见表10-8。在《建筑幕墙气密、水密、抗风压性能检测方法》（GB/T 15227—2019）中，则采用 $q_A$（$q_A$ 为 10Pa 作用压力差下试件单位面积空气渗透量值）、$q_1$（$q_1$ 为 10Pa 作用压力差下试件单位开启缝隙长度空气渗透量值）作为分级指标。因此，建筑幕墙的气密性要求，以 10Pa 压力差下可开启部分的单位缝隙长度空气渗透量和整体幕墙试件（包括可开启部分）单位面积空气渗透量作为分级指标。

表10-8　气密性能分级值　　　　　　单位：$m^3$/（m·h）

| 分级指标 | | 分级 | | | | |
| --- | --- | --- | --- | --- | --- | --- |
| | | Ⅰ | Ⅱ | Ⅲ | Ⅳ | Ⅴ |
| $q$ | 可开启部分 | ≤0.5 | >0.5<br>≤1.5 | >1.5<br>≤2.5 | >2.5<br>≤4.0 | >4.0<br>≤6.0 |
| | 固定部分 | ≤0.1 | >0.01<br>≤0.05 | >0.05<br>≤0.10 | >0.10<br>≤0.20 | >0.20<br>≤0.50 |

现行的行业标准《玻璃幕墙工程技术规范》（JGJ 102—2003）中规定，有采暖、通气、空气调节要求时，玻璃幕墙的气密性能分级不应低于 3 级。

为了更好地了解建筑幕墙的气密性能试验和分级标准，必须注意以下几点。

（1）区分试验状态和标准状态。试验状态是幕墙检测试验时，试件所处的环境，包括一定的温度、气压、空气密度等。标准状态则是指温度为 293K（20℃）、压力为 101.3kPa（760mmHg）、空气密度为 1.202kg/$m^3$ 的试验条件。每一次试验所测定的空气渗透量都要转化为标准状态下的空气渗透量。

（2）注意无论试验状态或标准状态，所取的大气压力都是 100Pa；而定级标准则是 10Pa，两者之间要进行一次转化。

（3）在国家标准《建筑幕墙气密、水密、抗风压性能检测方法》（GB/T 15227—2019）中，针对总面积的单位面积空气渗透量值和针对固定部分的开启缝隙长度空气渗透量值作为分级标准。

（4）在进行建筑幕墙气密性能检测中，应注意以下几个定义。

① 总空气渗透量　在标准状态下，每小时通过整个建筑幕墙试件的空气流量。

② 附加空气渗透量　除幕墙试件本身的空气渗透量以外，通过设备和试件与测试箱连接部分的空气渗透量。

③ 单位开启缝长空气渗透量　在标准状态下，单位时间通过单位开启缝隙长度的空气量。

④ 单位面积空气渗透量　在标准状态下，单位时间通过幕墙单位面积的空气量。

准确把握上述几个定义，有助于对建筑幕墙气密性能检测标准及其分级的理解。

## 二、建筑幕墙气密性能检测方法

建筑幕墙气密性能的检测应按照现行国家标准《建筑幕墙气密、水密、抗风压性能检测方法》（GB/T 15227—2019）的规定执行。

### （一）检测项目

建筑幕墙试件的气密性能，检测 100Pa 压力差下可开启部分的单位缝长空气渗透量和整体建筑幕墙试件（含可开启部分）单位面积空气渗透量。

### （二）检测装置

① 检测装置由压力箱、供压系统、测量系统及试件安装系统组成。气密性能检测装置示意如图 10-7 所示。

② 压力箱的开口尺寸应能满足试件安装的要求，箱体应能承受检测过程中可能出现的压力箱。

③ 支承建筑幕墙的安装横架应有足够的刚度，并固定在有足够刚度的支承结构上。

④ 供风设备应能施加正负双向的压力差，并能达到检测所需要的最大压力差；压力控制装置应能调节出稳定的气流。

⑤ 差压计的两个探测点应在试件两侧就近布置，差压计的精度应达到示值的 2%。

⑥ 空气流量测量装置的测量误差不应大于示值的 5%。

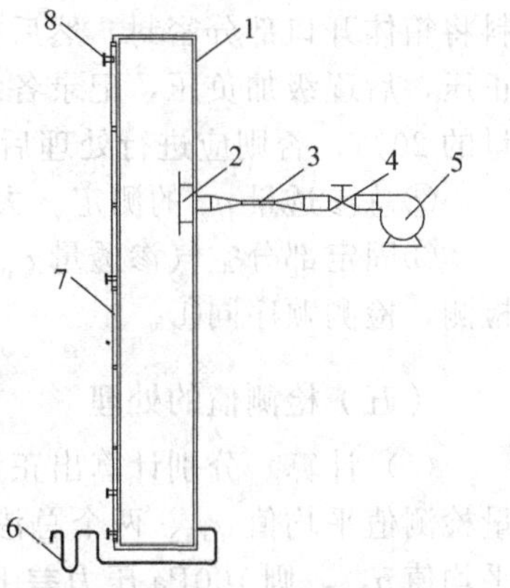

图 10-7 气密性能检测装置示意图
1—压力箱；2—进气口挡板；3—空气量计；4—压力控制装置；5—供风设备；6—差压计；7—试件；8—安装横架

### （三）试件要求

（1）试件规格、型号和材料等，应与生产厂家所提供图样一致，试件的安装应符合设计要求，不得加设任何特殊附件或采取其他措施，试件应干燥。

（2）试件宽度至少应包括一个承受设计荷载的垂直构件。试件高度至少应包括一个层高，并在垂直方向上应有两处或两处以上和承重结构相连，试件组装和安装的受力状况应和实际情况相符。

（3）单元式建筑幕墙应至少包括一个与实际工程相符的典型十字缝，并有一个完整单元的四边形成与实际工程相同的接缝。

（4）幕墙试件应包括典型的垂直接缝、水平接缝和可开启部分，并使试件上可开启部分占试件总面积的比例与实际工程接近。

### （四）检测步骤

幕墙试件安装完毕后需经检查，符合设计要求后才可进行检测。在开始检测前，应将试件的可开启部分开关不少于 5 次，最后关紧。建筑幕墙气密性能检测加压顺序如图 10-8 所示。

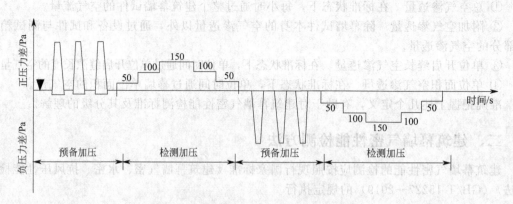

图 10-8　建筑幕墙气密性能检测加压顺序

（图中符号▼表示将试件的可开启部分开关不少于 5 次）

（1）预备加压　在正负压检测前分别施加三个压力脉冲。压力差绝对值为 500Pa，持续时间为 3s，加压速度宜为 100Pa/s；然后待压力回零后开始进行检测。

（2）渗透量的检测

① 附加渗透量 $q_f$ 的测定。充分密封试件上的可开启缝隙和镶嵌缝隙，或用不透气的材料将箱体开口部分密封，然后按照图 10-8 逐级加压，每级压力作用时间大于 10s，先逐级加正压，后逐级加负压，记录各级的检测值。箱体的附加空气渗透量应不高于幕墙试件总渗透量的 20%，否则应进行处理后重新进行检测。

② 总渗透量 $q_z$ 的测定。去除幕墙试件上所加密封措施后进行检测，检测顺序同①。

③ 固定部分空气渗透量 $q_g$ 的测定。将试件上的可开启部分的开启缝隙密封起来后进行检测，检测顺序同①。

（五）检测值的处理

（1）计算　分别计算出正压检测升压和降压过程中在 100Pa 压力差下的两次附加渗透量检测值平均值 $q_{1f}$、两个总渗透量检测值的平均值 $q_{1z}$，两个固定部分空气渗透量检测值的平均值 $q_{1g}$，则 100Pa 压力差下整体幕墙试件（含可开启部分）的空气渗透量 $q_t$ 和可开启部分空气渗透量 $q_k$ 可按下式进行计算：

$$q_t = q_{1z} - q_{1f} \tag{10-10}$$

$$q_k = q_t - q_{1g} \tag{10-11}$$

式中　$q_t$——试件空气渗透量值，$m^3/h$；

　　　$q_{1z}$——两次总渗透量检测值的均值；

　　　$q_{1f}$——两个附加渗透量检测值的平均值；

　　　$q_{1g}$——两个固定部分渗透量检测值的平均值；

　　　$q_k$——试件可开启部分空气渗透量值，$m^3/h$。

结合以上计算结果，再利用式(10-12)和式(10-13)将 $q_t$ 和 $q_k$ 分别换算成标准状态下的渗透量值 $q_1$ 和 $q_2$ 值。

$$q_1 = 293 q_t P / (101.3T) \tag{10-12}$$

$$q_2 = 293 q_k P / (101.3T) \tag{10-13}$$

式中　$q_t$——标准状态下通过试件空气渗透量值，$m^3/h$；

　　　$q_k$——标准状态下通过试件可开启部分空气渗透量值，$m^3/h$；

$P$——试验室气压值，kPa；

$T$——试验室空气温度值，K。

将标准状态下通过试件空气渗透量值 $q_1$ 除以试件总面积 $A$，即可得出在 100Pa 下，单位面积的空气渗透量 $q'_1$ [$m^3/(m^2 \cdot h)$]：

$$q'_1 = q_1/A \tag{10-14}$$

式中 $q'_1$——在 100Pa 下，单位面积的空气渗透量，$m^3/(m^2 \cdot h)$；

$A$——试件的总面积，$m^2$。

将标准状态下通过试件可开启部分空气渗透量 $q_2$ 值除以试件可开启部分开启缝长 $l$，即可得出在 100Pa 下，可开启部分单位开启缝长的空气渗透量 $q'_2$ [$m^3/(m \cdot h)$]：

$$q'_2 = q_2/l \tag{10-15}$$

式中 $q'_2$——在 100Pa 下，可开启部分单位缝长的空气渗透量，$m^3/(m \cdot h)$；

$l$——试件可开启部分开启缝长，m。

负压检测时的结果，也采用同样的方法，分别按式(10-11)～式(10-15)进行计算。

(2) 分级指标值的确定　采用由 100Pa 检测压力差下的计算值 $\pm q'_1$ 值或 $\pm q'_2$ 值，按式(10-16) 或式(10-17) 换算为 10Pa 压力差下的相应值 $\pm q_A$ 或 $\pm q_1$。以试件的 $\pm q_A$ 值和 $\pm q_1$ 值确定按面积和按缝长各自所属的级别，取最不利的级别定级。

$$\pm q_A = \pm q'_1/4.65 \tag{10-16}$$

$$\pm q_1 = \pm q'_2/4.65 \tag{10-17}$$

式中 $q'_1$——100Pa 作用压力差下试件单位面积的空气渗透量值，$m^3/(m^2 \cdot h)$；

$q_A$——10Pa 作用压力差下试件单位面积的空气渗透量值，$m^3/(m^2 \cdot h)$；

$q'_2$——100Pa 作用压力差下可开启部分单位开启缝长的空气渗透量值，$m^3/(m \cdot h)$；

$q_1$——10Pa 作用压力差下试件单位开启缝长的空气渗透量值，$m^3/(m \cdot h)$。

(3) 检测报告　建筑幕墙气密性能检测报告可参照表 10-9 和表 10-10 的格式编写。

### 表10-9　建筑幕墙产品质量检测报告（3）

报告编号：　　　　　　　　　　　　　　　　　　　　　　　　　　　　　　　共　页　第　页

| | | | | | |
|---|---|---|---|---|---|
| | 委托单位 | | | | |
| | 地址 | | 电话 | | |
| | 送样/抽样日期 | | | | |
| | 抽样地点 | | | | |
| | 工程名称 | | | | |
| | 生产单位 | | | | |
| 样品 | 名称 | | 状态 | | |
| | 商标 | | 规格型号 | | |
| 检测 | 项目 | | 数量 | | |
| | 地点 | | 日期 | | |
| | 依据 | | | | |
| | 设备 | | | | |
| 检测结论 | | | | | |

批准：　　　　　　审核：　　　　　　主检：　　　　　　报告日期：

表10-10　建筑幕墙产品质量检测报告（4）

| 报告编号： | | | | 共　页　第　页 |
|---|---|---|---|---|
| 可开启部分缝长(m) | | | | |
| 面积(m²) | 整体 | | 其中可开启部分 | |
| 面板品种 | | 安装方式 | | |
| 面板镶嵌材料 | | 框扇密封材料 | | |
| 检测室温度(℃) | | 检测室气压(kPa) | | |
| 面板最大尺寸(mm) | 宽： | 长： | | 厚： |

气密性能:可开启部分单位缝长每小时渗透量为　　　　m³/(m·h)

幕墙整体单位面积每小时渗透量为　　　　m³/(m·h)

备注:

# 第三节　建筑幕墙水密性能检测

建筑幕墙水密性能系指在风雨的同时作用下，幕墙透过雨水的能力。与幕墙水密性能有关的气候因素主要指暴风雨时的风速和降雨强度。工程实践证明，水密性能一直是建筑幕墙设计和施工中的重要问题。据不完全统计，在试验室中有90％幕墙样品需经修复后才能通过试验。在实际工程应用中，也存在同样的问题。

在建筑幕墙的使用过程中，风雨交加的天气状况时有发生，尤其在我国的沿海城市，台风暴雨更是常见的天气状况。雨水通过建筑幕墙的孔和缝渗入室内，会侵染室内的装修和陈设物品，不仅影响室内的正常活动，而且使居民在心理上形成不能满足建筑基本要求的不舒适和不安全感。雨水流入幕墙中如不能及时排除，在冬季有将幕墙冻坏的可能。长期滞留在型材腔内的积水还会腐蚀金属材料和五金件，严重影响正常使用，从而缩短幕墙的寿命，由此可见幕墙水密性能是十分重要的。

## 一、幕墙水密性能分级

建筑幕墙在风雨同时作用下应保持不渗漏。在工程上以雨水不进入幕墙内表面的临界压力差 $P$ 为水密性能的分级值，雨水渗透性能分级值见表10-11。根据现行标准的规定，建筑幕墙雨水渗漏试验的淋水量为 $4L/(min·m²)$。

表10-11　雨水渗透性能分级值　　　　　　　　单位：Pa

| 分级指标 | | 分级 | | | | |
|---|---|---|---|---|---|---|
| | | Ⅰ | Ⅱ | Ⅲ | Ⅳ | Ⅴ |
| $P$ | 可开启部分 | ≥500 | <500 | <350 | <250 | <150 |
| | | | >350 | >250 | >150 | >100 |
| | 固定部分 | ≥2500 | <2500 | <1600 | <1000 | <700 |
| | | | >1600 | >1000 | >700 | >500 |

## 二、建筑幕墙水密性能检测方法

建筑幕墙水密性能的检测应按照现行国家标准《建筑幕墙气密、水密、抗风压性能检测方法》（GB/T 15227—2019）的规定执行。

## （一）检测项目

建筑幕墙试件的水密性能，检测幕墙试件发生严重渗漏时的最大压力差值。

## （二）检测装置

① 建筑幕墙试件的水密性能检测装置，由压力箱、供压系统、测量系统、淋水装置及试件安装系统组成。水密性能检测装置示意见图 10-9。

② 压力箱的开口尺寸应能满足试件安装的要求；箱体应具有良好的水密性能，以不影响观察试件的水密性能为最低要求；箱体应能承受检测过程中可能出现的压力差。

③ 支承幕墙的安装横架应有足够的刚度和强度，并固定在有足够刚度和强度的支承结构上。

④ 供风设备应能施工正负双向的压力差，并能达到检测所需要的最大压力差；压力控制装置应能调节出稳定的气流，并能稳定地提供 3～5s 周期的波动风压，波动风压的波峰值、波谷值应满足检测要求。

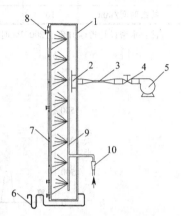

图 10-9　水密性能检测装置示意
1—压力箱；2—进气口挡板；
3—空气流量计；4—压力控制装置；
5—供风设备；6—差压计；
7—试件；8—安装横架；
9—淋水装置；10—水流量计

⑤ 差压计的两个探测点应在试件两侧就近布置，精度应达到示值的 2%，供风系统的响应速度应满足波动风压测量的要求。差压计的输出信号应由图表记录仪或可显示压力变化的设备记录。

⑥ 喷淋装置应能以不小于 $4L/(m^2 \cdot min)$ 的淋水量均匀地喷淋到试件的室外表面上，喷嘴应布置均匀，各喷嘴与试件的距离宜相等；喷淋装置的喷水量应能调节，并有措施保证喷水量的均匀性。

## （三）试件要求

（1）试件的规格、型号和材料等应与生产厂家所提供图样一致，试件的安装应符合设计要求，不得加设任何特殊附件或采取其他措施，试件应干燥。

（2）试件宽度至少应包括一个承受设计荷载的垂直构件。试件高度至少应包括一个层高，并在垂直方向上应有两处或两处以上和承重结构相连，试件组装和安装的受力状况应和实际情况相符。

（3）单元式建筑幕墙应至少包括一个与实际工程相符的典型十字缝，并有一个单元的四边形成与实际工程相同的接缝。

（4）幕墙试件应包括典型的垂直接缝、水平接缝和可开启部分，并使试件上可开启部分占试件总面积的比例与实际工程接近。

## （四）检测步骤

试件安装完毕后应进行检查，符合设计要求后才可进行检测。在进行检查前，应将试件可开启部分开关不少于 5 次，最后关紧。

检测时可分别采用稳定加压法或波动加压法。幕墙工程所在地为热带风暴和台风地区的工程检测，应采用波动加压法；定级检测和工程所在地为非热带风暴和台风地区的工程检测，应采用稳定加压法。已进行波动加压法检测的可不再进行稳定加压法检测。热带风暴和台风地区的划分按照现行国家标准《建筑气候区划标准》（GB 50178—1993）中的规定执行。

建筑幕墙的水密性能最大检测压力峰值应不大于抗风压安全检测压力值。

（1）稳定加压法  建筑幕墙水密性能的稳定加压法，应按图10-10、表10-12顺序加压。

表10-12  稳定加压顺序

| 加压顺序 | 1 | 2 | 3 | 4 | 5 | 6 | 7 | 8 |
|---|---|---|---|---|---|---|---|---|
| 检测压力/Pa | 0 | 250 | 350 | 500 | 700 | 1000 | 1500 | 2000 |
| 持续时间/min | 10 | 5 | 5 | 5 | 5 | 5 | 5 | 5 |

注：水密设计指标值超过2000Pa时，按照水密设计压力值进行加压。

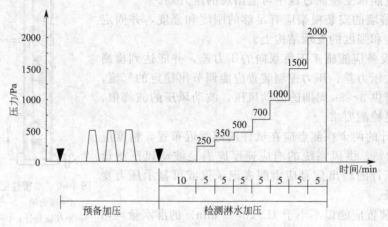

图10-10  稳定加压顺序示意图
（图中符号▼表示将试件的可开启部分开关5次）

① 预备加压  施加三个压力脉冲。压力差值为500Pa，加压速度约为100Pa/s，压力持续作用时间为3s，泄压时间不少于1s。待压力回零后，将试件所有开启部分开关不少于5次，最后关紧。

② 淋水  对整个建筑幕墙试件均匀地淋水，淋水量为3L/(m² · min)。

③ 加压  在淋水的同时施加稳定压力。定级检测时，逐级加压至幕墙固定部位出现严重的渗漏为止。工程检测时，首先加压至可开启部分水密性能指标值，压力稳定作用时间为15min或幕墙可开启部分产生严重的渗漏为止，然后加压至幕墙固定部位水密性能指标值，压力稳定作用时间为15min或幕墙固定部分产生严重的渗漏为止；无开启结构的幕墙试件稳定作用时间为30min或产生严重渗漏为止。

④观察记录  在逐级升压及持续作用过程中，认真观察并记录渗漏状态及部位。渗漏状态符号见表10-13。

表10-13  渗漏状态符号

| 渗漏状态 | 符号 | 渗漏状态 | 符号 |
|---|---|---|---|
| 试件内侧出现水滴 | ○ | 持续喷溅出试件界面 | ▲ |
| 水珠连成线，但未渗出试件的界面 | □ | 持续流出试件的界面 | ● |
| 局部有少量喷溅 | △ | — | — |

（2）波动加压法  建筑幕墙水密性能的波动加压法，应按图10-11、表10-14顺序加压。

表10-14　波动加压顺序

| 加压顺序 | | 1 | 2 | 3 | 4 | 5 | 6 | 7 | 8 |
|---|---|---|---|---|---|---|---|---|---|
| 波动压力值 | 上限值/Pa | — | 313 | 438 | 625 | 875 | 1250 | 1875 | 2500 |
| | 平均值/Pa | 0 | 250 | 350 | 500 | 700 | 1000 | 1500 | 2000 |
| | 下限值/Pa | — | 187 | 262 | 375 | 525 | 750 | 1125 | 1500 |
| 波动周期/s | | — | 3~5 | | | | | | |
| 每级加压时间/min | | 10 | 5 | | | | | | |

注：水密设计指标值超过2000Pa时，以该压力为平均值、波幅为实际压力的1/4。

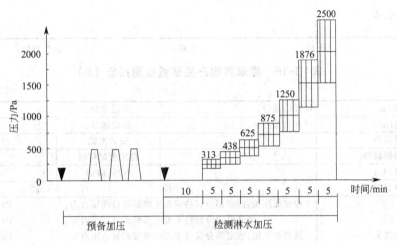

图10-11　波动加压顺序示意图
（图中符号▼表示将试件的可开启部分开关5次）

① 预备加压　施加三个压力脉冲。压力差值为500Pa，加压速度约为100Pa/s，压力持续作用时间为3s，泄压时间不少于1s。待压力回零后，将试件所有开启部分开关不少于5次，最后关紧。

② 淋水　对整个建筑幕墙试件均匀地淋水，淋水量为4L/(m²·min)。

③ 加压　在淋水的同时施加稳定压力。定级检测时，逐级加压至幕墙固定部位出现严重的渗漏为止。工程检测时，首先加压至可开启部分水密性能指标值，压力稳定作用时间为15min或幕墙可开启部分产生严重的渗漏为止，然后加压至幕墙固定部位水密性能指标值，波动压力作用时间为15min或幕墙固定部分产生严重的渗漏为止；无开启结构的幕墙试件稳定作用时间为30min或产生严重渗漏为止。

④ 观察记录　在逐级升压及持续作用过程中，认真观察并记录渗漏状态及部位。

### （五）分级指标值的确定

以未发生严重渗漏时的最高压力差值进行评定。检测报告可以参照表10-15、表10-16格式进行编写。

表10-15　建筑幕墙产品质量检测报告（5）

报告编号：　　　　　　　　　　　　　　　　　　　　　　　　共　页　第　页

| 委托单位 | | | |
|---|---|---|---|
| 地址 | | 电话 | |
| 送样/抽样日期 | | | |
| 抽样地点 | | | |
| 工程名称 | | | |

| 样品 | 生产单位 | | | | | |
|---|---|---|---|---|---|---|
| | 名称 | | | 状态 | | |
| | 商标 | | | 规格型号 | | |
| 检测 | 项目 | | | 数量 | | |
| | 地点 | | | 日期 | | |
| | 依据 | | | | | |
| | 设备 | | | | | |
| 检测结论 | | | | | | |

批准：　　　　　　审核：　　　　　　　　主检：　　　　　　报告日期：

**表10-16　建筑幕墙产品质量检测报告（6）**

报告编号：　　　　　　　　　　　　　　　　　　　　共　页　第　页

| 缝长（m） | 可开启部分： | | 固定部分： | |
|---|---|---|---|---|
| 面积（m²） | 可开启部分： | | 固定部分： | |
| 面板品种 | | | 安装方式 | |
| 玻璃镶嵌材料 | | | 框扇密封材料 | |
| 气温（℃） | | | 气压（kPa） | |
| 面板最大尺寸 mm | 宽： | 长： | 高： | |
| 检测结果 | 稳定加压法:固定部分保持未发生渗漏的最高压力为： | | | Pa |
| | 可开启部分保持未发生渗漏的最高压力为： | | | Pa |
| | 波动加压法:固定部分保持未发生渗漏的最高压力为： | | | Pa |
| | 可开启部分保持未发生渗漏的最高压力为： | | | Pa |
| | 备注： | | | |

# 第四节　建筑幕墙热工性能检测

工程检测结果表明，玻璃幕墙等透光建筑构件是建筑外围护结构中热工性能最薄弱的环节，通过透光建筑构件的热量消耗，在整个建筑物能耗中占有相当可观的比例。

据有关部门统计，进入 21 世纪以来，我国建筑幕墙的年用量约为世界其他国家年用量的总和。随着经济的进一步发展，作为围护结构的幕墙，越来越多地采用了玻璃幕墙，使建筑物的采暖空调能耗剧增。建筑幕墙的保温性能不好，既浪费大量的能源，又可能产生结露，造成室内热环境不佳；幕墙的隔热性能差，不但大幅度提高空调能耗，还会影响室内热舒适度。

建筑节能标准中确定的建筑节能目标是在确保室内热环境的前提下，降低采暖与空调的能耗。达到这个目标需从两个方面入手：一方面要提高建筑围护结构的热工性能；另一方面应采用高效率的空调采暖设备和系统。对于北方严寒及寒冷地区及夏热冬冷地区，建筑幕墙是以保温为主，主要衡量指标为传热系数；对于南方夏热冬暖地区，建筑幕墙的隔热则十分重要，主要衡量指标为遮阳系数。因此，传热系数和遮阳系数是衡量建筑幕墙热工性能最重要的两个指标。

## 一、建筑幕墙热工性能的要求

### （一）热工性能相关的术语

（1）热导率（$\lambda$）　在稳态条件下，两侧表面温差为 1℃，单位时间（1h）里流过单位面积（1m²）、单位厚度（1m）的垂直于均质单一材料表面的热流。假设材料是均质的，热导率不受材料厚度以及尺寸的影响。

（2）导温系数（C） 在稳态条件下，两侧表面温差为10℃时，单位时间里流过物体单位表面积的热量。

（3）表面换热系数（h） 当围护结构和周围空气之间温差为10℃时，由于辐射、传热、对流的作用，单位时间内流过围护结构单位表面积的热量。包括室内表面换热系数和室外表面换热系数。

（4）传热系数（K） 在稳态条件下，当围护结构两侧的空气温差为1℃时，单位时间里流过围护结构单位表面积的热量。

（5）传热阻（$R_0$） 表征建筑围护结构（包括两侧表面空气边界层）阻抗传热能力的物理量，为传热系数的倒数。

（6）抗结露系数（CRF） 由加权的窗框温度或者玻璃的平均温度分别按照一定的公式与冷室的空气温度和热室的空气温度进行计算，所得的两个数值中最低的一个就是抗结露系数。

（7）遮阳系数（SC） 以一定条件下透过3mm普通透明玻璃的太阳辐射总量为基础，将在相同条件下透过其他玻璃的太阳辐射总量与这个基础相比，得到的比值就称为这种玻璃的遮阳系数。这个遮阳系数乘以透明部分占幕墙总面积的百分比称为该幕墙的遮阳系数。

需要特别强调的是，热导率和传热系数是两个完全不同的概念。首先，热导率是指材料两边温差，通过材料本身传热性能来传导热量，是材料本身的特性，与材料的大小、形状无关。而传热系数实质是总传热系数，它是指围护结构两侧空气存在温差，从高温一侧空气向低温一侧空气传热的性能，它包括高温一侧空气边界层向幕墙表面传热。这种传热过程非常复杂，包括传导、对流、辐射等方式，再通过幕墙传导至另一表面，再由此表面向另一侧空气边界层传热。

## （二）幕墙热工性能指标的分级

保温性能系指在幕墙两侧存在空气温差的条件下，幕墙阻抗从高温一侧向低温一侧传热的能力。不包括从缝隙中渗入空气的传热和太阳辐射传热。幕墙保温性能可以用传热系数 $K$ 表示，也可用传热阻 $R_0$ 表示。传热系数衡量保温性能分级值见表10-17，传热阻衡量保温性能分级值见表10-18。

表10-17 传热系数衡量保温性能分级值　　单位：W/（m²·K）

| 分级指标 | 分级 | | | |
|---|---|---|---|---|
| | Ⅰ | Ⅱ | Ⅲ | Ⅳ |
| $K$ | $K \leqslant 0.70$ | $0.70 < K \leqslant 1.25$ | $1.25 < K \leqslant 2.00$ | $2.00 < K \leqslant 3.30$ |

表10-18 传热阻衡量保温性能分级值　　单位：m²·K/W

| 分级指标 | 分级 | | | |
|---|---|---|---|---|
| | Ⅰ | Ⅱ | Ⅲ | Ⅳ |
| $R_0$ | $R_0 \geqslant 1.43$ | $1.43 < R_0 \leqslant 0.80$ | $0.80 < R_0 \leqslant 0.50$ | $0.50 < R_0 \leqslant 0.30$ |

# 二、幕墙热工性能检测方法

根据我国的现行规定，目前建筑幕墙热工性能的检测仍采用门窗的标准，即按照国家标准《建筑外门窗保温性能检测方法》（GB/T 8484—2020）中的规定执行。

（一）检测范围

在《建筑外门窗保温性能检测方法》（GB/T 8484—2020）中，规定了建筑外窗保温性能分级及检测方法，明确说明该方法适用于建筑外门窗（包括天窗）传热系数和抗结露因子的分级及检测。由于建筑幕墙的规模通常比较大，按建筑外窗的检测方法选取的试件可能不满足一个建筑层高的要求，所以目前采用的折中方法是选取典型连接构造（通常是十字缝）的杆件分别测试，然后采用加权平均的方法计算得到建筑幕墙的综合传热系数。

（二）性能分级

建筑外门窗保温性能按外窗传热系数 $K$ 值分为十级，外窗保温性能分级见表10-19。

表10-19　外窗保温性能分级

| 分级 | 1 | 2 | 3 | 4 | 5 |
|---|---|---|---|---|---|
| 分级指标值 | $K \geqslant 5.0$ | $5.0 < K \geqslant 4.0$ | $4.0 < K \geqslant 3.5$ | $3.5 < K \geqslant 3.0$ | $3.0 < K \geqslant 2.5$ |
| 分级 | 6 | 7 | 8 | 9 | 10 |
| 分级指标值 | $2.5 < K \geqslant 2.0$ | $2.0 < K \geqslant 1.6$ | $1.6 < K \geqslant 1.3$ | $1.3 < K \geqslant 1.1$ | $K \leqslant 1.1$ |

（三）检测原理

（1）传热系数检测原理　此标准基于稳定传热原理，采用标定热箱法检测建筑门窗传热系数。试件一侧为热箱，模拟采暖建筑冬季室内气候条件；另一侧为冷箱，模拟冬季室外气候条件。在对试件缝隙进行密封处理时，在试件两侧各自保持稳定的空气温度、气流速度和热辐射条件下，测量热箱中加热器的发热量，减去通过热箱外壁和试件框的热损失，除以试件面积与两侧空气温差的乘积，即可计算出试件的传热系数 $K$ 值。

（2）抗结露因子检测原理　基于稳定传热的基本原理，采用标定热箱法检测建筑门窗抗结露因子。试件一侧为热箱，模拟采暖建筑冬季室内气候条件，同时控制相对湿度不大于20%；试件另一侧为冷箱，模拟冬季室外气候条件。在稳定传热状态下，测量冷热箱空气平均温度和试件热侧表面温度，计算试件的抗结露因子。抗结露因子是由试件框表面温度的加权值或玻璃的平均温度与冷箱空气温度（$t_c$）的差值除以热箱空气温度（$t_h$）与冷箱空气温度（$t_c$）的差值计算得到，再乘以 100 后，取所得的两个数值中较低的一个值。

（四）检测装置

建筑幕墙热工性能检测装置主要由热箱、冷箱、试件框、控温系统和环境空间等组成，建筑幕墙热工性能检测装置如图 10-12 所示。设备各部分应符合如下要求。

（1）热箱

① 热箱的开口尺寸不宜小于 2100mm × 2400mm（宽度 × 高度），进深不宜小于 2000mm。

② 热箱的外壁构造应是热均匀体，其热阻值不得小于 3.5m² · K/W。

③ 热箱内表面总的半球发射率 ε 值应大于 0.85。

（2）冷箱

① 冷箱的开口尺寸应与试件框边缘尺寸相同，其进深以能容纳制冷、加热及气流组织设备为宜。

② 冷箱外壁应采用不透气的保温材料，其热阻值不得小于 3.5m² · K/W，内表面应采用不吸水、耐腐蚀的材料。

③ 冷箱通过安装在冷箱内的蒸发器或引入冷空气进行降温。

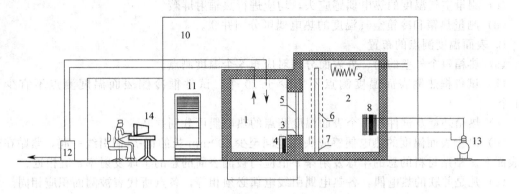

图 10-12　建筑幕墙热工性能检测装置

1—热箱；2—冷箱；3—试件框；4—电加热器；5—试件；6—隔风板；7—风机；8—蒸发器；9—加热器；
10—环境空间；11—空调器；12—控温装置；13—冷冻机；14—温度控制与数据采集系统

④ 利用隔风板和风机进行强迫对流，形成沿试件表面自上而下的均匀气流，隔风板与试件框冷侧表面距离宜能进行调节。

⑤ 隔风板宜采用热阻值不小于 $1.0 m^2 \cdot K/W$ 的挤塑聚苯板，隔风板面向试件的表面，其总的半球发射率 ε 值应大于 0.85。隔风板的宽度与冷箱内净宽度相同。

⑥ 在蒸发器的下部应设置排水孔或盛水盘。

（3）试件框

① 试件框的外缘尺寸应不小于热箱开口部位的内缘尺寸。

② 试件框应采用不吸湿、均匀的保温材料，热阻值不得小于 $7.0 m^2 \cdot K/W$，其容重应在 $20\sim40 kg/m^3$。

③ 安装外窗试件的洞口尺寸不应小于 1500mm×1500mm。洞口下部应留有高度不小于600mm、宽度不小于 300mm 的平台。平台及洞口的周边应采用不吸水、传热系数小于 $0.25W/（m^2 \cdot K）$ 的材料。

④ 安装外门试件的洞口尺寸不宜小于 1800mm×2100mm，洞口周边的面板应采用不吸水、传热系数小于 $0.25W/（m^2 \cdot K）$ 的材料。

（4）环境空间

① 检测装置应放在装有空调器的试验室内，保证热箱外壁内、外表面面积加权平均温差小于 1.0K。试验室空气温度波动应不大于 0.5K。

② 试验室围护结构应有良好的保温性能和热稳定性。应避免太阳光通过窗户进入室内，试验室内墙体及顶棚应进行绝热处理。

③ 热箱外壁与周边壁面之间至少应留有 500mm 的空间。

（5）感温元件

① 感温元件应采用铜-康铜热电偶，测量不确定度应小于 0.2K。铜-康铜热电偶必须使用同批生产、丝径为 0.2～0.4mm 的铜丝和康铜丝制作。铜丝和康铜丝应有绝缘包皮，热电偶感应头应进行绝缘处理。铜-康铜热电偶应定期进行校验。

② 铜-康铜热电偶的布置

A. 空气温度测点的布置

（a）应在热箱空间内设置两层热电偶作为空气温度测点，每层均匀布 4 点。

（b）冷箱空气温度测点应布置在符合《绝热稳态传热性质的测定标定和防护热箱》（GB/T 13475—2008）规定的平面内，与试件安装洞口对应的面积上均匀布 9 点。

(c) 测量空气温度的热电偶感应头，均应进行热辐射屏蔽。

(d) 测量热箱和冷箱空气温度的热电偶可分别并联。

B. 表面温度测点的布置

(a) 热箱每个外壁的内、外表面分别对应布 6 个温度测点。

(b) 试件框热侧表面温度测点不宜少于 20 个，试件框冷侧表面温度测点不宜少于 214 个。

(c) 热箱外壁及试件框每个表面温度测点的热电偶可分别并联。

(d) 测量表面温度的热电偶感应头应连同至少 100mm 长的铜-康铜引线一起，紧贴在被测表面上。粘贴材料的总的半球发射率 ε 值应与被测表面的总的半球发射率 ε 值相近。

(e) 凡是并联的热电偶，各热电偶引线电偶必须相等，各点所代表被测面积应相同。

(6) 热箱加热装置

① 热箱采用交流稳压电源供电暖气进行加热。检测外窗时，窗洞口平台板至少应高于加热器顶部 50mm。

② 计量加热功率 Q 的功率表的准确度等级不得低于 0.5 级，且应根据被测值大小转换量程，使仪表值达到满量程的 70% 以上。

(7) 控湿装置　采用除湿系统控制热箱空气湿度。保证在整个测试过程中，热箱内的相对湿度小于 20%。设置一个湿度计测量热箱内空气的相对湿度，湿度计的测量精度不应低于 3%。

(8) 风速测量　冷箱风速可用热球风速仪进行测量，测点位置与冷箱空气温度测点位置相同。不必每次试验都测定冷箱的风速。当风机型号、安装位置、数量及隔气板位置发生变化时，应重新进行测量。

（五）检测条件

(1) 传热系数的检测

① 热箱空气平均温度设定范围为 19～21℃，温度波动幅度不应大于 0.2K。

② 热箱内的空气为自然对流。

③ 冷箱空气平均温度设定范围为 −21～−19℃，温度波动幅度不应大于 0.3K。

④ 与试件冷侧表面距离应符合《绝热稳态传热性质的测定标定和防护热箱》（GB/T 13475—2008）规定，平面内的平均风速为 3.0m/s±0.2m/s。

(2) 抗结露因子检测

① 热箱空气平均温度设定范围为 20℃±0.5℃，温度波动幅度不应大于 ±0.3K。

② 热箱内的空气为自然对流，其相对湿度不大于 20%。

③ 冷箱空气平均温度设定范围为 −20℃±0.5℃，温度波动幅度不应大于 ±0.3K。

④ 与试件冷侧表面距离应符合《绝热稳态传热性质的测定标定和防护热箱》（GB/T 13475—2008）规定，平面内的平均风速为 3.0m/s±0.2m/s。

⑤ 试件冷侧总压力与热侧静压力之差在 0Pa±10Pa 范围内。

（六）检测程序

(1) 传热系数检测程序

① 在正式检测前，应认真检查热电偶是否完好。

② 启动检测装置，设定冷箱、热箱和环境空气温度。

③ 当冷箱、热箱和环境空气温度达到设定值后，监控各控温点温度，使冷箱、热箱和环境空气温度维持稳定。达到稳定状态后，如果逐时测量得到热箱和冷箱的空气平均温度

$t_h$ 和 $t_c$ 每小时变化的绝对值分别不大于 0.1℃和 0.3℃；温差 $\Delta\theta_1$ 和 $\Delta\theta_2$ 每小时变化的绝对值分别不大于 0.1K 和 0.3K，且上述温度和温差的变化不是单向变化，则表示传热过程已达到稳定过程。

④ 传热过程稳定之后，每隔 30min 测量一次参数 $t_h$、$t_c$、$\Delta\theta_1$、$\Delta\theta_2$、$Q$，共测 6 次。

⑤ 测量结束之后，记录热箱内空气相对湿度 $\varphi$，试件热侧表面及玻璃夹层结露或结霜状况。

(2) 抗结露因子检测

① 在正式检测前，应认真检查热电偶是否完好。

② 启动检测设备和冷箱、热箱的温度自控系统，设定冷箱、热箱和环境空气温度。

③ 调节压力控制装置，使热箱静压力和冷箱总压力之间净压差在 0Pa±10Pa 范围内。

④ 当冷箱、热箱和环境空气温度达到设定值后，每隔 30min 测量各控温点温度，检查是否稳定。如果逐时测量得到热箱和冷箱的空气平均温度 $t_h$ 和 $t_c$ 每小时变化的绝对值与标准条件相比不超过±0.3℃，总热量输入变化不超过±2%，则表示抗结露因子检测已经处于稳定状态。

⑤ 当冷箱、热箱空气温度达到稳定后，启动热箱控湿装置，保证热箱内的空气相对湿度 $\varphi$ 不大于 20%。

⑥ 热箱内的空气相对湿度满足要求后，每隔 5min 测量一次参数，共测 6 次。

⑦ 测量结束之后，记录试件热表面结露或结霜状况。

### （七）数据处理

(1) 传热系数

① 传热系数检测所获得的各种参数，应取其 6 次测量的平均值。

② 试件传热系数 $K$ 值可按式（10-18）进行计算：

$$K=\frac{Q-M_1\Delta\theta_1-M_2\Delta\theta_2-S\Lambda\Delta\theta_3}{A(t_h-t_c)} \qquad (10-18)$$

式中　$Q$——加热器加热功率，W；

　　　$M_1$——由标定试验确定的热箱外壁热流系数，W/K；

　　　$M_2$——由标定试验确定的试件框热流系数，W/K；

　　　$\Delta\theta_1$——热箱外壁内、外表面面积加权平均温度之差，K；

　　　$\Delta\theta_2$——试件框热侧、冷侧表面面积加权平均温度之差，K；

　　　$S$——填充板的面积，$m^2$；

　　　$\Lambda$——填充板的热导率，W/($m^2\cdot$K)；

　　　$\Delta\theta_3$——填充板热侧表面与冷侧表面的平均温差，K；

　　　$A$——试件面积，$m^2$，按试件外缘尺寸计算，如试件为采光罩，其面积按采光罩水平投影面积计算；

　　　$t_h$——热箱空气平均温度，℃；

　　　$t_c$——冷箱空气平均温度，℃。

如果试件的面积小于试件洞口的面积时，式（10-18）中分子 $S\Lambda\Delta\theta_3$ 项为聚苯乙烯泡沫塑料填充板的热损失。

③ 试件传热系数 $K$ 值取两位有效数字。

(2) 抗结露因子

① 抗结露因子检测所获得的各种参数，应取其 6 次测量的平均值。

② 试件抗结露因子 CRF 值可按式（10-19）和式（10-20）进行计算：

$$CRF_g = \frac{t_g - t_c}{t_h - t_c} \times 100\% \tag{10-19}$$

$$CRF_f = \frac{t_f - t_c}{t_h - t_c} \times 100\% \tag{10-20}$$

式中　　$CRF_g$——试件玻璃的抗结露因子；

　　　　$CRF_f$——试件框的抗结露因子；

　　　　$t_h$——热箱空气平均温度，℃；

　　　　$t_c$——冷箱空气平均温度，℃；

　　　　$t_g$——试件玻璃热侧表面平均温度，℃；

　　　　$t_f$——试件框热侧表面平均温度的加权值，℃。

试件抗结露因子 CRF 值应取 $CRF_g$ 与 $CRF_f$ 中的较低值。试件抗结露因子 CRF 值取两位有效数字。

（八）检测报告

建筑幕墙热工性能检测报告一般应包括以下内容。

（1）委托单位和生产单位名称。

（2）试件名称、编号、规格，玻璃品种，玻璃及两层玻璃间空气层厚度，窗框面积与窗面积之比。

（3）检测依据、检测设备、检测项目、检测类别、检测时间及报告日期。

（4）检测条件：热箱空气平均温度和空气相对湿度、冷箱空气平均温度和气流速度。

（5）检测结果：包括传热系数和抗结露因子。

（6）测试人、审核人和负责人签名，检测单位盖章。

# 第五节　建筑幕墙隔声性能检测

建筑幕墙的隔声性能是指通过空气传到建筑幕墙外表面的噪声，经幕墙反射、吸收及其他能量转化后的减少量。随着建筑幕墙设计面积的增大，其隔声性能的好坏对于室内声环境有很大影响，现已成为建筑幕墙设计和施工中的一项重要控制指标。

## 一、隔声性能的术语

（1）声透射系数　声透射系数是指透过试件的透射声功率与入射到试件上的入射声功率之比值。

（2）隔声量　隔声量是指入射到试件上的声功率与透过试件的透射声功率之比值，取以10 为底的对数乘以 10，用 $R$ 表示，单位为分贝（dB）。

（3）计权隔声量　计权隔声量是指将测得的构件空气隔声频率特性曲线与《建筑隔声评价标准》（GB/T 50121—2005）规定的空气隔声参考曲线，按照规定的方法相比较而得出的单值评价量，用 $R_w$ 表示，单位为分贝（dB）。

（4）粉红噪声频谱修正量　粉红噪声频谱修正量是指将计权隔声量值转换为试件隔绝粉红噪声时，试件两侧空间的 A 计权声压级差所需的修正值，用 $C$ 表示，单位为分贝（dB）。

（5）交通噪声频谱修正量　交通噪声频谱修正量是指将计权隔声量值转换为试件隔绝交通噪声时，试件两侧空间的 A 计权声压级差所需的修正值，用 $C_{tr}$ 表示，单位为分贝（dB）。

## 二、建筑幕墙隔声性能的分级

根据我国现行标准的规定，外门、外窗以"计权隔声量和交通噪声频谱修正量之和（$R_w + C_{tf}$）"作为分级指标；内门、内窗以"计权隔声量和粉红噪声频谱修正量之和（$R_w + C$）"作为分级指标。建筑门窗的空气声隔声性能分级见表10-20。

表10-20　建筑门窗的空气声隔声性能分级　　　　　　单位：dB

| 分级 | 外门外窗的分级指标值 | 内门内窗的分级指标值 | 分级 | 外门外窗的分级指标值 | 内门内窗的分级指标值 |
|---|---|---|---|---|---|
| 1 | $20 \leqslant R_w + C_{tf} < 25$ | $20 \leqslant R_w + C < 25$ | 4 | $35 \leqslant R_w + C_{tf} < 40$ | $35 \leqslant R_w + C < 40$ |
| 2 | $25 \leqslant R_w + C_{tf} < 30$ | $25 \leqslant R_w + C < 30$ | 5 | $40 \leqslant R_w + C_{tf} < 45$ | $40 \leqslant R_w + C < 45$ |
| 3 | $30 \leqslant R_w + C_{tf} < 35$ | $30 \leqslant R_w + C < 35$ | 6 | $R_w + C_{tf} \geqslant 45$ | $R_w + C \geqslant 45$ |

注：用于对建筑内机器、设备噪声源隔声的建筑内门窗，对中低频噪声宜用外门窗的指标值进行分级；对中高频噪声，可采用内门窗的指标值进行分级。

## 三、建筑幕墙隔声性能检测方法

根据我国现行规定，目前建筑幕墙隔声性能的检测仍采用建筑门窗的标准，即现行国家标准《建筑门窗空气声隔声性能分级及检测方法》（GB/T 8485—2008）。

### （一）检测项目

检测试件在下列中心频率：100Hz、125Hz、160 Hz、200 Hz、250 Hz、315 Hz、400 Hz、500 Hz、630 Hz、800 Hz、1000 Hz、1250 Hz、1600 Hz、2000 Hz、2500 Hz、3150 Hz、4000 Hz、5000 Hz 1/3 倍频程的隔声量。

### （二）检测装置

建筑幕墙隔声性能检测装置由试验室和测试仪器两部分组成，如图10-13 所示。

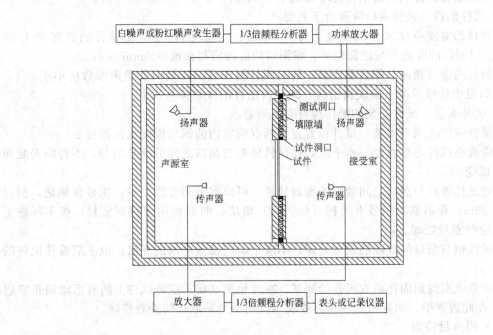

图 10-13　隔声性能检测装置示意图

（1）试验室　试验室由两间相邻的混响室（声源室和接收室）组成，两室之间为测试洞口。试验室应符合国家标准《声学建筑和建筑构件隔声测量　第1部分：侧向传声受抑制的实验室测试设施》（GB/T 19889.1—2005）规定的技术要求。

（2）测量设备　测量设备包括声源系统和接收系统。声源系统由白噪声或粉红噪声发生器、1/3倍频程滤波器、功率放大器和扬声器组成；接收系统由传声器、放大器、1/3倍频程分析器和记录仪器等组成。测量设备应符合国家标准《声学建筑和建筑构件隔声测量　第1部分：侧向传声受抑制的实验室测试设施》（GB/T 19889.1—2005）中第4章、第6章的规定。

（3）试件及安装

① 试件取样　同一型号规格的试样取三樘。试样应和图纸一致，不可附加任何多余的零配件或采用特殊的组装工艺和改善措施。

② 试件检查与处理　当存放试件的环境温度为5℃以下时，安装前应将门窗移至室内，在不低于15℃的环境下放置24h。

在试件安装前，应预先检验试件的重量、总面积、活动扇面积、门窗扇的结构和厚度，核对密封材料的材质，检查密封材料的状况。

③ 填隙墙　当试件尺寸小于试验室测试洞口尺寸时，应在测试洞口内构筑填隙墙，以适合试件的安装和检验。填隙墙应符合下列要求。

• 填隙墙应采用砖、混凝土等重质材料建造。推荐采用两层重墙，并在两墙体之间的空腔内填充岩棉（或玻璃棉），空腔与试件洞口的交接处用声反射性的弹性材料加以密封。

• 填隙墙应具有足够高的隔声能力，并使通过填隙墙的间接传声与通过试件的直接传声相比可忽略不计。应按国家标准《声学　建筑和建筑构件隔声测量　第3部分：建筑构件空气声隔声的实验室测量》（GB/T 19889.3—2005）附录B规定的方法对填隙墙间接传声的影响进行检验及修正。

• 填隙墙在试件洞口处的厚度不宜大于500mm。

④ 试件洞口　试件洞口应符合下列要求。

• 洞口的宽度应比试件的宽度大20～30mm，洞口的高度应比试件的高度也大20～30mm。门洞口的底面宜与地面相平，窗洞口的底面宜离地面900mm左右。

• 洞口内壁（顶面、侧面和底面）的表面材料在测试频段内的吸声系数应小于0.1。当试件洞口是由砖或混凝土砌块构筑时，洞口内壁可用砂浆抹灰找平。

⑤ 试件安装　试件安装和操作应符合下列要求。

• 试件应嵌入洞口安装，试件位置宜使两混响室内的洞口深度比值接近2∶1。

• 应调整试件的垂直度、水平度，使试件外框与洞口之间的缝隙均匀，不得因安装而使试件造成变形。

• 对试件外框与洞口之间缝隙的密封处理，可采取下列方法之一：用砂浆填堵，洞口内壁宜抹25mm厚砂浆；用吸声材料（如岩棉）填堵，两面再用密封剂密封；按实际施工要求作相应的密封处理。

• 试件框与洞口间缝隙的密封处理，不应影响门窗活动扇的开启，也不应盖住试件的排水孔。

• 砂浆或密封剂固化后方可开始测试。在开始测试前，应将试件上所有活动扇正常启闭10次。在此过程中，如有密封件损坏或脱落，均不得采取任何补救措施。

（4）隔声量检测

① 测量设备的校准　在进行隔声量检测前，应采用符合《电声学声校准器》（GB/T 15173—2010）中规定的Ⅰ级精度要求的声校准器对测量设备进行校准。

② 平均声压级和混响时间的测量　按照国家标准《声学　建筑和建筑构件隔声测量　第 3 部分：建筑构件空气声隔声的实验室测量》(GB/T 19889.3—2005) 第 6 章的规定，分别测量声源室内平均声压级 $L_1$、接收室内平均声压级 $L_2$ 和接收室的混响时间 $T$。测量的频率范围应符合国家标准的规定。

③ 背景噪声的修正　接收室内任一频带的信号声压级和背景噪声叠加后的总声压级宜比背景噪声级高 15dB 以上，且不应低于 6dB。当总声压级与背景噪声级的差值大于或等于 15dB 时，不需要对背景噪声进行修正；当差值大于或等于 6dB 但小于 15dB 时，应按有关要求计算接收室的信息声压级。

④ 隔声量的计算　试件在各 1/3 倍频带的隔声量 $R$ 按式（10-21）计算：

$$R = L_1 - L_2 + 10\lg(S/A) \tag{10-21}$$

式中　$L_1$——声源室内平均声压级，dB；

　　　$L_2$——接收室内平均声压级，dB；

　　　$S$——试件洞口的面积，$m^2$；

　　　$A$——接收室内吸声量，$m^3/s$，按式（10-22）计算。

$$A = 0.16V/T \tag{10-22}$$

式中　$V$——接收室的容积，$m^3$；

　　　$T$——接收室的混响时间，s。

⑤ 计权隔声量、频谱修正量和隔声性能等级的确定

● 单樘试件计权隔声量和频谱修正量的确定　按照《建筑隔声评价标准》(GB/T 50121—2005) 中规定的方法，用所测试件各频带的隔声量确定该樘试件的计权隔声量、粉红噪声频谱修正量和交通噪声频谱修正量。

● 三樘试件平均隔声量的计算　各 1/3 倍频带，三樘试件平均隔声量可根据有关公式进行计算。

● 三樘试件的平均计权隔声量和频谱修正量的确定　按照《建筑隔声评价标准》(GB/T 50121—2005) 中规定的方法，用三樘试件各频带的平均隔声量确定本组试件的平均计权隔声量 $R_w$、粉红噪声频谱修正量 $C$ 和交通噪声频谱修正量 $C_{tr}$。

● 隔声性能等级的确定　根据确定的三樘试件的平均计权隔声量 $R_w$、粉红噪声频谱修正量 $C$ 和交通噪声频谱修正量 $C_{tr}$，计算 $R_w + C$ 和 $R_w + C_{tr}$，并以此作为本型号试件隔声性能的分级指标值。

对照表 10-20 确定本型号试件的隔声性能。当试件不足三樘时，检测结果不得作为该型号试件隔声性能的分级指标值。

## 四、建筑幕墙隔声性能检测报告

建筑幕墙隔声性能检测报告应包括下列内容。

(1) 委托单位和生产单位名称。

(2) 试件的生产厂名、品种、型号、规格及有关的图示（试件的立面和剖面等）。

(3) 试件的单位面积重量、总面积、可开启面积、密封条状况、密封材料的材质，五金件中锁点、锁座的数量和安装位置，门窗玻璃或镶板的种类、结构、厚度、装配或镶嵌方式。

(4) 试件的安装情况、试件周边的密封处理和试件洞口的说明。

(5) 建筑幕墙隔声性能的检测依据和仪器设备。

(6) 接收室的温度和相对湿度、声源室和接收室的容积。

（7）用表格和曲线图的形式绘出每一樘试件隔声量与频率的关系，以及该组试件平均隔声量与频率的关系。曲线图的横坐标表示频率，纵坐标表示隔声量（保留一位小数），并宜采用以下尺度，5mm 表示一个 1/3 倍频程，20mm 表示 10dB。

（8）对高隔声量（隔声等级 6 级）的特殊试件，如果个别频带隔声量受间接传声或背景噪声的影响只能测出低限值时，测量结果按 R 不小于若干分贝（dB）的形式给出。

（9）每樘试件的计权隔声量、频谱修正量及该组试件的平均计权隔声量 $R_w$、粉红噪声频谱修正量 $C$ 和交通噪声频谱修正量 $C_{tr}$。

（10）建筑幕墙试件的隔声性能等级（当试件不足三樘时，则无此项）。

（11）检测单位的名称和地址、检测报告编号、检测日期、主检人员和审核人员的签名、检测单位盖章。

# 第六节　建筑幕墙光学性能检测

光是人们日常工作、学习、生活和文化娱乐活动不可缺少的条件。光特别是天然光，对于人们的生理和心理健康还有着重要影响。随着社会和科学技术的发展，人们对建筑光环境质量的要求越来越高。因此，如何创造良好的室内外光环境，并满足和协调其他方面的要求，是建筑幕墙光学性能设计和检测中需要考虑的重要问题。

建筑幕墙光环境评价指标主要包括数量和质量两个方面的要求。数量是指建筑照明的水平，包括采光系数、照度、亮度等指标；质量则包括均匀度、显色性和眩光等指标。不同的视觉作业，需要提供不同的照明水平和良好的照明质量。特别是对于采用了大面积透明围护结构的建筑而言，必须对其幕墙的光学性能指标进行详细规定，并进行精心设计，以满足室内的采光，对直射太阳光和眩光进行良好的控制，保证室内的视觉舒适以及避免光线对物体的损害等。

在建筑幕墙特别是玻璃幕墙的设计过程中，要关注幕墙的光学性能：一方面，要满足建筑采光的数量和质量的要求，营造舒适的室内光环境；另一方面，还应控制有害的反射光，避免对周围环境造成光污染。

## 一、建筑幕墙对光学性能要求

### （一）光学性能的术语及定义

（1）光学辐射　波长位于向 X 射线过渡区与向无线电波过渡区之间的电磁辐射，简称为光辐射。根据波长范围的不同，光辐射可分为可见辐射、红外辐射和紫外辐射。

（2）光度测量　光度测量的参数包括：可见光反射比、可见光透射比、透射折减系数、太阳能直接反射比、太阳能直接透射比、太阳能直接吸收比、太阳能总透射比、遮蔽系数、紫外线反射比、紫外线透射比、辐射率。

（3）色度测量　色度测量的参数主要包括色品、色差和颜色透视指数。

（4）光气候　由直射日光、天空（漫射）光和地面反射光形成的天然光平均状况。

（5）光环境　光环境是指从生理和心理效果来评价的照明环境。

（6）采光性能　建筑外窗在漫射光照射下透过光的能力。

（7）透光折减系数　光通过窗框和采光材料与窗相组合的挡光部件后减弱的系数。

（8）玻璃幕墙的有害光反射　对人引起视觉累积损害或干扰的玻璃幕墙光反射，包括失能眩光或不舒适眩光。

（9）光污染　广义指干扰光或过量的光辐射（含可见光、红外辐射和紫外辐射）对人体健康和人类生存环境造成的负面影响的总称；狭义指干扰光对人和环境的负面影响。

（10）失能眩光　失能眩光是指降低视觉对象的可见度，但并不一定产生不舒适感觉的眩光。

（11）不舒适眩光　产生不舒适感觉，但不一定降低视觉对象可见度的眩光。

（12）可视　当头和眼睛不动时，人眼能察觉到的空间角度范围。

（13）畸变　物体经成像后发生扭曲的现象。

### （二）我国对幕墙光学性能的要求

玻璃幕墙的设置应符合城市规划的要求，应满足采光、保温、隔热的要求，还应符合有关光学性能的要求。

（1）玻璃幕墙的光学性能要求　我国现行国家标准《玻璃幕墙光学性能》（GB/T 18091—2015）对玻璃幕墙的光学性能有如下规定。

① 一般幕墙玻璃产品应提供可见光透射比、可见光反射比、太阳能反射比、太阳能总透射比、遮蔽系数、色差。对有特殊要求的博物馆、展览馆、图书馆、商厦的幕墙玻璃产品还应提供紫外线透射比、颜色透视指数。幕墙玻璃的光学性能参数应符合《玻璃幕墙光学性能》（GB/T 18091—2015）附录 A、附录 B 和附录 C 的规定。

② 为限制玻璃幕墙的有害光反射，玻璃幕墙应采用反射比不大于 0.30 的幕墙玻璃。

③ 幕墙玻璃的颜色的均匀性用"CIELAB 系统"色差 $\Delta E$ 表示，同一玻璃产品的色差 $\Delta E$ 应不大于 3CIELAB 色差单位，此标准规定的色差为反射色差。

④ 为减少玻璃幕墙的影像畸变，玻璃幕墙的组装与安装应符合《建筑幕墙》（GB/T 21086—2007）规定的平直度要求，所用的玻璃符合相应现行国家行业标准的要求。

⑤ 对有采光功能要求的玻璃幕墙其透光折减系数一般不低于 0.20。

（2）玻璃幕墙光学设计与设置　为了限制玻璃幕墙有害光反射，玻璃幕墙的光学设计与设置应符合以下规定。

① 在城市主干道、立交桥、高架路两侧的建筑物 20m 以下，其余路段 10m 以下不宜设置玻璃幕墙的部位，应采用反射比不大于 0.16 的低反射玻璃。若反射比高于此值应控制玻璃幕墙的面积或采用其他材料对建筑立面加以分隔。

② 在居住区内应限制设置玻璃幕墙；历史文化名城中划定的历史街区、风景名胜区应慎用玻璃幕墙。

③ 在 T 形路正对直线路段处不应设置玻璃幕墙；在十字路口或多路交叉路口不宜设置玻璃幕墙。

④ 道路两侧玻璃幕墙设计成凹形弧面时，应避免反射光进入行人与驾驶员的视场内，凹形弧面玻璃幕墙的设计与设置，应控制反射光聚焦点的位置，其幕墙弧面的曲率半径 $R_p$，一般应大于或等于幕墙至对面建筑物立面的最大距离 $R_s$，即 $R_p \geqslant R_s$。

⑤ 南北向玻璃幕墙做成向后倾斜某一角度时，应避免太阳反射光进入行人与驾驶员的视场内，其向后与垂直面的倾角 $\theta$ 应大于 $h/2$。当幕墙离地面高度大于 36m 时可不受此限制。$h$ 为当地夏至正午时的太阳高度角。

⑥ 现行国家标准《公共建筑节能设计标准》（GB 50189—2015）中规定：当窗（包括透明幕墙）墙面积比小于 0.40 时，玻璃（或其他透明材料）的可见光透射比不应小于 0.4。

### （三）透明幕墙光学性能的分级

对于有采光要求的透明幕墙，应保证其具有相应的采光性能。采用窗的透光折减系数 $T_r$ 作为采光性能的分级指标。窗或幕墙的采光性能分级指标值及分级应按照表10-21的规定，窗或幕墙的颜色透视指数分级指标及分级应按照表10-22的规定。

**表10-21　窗或幕墙的采光性能分级**

| 分级 | 透光折减系数 $T_r$ | 分级 | 透光折减系数 $T_r$ |
|---|---|---|---|
| 1 | $0.20 \leqslant T_r < 0.30$ | 4 | $0.50 \leqslant T_r < 0.50$ |
| 2 | $0.30 \leqslant T_r < 0.40$ | 5 | $T_r \geqslant 0.60$ |
| 3 | $0.40 \leqslant T_r < 0.50$ | | |

**表10-22　颜色透视指数分级**

| 分级 | 透视指数($R_a$) | 评判 | 分级 | 透视指数($R_a$) | 评判 |
|---|---|---|---|---|---|
| I | $R_a \geqslant 80$ | 好 | III | $40 \leqslant R_a < 60$ | 一般 |
| II | $60 \leqslant R_a < 80$ | 较好 | IV | $R_a < 40$ | 较差 |

## 二、建筑幕墙光学性能检测方法

建筑幕墙光学性能的检测应按照《玻璃幕墙光学性能》(GB/T 18091—2015)、《建筑玻璃　可见光透射比、太阳光直接透射比、太阳能总透射比、紫外线透射比及有关窗玻璃参数的测定》(GB/T 2680—2021)、《彩色建筑材料色度测量方法》(GB/T 11942—1989) 及《采光测量方法》(GB 5699—2017) 的规定执行。

### （一）建筑外窗及幕墙采光性能检测

建筑外窗及幕墙采光性能的检测，应按照现行国家标准《建筑外窗采光性能分级及检测方法》(GB 11976—2015) 的规定执行。

(1) 检测项目　建筑外窗的采光性能，适用于各种材料的建筑外窗，包括天窗和阳台门上部的透光部分。检测对象包括窗试件本身及与窗组合的挡光部件。对于尺寸大小不超过检测装置尺寸限制的幕墙单元，也可用该方法进行检测。

(2) 检测装置　建筑外窗及幕墙采光性能的检测装置，主要由光源室、光源、接收室、试件框等组成。检测装置如图10-14所示。

① 光源室要求

a. 内表面应采用漫反射、光谱选择性小的涂料，其反射比应大于等于0.8。

b. 试件表面上的照度宜大于等于1000lx，各点的照度不应超过1%。

c. 光源室应采用球体或正方体，以满足上述要求的其他形状，其最大开口面积应小于室内表面积的10%。

② 光源要求

a. 光源应采用具有连续光谱的电光源，且应对称布置，并应有控光装置。

b. 光源应由稳压装置供电，其电压波动应小于等于0.5%。

c. 光源应按《总光通量标准白炽灯检定规程》(JJG 247—2008) 附录1所述方法进行稳定性检查。

d. 光源安装位置应保证不得有直射光落到试件表面。

③ 接收室要求

a. 接收室应为球体或正方体，其开口面积同光源室。

b. 对接收室内表面的要求应与光源室相同。

④ 试件框要求

a. 试件框厚度应等于实际幕墙的厚度。

b. 试件框与两室开口相连接部分不应漏光。

⑤ 光接收器要求

a. 光接收器应具有 $V(\lambda)$ 修正，其光谱响应应与国际照明委员会的明视觉光谱光视效率一致。

b. 光接收器应具有余弦修正器，光接收器应符合《光照度计检定规程》(JJG 245—2005) 规定的一级照度计要求。

c. 光接收器的设置。在接收室开口周边内应均匀设置不少于 4 个光接收器，且应对各光接收器的示值进行统一校准。

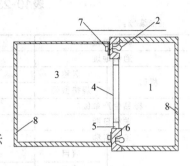

图 10-14　检测装置示意图
1—光源室；2—光源；3—接收室；
4—试件洞口；5—试件框；6—灯槽；
7—接收器；8—漫反射层

⑥ 检测仪表要求。应采用一级以上的照度计，其测量有效位数不得少于 3 位。

(3) 试件要求　建筑外窗及幕墙采光性能的检测试件应满足下列要求。

① 试件数量一般可为一件；试件必须装修完好，无缺损、无污染。

② 试件必须和产品设计、加工和实际使用要求完全一致，不得有多余的附件或采用特殊的加工方法。

③ 试件应备有相应的安装外框，外框应具有足够的刚度，在检测中不应发生变形。

④ 窗试件应安装在框厚中线位置，安装后的试件要求垂直、平行，无扭曲或弯曲现象。

⑤ 试件与试件框连接处不应有漏光缝隙。

(4) 检测方法

① 检测程序

a. 试件安装应按试件要求执行。

b. 关闭接收室，开启检测仪表，待光源点燃 15min 后，采集各光接收器数据，采集次数不得少于 3 次。

c. 打开接收室，卸下窗试件，保留堵塞缝隙材料，合上接收室，采集各光接收器数据，数据采集次数应当与规定的采集次数相同。

② 数据处理　根据每次采集的数据 $E_{wi}$ 和 $E_{oi}$，并按规定进行数据处理，最后计算透光折减系数 $T_r$。

(5) 检测报告　建筑外窗及幕墙采光性能的检测报告应包括以下内容。

① 试件的类型、尺寸和构造简图。

② 采光材料的特性，如玻璃的种类、厚度和颜色。

③ 窗框材料及颜色。

④ 检测条件：光源类型，漫射光照射试件。

⑤ 检测结果：窗的透光折减系数 $T_r$、所属级别。

⑥ 检测人和审核人签名。

⑦ 检测单位名称，检测日期。

建筑外窗及幕墙采光性能检测报告格式可参照表 10-23 进行编写。

#### 表10-23　建筑外窗及幕墙采光性能检测报告

报告编号：　　　　　　　　　　　　　　　　　　　　　　　　　　　　　　共　页　第　页

| 委托单位 | | | | | |
|---|---|---|---|---|---|
| 通信地址 | | | | 电话 | |
| 样口 | 名称 | | | 状态 | |
| | 规格型号 | | | 商标 | |
| 样品生产单位 | | | | | |
| 送样日期 | | | | 地点 | |
| 工程名称 | | | | | |
| 检验 | 项目 | | | 数量 | |
| | 地点 | | | 日期 | |
| | 依据 | 参照《建筑外窗采光性能分级及检测方法》(GB/T 11976—2015) | | | |
| | 设备 | 采光性能检验装置 | | | |

检测结论

透光折减系数：

采光性能分级：

批准：　　　　　　审核：　　　　　　　　　　　　主检：　　　　　　报告日期：

### （二）幕墙材料的光学特性

幕墙材料的可见光反射比、可见光透射比、太阳能直接反射比、太阳能直接透射比、太阳能直接吸收比、太阳能总透射比、遮蔽系数、紫外反射比、紫外透射比、辐射率应按照现行国家标准 GB/T 2680—2021 的规定执行。

（1）检测项目　幕墙材料的光学特性检测项目，主要包括可见光反射比、可见光透射比、太阳能直接反射比、太阳能直接透射比、太阳能直接吸收比、太阳能总透射比、遮蔽系数、紫外反射比、紫外透射比、颜色透视指数。

（2）检测装置　幕墙材料的光学特性检测装置，主要包括分光光度计、参比白板、积分球。仪器的各项要求见表10-24。

#### 表10-24　仪器的各项要求

| 区域 | 波长范围 | 波长准确度 | 光度测量准确度 | 谱带半宽带 | 波长间隔 |
|---|---|---|---|---|---|
| 紫外区 | $300\sim380nm$ | $\pm1nm$ 以内 | 1%以内<br>重复性 0.5% | 10nm 以下 | 5nm |
| 可见区 | $380\sim780nm$ | $\pm1nm$ 以内 | 1%以内<br>重复性 0.5% | 10nm 以下 | 10nm |
| 太阳光区 | $300\sim2500nm$ | $\pm5nm$ 以内 | 2%以内<br>重复性 1% | 50nm 以下 | 50nm |
| 远红外区 | $4.5\sim25\mu m$ | $\pm0.2\mu m$ 以内 | 2%以内<br>重复性 1% | $0.1\mu m$ 以下 | $0.5\mu m$ |

（3）试件要求　幕墙材料的光学特性检测试件应满足以下要求。

① 试件表应保持清洁，无污染。

② 试件必须和产品设计、加工和实际使用要求完全一致，不得有多余附件或采用特殊加工方法。

③ 一般建筑玻璃和单层窗玻璃构件的试样，均采用同材质玻璃的切片。

④ 多层玻璃构件的试样，采用同材质单片玻璃切片的组合体。

（4）检测方法　光谱特性参数的测定是在准平行、几乎垂直入射的条件下进行的。在测试中，照明光束的光轴与试样表面法线的夹角不超过10°，照明光束中任一光线与光轴的夹角不超过 5°。在整个检测过程中应注意以下方面。

① 在光谱透射比测定中，采用与试样同样厚度的空气层作为参比标准。

② 在光谱反射比测定中，采用仪器配置的参比白板作为参比标准。

③ 对于多层玻璃的构件，应对每层玻璃的光谱参数分别进行测试后，计算得到多层玻璃的光学性能。

（5）检测报告　幕墙材料的光学特性检测报告中需要注明以下内容。

① 材料的类型和特性，如规格、型号、厚度和颜色。

② 各项检测的结果。

③ 材料的光谱特性曲线。

④ 一般颜色透视指数的结果应给出两位有效数字。

⑤ 检测人和审核人签名。

⑥ 检测单位名称，检测日期。

幕墙材料光学特性检测报告见表 10-25。

**表10-25　幕墙材料光学特性检测报告**

报告编号：　　　　　　　　　　　　　　　　　　　　　　　　　　　共　页　第　页

| 委托单位 | | | | |
|---|---|---|---|---|
| 通信地址 | | | 电话 | |
| 样口 | 名称 | | 状态 | |
| | 规格型号 | | 商标 | |
| 生产单位 | | | | |
| 送样/抽样日期 | | | 地点 | |
| 工程名称 | | | | |
| 检验 | 项目 | | 数量 | |
| | 地点 | | 日期 | |
| | 依据 | 参照《建筑外窗采光性能分级及检测方法》（GB/T 11976—2015） | | |
| | 设备 | 采光性能检验装置 | | |

检测结论

紫外线透射比：

紫外线反射比：

可见光透射比：

可见光反射比：

太阳能直接透射比：

太阳能直接反射比：

太阳能总透射比：

遮蔽系数：

批准：　　　　　审核：　　　　　　主检：　　　　　　报告日期：

**（三）幕墙材料的其他光学性能**

幕墙材料的其他光学性能包括透光系数、色差和影像畸变。颜色透射指数应按《建筑玻璃 可见光透射比、太阳光直接透射比、太阳能总透射比、紫外线透射比及有关窗玻璃参数的测定》（GB/T 2680—2021）和《光源显色性评价方法》（GB/T 5702—2003）的规定执行；色差应按《彩色建筑材料色度测量方法》（GB/T 11942—1989）的规定执行。

（1）透光系数的测量

① 测量用的照度计宜采用二级以上的照度计（指针式或数字式）。

② 用照度计测量透光材料的透光系数，应在天空扩散光的情况下进行。将照度计的接收器分别贴在被测窗或透明幕墙的内、外表面，两测点应在同一轴心上。分别读取内、外两测

点的照度值。透光系数测量示意见图 10-15。透光系数是材料内测点的照度与外测点的照度比值。

③ 在测量透光系数时，可选取具有代表性位置的透光材料 3～5 块作为试件。

④ 每块透光材料可选一个测点或多个测点，取各测点的透光系数的算术平均值作为透光材料的透光系数。

（2）色差的现场检测

幕墙材料色差的现场检测，可分为目视检测和仪器检验。

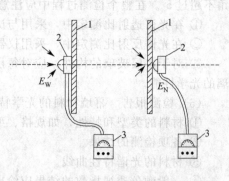

图 10-15 透光系数测量示意
1—被测透光材料；2—接收器；3—照度计

① 目视检测　对色差进行色差目视检测时，以一面墙作为一个目测单元，并对各面墙逐个进行。当目测判定色差有问题或有争议时，应采用仪器进行检验。

② 仪器检验　在有色差问题的幕墙部位选取检验点，以 2 片玻璃幕墙作为一个色差检验组，每组内选取 5 个检测点，每片幕墙上至少包含一个检验点。色差分组进行检验，有色差问题的幕墙部位都应包含在检验组内。检验方法应按《彩色建筑材料色度测量方法》(GB/T 11942—1989) 的规定进行。

（3）影像畸变检验

玻璃幕墙出现影像畸变时应进行影像畸变检验。影像畸变的现场检验用目测的方法进行。对影像畸变进行目测时，以一面墙作为一个目测单元，并对各面墙逐个进行。当对目测评定影像畸变有争议时，应按《建筑幕墙》(GB/T 21086—2007) 规定的方法对玻璃幕墙的组装允许偏差进行检验。

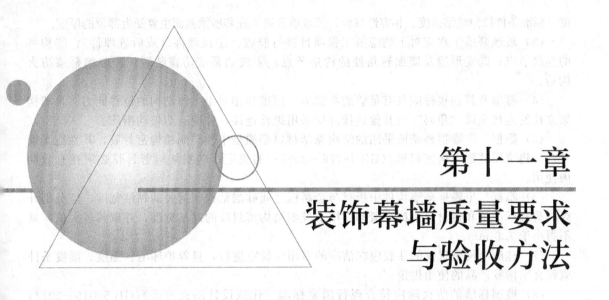

# 第十一章
# 装饰幕墙质量要求
# 与验收方法

装饰幕墙工程是位于建筑物外围的一种大面积结构。由于长期处于露天的工作状态，其经常受到风雨、雪霜、阳光、温湿变化和各种侵蚀介质的作用，对于其制作加工、结构组成和安装质量等方面，均有一定的规定和较高要求。

玻璃幕墙、金属幕墙、石材幕墙和人造板材幕墙等分项工程的质量验收，是确保幕墙工程施工质量极其重要的环节。在进行工程质量验收中，应遵循现行国家标准《建筑装饰装修工程质量验收标准》(GB 50210—2018) 中的规定。

## 第一节　玻璃幕墙的质量标准及检验方法

### 一、玻璃幕墙质量验收一般规定

(1) 玻璃幕墙工程验收时应检查下列文件和记录：①玻璃幕墙工程的施工图、计算书、设计说明及其他设计文件；②建筑设计单位对玻璃幕墙工程设计的确认文件；③玻璃幕墙工程所用各种材料、配件、构件及组件的产品合格证书、性能检验报告、进场验收记录和复验报告；④玻璃幕墙工程所用硅酮结构胶的抽查合格证明；进口硅酮结构胶的商检证；国家指定检测机构出具的硅酮结构胶相容性和剥离黏结性检验报告；⑤"后置埋件"的现场拉拔强度检验报告；⑥玻璃幕墙的气密性、水密性、耐风压性能及平面变形性能检验报告；⑦打胶、养护环境的温度、湿度记录；双组分硅酮结构胶的混匀性试验记录及拉断试验记录；⑧防雷装置测试记录；⑨隐蔽工程验收记录；⑩玻璃幕墙构件、组件和面板的加工制作记录；玻璃幕墙安装施工记录。

(2) 玻璃幕墙工程应对下列材料及其性能指标进行复验：①玻璃幕墙用硅酮结构胶的邵氏硬

度、标准条件拉伸黏结强度、相容性试验；②玻璃幕墙立柱和横梁截面主要受力部位的厚度。

（3）玻璃幕墙工程应对下列隐蔽工程项目进行验收：①预埋件（或后置埋件）；②构件的连接节点；③变形缝及墙面转角处的构造节点；④玻璃幕墙防雷装置；⑤玻璃幕墙防火构造。

（4）幕墙及其连接件应具有足够的承载力、刚度和相对于主体结构的位移能力。幕墙构架立柱的连接金属"角码"与其他连接件应采用螺栓连接，并应有防松动措施。

（5）隐框、半隐框幕墙所采用的结构黏结材料必须是中性硅酮结构密封胶，其性能必须符合《建筑用硅酮结构密封胶》（GB 16776—2005）的规定；硅酮结构密封胶必须在有效期内使用。

（6）隐框、半隐框幕墙构件中板材与金属框之间硅酮结构密封胶的黏结宽度，应分别计算风荷载标准值和板材自重标准值的作用下硅酮结构密封胶的黏结宽度，并取其较大值，且不得小于7.0 mm。

（7）硅酮结构密封胶的注胶应在洁净的专用注胶室进行，且养护环境、温度、湿度条件应符合结构胶产品的使用规定。

（8）玻璃幕墙的防火除应符合现行国家标准《建筑设计防火规范》（GB 50016—2014）的有关规定外，还应符合下列规定：①应根据防火材料的耐火极限决定防火层的厚度和宽度，并应在楼板处形成防火带；②防火层应采取隔离措施，防火层的衬板应采用经防腐处理且厚度不小于1.5mm 的钢板，不得采用铝板；③防火层的密封材料应采用防火密封胶；④防火层与玻璃不应直接接触，一块玻璃不应跨两个防火分区。

（9）主体结构与幕墙连接的各种预埋件，其数量、规格、位置和防腐处理必须符合设计要求。

（10）玻璃幕墙的金属构架与主体结构预埋件的连接、立柱与横梁的连接及幕墙面板的安装必须符合设计要求，安装必须牢固。

（11）幕墙的金属构架与主体结构应通过预埋件连接，预埋件应在主体结构混凝土施工时埋入，预埋件的位置应准确。当没有条件采用预埋件连接时，应采用其他可靠的连接措施，并应通过试验确定其承载力。

（12）立柱应采用螺栓与"角码"连接，螺栓直径应经过计算，并不应小于10mm。不同金属材料接触时应采用绝缘垫片分隔。

（13）幕墙的抗震缝、伸缩缝、沉降缝等部位的处理应保证缝的使用功能和饰面的完整性。

（14）幕墙工程的设计应满足维护和清洁的要求。

## 二、构件、组件和面板的加工制作质量管理

（1）构件、组件和面板的加工制作质量管理，主要适用于玻璃幕墙构件、组件和面板等加工制作工程的质量验收。

（2）在加工制作单位自检合格的基础上，同类玻璃幕墙构件、组件或面板每500～1000件应划分为一个检验批，不足500件也应划分为一个检验批。每个检验批应至少检查5%，并不得少于5件；不足5件时应全数检查。

## 三、玻璃幕墙构件、组件和面板的加工制作

（一）主控项目

（1）玻璃幕墙构件、组件和面板的加工制作所使用的各种材料和配件，应符合设计要求

和现行的行业标准《玻璃幕墙工程技术规范》(JGJ 102—2003) 的规定。检验方法：检查产品合格证书、性能检验报告、材料进场验收记录和复验报告。

(2) 玻璃幕墙构件、组件和面板的品种、规格、颜色及加工制作应符合设计要求和现行的行业标准《玻璃幕墙工程技术规范》(JGJ 102—2003) 的规定。

检验方法：观察；尺量检查；检查加工制作记录。

(3) 立柱、横梁主要受力部位的截面厚度应符合设计要求和现行的行业标准《玻璃幕墙工程技术规范》(JGJ 102—2003) 的规定。

检验方法：尺量检查。

(4) 玻璃幕墙构件槽、豁、榫的加工应符合设计要求和现行的行业标准《玻璃幕墙工程技术规范》(JGJ 102—2003) 的规定。

检验方法：观察；尺量检查；检查施工记录。

(5) 玻璃幕墙钢构件焊接、螺栓连接应符合设计要求和现行国家标准《钢结构设计标准》(GB 50017—2017)、《冷弯薄壁型钢结构技术规范》(GB 50018—2002) 及行业标准《建筑钢结构焊接技术规程》(JGJ 81—2002) 的有关规定。

检验方法：观察；尺量检查；检查施工记录。

(6) 钢构件表面处理应符合设计要求和现行国家标准《钢结构工程施工质量验收规范》(GB 50205—2020) 及行业标准《玻璃幕墙工程技术规范》(JGJ 102—2003) 的有关规定。

检验方法：观察；检查施工记录。

（二）一般项目

(1) 玻璃幕墙面板表面应平整、洁净、色泽一致。

检验方法：观察。

(2) 玻璃幕墙构件和组件表面应平整。

检验方法：观察。

(3) 玻璃幕墙构件、组件和面板安装的允许偏差和检验方法，应符合表 11-1～表 11-6 的规定。

表11-1　玻璃幕墙铝合金构件加工制作的允许偏差和检验方法

| 序号 | 项目 | 允许偏差/mm | 检验方法 | 序号 | 项目 | 允许偏差/mm | 检验方法 |
|---|---|---|---|---|---|---|---|
| 1 | 立柱长度 | 1.0 | 用钢卷尺检查 | 6 | 槽口尺寸 | +0.5,0.0 | 用卡尺检查 |
| 2 | 横梁长度 | 1.0 | 用钢卷尺检查 | 7 | 豁口尺寸 | +0.5,0.0 | 用卡尺检查 |
| 3 | 构件孔位 | 1.0 | 用钢尺检查 | 8 | 榫头尺寸 | 0.0,−0.5 | 用卡尺检查 |
| 4 | 构件相邻孔距 | 1.0 | 用钢尺检查 | 9 | 槽口、豁口或榫头中线至边部距离 | 0.5 | 用卡尺检查 |
| 5 | 构件多孔两端孔距 | 1.0 | 用钢尺检查 | | | | |

表11-2　玻璃幕墙钢构件加工制作的允许偏差和检验方法

| 序号 | 项目 | | 允许偏差/mm | 检验方法 |
|---|---|---|---|---|
| 1 | 平板型预埋件锚板边长 | | 5 | 用钢尺检查 |
| 2 | 平板型预埋件锚筋长度 | 普通型 | +10,0 | 用钢尺检查 |
| | | 两面整块锚板穿透型 | +5,0 | |
| 3 | 平板型预埋件圆锚筋中心线偏离 | | 5 | 用钢尺检查 |
| 4 | 槽型预埋件长度 | | +10,0 | 用钢尺检查 |
| 5 | 槽型预埋件宽度 | | +5,0 | 用钢尺检查 |

| 序号 | 项目 | 允许偏差/mm | 检验方法 |
|------|------|-------------|----------|
| 6 | 槽型预埋件厚度 | +3,0 | 用钢尺检查 |
| 7 | 槽型预埋件槽口尺寸 | +1.5,0.0 | 用卡尺检查 |
| 8 | 槽型预埋件锚筋长度 | +5,0 | 用钢尺检查 |
| 9 | 槽型预埋件锚筋中心线偏离 | 1.5 | 用钢尺检查 |
| 10 | 锚筋与锚板面垂直度 | 锚筋长度/30 | 用直角尺检查 |
| 11 | 连接件长度 | +5,−2 | 用钢尺检查 |
| 12 | 连接件或支承件孔距 | 1.0 | 用卡尺检查 |
| 13 | 连接件或支承构件孔的宽度 | +1.0,0.0 | 用卡尺检查 |
| 14 | 连接件或支承构件孔的边距 | +1.0,0.0 | 用卡尺检查 |
| 15 | 连接件或支承件壁厚 | +0.5,−0.2 | 用卡尺检查 |
| 16 | 连接件或支承件弯曲角度 | 2° | 用角尺检查 |
| 17 | 点支承构件拼装单元节点位置 | 2 | 用钢尺检查 |
| 18 | 点支承构件或拼装单元长度 | 长度/2000 | 用钢卷尺检查 |

**表11-3　明框玻璃幕墙组件加工制作的限值、允许偏差和检验方法**

| 序号 | 项目 | | 限值/mm | 允许偏差/mm | 检验方法 |
|------|------|------|---------|-------------|----------|
| 1 | 组件型材槽口尺寸 | 构件长度≤2000mm | — | 2.0 | 用钢尺检查 |
| | | 构件长度>2000mm | — | 2.5 | |
| 2 | 组件对边长度差 | 构件长度≤2000mm | — | 2.0 | 用钢卷尺检查 |
| | | 构件长度>2000mm | — | 3.0 | |
| 3 | 相邻构件装配间隙 | | — | 0.5 | 用塞尺检查 |
| 4 | 相邻构件同一平面度差 | | — | 0.5 | 用钢直尺和塞尺检查 |
| 5 | 单层玻璃与槽口间隙 | 玻璃厚度5~6mm | ≥3.5 | — | 用钢尺检查 |
| | | 玻璃厚度8~10mm | ≥4.5 | — | |
| | | 玻璃厚度≥12mm | ≥5.5 | — | |
| 6 | 单层玻璃进入槽口尺寸 | 玻璃厚度5~6mm | ≥15 | — | 用钢尺检查 |
| | | 玻璃厚度8~10mm | ≥16 | — | |
| | | 玻璃厚度≥12mm | ≥18 | — | |
| 7 | 中空玻璃与槽口间隙 | 玻璃厚度6mm | ≥5 | — | 用钢尺检查 |
| | | 玻璃厚度≥8mm | ≥6 | — | |
| 8 | 中空玻璃进入槽口尺寸 | 玻璃厚度6mm | ≥17 | — | 用钢尺检查 |
| | | 玻璃厚度≥8mm | ≥18 | — | |

**表11-4　隐框玻璃幕墙组件加工制作的允许偏差和检验方法**

| 序号 | 项目 | | 允许偏差/mm | 检验方法 |
|------|------|------|-------------|----------|
| 1 | 框长宽尺寸 | | 1.0 | 用钢卷尺检查 |
| 2 | 组件长宽尺寸 | | 2.5 | 用钢卷尺检查 |
| 3 | 框接缝高度差 | | 0.5 | 用钢直尺和塞尺检查 |
| 4 | 框内侧对角线差及组件对角线差 | 长边≤2000mm | 2.5 | 用钢卷尺检查 |
| | | 长边>2000mm | 3.5 | |
| 5 | 框组装间隙 | | 0.5 | 用塞尺检查 |
| 6 | 胶缝宽度 | | +2.0,0 | 用卡尺检查 |
| 7 | 胶缝厚度 | | +0.5,0 | 用卡尺检查 |
| 8 | 组件周边玻璃与铝框的位置差 | | 1.0 | 用钢尺检查 |
| 9 | 结构组件平面度 | | 3.0 | 用靠尺和塞尺检查 |
| 10 | 组件厚度 | | 1.5 | 用卡尺检查 |

表11-5 单元式玻璃幕墙组件加工制作的允许偏差和检验方法

| 序号 | 项目 | | 允许偏差/mm | 检验方法 |
|---|---|---|---|---|
| 1 | 组件的长度、宽度 | ≤2000mm | 1.5 | 用钢尺检查 |
| | | >2000mm | 2.0 | |
| 2 | 组件对角线长度差 | ≤2000mm | 2.5 | 用钢尺检查 |
| | | >2000mm | 3.5 | |
| 3 | 胶缝的宽度 | | +1.0,0 | 用卡尺或钢直尺检查 |
| 4 | 胶缝的厚度 | | +0.5,0 | 用卡尺或钢直尺检查 |
| 5 | 各搭接量(与设计值比) | | +1.0,0 | 用钢直尺检查 |
| 6 | 组件的平面度 | | 1.5 | 用1m靠尺检查 |
| 7 | 组件内镶板间接缝宽度(与设计值比) | | 1.0 | 用塞尺检查 |
| 8 | 连接构件竖向中轴线距组件外表面(与设计值比) | | 1.0 | 用钢尺检查 |
| 9 | 连接构件水平轴线距组件水平对插入中心线 | | 1.0(可上、下调节时2) | 用钢尺检查 |
| 10 | 连接构件竖向轴线距组件竖向对插入中心线 | | 1.0 | 用钢尺检查 |
| 11 | 两连接构件中心线水平距离 | | 1.0 | 用钢尺检查 |
| 12 | 两连接构件上、下端水平距离差 | | 0.5 | 用钢尺检查 |
| 13 | 两连接构件上、下端对角线差 | | 1.0 | 用钢尺检查 |

表11-6 玻璃幕墙面板加工制作的允许偏差和检验方法

| 序号 | 项目 | | | 允许偏差/mm | 检验方法 |
|---|---|---|---|---|---|
| 1 | 单片钢化玻璃边长 | ≤2000mm | 厚度<15mm | 1.5 | 用钢卷尺检查 |
| | | | 厚度≥15mm | 2.0 | |
| | | >2000mm | 厚度<15mm | 2.0 | |
| | | | 厚度≥15mm | 3.0 | |
| 2 | 单片钢化玻璃对角线长度差 | ≤2000mm | 厚度<15mm | 2.0 | 用钢卷尺检查 |
| | | | 厚度≥15mm | 3.0 | |
| | | >2000mm | 厚度<15mm | 3.0 | |
| | | | 厚度≥15mm | 3.5 | |
| 3 | 中空玻璃边长 | <1000mm | | 2.0 | 用钢卷尺检查 |
| | | ≥1000mm,<2000mm | | +2.0,−3.0 | |
| | | ≥2000mm | | 3.0 | |
| 4 | 夹层玻璃边长 | 边长≤2000mm | | 2.0 | 用钢卷尺检查 |
| | | 边长>2000mm | | 2.5 | |
| 5 | 中空、夹层玻璃对角线长度差 | 边长≤2000mm | | 2.5 | 用钢卷尺检查 |
| | | 边长>2000mm | | 3.5 | |
| 6 | 中空、夹层玻璃厚度叠加差 | 边长<1000mm | | 2.0 | 用卡尺检查 |
| | | 边长≥1000mm,<2000mm | | 3.0 | |
| | | 边长≥2000mm,<4000mm | | 4.0 | |
| | | 边长≥4000mm | | 6.0 | |

## 四、构架安装工程质量验收

构架安装工程质量控制主要适用于玻璃幕墙立柱、横梁等安装工程的质量验收。

### (一)一般规定

(1)在构架安装施工单位自检合格的基础上,检验批应按下列规定划分:①相同设计、材料、工艺和施工条件的幕墙工程每 500~1000m² 应划分为一个检验批，不足 500m² 也应划分为一个检验批；②同一单位工程的不连续的幕墙工程应单独划分检验批；③对于异型或有特殊要求的幕墙，检验批的划分应根据幕墙的结构、工艺特点及幕墙工程规模，由监理单位（或建设单位）和施工单位协商确定。

（2）检查数量应符合下列规定：①每个检验批、每 100m² 应至少抽查一处，每处不得小于 10m²；②对于异型或有特殊要求的幕墙工程，应根据幕墙的结构和工艺特点，由监理单位（或建设单位）和施工单位协商确定。

（二）主控项目

（1）玻璃幕墙构件安装工程所使用的各种材料、构件和配件，应符合设计要求和现行的行业标准《玻璃幕墙工程技术规范》(JGJ 102—2003) 的规定。

检验方法：检查产品合格证书、性能检验报告、材料进场验收记录和复验报告。

（2）玻璃幕墙主体结构上的预埋件、"后置埋件"的位置、数量及"后置埋件"的拉拔力必须符合设计要求。

检验方法：观察；检验"后置埋件"的拉拔力。

（3）玻璃幕墙的金属构架立柱与主体结构预埋件的连接、立柱与横梁的连接必须符合设计要求，安装必须牢固。

检验方法：观察；手扳检查。

（4）玻璃幕墙的防火、保温、防潮材料的设置应符合设计要求，并应密实、均匀、厚度一致。

检验方法：观察；尺量检查。

（5）玻璃框架及连接件的防腐处理应符合设计要求。

检验方法：观察；检查施工记录。

（6）玻璃幕墙的防雷装置必须与主体结构的防雷装置可靠连接。

检验方法：观察；手扳检查。

（7）各种变形缝、墙角的连接节点应符合设计要求和现行的行业标准《玻璃幕墙工程技术规范》(JGJ 102—2003) 的规定。

检验方法：观察；检查施工记录。

（三）一般项目

（1）玻璃幕墙立柱和横梁表面应平整、洁净。

检验方法：观察。

（2）玻璃幕墙立柱和横梁连接接缝应严密。

检验方法：观察。

（3）玻璃幕墙立柱和横梁安装的允许偏差和检验方法应符合表 11-7 的规定。

表 11-7 玻璃幕墙立柱和横梁安装的允许偏差和检验方法

| 序号 | 项目 | | 允许偏差/mm | 检验方法 |
|---|---|---|---|---|
| 1 | 立柱垂直度 | 幕墙高度≤30m | 10 | 用经纬仪检查 |
| | | 30m＜幕墙高度≤60m | 15 | |
| | | 60m＜幕墙高度≤90m | 20 | |
| | | 幕墙高度＞90m | 25 | |
| 2 | 相邻两立柱标高偏差 | | 3.0 | 用水平仪和钢直尺检查 |
| 3 | 同层立柱标高差 | | 5.0 | 用水平仪和钢直尺检查 |

| 序号 | 项目 | | 允许偏差/mm | 检验方法 |
|---|---|---|---|---|
| 4 | 相邻两立柱间距差 | | 2.0 | 用钢卷尺检 |
| 5 | 相邻两横梁标高差 | | 1.0 | 用1m水平尺和钢直尺检查 |
| 6 | 同层横梁标高差 | 幕墙宽度≤35m | 7.0 | 用水平仪检查 |
| | | 幕墙宽度>35m | 5.0 | |

### 五、玻璃幕墙安装工程质量验收

玻璃幕墙安装工程质量管理，主要适用于建筑高度不大于150m、抗震设防烈度不大于8度的隐框玻璃幕墙、半隐框玻璃幕墙、明框玻璃幕墙、全玻璃幕墙及点支承玻璃幕墙工程的质量验收。

（一）玻璃幕墙安装主控项目

（1）玻璃幕墙工程所使用的各种材料、构件和组件的质量，应符合设计要求和现行的行业标准《玻璃幕墙工程技术规范》（JGJ 102—2003）的规定。

检验方法：检查材料、构件、组件的产品合格证书、进场验收记录、性能检验报告和材料的复验报告。

（2）玻璃幕墙的造型和立面分格应符合设计要求。

检验方法：观察；尺量检查。

（3）玻璃幕墙使用的玻璃应符合下列规定：①幕墙应使用安全玻璃，玻璃的品种、规格、颜色、光学性能及安装方向应符合设计要求；②幕墙玻璃的厚度不应小于6.0mm，全玻璃幕墙肋玻璃的厚度不应小于12mm；③幕墙的中空玻璃应采用双道密封，明框幕墙的中空玻璃应采用"聚硫密封胶"及丁基密封胶；隐框和半隐框幕墙的中空玻璃应采用硅酮结构密封胶及丁基密封胶；镀膜面应在中空玻璃的第2面或第3面上；④幕墙的夹层玻璃应采用聚乙烯醇缩丁醛（PVB）胶片干法加工夹层玻璃，点支承玻璃幕墙夹层胶片（PVB）厚度不应小于0.76mm；⑤钢化玻璃表面不得有损伤；8.0mm以下的钢化玻璃应进行引爆处理；⑥所有幕墙玻璃均应进行边缘处理。

检验方法：观察；尺量检查；检查施工记录。

（4）玻璃幕墙与主体结构连接的各种预埋件、连接件、紧固件必须安装牢固，其数量、规格、位置、连接方法和防腐处理应符合设计要求。

检验方法：观察；检查隐蔽工程验收记录和施工记录。

（5）各种连接件、紧固件的螺栓应有防松动措施；焊接连接应符合设计要求和焊接规范的规定。

检验方法：观察；检查隐蔽工程验收记录和施工记录。

（6）隐框或半隐框玻璃幕墙，每块玻璃下端应设置两个铝合金或不锈钢托条，其长度不应小于100mm，厚度不应小于2mm，托条的外端应低于玻璃外表面2mm。

检验方法：观察；检查施工记录。

（7）明框玻璃幕墙的玻璃安装应符合下列规定：①玻璃槽口与玻璃的配合尺寸应符合设计要求和现行的行业标准《玻璃幕墙工程技术规范》（JGJ 102—2003）的规定；②玻璃与构件不得直接接触，玻璃四周与构件凹槽底部应保持一定的空隙，每块玻璃下部应至少放置两块宽度与槽口宽度相同、长度不小于100mm的弹性定位垫块；玻璃两边嵌入量及空隙应符合设计要求；③玻璃四周橡胶条的材质、型号应符合设计要求，镶嵌应平整，橡胶条长度应比边框内槽长1.5%～2.0%，橡胶条在转角处应斜面断开，并应用黏结剂粘接牢固后嵌入槽内。

检验方法：观察；检查施工记录。

（8）高度超过 4m 的全玻璃幕墙应吊挂在主体结构上，吊夹具应符合设计要求，玻璃与玻璃，玻璃与玻璃肋之间的缝隙，应采用硅酮结构密封胶填充严密。

检验方法：观察；检查隐蔽工程验收记录和施工记录。

（9）点支承玻璃幕墙应采用带有万向头的活动不锈钢爪，其钢爪之间的中心距离应大于 250mm。

检验方法：观察；尺量检查。

（10）玻璃幕墙四周、玻璃幕墙内表面与主体结构之间的连接节点、各种变形缝、墙角的连接节点应符合设计要求和现行的行业标准《玻璃幕墙工程技术规范》(JGJ 102—2003)的规定。

检验方法：观察；检查隐蔽工程验收记录和施工记录。

（11）玻璃幕墙应无渗漏。

检验方法：在易渗漏部位进行淋水检查。

（12）玻璃幕墙结构胶和密封胶的注入应饱满、密实、连续、均匀、无气泡，宽度和厚度应符合设计要求和现行的行业标准《玻璃幕墙工程技术规范》(JGJ 102—2003) 的规定。

检验方法：观察；尺量检查；检查施工记录。

（13）玻璃幕墙开启窗的配件应齐全，安装应牢固，安装位置和开启方向、角度应正确；开启应灵活，关闭应严密。

检验方法：观察；手扳检查；开启和关闭检查。

（14）玻璃幕墙的防雷装置必须与主体结构的防雷装置可靠连接。

检验方法：观察；检查隐蔽工程验收记录和施工记录。

**（二）玻璃幕墙安装一般项目**

（1）玻璃幕墙表面应平整、洁净；整幅玻璃的色泽应均匀一致；不得有污染和镀膜损坏。

检验方法：观察。

（2）每平方米玻璃的表面质量和检验方法应符合表 11-8 的规定。

**表11-8　每平方米玻璃的表面质量和检验方法**

| 项次 | 项目 | 质量要求 | 检验方法 |
|---|---|---|---|
| 1 | 明显划伤和长度＞100mm 的轻微划伤 | 不允许 | 观察 |
| 2 | 长度≤100mm 的轻微划伤 | ≤8 条 | 用钢尺检查 |
| 3 | 擦伤总面积 | ≤500mm$^2$ | 用钢尺检查 |

（3）一个分格铝合金型材的表面质量和检验方法应符合表 11-9 的规定。

**表11-9　一个分格铝合金型材的表面质量和检验方法**

| 项次 | 项目 | 质量要求 | 检验方法 |
|---|---|---|---|
| 1 | 明显划伤和长度＞100mm 的轻微划伤 | 不允许 | 观察 |
| 2 | 长度≤100mm 的轻微划伤 | ≤2 条 | 用钢尺检查 |
| 3 | 擦伤总面积 | ≤500mm$^2$ | 用钢尺检查 |

（4）明框玻璃幕墙的外露框或压条应横平竖直，颜色、规格应符合设计要求，压条安装应牢固。单元玻璃幕墙的单元拼缝或隐框玻璃幕墙的分格玻璃拼缝应横平竖直、均匀一致。

检验方法：观察；手扳检查；检查进场验收记录。

（5）玻璃幕墙的密封胶缝应横平竖直、深浅一致、宽窄均匀、光滑顺直。

检验方法：观察；手摸检查。

（6）防火、保温材料填充应饱满、均匀，表面应密实、平整。

检验方法：检查隐蔽工程验收记录。

（7）玻璃幕墙隐蔽节点遮盖密封装修应牢固、整齐、美观。

检验方法：观察；手扳检查。

（8）明框玻璃幕墙安装的允许偏差和检验方法应符合表11-10的规定。

表11-10　明框玻璃幕墙安装的允许偏差和检验方法

| 项次 | 项目 | | 允许偏差/mm | 检验方法 |
|---|---|---|---|---|
| 1 | 幕墙垂直度 | 幕墙高度≤30m | 10 | 用经纬仪检查 |
| | | 30m＜幕墙高度≤60m | 15 | |
| | | 60m＜幕墙高度≤90m | 20 | |
| | | 幕墙高度＞90m | 25 | |
| 2 | 幕墙水平度 | 幕墙幅宽≤35m | 5 | 用水平仪检查 |
| | | 幕墙幅宽＞35m | 7 | |
| 3 | 构件直线度 | | 2 | 用2m靠尺和塞尺检查 |
| 4 | 构件水平度 | 构件长度≤2m | 2 | 用水平仪检查 |
| | | 构件长度＞2m | 3 | |
| 5 | 相邻构件错位 | | 1 | 用钢直尺检查 |
| 6 | 分格框对角线长度差 | 对角线长度≤2m | 3 | 用钢尺检查 |
| | | 对角线长度＞2m | 4 | |

（9）隐框、半隐框玻璃幕墙安装的允许偏差和检验方法应符合表11-11的规定。

表11-11　隐框、半隐框玻璃幕墙安装的允许偏差和检验方法

| 项次 | 项目 | | 允许偏差/mm | 检验方法 |
|---|---|---|---|---|
| 1 | 幕墙垂直度 | 幕墙高度≤30m | 10 | 用经纬仪检查 |
| | | 30m＜幕墙高度≤60m | 15 | |
| | | 60m＜幕墙高度≤90m | 20 | |
| | | 90m＜幕墙高度150m | 25 | |
| 2 | 幕墙水平度 | 层高≤3m | 3 | 用水平仪检查 |
| | | 层高＞3m | 5 | |
| 3 | 幕墙表面平整度 | | 2 | 用2m靠尺和塞尺检查 |
| 4 | 板材立面垂直度 | | 2 | 用垂直检测尺检查 |
| 5 | 板材上沿水平度 | | 2 | 用1m水平尺和钢直尺检查 |
| 6 | 相邻板材板角错位 | | 1 | 用钢直尺检查 |
| 7 | 阳角方正 | | 2 | 用直角检测尺检查 |
| 8 | 接缝直线度 | | 3 | 拉5m线，不足5m拉通线，用钢直尺检查 |
| 9 | 接缝高低差 | | 1 | 用钢直尺和塞尺检查 |
| 10 | 接缝宽度 | | 1 | 用钢直尺检查 |

（10）点支承玻璃幕墙安装的允许偏差和检验方法应符合表11-12的规定。

表11-12　点支承玻璃幕墙安装的允许偏差和检验方法

| 项次 | 项目 | | 允许偏差/mm | 检验方法 |
|---|---|---|---|---|
| 1 | 竖向缝及墙面垂直度 | 幕墙高度≤30m | 10 | 用经纬仪检查 |
| | | 30m＜幕墙高度≤50m | 15 | |
| 2 | 幕墙表面平整度 | | 2.5 | 用2m靠尺和塞尺检查 |
| 3 | 接缝直线度 | | 2.5 | 拉5m线，不足5m拉通线，用钢直尺检查 |

| 项次 | 项目 | 允许偏差/mm | 检验方法 |
|---|---|---|---|
| 4 | 接缝宽度 | 2.0 | 用钢直尺或卡尺检查 |
| 5 | 接缝高低差 | 1.0 | 用钢直尺和塞尺检查 |

（11）单元式玻璃幕墙安装的允许偏差和检验方法应符合表 11-13 的规定。

**表11-13　单元式玻璃幕墙安装的允许偏差和检验方法**

| 项次 | 项目 | | 允许偏差/mm | 检验方法 |
|---|---|---|---|---|
| 1 | 幕墙垂直度 | 幕墙高度≤30m | 10 | 用经纬仪检查 |
| | | 30m＜幕墙高度≤60m | 15 | |
| | | 60m＜幕墙高度≤90m | 20 | |
| | | 90m＜幕墙高度≤150m | 25 | |
| 2 | 幕墙表面平整度 | | 2.5 | 用2m靠尺和塞尺检查 |
| 3 | 接缝直线度 | | 2.5 | 拉5m线,不足5m拉通线,用钢直尺检查 |
| 4 | 单元间接缝宽度(与设计值比) | | 2.0 | 用钢直尺检查 |
| 5 | 相邻两单元接缝面板高低差 | | 1.0 | 用钢直尺和塞尺检查 |
| 6 | 单元对插时的配合间隙(与设计值比) | | +1.0 | 用钢直尺检查 |
| 7 | 单元对插时的搭接长度 | | 1.0 | 用钢直尺检查 |

# 第二节　金属幕墙的质量标准及检验方法

金属幕墙质量管理主要适用于金属幕墙构件、组件和面板的加工制作及构架安装、幕墙安装等分项工程的质量验收。

## 一、金属幕墙质量验收的一般规定

（1）金属幕墙工程验收时应检查下列文件和记录：①金属幕墙工程的施工图、计算书、设计说明及其他设计文件；②建筑设计单位对金属幕墙工程设计的确认文件；③金属幕墙工程所用各种材料、配件、构件的产品合格证书、性能检验报告、进场验收记录和复验报告；④"后置埋件"的现场拉拔强度检验报告；⑤金属幕墙的气密性、水密性、耐风压性能及平面变形性能检验报告；⑥防雷装置测试记录；⑦隐蔽工程验收记录；⑧金属幕墙构件、组件和面板的加工制作记录，金属幕墙安装施工记录。

（2）金属幕墙工程应对下列材料及其性能指标进行复验：①铝塑复合板的剥离强度；②金属幕墙立柱和横梁截面主要受力部位的厚度。

（3）金属幕墙工程应对下列隐蔽工程项目进行验收：①预埋件（或后置埋件）；②构件的连接节点；③变形缝及墙面转角处的构造节点；④幕墙防雷装置；⑤幕墙防火构造。

（4）金属幕墙及其连接件应具有足够的承载力、刚度和相对于主体结构的位移能力。幕墙构架立柱的连接金属"角码"与其他连接件应采用螺栓连接，并应有防松动措施。

（5）金属幕墙的防火除应符合现行国家标准《建筑设计防火规范》（GB 50016—2014）中的有关规定外，还应符合下列规定：①应根据防火材料的耐火极限决定防火层的厚度和宽度，并应在楼板处形成防火带；②防火层应采取隔离措施；防火层的衬板应采用经防腐处理且厚度不小于 1.5mm 的钢板，不得采用铝板；③防火层的密封材料应采用防火密封胶。

（6）主体结构与幕墙连接的各种预埋件，其数量、规格、位置和防腐处理必须符合设计要求和工程技术规范的规定。

（7）幕墙的金属构件与主体结构预埋件的连接、立柱与横梁的连接及幕墙面板的安装必须符合设计要求和工程技术规范的规定，安装必须牢固。

（8）金属幕墙的金属构架与主体结构应通过预埋件连接，预埋件应在主体结构混凝土施工时埋入，预埋件的位置应准确。当没有条件采用预埋件连接时，应采用其他可靠的连接措施，并应通过试验确定其承载力。

（9）立柱应采用螺栓与"角码"连接，螺栓直径应经过计算，并不应小于 10mm。不同金属材料接触时应采用绝缘垫片分隔。

（10）金属幕墙的抗震缝、伸缩缝、沉降缝等部位的处理应保证缝的使用功能和饰面的完整性。

（11）金属幕墙工程的设计应满足维护和清洁的要求。

## 二、构件、组件和面板的加工制作工程质量验收

构件、组件和面板的加工制作工程质量控制，适用于金属幕墙构件、组件和面板等加工制作工程的质量验收。

在加工制作单位自检合格的基础上，同类金属幕墙构件、组件或面板每 500～1000 件应划分为一个检验批，不足 500 件也应划分为一个检验批。每个检验批应至少检查 5%，并不得少于 5 件；不足 5 件时应全数检查。

（一）构件、组件和面板的加工制作工程主控项目

（1）金属幕墙构件、组件和面板的加工制作所使用的各种材料和配件，应符合设计要求和现行的行业标准《金属与石材幕墙工程技术规范》（JGJ 133—2001）的规定。

检验方法：检查产品合格证书、性能检验报告、材料进场验收记录和复验报告。

（2）金属幕墙构件、组件和面板的品种、规格、颜色及加工制作应符合设计要求和现行的行业标准《金属与石材幕墙工程技术规范》（JGJ 133—2001）的规定。

检验方法：观察；尺量检查；检查加工制作记录。

（3）立柱、横梁截面主要受力部位的厚度应符合设计要求和现行的行业标准《金属与石材幕墙工程技术规范》（JGJ 133—2001）的规定。

检验方法：尺量检查。

（4）金属幕墙构件槽、豁、榫的加工应当符合设计要求和现行的行业标准《金属与石材幕墙工程技术规范》（JGJ 133—2001）中的规定。

检验方法：观察；尺量检查；检查施工记录。

（5）金属幕墙钢构件焊接、螺栓连接应符合设计要求和现行国家标准《钢结构设计标准》（GB 50017—2017）、《冷弯薄壁型钢结构技术规范》（GB 50018—2002）及行业标准《建筑钢结构焊接技术规程》（JGJ 81—2002）的有关规定。

检验方法：观察；尺量检查；检查施工记录。

（6）钢构件表面处理应符合设计要求和现行国家标准《钢结构工程施工质量验收规范》（GB 50205—2020）和行业标准《金属与石材幕墙工程技术规范》（JGJ 133—2001）的有关规定。

检验方法：观察；检查施工记录。

（二）构件、组件和面板的加工制作工程一般项目

（1）金属幕墙面板表面应平整、洁净、色泽一致。

检验方法：观察。

（2）金属幕墙构件表面应平整。

检验方法：观察。

（3）金属幕墙构件、组件和面板安装的允许偏差和检验方法应符合 11-14 的规定。

表11-14　金属幕墙构件、组件和面板安装的允许偏差和检验方法

| 序号 | 项目 | | 允许偏差/mm | 检验方法 |
|---|---|---|---|---|
| 1 | 立柱长度 | | 1.0 | 用钢卷尺检查 |
| 2 | 横梁长度 | | 0.5 | 用钢卷尺检查 |
| 3 | 构件孔位 | | 0.5 | 用钢尺检查 |
| 4 | 构件相邻孔距 | | 0.5 | 用钢尺检查 |
| 5 | 构件多孔两端孔距 | | 1.0 | 用钢尺检查 |
| 6 | 金属板边长 | ≤2000mm | 2.0 | 用钢卷尺检查 |
| | | >2000mm | 2.5 | |
| 7 | 金属板对边长度差 | ≤2000mm | 2.5 | 用钢卷尺检查 |
| | | >2000mm | 3.0 | |
| 8 | 金属板对角线长度差 | ≤2000mm | 2.5 | 用钢卷尺检查 |
| | | >2000mm | 3.0 | |
| 9 | 金属板平整度 | | 2.0 | 用1m靠尺和塞尺检查 |
| 10 | 金属板折弯高度 | | +1.0,0 | 用卡尺检查 |
| 11 | 金属板边孔中心距 | | 1.5 | 用钢卷尺检查 |

## 三、构架安装工程质量验收

构架安装工程质量管理主要适用于金属幕墙立柱、横梁等安装工程的质量验收。

### （一）构架安装工程质量控制的一般规定

（1）在构架安装施工单位自检合格的基础上，检验批应按下列规定划分：

①相同设计、材料、工艺和施工条件的幕墙工程每 $500\sim1000m^2$ 应划分为一个检验批，不足 $500m^2$ 也应划分为一个检验批。

②同一单位工程的不连续的幕墙工程应单独划分检验批。

③对于异型或有特殊要求的幕墙，检验批的划分应根据幕墙的结构、工艺特点及幕墙工程规模，由监理单位（或建设单位）和施工单位协商确定。

（2）检查数量应符合下列规定。

①每个检验批每 $100m^2$ 应至少抽查一处，每处不得小于 $10m^2$。

②对于异型或有特殊要求的幕墙工程，应根据幕墙的结构和工艺特点，由监理单位（或建设单位）和施工单位协商确定。

### （二）构架安装工程质量控制的主控项目

（1）金属幕墙构架安装工程所使用的各种材料、构件和配件，应符合设计要求和现行的行业标准《金属与石材幕墙工程技术规范》(JGJ 133—2001) 的规定。

检验方法：检查产品合格证书、性能检验报告、材料进场验收记录和复验报告。

（2）金属幕墙主体结构上的预埋件、"后置埋件"的位置、数量及"后置埋件"的拉拔力必须符合设计要求。

检验方法：观察；检验"后置埋件"的拉拔力。

（3）金属幕墙的金属构架立柱与主体结构预埋件的连接、立柱与横梁的连接必须符合设计要求，安装必须牢固。

检验方法：观察；手扳检查。

（4）金属幕墙的防火、保温、防潮材料的设置应符合设计要求，并应密实、均匀、厚度一致。

检验方法：观察；尺量检查。

（5）金属构架及连接件的防腐处理应符合设计和现行国家或行业标准的要求。

检验方法：观察；检查施工记录。

（6）金属幕墙的防雷装置必须与主体结构的防雷装置可靠进行连接。

检验方法：观察；手扳检查。

（7）各种变形缝、墙角的连接节点应符合设计要求和现行的行业标准《金属与石材幕墙工程技术规范》(JGJ 133—2001) 的规定。

检验方法：观察；检查施工记录。

### （三）构架安装工程质量控制的一般项目

（1）金属幕墙立柱和横梁表面应平整、洁净。

检验方法：观察。

（2）金属幕墙立柱和横梁连接接缝应严密。

检验方法：观察。

（3）金属幕墙立柱和横梁安装的允许偏差和检验方法应符合表 11-15 的规定。

**表 11-15　金属幕墙立柱和横梁安装的允许偏差和检验方法**

| 序号 | 项目 | | 允许偏差/mm | 检验方法 |
|---|---|---|---|---|
| 1 | 立柱垂直度 | 幕墙高度≤30m | 10 | 用经纬仪检查 |
| | | 30m＜幕墙高度≤60m | 15 | |
| | | 60m＜幕墙高度≤90m | 20 | |
| | | 90m＜幕墙高度≤150m | 25 | |
| 2 | 相邻两立柱标高差 | | 3.0 | 用水平仪和钢直尺检查 |
| 3 | 同层立柱标高差 | | 5.0 | 用水平仪和钢直尺检查 |
| 4 | 相邻两立柱间距差 | | 2.0 | 用钢卷尺检查 |
| 5 | 相邻两横梁标高差 | | 1.0 | 用 1m 水平尺和钢直尺检查 |
| 6 | 同层横梁标高差 | 幕墙宽度≤35m | 5.0 | 用水平仪检查 |
| | | 幕墙宽度＞35m | 7.0 | |

## 四、金属幕墙安装工程的质量验收

金属幕墙安装工程的质量控制适用于建筑高度不大于 150m 的金属幕墙安装工程的质量验收。

### （一）金属幕墙安装工程的质量控制的一般规定

（1）检验批应按下列规定划分：①相同设计、材料、工艺和施工条件的幕墙工程每 500～1000m² 应划分为一个检验批，不足 500m² 也应划分为一个检验批；②同一单位工程的不连续的幕墙工程应单独划分检验批；③对于异型或有特殊要求的幕墙，检验批的划分应根据幕墙的结构、工艺特点及幕墙工程规模，由监理单位（或建设单位）和施工单位协商确定。

（2）检查数量应符合下列规定：①每个检验批每 100m² 应至少抽查一处，每处不得小于 10m²；②对于异型或有特殊要求的幕墙工程，应根据幕墙的结构和工艺特点，由监理单位（或建设单位）和施工单位协商确定。

（二）金属幕墙安装工程的质量控制的主控项目

（1）金属幕墙工程所使用的各种材料和配件，应符合设计要求和现行的行业标准《金属与石材幕墙工程技术规范》（JGJ 133—2001）的规定。

检验方法：检查产品合格证书、性能检验报告、材料进场验收记录和复验报告。

（2）金属幕墙的造型和立面分格应符合设计要求。

检验方法：观察；尺量检查。

（3）金属面板的品种、规格、颜色、光泽应符合设计要求。

检验方法：观察；检查进场验收记录。

（4）金属面板的安装必须符合设计要求和现行的行业标准《金属与石材幕墙工程技术规范》（JGJ 133—2001）的规定。安装必须牢固。

检验方法：手扳检查；检查隐蔽工程验收记录。

（5）金属幕墙的板缝注胶应饱满、密实、连续、均匀、无气泡，宽度和厚度应符合设计要求和现行的行业标准《金属与石材幕墙工程技术规范》（JGJ 133—2001）的规定。

检验方法：观察；尺量检查；检查施工记录。

（6）金属幕墙应无渗漏。

检验方法：在易渗漏部位进行淋水检查。

（三）金属幕墙安装工程的质量控制的一般项目

（1）金属板表面应平整、洁净、色泽一致。

检验方法：观察。

（2）金属幕墙的压条应平直、洁净、接口严密、安装牢固。

检验方法：观察；手扳检查。

（3）金属幕墙的密封胶缝应横平竖直、深浅一致、宽窄均匀、光滑顺直。

检验方法：观察。

（4）金属幕墙上的滴水线、流水坡向应正确、顺直。

检验方法：观察；用水平尺检查。

（5）每平方米金属板的表面质量和检验方法应符合表 11-16 的规定。

表 11-16　每平方米金属板的表面质量和检验方法

| 项次 | 项目 | 质量要求 | 检验方法 |
|---|---|---|---|
| 1 | 宽度 0.1～0.3mm 的划伤 | 总长度小于 100mm 且不多于 8 条 | 用卡尺检查 |
| 2 | 擦伤总面积 | ≤500mm$^2$ | 用钢尺检查 |

（6）金属幕墙安装的允许偏差和检验方法应符合表 11-17 的规定。

表 11-17　金属幕墙安装的允许偏差和检验方法

| 项次 | 项目 | | 允许偏差/mm | 检验方法 |
|---|---|---|---|---|
| 1 | 幕墙垂直度 | 幕墙高度≤30m | 10 | 用经纬仪检查 |
| | | 30m＜幕墙高度≤60m | 15 | |
| | | 60m＜幕墙高度≤90m | 20 | |
| | | 90m＜幕墙高度≤150m | 25 | |
| 2 | 幕墙水平度 | 层高≤3m | 3.0 | 用水平仪检查 |
| | | 层高＞3m | 5.0 | |
| 3 | 幕墙表面平整度 | | 2.0 | 用 2m 靠尺和塞尺检查 |
| 4 | 板材立面垂直度 | | 3.0 | 用垂直检测尺检查 |

| 项次 | 项目 | 允许偏差/mm | 检验方法 |
|---|---|---|---|
| 5 | 板材上沿水平度 | 2.0 | 用1m水平尺和钢直尺检查 |
| 6 | 相邻板材板角错位 | 1.0 | 用钢直尺检查 |
| 7 | 阳角方正 | 2.0 | 用直角检测尺检查 |
| 8 | 接缝直线度 | 3.0 | 拉5m线,不足5m拉通线,用钢直尺检查 |
| 9 | 接缝高低差 | 1.0 | 用钢直尺和塞尺检查 |
| 10 | 接缝宽度 | 1.0 | 用钢直尺检查 |

# 第三节  石材幕墙的质量标准及检验方法

石材幕墙质量管理主要适用于石材幕墙构件和面板的加工制作及构架安装、幕墙安装等分项工程的质量验收。

## 一、石材幕墙质量控制的一般规定

(1) 石材幕墙工程验收时应检查下列文件和记录：①石材幕墙工程的施工图、计算书、设计说明及其他设计文件；②建筑设计单位对石材幕墙工程设计的确认文件；③石材与陶瓷板幕墙工程所用各种材料、五金配件、构件及面板的产品合格证书、性能检验报告、进场验收记录和复验报告；④石材用密封胶的耐污染性检验报告；⑤"后置埋件"的现场拉拔强度检验报告；⑥石材幕墙的气密性、水密性、耐风压性能及平面变形性能检验报告；⑦防雷装置测试记录；⑧隐蔽工程验收记录；⑨石材幕墙构件和面板的加工制作记录；石材幕墙安装施工记录。

(2) 石材幕墙工程应对下列材料及其性能指标进行复验：①石材的弯曲强度；寒冷地区石材的耐冻融性，室内用花岗石的放射性；②石材用结构胶的黏结强度；石材用密封胶的污染性；③立柱和横梁截面主要受力部位的厚度。

(3) 石材幕墙工程应对下列隐蔽工程项目进行验收：预埋件（或后置埋件）；构件的连接节点；变形缝及墙面转角处的构造节点；幕墙防雷装置；幕墙防火构造。

(4) 主体结构与幕墙连接的各种预埋件，其数量、规格、位置和防腐处理必须符合设计要求和工程技术规范的规定。

(5) 幕墙的金属构件与主体结构预埋件的连接、立柱与横梁的连接及幕墙面板的安装必须符合设计要求和工程技术规范的规定，安装必须牢固。

(6) 石材幕墙及其连接件应具有足够的承载力、刚度和相对于主体结构的位移能力。幕墙构架立柱的连接金属"角码"与其他连接件应采用螺栓连接，并应有防松动措施。

(7) 石材幕墙的防火除应符合现行国家标准《建筑设计防火规范》（GB 50016— 2014）中的有关规定外，还应符合下列规定：①应根据防火材料的耐火极限决定防火层的厚度和宽度，并应在楼板处形成防火带；②防火层应采取隔离措施。防火层的衬板应采用经防腐处理且厚度不小于1.5mm的钢板，不得采用铝板；③防火层的密封材料应采用防火密封胶。

(8) 石材幕墙的金属构架与主体结构应通过预埋件连接，预埋件应在主体结构混凝土施工时埋入，预埋件的位置应准确。当没有条件采用预埋件连接时，应采用其他可靠的连接措施，并应通过试验确定其承载力。

(9) 主要柱子应采用螺栓与"角码"连接，螺栓直径应经过计算，并不应小于10mm。不同金属材料接触时应采用绝缘垫片分隔。

(10) 石材幕墙的抗震缝、伸缩缝、沉降缝等部位的处理应保证缝的使用功能和饰面的完整性。

(11) 石材幕墙工程的设计应满足维护和清洁的要求。

## 二、石材幕墙构件和面板的质量验收

### （一）构件和面板的加工制作一般要求

石材幕墙构件和面板的质量管辖，主要适用于石材幕墙构件和面板等加工制作工程的质量验收。

在加工制作单位自检合格的基础上，同类石材幕墙构件或面板每500～1000件应划分为一个检验批，不足500件也应划分为一个检验批。每个检验批应至少检查5%，并不得少于5件；不足5件时应全数检查。

### （二）构件和面板的加工制作主控项目

(1) 石材幕墙构件和面板的加工制作所使用的各种材料和配件，应符合设计要求和工程技术规范的规定。

检验方法：检查产品合格证书、性能检验报告、材料进场验收记录和复验报告。

(2) 石材构件和面板的品种、规格、颜色及加工制作应符合设计要求和工程技术规范的规定。

检验方法：观察；尺量检查；检查加工制作记录。

(3) 立柱、横梁截面主要受力部位的厚度应符合设计要求和《金属与石材幕墙工程技术规范》（JGJ 133—2001）的规定。

检验方法：尺量检查。

(4) 石材幕墙构件槽、豁、榫的加工应符合设计要求和现行的行业标准《金属与石材幕墙工程技术规范》（JGJ 133—2001）的规定。

检验方法：观察；尺量检查。

(5) 石材幕墙钢构件焊接、螺栓连接应符合设计要求和现行国家标准《钢结构设计标准》（GB 50017—2017）、《冷弯薄壁型钢结构技术规范》（GB 50018—2002）及行业标准《建筑钢结构焊接技术规程》（JGJ 81—2002）的有关规定。

检验方法：观察；尺量检查；检查施工记录。

(6) 钢构件表面处理应符合设计要求和现行国家标准《钢结构工程施工质量验收规范》（GB 50205—2020）和行业标准《金属与石材幕墙工程技术规范》（JGJ 133—2001）的有关规定。

检验方法：观察；检查施工记录。

(7) 石板孔、槽的位置、尺寸、深度、数量、质量应符合设计要求和现行的行业标准《金属与石材幕墙工程技术规范》（JGJ 133—2001）的规定。

检验方法：观察；尺量检查。

(8) 石板连接部位应无缺棱、缺角、裂纹、修补等缺陷；其他部位缺棱不大于5mm×20mm，或缺角不大于20mm时可修补后使用，但每层修补的石板块数不应大于2%，且宜用于视觉不明显部位。

检验方法：观察；尺量检查。

### （三）构件和面板的加工制作一般项目

(1) 石材幕墙面板表面应平整、洁净、色泽一致。

检验方法：观察。

（2）石材幕墙构件表面应平整。

检验方法：观察。

（3）石材幕墙构件和面板的加工制作，其允许偏差和检验方法应符合表11-18的规定。

**表11-18　石材与陶瓷板幕墙构件和面板的加工制作允许偏差和检验方法**

| 序号 | 项　目 | 允许偏差/mm | 检验方法 | 序号 | 项　目 | 允许偏差/mm | 检验方法 |
|---|---|---|---|---|---|---|---|
| 1 | 立柱长度 | 1.0 | 用钢卷尺检查 | 4 | 构件相邻孔距 | 0.5 | 用钢尺检查 |
| 2 | 横梁长度 | 0.5 | 用钢卷尺检查 | 5 | 构件多孔两端孔距 | 1.0 | 用钢尺检查 |
| 3 | 构件孔位 | 0.5 | 用钢尺检查 | 6 | 石材边长 | 0；－1 | 用钢卷尺检查 |

## 三、构架安装工程质量验收

构架安装工程质量管理主要适用于石材幕墙立柱、横梁等构架安装工程的质量验收。

### （一）构架安装工程质量控制的一般规定

（1）在构架安装施工单位自检合格的基础上，检验批应按下列规定划分：①相同设计、材料、工艺和施工条件的石材幕墙工程每 500～1000m² 应划分为一个检验批，不足 500m² 也应划分为一个检验批；②同一单位工程的不连续的幕墙工程应单独划分检验批；③对于异型或有特殊要求的幕墙，检验批的划分应根据幕墙的结构、工艺特点及幕墙工程规模，由监理单位（或建设单位）和施工单位协商确定。

（2）检查数量应符合下列规定：①每个检验批每 100m² 应至少抽查一处，每处不得小于 10m²；②对于异型或有特殊要求的幕墙工程，应根据幕墙的结构和工艺特点，由监理单位（或建设单位）和施工单位协商确定。

### （二）构架安装工程质量控制的主控项目

（1）石材幕墙构架安装工程所使用的各种材料、构件和配件，应符合设计要求及现行的行业标准《金属与石材幕墙工程技术规范》（JGJ 133—2001）的规定。

检验方法：检查产品合格证书、性能检验报告、材料进场验收记录和复验报告。

（2）石材幕墙主体结构上的预埋件、"后置埋件"的位置、数量及"后置埋件"的拉拔力必须符合设计要求。

检验方法：观察；检验"后置埋件"的拉拔力。

（3）石材幕墙的金属框架立柱与主体结构预埋件的连接、立柱与横梁的连接必须符合设计要求，安装必须牢固。

检验方法：观察；手扳检查。

（4）石材幕墙的防火、保温、防潮材料的设置应符合设计要求，并应密实、均匀、厚度一致。

检验方法：观察；尺量检查。

（5）石材幕墙的构架及连接件的防腐处理应符合设计要求。

检验方法：观察；检查施工记录。

（6）石材幕墙的防雷装置必须与主体结构的防雷装置可靠连接。

检验方法：观察；手扳检查。

（7）各种变形缝、墙角的连接节点应符合设计要求和现行的行业标准《金属与石材幕墙工程技术规范》（JGJ 133—2001）的规定。

检验方法：观察；检查施工记录。

（三）构架安装工程质量控制的一般项目

（1）石材幕墙立柱和横梁表面应平整、洁净。

检验方法：观察。

（2）石材幕墙立柱和横梁连接接缝应严密。

检验方法：观察。

（3）石材幕墙立柱和横梁安装的允许偏差和检验方法应符合表11-19的规定。

**表11-19  石材幕墙立柱和横梁安装的允许偏差和检验方法**

| 序号 | 项目 | | 允许偏差/mm | 检验方法 |
|---|---|---|---|---|
| 1 | 立柱垂直度 | 幕墙高度≤30m | 10 | 用经纬仪检查 |
| | | 30m<幕墙高度≤60m | 15 | |
| | | 60m<幕墙高度≤90m | 20 | |
| | | 幕墙高度>90m | 25 | |
| 2 | 相邻两立柱标高差 | | 3.0 | 用水平仪和钢直尺检查检验方法 |
| 3 | 同层立柱标高差 | | 5.0 | 用水平仪和钢直尺检查 |
| 4 | 相邻两立柱间距差 | | 2.0 | 用钢卷尺检查 |
| 5 | 相邻两横梁标高差 | | 1.0 | 用1m水平尺和钢直尺检查 |
| 6 | 同层横梁标高差 | 幕墙宽度≤35m | 5.0 | 用水平仪检查 |
| | | 幕墙宽度>35m | 7.0 | |

# 四、石材幕墙安装工程质量验收

石材幕墙安装工程质量管理主要适用于建筑高度不大于150m、抗震设防烈度不大于8度的石材幕墙工程的质量验收。

（一）石材幕墙安装工程质量控制的一般规定

（1）检验批应按下列规定划分：①相同设计、材料、工艺和施工条件的石材幕墙工程每500～1000m² 应划分为一个检验批，不足500m² 也应划分为一个检验批；②同一单位工程的不连续的幕墙工程应单独划分检验批；③对于异型或有特殊要求的幕墙，检验批的划分应根据幕墙的结构、工艺特点及幕墙工程规模，由监理单位（或建设单位）和施工单位协商确定。

（2）检查数量应符合下列规定：①每个检验批每100m² 应至少抽查一处，每处不得小于10m²；②对于异型或有特殊要求的幕墙工程，应根据幕墙的结构和工艺特点，由监理单位（或建设单位）和施工单位协商确定。

（二）石材幕墙安装工程质量控制的主控项目

（1）石材幕墙工程所用材料的品种、规格、性能等级，应符合设计要求和现行的行业标准《金属与石材幕墙工程技术规范》（JGJ 133—2001）的规定。

检验方法：观察；尺量检查；检查产品合格证书、性能检验报告、材料进场验收记录和复验报告。

（2）石材幕墙的造型、立面分格、颜色、光泽、花纹和图案应符合设计要求。

检验方法：观察。

（3）石材安装必须符合设计要求和现行的行业标准《金属与石材幕墙工程技术规范》（JGJ 133—2001）的规定，安装必须牢固。

检验方法：手扳检查；检查隐蔽工程验收记录。

（4）石材表面和板缝的处理应符合设计要求。

检验方法：观察。

（5）石材幕墙的板缝注胶应饱满、密实、连续、均匀、无气泡，板缝宽度和厚度应符合设计要求和现行的行业标准《金属与石材幕墙工程技术规范》(JGJ 133—2001) 的规定。

检验方法：观察；尺量检查；检查施工记录。

（6）石材幕墙应无渗漏。

检验方法：在易渗漏部位进行淋水检查。

### （三）石材幕墙安装工程质量控制的一般项目

（1）石材幕墙表面应平整、洁净，无污染、缺损和裂痕。颜色和花纹应协调一致，无明显色差，无明显修痕。

检验方法：观察。

（2）石材幕墙的压条应平直、洁净，接口严密，安装牢固。

检验方法：观察；手扳检查。

（3）石材接缝应横平竖直、宽窄均匀；阴阳角石板压向应正确，板边拼缝应顺直；表面凸凹出墙的厚度应一致，上下口应平直；石材面板上洞口、槽边应切割吻合，边缘应整齐。

检验方法：观察；尺量检查。

（4）石材幕墙的密封胶缝应横平竖直、深浅一致、宽窄均匀、光滑顺直。

检验方法：观察。

（5）石材幕墙上的滴水线、流水坡向应正确、顺直。

检验方法：观察；用水平尺检查。

（6）每平方米石材的表面质量和检验方法应符合表 11-20 的规定。

#### 表11-20　每平方米石材的表面质量和检验方法

| 项次 | 项目 | 质量要求 | 检验方法 |
|---|---|---|---|
| 1 | 宽度 0.1～0.3mm 的划伤 | 每条长度小于 100mm 且不多于 2 条 | 用卡尺检查 |
| 2 | 缺棱、缺角 | 缺损宽度小于 5mm 且不多于 2 处 | 用钢尺检查 |

（7）石材幕墙安装的允许偏差和检验方法应符合表 11-21 的规定。

#### 表11-21　石材幕墙安装的允许偏差和检验方法

| 项次 | 项目 | | 允许偏差/mm | | 检验方法 |
|---|---|---|---|---|---|
| | | | 光面 | 麻面 | |
| 1 | 幕墙垂直度 | 幕墙高度≤30m | 10 | | 用经纬仪检查 |
| | | 30m＜幕墙高度≤60m | 15 | | |
| | | 60m＜幕墙高度≤90m | 20 | | |
| | | 90m＜幕墙高度≤150m | 25 | | |
| 2 | 幕墙水平度 | | 3.0 | | 用水平仪检查 |
| 3 | 板材立面垂直度 | | 3.0 | | 用垂直检测尺检查 |
| 4 | 板材上沿水平度 | | 2.0 | | 用 1m 水平尺和钢直尺检查 |
| 5 | 相邻板材板角错位 | | 1.0 | | 用钢直尺检查 |
| 6 | 幕墙表面平整度 | | 2.0 | 3.0 | 用 2m 靠尺和塞尺检查 |
| 7 | 阳角方正 | | 2.0 | 4.0 | 用直角检测尺检查 |
| 8 | 接缝直线度 | | 3.0 | 4.0 | 拉 5m 线，不足 5m 拉通线，用钢直尺检查 |
| 9 | 接缝高低差 | | 1.0 | — | 用钢直尺和塞尺检查 |
| 10 | 接缝的宽度 | | 1.0 | 2.0 | 用钢直尺检查 |

# 第四节　人造板材幕墙的质量验收标准

## 一、人造板材幕墙工程的主控项目

（1）人造板材幕墙工程所使用的材料、构件和组件的质量，应符合设计要求及国家现行产品标准的规定。

检验方法：检查材料、构件、组件的产品合格证书、进场验收记录和规定的材料力学性能复验报告。

（2）人造板材幕墙工程的造型、立面分格、颜色、光泽、花纹和图案应符合设计要求。

检验方法：观察；尺量检查。

（3）主体结构的预埋件和"后置埋件"的位置、数量、规格尺寸及后置埋件、槽式预埋件的拉拔力应符合设计要求。

检验方法：检查进场验收记录、隐蔽工程验收记录；槽式预埋件、"后置埋件"的拉拔试验检测报告。

（4）幕墙构架与主体结构预埋件或"后置埋件"以及幕墙构件之间连接应牢固可靠，金属框架和连接件的防腐处理应符合设计要求。

检验方法：手扳检查；检查隐蔽工程验收记录。

（5）幕墙面板的挂件的位置、数量、规格和尺寸允许偏差应符合设计要求。

检验方法：检查进场验收记录或施工记录。

（6）幕墙面板连接用背栓、预置螺母、抽芯铆钉和连接螺钉的位置、数量、规格尺寸，以及拉拔力应符合设计要求。

检验方法：检查进场验收记录、施工记录以及连接点的拉拔力检测报告。

（7）空心陶板采用均布静态荷载弯曲试验确定其抗弯承载能力时，实测的抗弯承载力应符合设计要求。

检验方法：检查空心陶板均匀静态压力抗弯检测试验报告。

（8）幕墙的金属构架应与主体防雷装置可靠接通，并符合设计要求。

检验方法：观察；检查隐蔽工程验收记录。

（9）各种结构变形缝、墙角的连接节点应符合设计要求。

检验方法：检查隐蔽工程验收记录和施工记录。

（10）幕墙的防火、保温、防潮材料的设置应符合设计要求，填充应密实、均匀，厚度一致。

检验方法：观察；检查隐蔽工程验收记录。

（11）有水密性能要求的幕墙应无渗漏。

检验方法：检查现场淋水记录。

## 二、人造板材幕墙工程的一般项目

（1）幕墙表面应平整、洁净，无污染，颜色基本一致。不得有缺角、裂纹、裂缝、斑痕等不允许的缺陷。瓷板、陶板的施釉表面不得有裂纹和龟裂。

检验方法：观察；尺量检查。

（2）板缝应平直，均匀。注胶封闭式板缝注胶应饱满、密实、连续、均匀，无气泡，深浅基本一致；缝隙宽度基本均匀，光滑顺直，胶缝的宽度和厚度应符合设计要求；胶条封闭式板缝的胶条应连续、均匀、安装牢固、无脱落，板缝宽度应符合设计要求。

检验方法：观察；尺量检查。

（3）幕墙的框架和面板接缝应横平竖直，缝隙宽度基本均匀。

检验方法：观察。

（4）转角部位面板边缘整齐、合缝顺直，压向符合设计要求。

检验方法：观察。

（5）"滴水线"宽窄均匀、光滑顺直，流水坡向符合设计要求。

检验方法：观察。

（6）幕墙隐蔽节点的遮挡封闭装修应整齐美观。

检验方法：观察。

（7）幕墙面板的表面质量和检验方法应符合表11-22～表11-25的规定。

表11-22　单块瓷板、陶板、微晶玻璃幕墙面板的表面质量和检验方法

| 项次 | 项目 | 质量要求 | | | 检查方法 |
| --- | --- | --- | --- | --- | --- |
| | | 瓷板 | 陶板 | 微晶玻璃 | |
| 1 | 缺棱：长度×宽度不大于10mm×1mm（长度小于5mm的不计）周边允许（处） | 1 | 1 | 1 | 金属直尺测量 |
| 2 | 缺角：边长不大于5mm×2mm（边长小于2mm×2mm的不计）（处） | 1 | 2 | 1 | 金属直尺测量 |
| 3 | 裂纹（包括隐裂、釉面龟裂） | 不允许 | 不允许 | 不允许 | 目测观察 |
| 4 | 窝坑（毛面除外） | 不明显 | 不明显 | 不明显 | 目测观察 |
| 5 | 明显擦伤、划伤 | 不允许 | 不允许 | 不允许 | 目测观察 |
| 6 | 轻微划伤 | 不明显 | 不明显 | 不明显 | 目测观察 |

注：目测观察是指距板面3m处肉眼观察。

表11-23　每平方米石材蜂窝板幕墙面板的表面质量和检验方法

| 项次 | 项目 | 质量要求 | 检查方法 |
| --- | --- | --- | --- |
| 1 | 缺棱：最大长度≤8mm，最大宽度≤1mm，周边每米长允许（处）（长度小于5mm，宽度小于2mm不计） | 1 | 金属直尺测量 |
| 2 | 缺角：最大长度≤4mm，最大宽度≤2mm，每块板允许（处）（长度、宽度小于2mm不计） | 1 | 金属直尺测量 |
| 3 | 裂纹 | 不允许 | 目测观察 |
| 4 | 划伤 | 不明显 | 目测观察 |
| 5 | 擦伤 | 不明显 | 目测观察 |

注：目测观察是指距板面3m处肉眼观察。

表11-24　单块木纤维板幕墙面板的表面质量和检验方法

| 项次 | 项目 | 质量要求 | 检查方法 |
| --- | --- | --- | --- |
| 1 | 缺棱、缺角 | 不允许 | 目测观察 |
| 2 | 裂纹 | 不允许 | 目测观察 |
| 3 | 表面划痕：长度不大于10mm宽度不大于1mm每块板上允许（处） | 2 | 金属直尺测量 |
| 4 | 轻微擦痕：长度不大于5mm宽度不大于2mm每块板上允许（处） | 1 | 目测观察 |

注：目测观察是指距板面3m处肉眼观察。

表11-25　纤维水泥板幕墙面板的表面质量和检验方法

| 项次 | 项目 | 质量要求 | 检查方法 |
| --- | --- | --- | --- |
| 1 | 缺棱：长度×宽度不大于10mm×3mm（长度小于5mm的不计）周边允许（处） | 2 | 金属直尺测量 |

| 项次 | 项目 | | 质量要求 | 检查方法 |
|---|---|---|---|---|
| 2 | 缺角：边长不大于 6mm×3mm（边长小于 2mm×2mm 的不计）（处） | | 2 | 金属直尺测量 |
| 3 | 裂纹、明显划伤、长度大于 100 mm 的轻微划伤 | | 不允许 | 目测观察 |
| 4 | 长度小于等于 100 mm 的轻微划伤 | | 每平方米≤8 条 | 金属直尺测量 |
| 5 | 擦伤总面积 | | 每平方米≤500 mm² | 金属直尺测量 |
| 6 | 窝坑（背面除外） | 光面板 | 不明显 | 目测观察 |
| | | 有表面质感等特殊装饰效果板 | 符合设计要求 | 目测观察 |

注：目测观察是指距板面 3m 处肉眼观察。

（8）幕墙的安装质量检验应在风力小于 4 级时进行，人造板材幕墙安装质量和检验方法应符合表 11-26 的规定。

**表 11-26　人造板材幕墙安装质量和检验方法**

| 项次 | 项目 | 尺寸范围 | 允许偏差/mm | 检验方法 |
|---|---|---|---|---|
| 1 | 相邻立柱间距尺寸（固定端） | — | ±2.0 | 金属直尺测量 |
| 2 | 相邻两横梁间距尺寸 | ≤2000 mm | ±1.5 | 金属直尺测量 |
| | | ＞2000 mm | ±2.0 | 金属直尺测量 |
| 3 | 单个分格对角线长度差 | 长边边长≤2000 mm | 3.0 | 金属直尺或伸缩尺 |
| | | 长边边长＞2000 mm | 3.5 | 金属直尺或伸缩尺 |
| 4 | 立柱、竖向缝及墙面的垂直度 | 幕墙的总高度≤30m | 10.0 | 激光仪或经纬仪 |
| | | 幕墙的总高度≤60m | 15.0 | |
| | | 幕墙的总高度≤90m | 20.0 | |
| | | 幕墙的总高度≤150m | 25.0 | |
| | | 幕墙的总高度＞150m | 30.0 | |
| 5 | 立柱、竖向缝直线度 | | 2.0 | 2.0 m 靠尺、塞尺 |
| 6 | | 相邻的两墙面 | 2.0 | 激光仪或经纬仪 |
| | | 一幅幕墙的总宽度≤20m | 5.0 | |
| | | 一幅幕墙的总宽度≤40m | 7.0 | |
| | | 一幅幕墙的总宽度≤60m | 9.0 | |
| | | 一幅幕墙的总宽度＞80m | 10.0 | |
| 7 | 横梁水平度 | 横梁长度≤2000mm | 1.0 | 水平仪或水平尺 |
| | | 横梁长度＞2000mm | 2.0 | |
| 8 | 同一标高横梁、横缝的高度差 | 相邻两横梁、面板 | 1.0 | 金属直尺、塞尺或水平仪 |
| | | 一幅幕墙的幅度≤35m | 5.0 | |
| | | 一幅幕墙的幅度＞35m | 7.0 | |
| 9 | 缝的宽度（与设计值比较） | — | ±2.0 | 游标卡尺 |

注：一幅幕墙是指立面位置或平面位置不在一条直线或连续弧线上的幕墙。

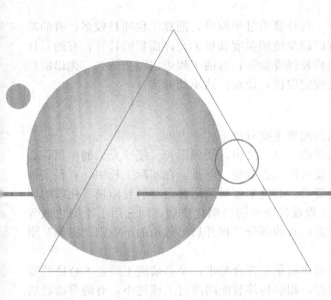

# 第十二章
# 幕墙工程的质量问题与防治

目前，幕墙作为建筑物外墙装饰围护结构，在我国建筑工程中得到了广泛应用，并取得了较好的装饰效果，受到人们的欢迎。但是，由于管理工作相对滞后，致使玻璃幕墙在工程质量方面存在着许多问题，影响其使用功能、装饰效果和使用寿命，应当引起足够的重视。

## 第一节　幕墙质量问题与防治概述

工程实践证明，建筑幕墙工程存在的质量问题，往往不是一个方面，而是具有综合性的。根据我国建筑幕墙工程的实际情况，质量问题主要有设计和施工两个方面的问题；存在这些这些问题的原因，主要有建筑装饰管理市场不规范、装饰施工企业素质不高、从业人员对规范掌握不够和施工企业管理水平较低等。

### 一、幕墙存在的主要问题

#### （一）在设计方面存在的问题

建筑幕墙是结构比较复杂的装饰工程，设计是保证其质量的关键，应当根据工程规模、特点、等级，选择相应设计资质的设计单位进行专门设计。但是，我国许多此类工程多由施工企业自行设计，这些施工企业多数没有设计资质，图纸又未经原结构设计单位的审核，有的审核仅仅从总体方案、立面效果上粗略地审核一下，根本起不到技术审核和质量把关的作用。因此，玻璃幕墙设计图纸存在问题很多，极不规范，普遍存在设计图纸深度不足、设计图纸不全等问题。

如有的工程只有几张效果图，缺少连接节点、防火节点、避雷节点及预埋件的详图，有的设计图纸用料尺寸标注不齐全；大部分工程计算书过于简单，漏算工程项目较多；有的缺少连接件承载力计算、焊接长度计算；有的缺少玻璃强度和最大允许面积的计算；有的只计算立柱的强度，不计算横梁强度，缺少结构胶强度验算；有的工程边出图边施工、先出图后计算，严重违反设计程序；有的不按规范规定取值，使设计达不到标准。

（二）在施工方面存在的问题

幕墙在施工方面存在的问题更多，归纳起来主要有以下 3 个方面。

（1）使用材料质量不符合要求　幕墙暴露于空气之中，受到阳光、侵蚀介质的作用，必须使用符合国家规范有关规定的材料，才能保证工程质量。但是，在实际工程中，有很多幕墙铝型材立柱及横梁的壁厚达不到规范的要求。有的铝型材采用普通材料且阳极氧化膜的厚度小于 $15\mu m$，不符合防腐的要求；有的工程设计要求的是钢化玻璃，却选用了半钢化或普通镀膜玻璃，玻璃强度不足，存在安全隐患；有的部分工程开启扇选用的不锈钢“滑撑”刚度不足，很容易引起严重变形。

（2）构件制作质量不符合要求　构件制作质量不符合要求，是幕墙施工质量不合格的重要原因。如有的铝合金型材的切割精度较差，相邻构件装配间隙过大或过小；有的幕墙玻璃切割后，由于玻璃未进行倒棱、倒角处理，很容易造成边角应力集中使玻璃碎裂；有的隐框玻璃幕墙采用施工现场注胶的方法，但由于无净化措施，既无法保证相对湿度和温度的要求，又无法避免结构胶与玻璃粘接处的污染，很难确保制作质量。

（3）在质量保证资料方面的问题　大多数幕墙工程存在资料不齐全、不规范、缺项漏项较多等问题。如有的使用的进口材料无商检报告，有的结构胶材料无有效期限证明，无相容性试验报告；多数工程缺少铝型材质量证书和高精度指标及氧化膜厚度检验证明，缺少建筑密封材料和防火材料出厂合格证；有的隐蔽工程验收单缺少防火节点、避雷节点、活动接头节点的详细记录；有的工程存在着明显的作假情况。

## 二、存在以上问题的主要原因

### （一）建筑装饰管理市场不规范

我国建筑装饰工程实行招标投标制度后，对规范建筑装饰市场、提高工程质量起到非常重要作用。但是，由于种种原因建筑装饰管理市场仍比较混乱，有的业主不按建设程序报建，不按规定实行工程监理，而是自行发包、任意压价，将工程包给无资质或资质较低的施工企业；有的建设单位将工程任意肢解，多头发包，造成同一个工程多个企业施工，交叉作业，互相干扰，工程质量难以保证。

### （二）装饰施工企业素质不高

由于我国推广应用装饰幕墙较晚，施工队伍的技术素质整体不高，有待于进一步培训与提高；再加上幕墙施工队伍的资质多头审批，造成企业的资质相同，但标准却不一致，技术水平悬殊较大，难以监管控制。

### （三）从业人员对规范掌握不够

幕墙从业人员对该工程规范学习掌握不够，是造成幕墙工程施工质量不符合要求的重要原因。首先是设计人员对规范不熟悉，造成设计图纸和计算书先天性不足；其次是施工人员由于对规范不掌握，不能对图纸进行认真会审，在施工过程中不能按规范要求去操作。

### （四）施工企业管理水平不高

建立质量保证体系，提高施工管理水平，是保证幕墙工程质量的组织措施。但是，我国多数幕墙施工队伍生产条件不具备，技术管理素质不高，质量保证体系不健全，这也是造成质量不高的原因之一。

### 三、提高幕墙施工质量的措施

#### （一）加强建筑装饰市场管理

加强建筑装饰市场管理，规范建设单位和施工企业行为，是提高幕墙施工质量的基础。实行装饰工程招标与投标，是为了适应社会主义市场经济的需要，也是市场竞争的必然结果。建筑装饰工程实行招标、投标制，对于改进施工企业的经营管理和施工技术水平，对于保证建筑装饰业市场的健康发展和工程质量，对于加快建设进度和降低工程造价，对于减少甲乙双方之间的扯皮现象，都具有十分重要的作用。

#### （二）加大规范宣传和培训工作

装饰工程的设计规范和施工验收规范，是搞好设计和施工的标准和依据。加大规范宣传的力度，做好规范的培训工作，是一项非常重要、基础性的技术工作，通过对规范的学习、宣传和培训，提高从业人员的自身素质和专业水平，可为搞好工程设计和工程施工打下良好的基础。

#### （三）严格把好幕墙设计质量关

要确保幕墙的工程质量，首先必须保证其设计质量，这是工程质量好坏的源头。第一，承担幕墙的设计单位要具有相应资质，决不能为减少设计费而选择资质低的设计单位；第二，要抓好对幕墙工程的设计审核把关，建立严格的图纸会审制度，把有关质量问题在图纸会审中解决。

#### （四）加强对幕墙所用材料管理

在设计、采购和使用幕墙所用材料时，应结合推行生产许可证和准用证制度，对所有制作幕墙构配件的厂家进行认真审查。

#### （五）加强对施工企业资质审核

幕墙的施工质量高低，在很大程度上取决于施工企业的技术素质，而施工企业的资质等级，又标志着其技术素质的高低。因此，必须加强对施工企业资质的审核。第一，凡从事幕墙安装的施工企业，必须取得建设行政主管部门颁发的资质证书后，方可承揽幕墙的施工任务。第二，不同等级的幕墙工程，应当选择相应技术资质的施工企业，不可越级承揽工程。第三，对从事幕墙安装的施工企业，应根据其工作业绩、技术素质、工程质量等，对资质实行动态管理。

#### （六）加强工程施工现场的监督和管理

针对当前幕墙工程市场和现场管理比较混乱的实际，加强工程施工现场的监督和管理，是搞好幕墙工程的重要措施。在工程施工过程中，要按国家的有关规范和标准进行施工，采用先进的管理方法对工程进行监督和管理，将幕墙工程逐步纳入正常的监督范围，凡达不到规范要求的竣工工程一律不予验收。

# 第二节　玻璃幕墙的质量问题与防治

玻璃幕墙是由玻璃板片作墙面材料，与金属构件组成的悬挂在建筑物主体外面的非承重连续外围护墙体。随着科学技术的迅速发展，玻璃幕墙已成为高层建筑造型的主要手段，在建筑装饰中的应用越来越广泛。因其像帷幕一样，故常称为"玻璃幕墙"。按玻璃幕墙的构造不同，可分为全隐框玻璃幕墙、半隐框玻璃幕墙、明框玻璃幕墙、"点支式"玻璃幕墙和无骨架玻璃幕墙等。

玻璃幕墙是一种构造较复杂、施工难度大、质量要求高、易出现质量事故的工程。在玻璃幕墙施工中，如果不按有关规范和标准进行施工，容易出现的质量问题很多，如预埋件强度不足、预埋件漏放和偏位、连接件与预埋件锚固不合格、构件安装接合处漏放垫片、产生渗漏水现象、防火隔层不符合要求、玻璃发生爆裂、无防雷系统等。

## 一、幕墙预埋件强度不足

### （一）质量问题

由于在进行幕墙工程的设计中，对预埋件的设计与计算重视不够，未有大样图或未按图纸制作加工，从而造成钢筋强度和长度不足、总截面积偏小、焊缝不饱满，导致预埋件用料和制作不规范，不仅严重影响预埋件的承载力，而且存在着安全隐患。

### （二）原因分析

（1）幕墙预埋件未进行认真设计和计算，预埋件的制作和采用材料达不到设计要求；当设计无具体要求时，没有经过结构计算来确定用料的规格。

（2）选用的预埋件的材料质量不符合《玻璃幕墙工程技术规范》（JGJ 102—2003）中的有关规定。

（3）主体结构的混凝土强度等级偏低，预埋件不能牢固地嵌入混凝土中，间接地造成预埋件强度不足。

### （三）预防措施

（1）预埋件的数量、间距、螺栓直径、锚板厚度、锚固长度等，应按设计规定制作和预埋。如果设计中无具体规定时，应按《玻璃幕墙工程技术规范》（JGJ 102—2003）中的有关规定进行承载力的计算。

（2）选用适宜、合格的材料。预埋件所用的钢板应采用 Q235 钢钢板，钢筋应采用 I 级钢筋或 II 级钢筋，不得采用冷加工钢筋。

（3）直锚筋与锚板的连接，应采用 T 形焊方式；当锚筋直径不大于 20mm 时，宜采用压力埋弧焊，以确保焊接的质量。

（4）为确保预埋件的质量，预埋件加工完毕后，应当逐个进行检查验收，对于不合格者不得用于工程。

（5）在主体结构混凝土设计和施工时，必须考虑到预埋件的承载力，混凝土的强度必须满足幕墙工程的要求。

（6）对于先修建主体结构后改为玻璃幕墙的工程，当原有建筑主体结构混凝土的强度等级低于 C30 时，要经过计算后增加预埋件的数量。通过结构理论计算，确定螺栓的锚固长度、预埋方法，确保玻璃幕墙的安全度。

## 二、幕墙预埋件漏放和偏位

### （一）质量问题

由于各种原因造成幕墙在安装施工的过程中，出现预埋件数量不足、预埋位置不准备，导致必须停止安装骨架和面板，采用再补埋预埋件的措施；或纠正预埋件位置后再安装。不仅严重影响幕墙的施工进度，有时甚至破坏主体结构。

### （二）原因分析

（1）在幕墙工程设计和施工中，对预埋件的设计和施工不重视，未经过认真计算和详细设计，没绘制正确可靠的施工图纸，导致操作人员不能严格照图施工。

（2）预埋件具体施工人员责任心不强、操作水平较低，在埋设中不能准确放线和及时检查，从而出现幕墙预埋件漏放和偏位。

（3）在进行土建主体结构施工时，玻璃幕墙的安装单位尚未确定，很可能因无幕墙预埋件的设计图纸而无法进行预埋。

（4）建筑物原设计未考虑玻璃幕墙方案，而后来又采用玻璃幕墙外装饰，在结构件上没有预埋件。

（5）在建筑主体工程施工中，对预埋件没有采取固定措施，在混凝土浇注和振捣中发生移位。

### （三）预防措施

（1）幕墙预埋件在幕墙工程中承担全部荷载，并分别传递给主体结构。因此，在幕墙的设计过程中，要高度重视、认真对待、仔细计算、精心设计，并绘制出准确的图纸。

（2）在进行预埋件施工之前，应按照设计图纸在安装墙面上进行放线，准确定出每个预埋件的位置；在正式施工时，要再次进行校核，无误后方可安装。

（3）幕墙预埋件的安装操作人员，必须具有较高的责任心和质量意识，应具有一定的操作技术水平；在安装过程中，应及时对每个预埋件的安装情况进行检查，以便发现问题及时纠正。

（4）预埋件在正式埋设前，应向操作人员进行专项技术交底，以确保预埋件的安装质量。如交待预埋件的规格、型号、位置，以及确保预埋件与模板能接合牢固，防止振捣中不产生位移的措施等。

（5）凡是设计有玻璃幕墙的工程，在土建施工时就要落实安装单位，并提供预埋件的位置设计图。预埋件的预埋安装要有专人负责，并随时办理隐蔽工程验收手续。混凝土的浇筑既要细致插捣密实，又不能碰撞预埋件，以确保预埋件位置准确。

## 三、连接件与预埋件锚固不合格

### （一）质量问题

在幕墙面板安装的施工中，发现连接件与预埋件锚固十分困难，有的勉强锚固在一起也不牢固，甚至个别在硬性锚固时出现损坏。不仅严重影响幕墙的施工进度，而且也存在着不牢固的安全隐患。

### （二）原因分析

（1）在进行幕墙工程设计时，只注意幕墙主体的结构设计，而忽视幕墙连接件与预埋件的设计，特别没有注意到连接件与预埋件之间的衔接，从而造成连接件与预埋件锚固不合格。

（2）在连接件与预埋件连接处理时，没有认真按设计大样图进行处理，有的甚至根本没有设计大样图，只凭以往的经验施工。

（3）连接件与预埋件锚固处的焊接质量不佳，达不到设计要求和《钢筋焊接及验收规范》(JGJ 18—2012) 中的有关规定。

（三）预防措施

（1）在设计玻璃幕墙时，要对各连接部位画出节点大样图，以便工人按图施工；对材料的规格、型号、焊缝等技术要求都应注明。

（2）在进行连接件与预埋件之间的锚固或焊接时，应严格按《玻璃幕墙工程技术规范》(JGJ 102—2003) 中的要求安装；焊缝的高度、长度和宽度，应通过设计计算确定。

（3）焊工应经过考核合格，持证上岗。连接件与预埋件锚固处的焊接质量，必须符合《钢筋焊接及验收规范》(JGJ 18—2012) 中的有关规定。

（4）对焊接件的质量应进行检验，并应符合下列要求：①焊缝受热影响时，其表面不得有裂纹、气孔、夹渣等缺陷；②焊缝"咬边"深度不得超过 0.5mm，焊缝两侧咬边的总长度不应超过焊缝长度的 10%；③焊缝几何尺寸应符合设计要求。

## 四、幕墙有渗漏水现象

（一）质量问题

玻璃幕墙的接缝处及幕墙四周与主体结构之间有渗漏水现象，不仅影响幕墙的外观装饰效果，而且严重影响幕墙的使用功能。严重者还会损坏室内的装饰层，缩短幕墙的使用寿命。一旦渗漏水不易进行修补时，还存在着很大的危险性，后果非常严重。

（二）原因分析

（1）在进行玻璃幕墙设计时，由于设计考虑不周，细部处理欠妥或不认真，很容易造成渗漏水问题。

（2）使用质量不合格橡胶条或过期的密封胶。橡胶条与金属槽口不匹配，特别是规格较小时，不能将玻璃与金属框的缝隙密封严密；玻璃密封胶液如超过规定的期限，其黏结力将会大大下降。

（3）密封胶液在注胶前，基层净化处理未达到标准要求，使得密封胶液与基层粘接不牢，从而使幕墙出现渗漏水现象。

（4）所用密封胶液规格不符合设计要求，造成胶缝处厚薄不匀，从而形成水的渗透通道。

（5）幕墙内排水系统设计不当，或施工后出现排水不通畅或堵塞；或者幕墙的开启部位密封不良，橡胶条的弹性较差，五金配件缺失或损坏。

（6）幕墙周边、压顶铝合金泛水板搭接长度不足，封口不严，密封胶液漏注，均可造成幕墙出现渗漏水现象。

（7）在幕墙施工的过程中，未进行抗雨水渗漏方面的试验和检查，密封质量无保证。

（三）预防措施

（1）幕墙结构必须安装牢固，各种框架结构、连接件、玻璃和密封材料等，不得因风荷载、地震、温度和湿度变化而发生螺栓松动、密封材料损坏等现象。

（2）所用的密封胶的牌号应符合设计要求，并有相容性试验报告。密封胶液应在保质期内使用。硅酮结构密封胶液应在封闭、清洁的专用车间内打胶，不得在现场注胶；硅酮结构密封胶在注胶前，应按要求将基材上的尘土、污垢清除干净，注胶时速度不宜过快，以免出现针眼和堵塞等现象，底部应用无黏结胶带分开，以防三面粘接，出现拉裂现象。

（3）幕墙所用橡胶条，应当按照设计规定的材料和规格选用，镶嵌一定要达到平整、严密，接口处一定要用密封胶液填实封严；开启窗安装的玻璃应与幕墙在同一水平面上，不得出现凹进现象。

（4）在进行玻璃幕墙设计时，应设计泄水通道，雨水的排水口应按规定留置，并保持内排水系统畅通，以便集水后由管道排出，使大量的水及时排除远离幕墙，减少水向幕墙内渗透的机会。

（5）在填嵌密封胶之前，要将接触处擦拭干净，再用溶剂揩擦后方可嵌入密封胶；厚度应大于 3.5mm，宽度要大于厚度的 2 倍。

（6）幕墙的周边、压顶及开启部位等处构造比较复杂，设计应绘制出节点大样图，以便操作人员按图施工；在进行施工中，要严格按图进行操作，并应及时检查施工质量，凡有密封不良、材质较差等情况，应及时加以调整。

（7）在幕墙工程的施工中，应分层进行抗雨水渗漏性能的喷射水试验，检验幕墙的施工质量，发现问题及时调整解决。

## 五、幕墙玻璃发生自爆碎裂

### （一）质量问题

幕墙玻璃在幕墙安装的过程中，或者在安装后的一段时间内，玻璃在未受到外力撞击的情况下，出现自爆碎裂现象，不仅影响幕墙的使用功能和装饰效果，而且还具有下落伤人的危险性，必须予以更换和修整。

### （二）原因分析

（1）幕墙玻璃采用的原片质量不符合设计要求，在温度骤然变化的情况下，易发生自爆碎裂；或者玻璃的面积过大，不能适应热胀冷缩的变化。

（2）幕墙玻璃在安装时，底部未按规定设置弹性铺垫材料，而是与构件槽底直接接触，受温差应力或振动力的作用而造成玻璃碎裂。

（3）玻璃材料试验证明，普通玻璃在切割后如不进行边缘处理，在受热时会因膨胀出现应力集中，容易产生自爆碎裂。

（4）隔热保温材料直接与玻璃接触或镀膜出现破损，使玻璃的中部与边缘产生较大温差；当温度应力超过玻璃的抗拉强度时，则会出现玻璃的自爆碎裂。

（5）全玻璃幕墙的底部使用硬化性密封材料，当玻璃受到挤压时，易使玻璃出现破损。

（6）幕墙三维调节消化余量不足，或主体结构变动的影响超过了幕墙三维调节所能消化的余量，也会造成玻璃的破裂。

（7）隐框式玻璃幕墙的玻璃间隙比较小，特别是顶棚四周底边的间隙更小，如果玻璃受到侧向压应力影响时，则会造成玻璃的碎裂。

（8）在玻璃的交接处，由于弹性垫片漏放或太薄，或者"夹件"固定太紧会造成该处玻璃的碎裂。

（9）幕墙采用的钢化玻璃，未进行钢化防爆处理，在一定的条件下也会发生玻璃自爆。

### （三）预防措施

（1）玻璃原片的质量应符合现行标准的要求，必须有出厂合格证。当设计必须采用大面积玻璃时，应采取相应的技术措施，以减小玻璃中央与边缘的温差。

（2）在进行玻璃切割加工时，应按规范规定留出每边与构件槽口的配合距离。玻璃切割后，边缘应磨边、倒角、抛光处理完毕再加工。

（3）进行幕墙玻璃安装时，应按设计规定设置弹性定位垫块，使玻璃与框有一定的间隙。

（4）要特别注意避免保温材料与玻璃接触，在安装完玻璃后，要做好产品保护，防止镀膜层破损。

（5）要通过设计计算确定幕墙三维调节的能力。如果主体结构变动或构架刚度不足，应根据实际情况和设计要求进行加固处理。

（6）对于隐框式玻璃幕墙，在安装中应特别注意玻璃的间隙，玻璃的拼缝宽度不宜小于 15mm。

（7）在"夹件"与玻璃接触处，必须设置一定厚度的弹性垫片，以免刚性"夹件"同脆性玻璃直接接触受外力影响时，造成玻璃的碎裂。

（8）当玻璃幕墙采用钢化玻璃时，为防止玻璃产生自爆，应对玻璃进行钢化防爆处理。

## 六、幕墙构件安装接合处漏放垫片

### （一）质量问题

连接件与立柱之间，未按照规范要求设置垫片，或在施工中漏放垫片，这样构件在一定的条件下很容易产生电化学腐蚀，对整个幕墙的使用年限和使用功能有一定影响。

### （二）原因分析

出现漏放垫片的主要原因有：一是在设计中不重视垫片的设置，忘记这个小部件；二是在节点设计大样图中未注明，施工人员未安装；三是施工人员责任心不强，在施工中漏放；四是施工管理人员检查不认真，没有及时检查和纠正。

### （三）预防措施

（1）为防止不同金属材料相接触时产生电化学腐蚀，标准《玻璃幕墙工程技术规范》（JGJ 102—2003）中规定，在接触部位应设置相应的垫片。一般应采用 1mm 厚的绝缘耐热硬质有机材料垫片，在幕墙设计中不可出现遗漏。

（2）在幕墙立柱与横梁两端之间，为适应和消除横向温度变形及噪声的要求，在《玻璃幕墙工程技术规范》（JGJ 102—2003）中做出规定：在连接处要设置一面有胶一面无胶的弹性橡胶垫片或尼龙制作的垫片。弹性橡胶垫片应有 20%～35% 的压缩性，一般用邵尔 A 型 75～80 橡胶垫片，安装在立柱的预定位置，并应安装牢固，其接缝要严密。

（3）在幕墙施工的过程中，操作人员必须按设计要求放置垫片，不可出现漏放；施工管理人员必须认真进行质量检查，以便及早发现漏放、及时进行纠正。

## 七、幕墙工程防火不符合要求

### （一）质量问题

由于层间防火设计不周全、不合理，施工不认真、不精细，造成幕墙与主体结构间未设置层间防火；或未按要求选用防火材料，达不到防火性能要求，严重影响幕墙工程防火安全。

### （二）原因分析

（1）有的玻璃幕墙在进行设计时，对防火设计未引起足够重视，没有考虑设置防火隔层，造成设计方面的漏项，使玻璃幕墙无法防火。

（2）有的楼层联系梁处没有设置幕墙的分格横梁，防火层的位置设置不正确，节点无设计大样图。

（3）采用的防火材料质量达不到规范的要求。

（三）预防措施

（1）在进行玻璃幕墙设计时，千万不可遗漏防火隔层的设计。在初步设计对外立面分割时，应同步考虑防火安全的设计，并绘制出节点大样图，在图上要注明用料规格和锚固的具体要求。

（2）在进行玻璃幕墙设计时，横梁的布置与层高相协调，一般每一个楼层就是一个独立的防火分区，要在楼面处设置横梁和防火隔层。

（3）玻璃幕墙的防火设计，除应当符合《建筑设计防火规范》(GB 50016 —2014) 中的有关规定外，还应符合下列规定。

① 应根据防火材料的耐火极限决定防火层的厚度和宽度，并应在楼板处形成防火带。

② 防火层应采取可靠的隔离措施。防火层的衬板应采用经过防腐处理、厚度不小于 1.5mm 的钢板，不得采用铝板。

③ 防火层中所用的密封材料，应当采用防火密封胶。

④ 防火层与玻璃不得直接接触，同时一块玻璃不应跨两个防火区。

（4）玻璃幕墙的和楼层处、隔墙处的缝隙，应用防火或不燃烧材料填嵌密实，但防火层用的隔断材料等，其缝隙用防火保温材料填塞，表面缝隙用密封胶封闭严密。

（5）防火层施工应符合设计要求，幕墙窗间墙及窗槛墙的填充材料，应采用不燃烧材料。当外墙采用耐火极限不低于 1h 的不燃烧材料时，其墙内填充材料可采用难燃烧材料。防火隔层应铺设平整，锚固要确实可靠。防火施工后要办理隐蔽工程验收手续，合格后方可进行面板施工。

## 八、幕墙安装无防雷系统

（一）质量问题

由于设计不合理或没有按设计要求施工，致使玻璃幕墙没有设置防雷均压环，或防雷均压环没有和主体结构的防雷系统相连接；或者接地电阻不符合规范要求，从而使幕墙存在着严重的安全隐患。

（二）原因分析

（1）在进行玻璃幕墙设计时，根本没考虑到防雷系统，使这部分被遗漏，或者设计不合理，从而严重影响了玻璃幕墙的使用安全度。

（2）有些施工人员不熟悉防雷系统的安装规定，无法进行防雷系统的施工，从而造成不安装或安装不合格。

（3）选用的防雷均压环、避雷线、引下线、接地装置等的材料，不符合设计要求，导致防雷效果不能满足要求。

（三）预防措施

（1）在进行玻璃幕墙工程的设计时，要有防雷系统的设计方案，施工中要有防雷系统的施工图纸，以便施工人员按图施工。

（2）玻璃幕墙应每隔三层设置扁钢或圆钢防雷均压环，防雷均压环与主体结构防雷系统相连接，接地电阻应符合设计规范中的要求，使玻璃幕墙形成自身的防雷系统。

（3）对防雷均压环、避雷线、引下线、接地装置等的用料、接头，都必须符合设计要求和《建筑防雷设计规范》(GB 50057—2010) 中的规定。

## 九、玻璃四周泛黄，密封胶变色、变质

### （一）质量问题

玻璃幕墙安装完毕或使用一段时间后，在玻璃四周会出现泛黄现象，密封胶也会出现变色和变质，不仅严重影响玻璃幕墙的外表美观，而且也存在极大的危险性，应当引起高度重视。

### （二）原因分析

（1）当密封胶液用的是非中性胶或不合格胶时，呈酸碱性的胶与夹层玻璃中的 PVB 胶片、中空玻璃的密封胶和橡胶条接触，因为它们之间的相容性不良，使 PVB 胶片或密封胶泛黄变色，使橡胶条变硬发脆，影响幕墙的外观质量，甚至出现渗漏水现象。

（2）幕墙采用的夹丝玻璃边缘未进行处理，使低碳钢丝因生锈而造成玻璃四周泛黄，严重时会使锈蚀产生膨胀，玻璃在膨胀力的作用下而碎裂。

（3）采用的不合格密封胶在紫外线的照射下，发生老化、变色和变脆，致使其失去密封、防水作用，从而又引起玻璃泛黄。

（4）在玻璃幕墙使用的过程中，由于清洁剂选用不当，对玻璃产生腐蚀而引起泛黄。

### （三）预防措施

（1）在玻璃幕墙安装之前，首先应做好密封胶的选择和试验工作。第一，应选择中性和合格的密封胶，不得选用非中性胶或不合格的密封胶。第二，对所选用的密封胶要进行与其他材料的相容性试验，待确定完全合格后，才能正式用于玻璃幕墙。

（2）当幕墙采用夹丝玻璃时，在玻璃切割后，其边缘应及时进行密封处理，并作防锈处理，防止钢丝生锈而造成玻璃四周泛黄。

（3）清洗幕墙玻璃和框架的清洁剂，应采用中性清洁剂，并应做对玻璃等材料的腐蚀性试验，合格后方可使用。同时要注意，玻璃和金属框架的清洁剂应分别采用，不得错用和混用。清洗时应采取相应的隔离保护措施，清洗后及时用清水冲洗干净。

## 十、幕墙的拼缝不合格

### （一）质量问题

明框式玻璃幕墙出现外露框或压条有横不平、竖不直缺陷，单元玻璃幕墙的单元拼缝或隐框式玻璃幕墙的分格玻璃拼缝存在缝隙不均匀、不平不直质量问题，以上质量缺陷不但影响胶条的填嵌密实性，而且影响幕墙的外观质量。

### （二）原因分析

（1）在进行幕墙玻璃安装时，未对土建的标准标志进行复验。由于测量基准不准确，导致玻璃拼缝不合格；或者进行复验时，风力大于 4 级造成测量误差较大。

（2）在进行幕墙玻璃安装时，未按规定要求每天对玻璃幕墙的垂直度及立柱的位置进行测量核对。

（3）玻璃幕墙的立柱与连接件在安装后未进行认真调整和固定，导致它们之间的安装偏差过大，超过设计和施工规范的要求。

（4）立柱与横梁安装完毕后，未按要求用经纬仪和水准仪进行校核检查、调整。

### （三）预防措施

（1）在玻璃幕墙正式测量放线前，应对总包提供的土建标准标志进行复验，经监理工程

师确认后，方可作为玻璃幕墙的测量基准。对于高层建筑的测量应在风力不大于 4 级的情况下进行，每天定时对玻璃幕墙的垂直度及立柱位置进行测量核对。

（2）玻璃幕墙的分格轴线的确定，应与主体结构施工测量轴线紧密配合，其误差应及时进行调整，不得产生积累。

（3）立柱与连接件安装后应进行调整和固定。它们安装后应达到如下标准：立柱安装标高差不大于 3mm；轴线前后的偏差不大于 2mm，左右偏差不大于 3mm；相邻两根立柱安装标高差不应大于 3mm，距离偏差不应大于 2mm，同层立柱的最大标高偏差不应大于 5mm。

（4）幕墙横梁安装应弹好水平线，并按线将横梁两端的连接件及垫片安装在立柱的预定位置，并应确实安装牢固。保证相邻两根横梁的水平高差不应大于 1mm，同层标高的偏差：当一幅幕墙的宽度小于或等于 35m 时，不应大于 5mm；当一幅幕墙的宽度大于 35m 时，不应大于 7mm。

（5）立柱与横梁安装完毕后，应用经纬仪和水准仪对立柱和横梁进行校核检查、调整，使它们均符合设计要求。

### 十一、玻璃幕墙出现结露现象

#### （一）质量问题

玻璃幕墙出现结露现象，不仅影响幕墙外观装饰效果，而且还会造成通视较差、浸湿室内装饰和损坏其他设施。常见幕墙结露的现象主要如下。

（1）中空玻璃的中空层出现结露，致使玻璃的通视性不好。

（2）在比较寒冷的地区，当冬季室内外的温差较大时，玻璃的内表面出现结露现象。

（3）幕墙内没有设置结露水排放系统，结露水浸湿室内装饰或设施。

#### （二）原因分析

（1）采用的中空玻璃质量不合格，尤其是对中空层的密封不严密，很容易使中空玻璃在中空层出现结露。

（2）幕墙设计不合理，或者选材不当，没有设置结露水凝结排放系统。

#### （三）预防措施

（1）对于中空玻璃的加工质量必须严格控制，加工制作的中空玻璃要在洁净干燥的专用车间内进行加工；所用的玻璃间隔的橡胶一定要干净、干燥，并安装正确，间隔条内要装入适量的干燥剂。

（2）对中空玻璃的密封要特别重视，要采用双道密封。密封胶要正确涂敷，厚薄均匀，转角处不得有漏涂缺损现象。

（3）幕墙设计要根据当地气候条件和室内功能要求，科学、合理地确定幕墙的热阻；应选用合适的幕墙材料，如在北方寒冷地区宜选用中空玻璃。

（4）幕墙设计允许出现结露的现象时，在幕墙结构设计中必须要设置水凝结排放系统。

## 第三节　金属幕墙的质量问题与防治

金属板饰面建筑幕墙的施工涉及工种较多，工艺比较复杂，施工难度较大，加上金属板的厚度较小，在加工和安装中容易发生变形。因此，比较容易出现质量问题，不仅严重影响装饰效果，而且也影响其使用功能。对金属幕墙出现的质量问题，应引起足够重视，并采取措施积极进行防治。

## 一、板面不平整，接缝不平齐

### （一）质量问题

在金属幕墙工程完工检查验收时发现：板面之间有高低不平、板块中有凹凸不平、接缝不顺直、板缝有错牙等质量缺陷。这些质量问题严重影响金属幕墙的表面美观，同时对使用中的维修、清洗也会造成困难。

### （二）原因分析

产生以上质量问题的原因很多，根据工程实践经验，主要原因包括以下方面。

（1）连接金属板面的连接件，未按施工规定要求进行固定，固定不够牢靠。在安装金属板时，由于施工和面板的作用，使连接件发生位移，自然会导致板面不平整、接缝不平齐。

（2）连接金属板面的连接件，未按施工规定要求进行固定，尤其是因安装高度不一致，使得金属板安装也会产生板面不平整、接缝不平齐。

（3）在进行金属面板加工的过程中，未按要求的规范进行加工，使金属面板本身不平整，或尺寸不准确；在金属板运输、保管、吊装和安装中，不注意对板面进行保护，从而造成板面不平整、接缝不平齐。

### （三）预防措施

针对以上出现板面不平整、接缝不平齐的原因，可以采取以下防治措施。

（1）确实按照设计和施工规范的要求，进行金属幕墙连接件的安装，确保连接件安装牢固平整、位置准确、数量满足。

（2）严格按要求对金属面板进行加工，确保金属面板表面平整、尺寸准确、符合要求。

（3）在金属面板的加工、运输、保管、吊装和安装中，要注意对金属面板成品的保护，不使其受到损伤。

## 二、密封胶开裂，出现渗漏问题

### （一）质量问题

金属幕墙在工程验收或使用过程中，发现密封胶开裂质量问题，产生气体渗透或雨水渗漏；不仅使金属幕墙的内外受到气体和雨水的侵蚀，而且会降低幕墙的使用寿命。

### （二）原因分析

（1）注胶部位未认真进行清理擦洗。由于不洁净就注胶，所以胶与材料黏结不牢，它们之间有一定的缝隙，使得密封胶开裂，出现渗漏问题。

（2）由于胶缝的深度过大，结果造成三面黏结，从而导致密封胶开裂质量问题，产生气体渗透或雨水渗漏。

（3）在注入密封胶后，尚未完全黏结前，受到灰尘沾染或其他振动，使密封胶未能牢固黏结，造成密封胶与材料脱离而开裂。

### （三）预防措施

（1）在注密封胶之前，应对需黏结的金属板材缝隙进行认真清洁，尤其是对黏结面应特别重视，清洁后要加以干燥和保持。

（2）在较深的胶缝中，应根据实际情况充填聚氯乙烯发泡材料，一般宜采用小圆棒形状的填充料，这样可避免胶造成三面黏结。

（3）在注入密封胶后，要认真进行保护，并创造良好环境，使其至完全硬化。

## 三、预埋件位置不准，横竖料难以固定

### （一）质量问题

预埋件是幕墙安装的主要挂件，承担着幕墙的全部荷载和其他荷载，预埋件的位置是否准确，对幕墙的施工和安全关系重大。但是，在预埋件的施工中，由于未按设计要求进行设置，结果会造成预埋件位置不准，必然会导致幕墙的横竖骨架很难与预埋件固定连接，甚至出现连接不牢、重新返工。

### （二）原因分析

（1）预埋件在进行放置前，未在施工现场进行认真复测和放线；或在放置预埋件时，偏离安装基准线，导致预埋件位置不准确。

（2）预埋件的放置方法，一般是采用将其绑扎在钢筋上，或者固定在模板上。如果预埋件与模板、钢筋连接不牢，在浇筑混凝土时会使预埋件的位置变动。

（3）预埋件放置完毕后，未对其进行很好的保护，在其他工序施工中使其发生碰撞，使预埋件位置发生变化。

### （三）预防措施

（1）在进行金属幕墙设计时，应根据规范设置相应的预埋件，并确定其数量、规格和位置；在进行放置之前，应根据施工现场实际，对照设计图进行复核和放线，并进行必要调整。

（2）在预埋件放置中，必须与模板、钢筋连接牢固；在浇筑混凝土时，应随时进行观察和纠正，以保证其位置的准确性。

（3）在预埋件放置完成后，应时刻注意对其进行保护。在其他工序的施工中，不要碰撞预埋件，以保证预埋件不发生位移。

（4）如果混凝土结构施工完毕后，发现预埋件的位置发生较大的偏差，则应及时采取补救措施。补救措施主要有下列几种。

① 当预埋件的凹入度超过允许偏差范围时，可以采取加长铁件的补救措施，但对加长的长度应当进行控制，采用焊接加长的焊接质量必须符合要求。

② 当预埋件向外凸出超过允许偏差范围时，可以采用缩短铁件的方法；或采用剔去原预埋件改用膨胀螺栓，将铁件紧固在混凝土结构上。

③ 当预埋件向上或向下偏移超过允许偏差范围时，则应修改立柱连接孔或用膨胀螺栓调整连接位置。

④ 当预埋件发生漏放时，应采用膨胀螺栓连接或剔除混凝土后重新埋设。决不允许故意漏放而节省费用的错误做法。

## 四、胶缝不平滑充实，胶线扭曲不顺直

### （一）质量问题

金属幕墙的装饰效果如何，不只是表现在框架和饰面上，胶缝是否平滑、顺直和充实，

也是非常重要的方面。但是，在胶缝的施工中，很容易出现胶缝注入不饱满、缝隙不平滑、线条不顺直等质量缺陷，严重影响金属幕墙的整体装饰效果。

（二）原因分析

（1）在进行注胶时，未能按施工要求进行操作，或注胶用力不均匀，或注胶枪的角度不正确，或刮涂胶时不连续，都会造成胶缝不平滑充实，胶线扭曲不顺直。

（2）注胶操作人员未经专门培训，技术不熟练，要领不明确，也会使胶缝出现不平滑充实、胶线扭曲不顺直等质量缺陷。

（三）预防措施

（1）在进行注胶的施工中，应严格按正确的方法进行操作，要连续均匀地注胶，要使注胶枪以正确的角度注胶，当密封胶注满后，要用专用工具将注胶刮密实和平整，胶缝的表面应达到光滑无皱纹的质量要求。

（2）注胶是一项技术要求较高的工作，操作人员应经过专门的培训，使其掌握注胶的基本技能和质量意识。

## 五、成品产生污染，影响装饰效果

（一）质量问题

金属幕墙安装完毕后，由于未按规定进行保护，结果造成幕墙成品发生污染、变色、变形、排水管道堵塞等质量问题，既严重影响幕墙的装饰效果，也会使幕墙发生损坏。

（二）原因分析

（1）在金属幕墙安装施工的过程中，不注意对金属饰面的保护，尤其是在注胶中很容易产生污染，这是金属幕墙成品污染的主要原因。

（2）在金属幕墙安装施工完毕后，未按规定要求对幕墙成品进行保护，在其他工序的施工中污染了金属幕墙。

（三）预防措施

（1）在金属幕墙安装施工的过程中，要注意按操作规程施工和文明施工，并及时清除板面及构件表面上的黏附物，使金属幕墙安装时即成为清洁的饰面。

（2）在金属幕墙安装完毕后，立即进行从上向下的清扫工作，并在易受污染和损坏的部位贴上一层保护膜或覆盖塑料薄膜，对于易受磕碰的部位应设置防护栏。

## 六、铝合金板材厚度不足

（一）质量问题

金属幕墙的面板选用铝合金板材时，其厚度不符合设计要求，不仅影响幕墙的使用功能，而且还严重影响幕墙的耐久性。

（二）原因分析

（1）承包商片面追求经济利益，选用的铝合金板材的厚度小于设计厚度，从而造成板材不合格，导致板材厚度不足而影响整个幕墙的质量。

（2）铝合金板材进场后，未进行认真复验，其厚度低于工程需要，而不符合设计要求。

（3）铝合金板材生产厂家未按照国家现行有关规范生产，从而造成出厂板材不符合生产标准的要求。

### （三）预防措施

铝合金面板要选用专业生产厂家的产品，在幕墙面板订货前要考察其生产设备、生产能力，并应有可靠的质量控制措施，确认原材料产地、型号、规格，并封样备查；铝合金面板进场后，要检查其生产合格证和原材料产地证明，均应符合设计和购货合同的要求，同时查验其面板厚度应符合下列要求。

（1）单层铝板的厚度不应小于 2.5mm，并应符合现行国家标准《一般工业用铝及铝合金板、带材　第 1 部分：一般要求》(GB/T 3880.1—2012) 中的有关规定。

（2）铝塑复合板的上、下两层铝合金板的厚度均应为 0.5mm，其性能应符合现行国家标准《建筑幕墙用铝塑复合板》(GB/T 17748—2008) 中规定的外墙板的技术要求；铝合金板与夹心板的剥离强度标准值应大于 $7N/mm^2$。

（3）蜂窝铝板的总厚度为 10～25mm。其中，厚度为 10mm 的蜂窝铝板，其正面铝合金板厚度应为 1mm，背面铝合金板厚度为 0.5～0.8mm；厚度在 10mm 以上的蜂窝铝板，其正面铝合金板的厚度均应为 1mm。

## 七、铝合金面板的加工质量不符合要求

### （一）质量问题

铝合金面板是金属幕墙的主要装饰材料，对于幕墙的装饰效果起着决定性作用。如果铝合金面板的加工质量不符合要求，不仅会造成面板安装十分困难，接缝不均匀，而且还严重影响金属幕墙的外观质量和美观。

### （二）原因分析

（1）在金属幕墙的设计中，没有对铝合金面板的加工质量提出详细要求，致使生产厂家对质量要求不明确。

（2）生产厂家由于没有专用的生产设备，或者设备、测量器具没有定期进行检修，精度达不到加工精度要求，致使加工的铝合金面板质量不符合要求。

### （三）预防措施

（1）铝合金面板的加工应符合设计要求，表面氟碳树脂涂层厚度应符合规定。铝合金面板加工允许偏差应符合表 12-1 中的规定。

表12-1　铝合金面板加工允许偏差　　　　　　　　　　　单位：mm

| 项目 | | 允许偏差 | 项目 | | 允许偏差 |
|---|---|---|---|---|---|
| 边长 | ≤2000 | ±2.0 | 对角线长度 | ≤2000 | 2.5 |
| | >2000 | ±2.5 | | >2000 | 3.0 |
| 对边尺寸 | ≤2000 | ≤2.5 | 折弯高度 | | ≤1.0 |
| | >2000 | ≤3.0 | 平面度 | | ≤2/1000 |
| | | | 孔的中心距 | | ±1.5 |

（2）单层铝板的加工应符合下列规定。

① 单层铝板在进行折弯加工时，折弯外圆弧半径不应小于板厚的 1.5 倍。

② 单层铝板加劲肋的固定可用电栓钉，但应确保铝板表面不变色、不褪色，固定应牢固。

③ 单层铝板的固定耳子应符合设计要求。固定耳子可采用焊接、铆接或在铝板上直接

冲压而成，应当做到位置正确、调整方便、固定牢固。

④ 单层铝板构件四周边应采用铆接、螺栓或胶黏剂与机械连接相结合的形式固定，并应做到刚性好，固定牢固。

（3）铝塑复合板的加工应符合下列规定。

① 在切割铝塑复合板内层铝板与聚乙烯塑料时，应保留不小于 0.3mm 厚的聚乙烯塑料，并不得划伤外层铝板的内表面。

② 蜂窝铝板的打孔、切割口等外露的聚乙烯塑料及角部缝隙处，应采用中性硅酮耐候密封胶进行密封。

③ 为确保铝塑复合板的质量，在加工过程中严禁将铝塑复合板与水接触。

（4）蜂窝铝板的加工应符合下列规定。

① 应根据组装要求决定切口的尺寸和形状。在切割铝芯时，不得划伤蜂窝板外层铝板的内表面；各部位外层铝板上，应保留 0.3～0.5mm 的铝芯。

② 对于直角构件的加工，折角处应弯成圆弧状，蜂窝铅板的角部的缝隙处，应采用硅酮耐候密封胶进行密封。

③ 大圆弧角构件的加工，圆弧部位应填充防火材料。

④ 蜂窝铝板边缘的加工，应将外层铝板折合 180°，并将铝芯包封。

## 八、铝塑复合板的外观质量不符合要求

### （一）质量问题

铝塑复合板幕墙安装后，经质量验收检查发现板的表面有波纹、鼓泡、疵点、划伤、擦伤等质量缺陷，严重影响金属幕墙的外观质量。

### （二）原因分析

（1）铝塑复合板在加工制作、运输、储存过程中，由于不认真细致或保管不善等，造成板的表面有波纹、鼓泡、疵点、划伤、擦伤等质量缺陷。

（2）铝塑复合板在安装操作过程中，安装工人没有认真按操作规程进行操作，致使铝塑复合板的表面有波纹、鼓泡、疵点、划伤、擦伤等质量缺陷。

### （三）预防措施

（1）铝塑复合板的加工要在封闭、洁净的生产车间内进行，要有专用生产设备，设备要定期进行维修保养，并能满足加工精度的要求。

（2）铝塑复合板安装工人应进行岗前培训，熟练掌握生产工艺，并严格按工艺要求进行操作。

（3）铝塑复合板的外观应非常整洁，涂层不得有漏涂或穿透涂层厚度的损伤。铝塑复合板正反面不得有塑料的外露。铝塑复合板装饰面不得有明显压痕、印痕和凹凸等残迹。

铝塑复合板的缺陷允许范围应符合表 12-2 中的要求。

表12-2　铝塑复合板缺陷允许范围

| 缺陷名称 | 缺陷规定 | 允许范围 | |
|---|---|---|---|
| | | 优等品 | 合格品 |
| 波纹 | — | 不允许 | 不明显 |
| 鼓泡 | ≤10mm | 不允许 | 不超过 1 个/m² |
| 疵点 | ≤300mm | 不超过 3 个/m² | 不超过 10 个/m² |

| 缺陷名称 | 缺陷规定 | 允许范围 | |
|---|---|---|---|
| | | 优等品 | 合格品 |
| 划伤 | 总长度 | 不允许 | $\leqslant 100\,mm^2/m^2$ |
| 擦伤 | 总面积 | 不允许 | $\leqslant 300\,mm^2/m^2$ |
| 划伤、擦伤总数 | — | 不允许 | $\leqslant 4$ 处 |
| 色差 | 色差不明显,若用仪器测量,$\Delta E \leqslant 2$ | | |

# 第四节  石材幕墙的质量问题与防治

石材幕墙是三大类建筑幕墙之一。由于石材资源丰富、来源广泛、价格便宜、耐久性好,所以也是一种常用的建筑幕墙材料。但是,石材是一种脆性硬质材料,其具有自重比较大、抗拉和抗弯强度低等缺陷,在加工和安装过程中容易出现各种各样的质量问题,对这些质量问题应当采取预防和治理的措施,积极、及时加以解决,以确保石材幕墙质量符合设计和规范的有关要求。

## 一、石材板的加工制作不符合要求

### (一)质量问题

石材幕墙所用的板材加工制作质量较差,出现板上用于安装的钻孔或开槽位置不准、数量不足、深度不够和槽壁太薄等质量缺陷,造成石材安装困难、接缝不均匀、不平整,不仅影响石材幕墙的装饰效果,而且还会造成石材板的破裂坠落。

### (二)原因分析

(1)在石材板块加工前,没有认真领会设计图纸中的规定和标准,从而使加工出的石材板块成品不符合设计要求。

(2)石材板块的加工人员技术水平较差,在加工前既没有认真划线,也没有按规程进行操作。

(3)石材幕墙在安装组合的过程中,没有按有关规定进行施工,也会使石材板块不符合设计要求。

### (三)预防措施

(1)幕墙所用石材板的加工制作应符合下列规定。

① 在石材板的连接部位应无崩边、暗裂等缺陷;其他部位的崩边不大于 $5\,mm \times 20\,mm$ 或缺角不大于 $20\,mm$ 时,可以修补合格后使用。但每层修补的石材板块数不应大于 $2\%$,且宜用于立面不明显部位。

② 石材板的长度、宽度、厚度、直角、异型角、半圆弧形状、异型材及花纹图案造型、石材的外形尺寸等,均应符合设计要求。

③ 石材板外表面的色泽应符合设计要求,花纹图案应按预定的材料样板检查,石材板周围不得有明显的色差。

④ 如果石材板块加工时采用火烧石,应按材料样板检查火烧后的均匀程度,石材板块不得有暗裂、崩裂等质量缺陷。

⑤ 石材板块加工完毕后,应当进行编号存放。其编号应与设计图纸中的编号一致,以免出现混乱。

⑥ 石材板块的加工，既要结合其在安装中的组合形式，又要结合工程使用中的基本形式。

⑦ 石材板块加工的尺寸允许偏差，应当符合现行国家标准《天然花岗石建筑板材》（GB/T 18601—2009）中的要求。

(2) 钢销式安装的石材板的加工应符合下列规定。

① 钢销的孔位应根据石材板的大小而定。孔位距离边缘不得小于石板厚度的3倍，也不得大于180mm；钢销间距一般不宜大于600mm；当边长不大于1.0m时，每边应设两个钢销。当边长大于1.0m时，应采用复合连接方式。

② 石材板钢销的孔深度宜为22～33mm，孔的直径宜为7mm或8mm，钢销直径宜为5mm或6mm，钢销长度宜为20～30mm。

③ 石材板钢销的孔附近，不得有损坏或崩裂现象，孔径内应光滑洁净。

(3) 通槽式安装的石材板的加工应符合下列规定。

① 石材板的通槽宽度宜为6mm或7mm，不锈钢支撑板的厚度不宜小于3mm，铝合金支撑板的厚度不宜小于4mm。

② 石材板在开槽后，不得有损坏或崩裂现象，槽口应打磨成45°的倒角；槽内应光滑、洁净。

(4) 短槽式安装的石材板的加工应符合下列规定。

① 每块石材板上下边应各开两个短平槽，短平槽的宽度不应小于100mm，在有效长度内槽深度不宜小于15mm；开槽宽度宜为6mm或7mm；不锈钢支撑板的厚度不宜小于3mm，铝合金支撑板的厚度不宜小于4mm。弧形槽有效长度不应小于80mm。

② 两短槽边距离石材板两端部的距离，不应小于石材板厚度的3倍，且不应小于85mm，也不应大于180mm。

③ 石材板在开槽后，不得有损坏或崩裂现象，槽口应打磨成45°的倒角；槽内应光滑、洁净。

(5) 单元石材幕墙的加工组装应符合下列规定。

① 对于有防火要求的石材幕墙单元，应将石材板、防火板及防火材料按设计要求组装在铝合金框架上。

② 对于有可视部分的混合幕墙单元，应将玻璃板、石材板、防火板及防火材料按设计要求组装在铝合金框架上。

③ 幕墙单元内石材板之间可采用铝合金 T 形连接件进行连接。T 形连接件的厚度，应根据石材板的尺寸及重量经计算后确定，且最小厚度不应小于4mm。

(6) 在幕墙单元内，边部石材板与金属框架的连接，可采用铝合金 L 形连接件。其厚度应根据石材板尺寸及重量经计算后确定，且其最小厚度不应小于4mm。

(7) 石材经切割或开槽等工序后，均应将加工产生的石屑用水冲洗干净，石材板与不锈钢挂件之间，应当用环氧树脂型石材专用结构胶黏剂进行粘接。

(8) 已经加工好的石材板，应存放于通风良好的仓库内，立放的角度不应小于85°。

## 二、石材幕墙工程质量不符合要求

### （一）质量问题

在石材幕墙质量检查中，发现其施工质量不符合设计和规范的要求，不仅其装饰效果比较差，而且其使用功能达不到规定，甚至有的还存在着安全隐患。由于石材存在上述明显缺点，所以对石材幕墙的质量问题应引起足够重视。

### （二）原因分析

出现石材幕墙质量不合格的原因是多方面的，主要有：材料不符合要求、施工未按规范操作、监理人员监督不力等。此处详细分析的是材料不符合要求，这是石材幕墙质量不合格的首要原因。

（1）石材幕墙所选用的骨架材料的型号、材质等方面，均不符合设计要求，特别是当用料断面偏小时，杆件会发生扭曲变形现象，使幕墙存在安全隐患。

（2）石材幕墙所选用的锚栓无产品合格证，也无物理力学性能测试报告，用于幕墙工程后成为不放心部件，一旦锚栓出现断裂问题，后果不堪设想。

（3）石材加工尺寸与现场实际尺寸不符，会造成以下两个方面的问题：一是石材板块根本无法与预埋件进行连接，造成费工、费时、费资金；二是勉强进行连接，在施工现场必须对石材进行加工，必然严重影响幕墙的施工进度。

（4）石材幕墙所选用的石材板块，未经严格的挑选和质量验收，结果造成石材色差比较大，颜色不均匀，严重影响石材幕墙的装饰效果。

### （三）预防措施

针对以上分析的材料不符合要求的原因，在一般情况下可以采取如下防治措施。

（1）石材幕墙的骨架结构，必须经具有相应资质等级的设计单位进行设计，有关部门一定要按设计要求选购合格的产品，这是确保石材幕墙质量的根本。

（2）设计中要明确提出对锚栓物理力学性能的要求，要选择正规厂家生产的锚栓产品，施工单位应严格采购进货的检测和验货手续，严把锚栓的质量关。

（3）加强施工现场的统一测量、复核和放线，提高测量放线的精度。石材板块在加工前要绘制放样加工图，并严格按石材板块放样加工图进行加工。

（4）要加强到产地现场完成选购石材的工作，不能单凭小块石材样板而确定所用石材品种。在石材板块加工后要进行试铺配色，不要选用含氧化铁较多的石材品种。

## 三、石材幕墙骨架安装不合格

### （一）质量问题

石材幕墙施工完毕后，经质量检查发现骨架安装不合格，主要表现在：骨架竖料的垂直度、横料的水平度偏差较大。

### （二）原因分析

（1）在进行骨架测量中，由于测量仪器的偏差较大，测量放线的精度不高，就会造成骨架竖料的垂直度、横料的水平度偏差不符合规范要求。

（2）在骨架安装的施工过程中，施工人员未认真执行自检和互检制度，安装精度不能得到保证，从而造成骨架竖料的垂直度、横料的水平度偏差较大。

### （三）预防措施

（1）在进行骨架测量中，应选用测量精度符合要求的仪器，提高测量放线的精度。

（2）为确保测量的精度，对使用的测量仪器要定期送检，保证测量的结果符合石材幕墙安装的要求。

（3）在骨架安装的施工过程中，施工人员要认真执行自检和互检制度，这是确保骨架安装质量的基础。

## 四、构件锚固不牢靠

### （一）质量问题

在安装石材饰面完毕后，发现板块锚固不牢靠，用手搬动就有摇晃的感觉，使人存在不安全的心理。

（二）原因分析

（1）在进行锚栓钻孔时，未按锚栓产品说明书要求进行施工，钻出的锚栓孔径过大，锚栓锚固牢靠比较困难。

（2）挂件尺寸与土建施工的误差不相适应，则会造成挂件受力不均匀，个别构件锚固不牢靠。

（3）挂件与石材板块之间的垫片太厚，必然会降低锚栓的承载拉力；当承载拉力较小时，则使构件锚固不牢靠。

（三）预防措施

（1）在进行锚栓钻孔时，必须按锚栓产品说明书要求进行施工。钻孔的孔径、孔深均应符合所用锚栓的要求。不能随意扩孔，不能钻孔过深。

（2）挂件尺寸要能适应土建工程的误差，在进行挂件锚固前，就应当测量土建工程的误差，并根据此误差进行挂件的布置。

（3）确定挂件与石材板块之间的垫片厚度，特别不应使垫片太厚。对于重要的石材幕墙工程，其垫片的厚度应通过试验确定。

## 五、石材缺棱和掉角

（一）质量问题

石材幕墙施工完毕后，经检查发现有些板块出现缺棱掉角。这种质量缺陷不仅对装饰效果有严重影响，而且在缺棱掉角处往往会产生雨水渗漏和空气渗透，会对幕墙的内部产生腐蚀，使石材幕墙存在安全隐患。

（二）原因分析

（1）石材是一种坚硬而质脆的材料。其抗压强度很高，一般为 $100\sim300MPa$，但抗弯强度很低，一般为 $10\sim25MPa$，仅为抗压强度的 $1/10\sim1/12$。在加工和安装中，很容易因碰撞而缺棱掉角。

（2）由于石材抗压强度很低，如果在运输的过程中，石板的支点不当、道路不平、车速太快时，石板则会产生断裂、缺棱、掉角等。

（三）预防措施

（1）根据石材幕墙的实际情况，尽量选用脆性较低的石材，以避免因石材太脆而产生缺棱掉角。

（2）石材的加工和运输尽量采用机具和工具，以解决人工在加工和搬运中，因石板过重造成破损棱角的问题。

（3）在石材板块的运输过程中，要选用适宜的运输工具、行驶路线，掌握合适的车速和启停方式，防止因颠簸和振动而损伤石材棱角。

## 六、幕墙表面不平整

（一）质量问题

石材幕墙安装完毕后，经质量检查发现板面不平整，表面平整度允许偏差超过国家标准《建筑装饰装修工程质量验收标准》（GB 50210—2018）的规定，严重影响幕墙的装饰效果。

（二）原因分析

（1）在石材板块安装之前，对板材的"挂件"未进行认真测量和复核，结果造成挂件不在同一平面上，在安装石材板块后必然造成表面不平整。

（2）工程实践证明，幕墙表面不平整的主要原因，多数是由于测量误差、加工误差和安装误差积累所致。

（三）防治措施

（1）在石材板块正式安装前，一定要对板材挂件进行测量复核，按照控制线将板材挂件调至在同一平面上，然后再安装石材板块。

（2）在石材板块安装施工中，要特别注意随时将测量误差、加工误差和安装误差消除，不可使这三种误差形成积累。

## 七、幕墙表面有油污

（一）质量问题

幕墙表面被涂料、密封胶污染，这是石材幕墙最常见的质量缺陷。这种质量问题虽然对幕墙的安全性无影响，但会严重影响幕墙表面的美观。因此，在幕墙施工中要加以注意，施工完毕后要加以清理。

（二）原因分析

（1）石材幕墙所选用的耐候胶质量不符合要求，使用寿命较短，耐候胶形成流淌而污染幕墙表面。

（2）在上部进行施工时，对下部的幕墙没有加以保护，下落的东西造成污染，施工完成后又未进行清理和擦拭。

（3）胶缝的宽度或深度不足，注胶施工时操作不仔细；或者胶液滴落在板材表面上，或者对密封胶封闭不严密而污染板面。

（三）防治措施

（1）石材幕墙中所选用的耐候胶，一般应采用硅酮耐候胶，应当柔软、弹性好、使用寿命长，其技术指标应符合行业标准《石材用建筑密封胶》（JC/T 883—2001）中的规定。

（2）在进行石材幕墙上部施工时，对其下部已安装好的幕墙，必须采取措施（如覆盖）加以保护，尽量不产生对下部幕墙的污染。如果一旦出现污染，应及时进行清理。

（3）石材板块之间的胶缝宽度和深度不能太小，在注胶施工时要精心操作，既不要使溢出的胶污染板面，也不要漏封。

（4）石材幕墙安装完毕后，要进行全面检查。对于污染的板面，要用清洁剂将幕墙表面擦拭干净，以清洁的表面进行工程验收。

## 八、石板安装不合格

（一）质量问题

在进行幕墙安装施工时，由于石材板块的安装不符合设计和规范要求，从而造成石材板块破损严重，使幕墙存在极大的安全隐患。

### （二）原因分析

（1）刚性的不锈钢连接件直接同脆性的石材板接触，当受力时，则会造成与不锈钢连接件接触部位的石板破损。

（2）在石材板块安装的过程中，为了控制水平缝隙，常在上下石板间用硬质垫板控制。当施工完毕后垫板未及时撤除时，造成上层石板的荷载通过垫板传递给下层石板。当超过石板固有的强度时，则会造成石板的破损。

（3）如果安装石板的连接件出现松动，或钢销直接顶到下层石板，则将上层石板的重量传递给下层石板；当受到风荷载、温度应力或主体结构变动时，也会造成对石板的损坏。

### （三）预防措施

（1）安装石板的不锈钢连接件与石板之间应用弹性材料进行隔离。石板槽孔间的孔隙应用弹性材料加以填充，不得使用硬性材料填充。

（2）安装石板的连接件应当能独自承受一层石板的荷载，避免采用既托住上层石板，同时又勾住下层石板的构造，以免产生上下层石板荷载的传递。当采用上述构造时，安装连接件弯钩或销子的槽孔应比弯钩、销子略宽和深，以免上层石板的荷载通过弯钩、销子顶压在下层石板的槽、孔底上，而将荷载传递给下层石板。

（3）在石板安装完毕后，应进行认真的质量检查，不符合设计要求的及时纠正，并将调整接缝水平的垫片撤除。

# 第五节　建筑幕墙安装质量问题与防治

建筑幕墙安装质量如何，关系到幕墙的使用功能和使用寿命，也关系到幕墙工程的美观性、经济性和安全性。但是，由于建筑幕墙是一种比较特殊的建筑装饰结构，其构造复杂、技术要求高、施工难度大，因此在安装过程中很容易出现一些质量问题，必须认真对待、严格施工、正确处理。

## 一、幕墙外观质量差

### （一）质量问题

幕墙在安装完毕后，从外表上就可以明显看出板面不平整，板缝不平直，严重影响幕墙的装饰效果。此外，玻璃、金属面板、铝合金型材表面如有污染现象，从外观上就会给人一种不舒服的感觉。

### （二）原因分析

（1）在幕墙进行组装时，未严格按施工规范操作，安装中未随时检查立柱、横梁主件的位置，使安装误差超出规范中的允许偏差。

（2）在幕墙进行组装时，幕墙单元板块的组装超出规范中的允许偏差，使单元板块与板块之间有较大差别，造成板面不平整，板缝不平直。

（3）在玻璃安装注胶时，由于注胶人员的技术水平低，工作不精细，造成玻璃胶污染玻璃和框架；或者对幕墙成品未进行认真保护，在施工中对其造成污染。

## （三）预防措施

（1）在进行幕墙的立柱、横梁安装时，一定要严格按施工规范要求进行操作，每安装一根都要进行校核其位置是否正确，不得超过规定的允许偏差，验收合格后方可进行面板的安装。

（2）幕墙单元板块的组装，决不允许超过允许偏差，必须经验收合格后方可出厂，在现场存放时，场地要平整，下面要支垫，上部要覆盖。

（3）幕墙安装完毕后，要确实做好成品保护工作，严禁水泥砂浆污染幕墙，不允许电焊落花烫伤幕墙表面，外露表面不得有明显的擦伤、碰撞、腐蚀和斑痕。

（4）幕墙进行安装玻璃注胶时，应挑选注胶技术水平高、工作比较细致的工人完成，要注意在注胶过程中，既要达到胶液饱满密封的要求，又要技术熟练、恰到好处，并随时擦净溢出的胶或被污染的玻璃。

（5）隐框玻璃幕墙外露表面耐候胶接缝处，应当按照施工规范的规定工艺施工，使隐框与玻璃粘接牢固；胶线应横平竖直，粗细均匀；目视检查时应无明显弯曲和扭斜，胶缝外应无胶渍。

（6）隐框玻璃幕墙安装应严格按有关规定进行，其安装允许偏差及检验方法如表12-3所示。

**表12-3  隐框玻璃幕墙安装允许偏差及检验方法**

| 序号 | 项目 | 幕墙高度 H/m | 允许偏差/mm | 检查方法 |
|------|------|------|------|------|
| 1 | 竖直缝及墙面垂直度 | $H \leqslant 39$ | 10 | 用激光仪或经纬仪检查 |
| | | $30 < H \leqslant 60$ | 15 | |
| | | $60 < H \leqslant 90$ | 20 | |
| | | $H > 90$ | 25 | |
| 2 | 幕墙平面度 | — | 2.5 | 用2m靠尺和钢板尺检查 |
| 3 | 竖直缝直线度 | — | 2.5 | 用2m靠尺和钢板尺检查 |
| 4 | 横缝水平度 | — | 3.0 | 用水平尺检查 |
| 5 | 缝宽度（与设计值比较） | — | ±2 | 用卡尺检查 |
| 6 | 两相邻玻璃之间接缝高低差 | — | 1 | 用深度尺检查 |

## 二、幕墙主要附件安装不合格

### （一）质量问题

幕墙主要附件安装不合格，主要表现在：开启窗开关不灵活，锁具定位不可靠，密封性能不良；通气孔排水槽不畅通，冷凝水排水管连接处密封性能不好，排水管有打结现象；保温衬板安装不平整，封闭不严密。

以上这些质量问题，不仅严重影响其使用功能，而且还影响幕墙的使用寿命，甚至关系到整个幕墙的安全性和经济性。

### （二）原因分析

（1）所用的附件在采购、制作和安装前未进行认真检查，将质量不合格开启窗附件用于幕墙，必然造成开关不灵活，锁具定位不可靠，密封性较差。

（2）在施工过程中由于程序不对，施工不精细，质量管理不严格，也会造成以上所述质量问题。

### （三）预防措施

（1）购买、制作的幕墙开启窗附件，其质量必须符合国家有关规定，在安装前还应进行查验，剔除不合格产品。

（2）幕墙上的通气孔及雨水排出口等，应按照设计进行施工，既不得出现遗漏，也必须保证畅通。不要认为是不重要的附件，而在施工中不认真对待。

（3）附件的安装要严格按施工规范进行，定位要准确，紧固要可靠，组合要配套，以保证开关灵活、锁定可靠、密封严密。

（4）冷凝水排出管及附件应与预留孔连接严密，确保流水畅通；与内衬板出水孔连接处应设橡胶密封条。

（5）对于有热工要求的幕墙，保温部分宜从内向外进行安装。当采用内衬板时，固定防火保温材料应采用铆钉牢固，防火保温层应当平整，四周应有弹性橡胶密封条，内衬板与构件接缝应严密。

（6）在幕墙主要附件安装过程中，要加强工序质量检查及工艺技术监督，及时纠正不合理的施工工序和工艺，确保每道工序的质量都符合施工规范的要求。对于隐蔽工程，要经验收合格后方可进行面板的安装。

## 三、幕墙的主要性能及检测方法不符合要求

### （一）质量问题

幕墙工程是建筑外围护结构，承受自身荷载、风荷载、地震、湿度和温度等方面的作用，经常受到风吹、日晒、雨淋和其他侵蚀介质等自然环境或人为因素的影响。所以，幕墙所用的材料必须安全可靠，有足够的耐久性、耐候性和耐腐蚀性；同时，应具有抗风压、防雨水渗漏、防空气渗透、保温隔热、防火、隔声、耐撞击及抗平面变形的性能。

如果幕墙工程的主要性能及检测方法不符合上述要求，将会严重影响幕墙工程的使用功能，甚至存在极大的安全隐患，造成巨大损失。

### （二）原因分析

（1）在幕墙设计过程中，由于对其使用环境和建筑重要性考虑不周全，所选用的材料品种、规格和质量等不符合要求。

（2）在采购或施工过程中，对幕墙所用材料的质量把关不严，进场后未按要求对材料进行复验，将不符合设计要求或不合格材料用于幕墙工程，导致幕墙工程的使用功能不符合设计或验收规范的规定。

（3）在对幕墙工程所用材料进行复验时，未按照有关规范的规定进行，或采用的检测方法不符合要求；或检测的项目不齐全，或测试的数据不准确。

### （三）预防措施

幕墙工程的性能等级应根据建筑物所在的地理位置、气候条件、建筑物高度、建筑物特点及周围环境等进行确定。在一般情况下，幕墙工程的主要性能应符合下列要求。

（1）风压变形性能  风压变形性能是指建筑幕墙在与其相垂直的风压作用下，保持正常性能不发生任何损坏的能力。风压变形性能的质量标准，应符合国家标准《建筑幕墙》（GB/T 21086—2007）中的有关规定；其检测方法应按国家标准《建筑幕墙气密、水密、抗风压性能检测方法》（GB/T 15227—2019）中的规定进行。

幕墙骨架的立柱与横梁在风荷载标准值的作用下，钢型材的相对挠度不应大于 $L/300$（$L$ 为立柱或横梁两支点间的跨度），绝对挠度不应大于 15mm；铝型材的相对挠度不应大于 $L/180$，绝对挠度不应大于 20mm。

（2）雨水渗漏性能  雨水渗漏性能是指在风雨同时作用下，幕墙透过雨水的能力。雨水渗漏性能的质量标准，应符合国家标准《建筑幕墙》（GB/T 21086—2007）中的有关规定；其检测方法暂按原国家标准《建筑幕墙雨水渗漏性能检测方法》（GB/T 15228—1994）中的

规定进行。

幕墙在风荷载标准值除以阵风系数后的风荷载值的作用下，不应发生雨水渗漏，其雨水渗漏性能应符合设计要求。

（3）空气渗透性能　空气渗透性能是指在风压作用下，其开启部分为关闭状态时的幕墙透过空气的性能。空气渗透性能的质量标准，应符合国家标准《建筑幕墙》（GB/T 21086—2007）中的有关规定；其检测方法暂按原国家标准《建筑幕墙空气渗透性能检测方法》（GB/T 15226—1994）中的规定进行。

当幕墙有热工性能要求时，幕墙的空气渗透性能应符合设计要求。

（4）平面变形性能　幕墙平面内变形性能表征幕墙全部构造在建筑物层间变位强制幕墙变形后应予以保持的性能。幕墙平面变形性能的质量标准，应符合国家标准《建筑幕墙》（GB/T 21086—2007）中的有关规定。

幕墙在设计允许的相对位移范围内不应出现损坏现象。

（5）幕墙保温性能　保温性能是指在幕墙两侧存在空气温度差的条件下，幕墙阻抗从高温一侧向低温一侧传热的能力。幕墙保温性能的质量标准，应符合国家标准《建筑幕墙》（GB/T 21086—2007）中的有关规定；其检测方法应按国家标准《建筑外门窗保温性能检测方法》（GB 8484—2020）中的规定进行。

（6）幕墙隔声性能　幕墙隔声性能是指通过空气传到幕墙外表面的噪声经过幕墙反射、吸收和其他能量转化后的减少量，称为幕墙的有效隔声量。幕墙隔声性能的质量标准，应符合国家标准《建筑幕墙》（GB/T 21086—2007）中的有关规定；其检测方法应按国家标准《建筑门窗空气声隔声性能分级及其检测方法》（GB/T 8485—2008）中的规定进行。

（7）耐撞击性能　耐冲击性能表示幕墙对冰雹、大风时吹来的物体、飞鸟等撞击的能力。耐撞击性能的质量标准，应符合国家标准《建筑幕墙》（GB/T 21086—2007）中的有关规定。

关于耐撞击性能的检测，对玻璃主要是耐撞试验，对铝板的漆膜主要是耐冲击性试验。

## 四、幕墙骨架与主体结构连接不牢固

### （一）质量问题

幕墙骨架安装完毕后，经质量检查发现骨架与主体结构连接不牢固。工程实践证明，任何一个连接节点的不牢固，均影响幕墙骨架与主体结构连接的牢固程度，都将严重危及工程质量，存在较大的安全隐患。

### （二）原因分析

（1）施工中对骨架与主体结构的连接不重视，造成连接不可靠。连接件没有进行防腐处理，连接件与立柱接触处没有设置绝缘垫，连接螺栓没有防松动措施，连接件与预埋件焊接时，焊缝的长度、厚度和焊条型号不符合设计要求。

（2）立柱和横梁的连接未按设计要求进行，造成连接不可靠。连接件强度不满足要求，横梁与立柱之间没有伸缩缝，连接螺栓没有防松动措施，从而出现螺栓松动。

（3）立柱与立柱之间的对接没有设置伸缩缝，芯柱的长度和强度不能满足设计的要求，也会造成幕墙骨架与主体结构连接不牢固。

### （三）预防措施

（1）在进行幕墙工程设计时，要特别注意骨架与主体结构的连接，应达到连接方便、牢固；应选用适宜的结构和材料。

（2）幕墙骨架与主体结构连接的连接件，一般宜采用 Q235 钢材制作，其表面应采取热浸镀锌或其他防腐处理。连接件和立柱的接触处应设置绝缘垫片，以防止产生电化学腐蚀。连接螺栓要确实旋紧，要有弹簧垫圈或双螺母防松措施。

(3) 角钢连接件与预埋件焊接时，焊缝的长度、厚度和焊条型号应符合设计要求，并在焊好后清理焊渣，刷上一层防锈漆。

(4) 立柱和横梁的连接、立柱与立柱的对接，都要留有合理的伸缩缝隙；立柱对接芯柱时，芯柱要和立柱等强度设计，芯柱插入上下立柱的长度，一般不应小于 $2h_0$。（$h_0$ 为立柱的截面高度）。

(5) 骨架与结构连接的每个节点，都应当进行严格检查验收。合格者应进行标识，不合格的应重新返工，并做好隐蔽工程验收记录。

## 五、幕墙工程所用材料不符合要求

### （一）质量问题

幕墙工程安装施工中所用的铝合金型材、钢材、密封胶、密封条、防火、保温等材料，其品种、规格、级别、颜色、质量等，如果不符合设计要求和产品标准的规定，不仅会严重影响幕墙的观感质量，而且还会使幕墙存在安全隐患。

### （二）原因分析

(1) 在幕墙工程设计中，所选用的材料不符合实际需要，尤其是材料的质量、规格较低时，必然影响幕墙的使用功能和安全性。

(2) 幕墙工程所用的材料，在进场时没有产品合格证和性能检测报告，进场后也未认真进行复验，造成不符合设计要求的材料用于工程。

(3) 材料在采购、运输、装卸、保管和施工的过程中，未按照有关规定进行，造成材料尚未安装就出现翘曲、划痕、损伤和过期失效等质量问题。

(4) 对幕墙工程中所用的某些材料，应当进行氧化、防腐、防火处理；未按规定要求的应进行处理。

(5) 在幕墙工程安装施工中，未对应认真挑选的材料进行严格挑选，从而造成表面颜色不一致等缺陷。

### （三）预防措施

(1) 在进行幕墙工程设计时，应当根据工程实际，经过认真设计计算，选择性能适宜、质量优良、规格合适、价格合理、绿色环保的材料，以确保幕墙工程的使用性、安全性、经济性和环保性。

(2) 幕墙工程所选用的铝合金型材，应有生产厂家的合格证明，其型号应符合设计的要求。表面应进行阳极氧化处理，阳极氧化膜的厚度必须大于 AA15 级。进入现场要进行外观检查，表面无污染、划痕、翘曲等质量缺陷，并按不同规格、不同型号分别存放在室内木架上，以防止混淆和污染。

(3) 幕墙工程所用的型钢骨架和连接件，一般宜采用 Q235 号钢，表面应进行防腐处理。当采用热浸镀锌处理时，其膜层的厚度应大于 $45\mu m$；当采用静喷涂处理时，其膜层的厚度应大于 $40\mu m$。

(4) 幕墙工程所用的橡胶条和橡胶垫，应有耐老化阻燃性能试验和出厂合格证明，规格尺寸应符合设计要求，无断裂和厚薄、粗细不匀现象。所用的密封胶应有出厂合格证明和防水试验记录，不得使用过期的硅酮结构密封胶和耐候密封胶。

(5) 幕墙工程所用的铝合金装饰压条，进场时应检查验收，使其颜色一致，无翘曲、划痕和损伤现象，其尺寸应符合设计要求。

## 六、幕墙工程验收交工后使用不当

### （一）质量问题

在幕墙工程验收交工后，在使用的过程中会出现许多质量问题，如幕墙面板出现损坏而没有及时更换，开启扇开关不灵活且有漏水现象，幕墙表面有积灰、污染现象等。这些问题既影响幕墙的装饰性，也影响幕墙的使用功能。

### （二）原因分析

出现以上质量问题的原因是：幕墙在使用的过程中，没有进行定期检查和日常维修保养工作。

### （三）预防措施

（1）幕墙工程在验收交工后，应当明确使用过程中的责任，使用单位应及时确定幕墙的保养制度和维修计划，并由专人负责这项工作。幕墙的维修和保养，一般分为经常性维护和保养、定期检查与维修和灾后检查与修复三个方面，其中前两项是最重要的。

（2）幕墙的经常性维护与保养应符合下列要求。

① 幕墙的清洗在一般情况下，每年不应少于2次；特殊情况应根据实际增加。

② 清洗幕墙的设备和工具应当安全可靠、灵活方便、效果较好，在操作过程中不得出现擦伤和碰坏幕墙表面等问题。

③ 在清洗幕墙前，应根据幕墙材料选用对玻璃涂膜层及构件无腐蚀作用的清洗剂，最后用清水冲洗干净。如果对清洗剂性能不了解，应对其进行试验和试用，以免直接用于幕墙而造成不良效果。

④ 凡是检查发现幕墙及其可启闭部分有密封性差、漏水、零件脱落或操作不灵活等情况，应随时进行修复或更换零件。

⑤ 凡是检查发现幕墙排水系统有堵塞现象的，应及时予以疏通。

（3）幕墙的定期检查与维修应符合下列要求。

① 在幕墙竣工验收后的保修期年限后，使用单位必须会同幕墙工程承建单位进行一次全面检查，对于不符合要求的部位由施工单位负责维修。此后，在一般情况下每隔五年全面检查一次。

② 在进行对幕墙全面性检查时，应包括以下项目：检查玻璃面板是否牢固，有无松动、脱落及损坏现象；检查密封胶和密封条有无脱胶、脱落及老化现象；检查活动部件操作是否灵活，有无变形、损坏；检查防火设施、防雷措施是否正常可靠；检查幕墙中的排水系统是否通畅；检查幕墙清洗装置有无运行故障；检查幕墙的整体平整度如何，如有变位、错动，应进一步检查该处金属构件、连接件等有无松动、损坏情况。

③ 对于上述所检查的项目中，如果有不符合正常要求及保养要求的，可进行一般性的维修，如构件矫正、螺丝调整拧紧、加焊、疏通及补胶等措施。对于出现损坏、脱落、老化现象较严重的，应采取更换部件或加固的措施予以修复。

④ 当幕墙使用时间超过10年后，应对使用环境最差位置的结构胶进行耐老化和黏结性检验，必要时进行一次彻底更换。

（4）幕墙的灾后检查与修复应符合下列要求。

① 当幕墙遇到自然灾害（如冰雹、大风等）或意外灾害时，在灾后应对幕墙进行全面检查，并认真进行各部位的损坏记录，根据具体损坏程度对幕墙进行全面评价，会同有关单

位提出处理意见。

② 根据灾后检查结果和提出的修复加固方案，报有关专业部门或主管部门审批后，方可实施。

（5）幕墙进行保养与维修时应符合下列要求。

① 幕墙外侧的检查、维护和保养工作，应选择在风和日丽、温度适宜的天气下进行，不得在 4 级风以上、阴雨雷鸣、温度较低的天气下进行。

② 幕墙检查、清洗、保养及维修的机具设备必须安全可靠、操作灵活。在正式开始前，必须进行试运行合格，操作人员必须具有熟练的技术。

③ 幕墙的保养与维修属于高空作业，必须遵照《建筑施工高处作业安全技术规范》(JGJ 80—2016) 中的规定安全操作，操作人员必须具有高空作业的防护措施。

## 七、幕墙连接用的预埋件不符合设计要求

### （一）质量问题

主体结构与幕墙连接的各种预埋件，是幕墙安装和固定的支撑，是安装幕墙骨架及面板的主要受力构件，对于幕墙的装饰效果、使用功能和安全性起着关键性的作用。如其数量、规格、位置和防腐处理不符合设计要求，直接关系到幕墙的使用效果和安全。

### （二）原因分析

（1）在进行幕墙连接的各种预埋件设计时，未按照幕墙工程的实际需要进行设计，从而造成预埋件数量不足、位置不准、规格不符合要求。

（2）由于主体结构施工时预埋件加工质量不合格，埋设位置不正确，造成一部分预埋件不能使用；或因为设计方案变更，造成一部分预埋件废弃；或者一部分预埋件未进行防腐处理，从而致使预埋件的数量、规格、位置和防腐处理不符合设计要求。

（3）在进行预埋件施工的过程中，由于预埋件的加工人员技术水平较低，其加工质量不符合设计要求。

（4）在进行预埋件施工的过程中，未预先根据安装基准线校核预埋件的准确位置，在安装中又未及时进行校验，导致预埋件出现遗漏或位置偏差过大。

### （三）预防措施

（1）在进行幕墙连接的各种预埋件设计时，必须按照工程实际经过计算设置预埋件，确定其数量、位置、规格和防腐处理方法，不可凭以往施工经验进行设置和施工。

（2）幕墙的预埋件数量、规格、位置和防腐处理，必须符合设计和施工规范的要求。如设计不合理，应对设计进行修改。当主体结构设计不能满足埋设要求时，应根据实际对主体结构进行修改。

（3）幕墙预埋件的加工，应要求专业人员进行，焊工应有上岗证和操作证，尺寸必须正确，焊缝应当饱满，焊接质量应符合设计要求。

（4）幕墙预埋件的安装，应按幕墙基准线校核预埋件的准确位置，确定无误后固定牢固。在浇筑主体结构混凝土时，应设专人校正预埋件，以便发现问题、及时纠正。幕墙预埋件的允许偏差：标高为 ±10mm；轴线前后、左右偏差为 10mm。

（5）在进行预埋件施工的过程中，必须做好预埋件偏差情况记录。预埋件有遗漏、位置偏差过大时，应采用相应的办法进行修补，一般可采用增设化学螺栓。但是，采用何种办法修补必须征得设计和监理单位的同意，化学螺栓应经拉拔试验合格后方可使用。

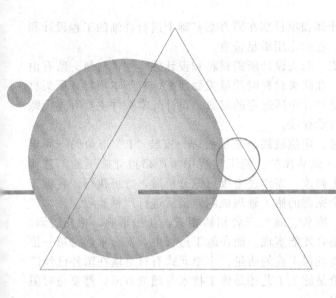

# 第十三章

# 建筑装饰幕墙的
# 工程实例

当今时代，我国是世界上最大的幕墙生产国和使用国。随着经济的高速发展，幕墙也逐渐从公共建筑走向了民用住宅，同时人们对住宅、办公、公共活动等场所的幕墙施工质量提出了更高要求。然而由于幕墙施工造成的质量问题，会对人们的生活造成极大的不便，甚至对人们的人身安全构成威胁。所以，如何确保幕墙施工的工程质量显得尤为重要。

## 第一节　小单元式石材幕墙工程施工实例分析

幕墙是建筑物的外围护结构，它的工程质量好坏对整个建筑物的影响都很大。幕墙施工是一项复杂的工作，必须要规范施工，科学管理，并做好防备工作，才能保质保量地完成施工。本节主要介绍小单元式石材幕墙施工实例和两种幕墙形式的施工特点，以及对以后幕墙施工的重要意义及深远影响。

### 一、小单元式石材幕墙工程实例概况

本次所选工程实例为某科研所综合楼工程。该综合楼的外装采用的是小单元式石材幕墙，总面积为 3000 多平方米。石材选用国产石材，整个建筑外观简洁明快，色泽高贵典雅，充分展现出现代都市建筑的风貌。

### 二、小单元式石材幕墙的施工简介

施工分为准备阶段和施工阶段。施工前准备阶段主要包括进场准备、技术准备、材料准备三方面。其中，进场准备的主要工作是准备临时场所，主要目的是为进驻做好后勤保障工作。如果这方面的工作没有做充分，将会对后期施工整个进度和质量造成影响。技术准备的

主要工作是跟所提供设计方案的组织设计部和项目部在原方案基础上进行详细的工程设计和组织计划；相关技术是整个工程的核心，它的作用举足轻重。

材料准备的主要工作是安排物资部统一购买设计所需材料和设计外零配件材料。所有由物资部购买的材料将会用于施工。所以，在购买材料时质量关要严把，对于本项目，所买材料主要有石材和金属材料，这两类材料是设计中所选定的材料；设计外零配件主要有连接螺栓和石材干挂胶，所有的材料必须符合行业标准。

在施工阶段，主要的施工工艺流程是：定位放线→基层处理→安装"L"形角码→固定挂件→板材安装就位→打胶勾缝→清理→成品保护。施工过程中须严格遵守施工的工艺流程，不得轻易更改施工顺序。若必须作出修改，需经过上级讨论分析后，方可执行。在施工时，要依据行业标准规范实施，树立一个完善的施工管理机制，最后进行严格验收。

小单元式石材幕墙工程施工的计划、准备、施工三者相辅相成，互相影响，相互协调。好的计划必须与切实可行的管理措施相结合才能实现。而在施工过程中，安全永远是第一位的，只有依照相应的施工管理措施，才能确保工程的质量。小单元式石材幕墙在国外已经广泛使用，在国内还比较新颖。所以，无论是施工工艺还是施工技术与理论方面，都要与时俱进，不断创新，学习先进技术，为我所用。

### 三、石材和玻璃幕墙的施工要点

幕墙主要分为玻璃幕墙和石材幕墙，结合上述工程实例，下面主要介绍石材和玻璃幕墙的一些施工要点。

#### （一）石材幕墙施工要点

(1) 石材施工复杂，施工周期长，场地会经常变换；另外，脚手架、小型建筑等都会对施工造成影响。其本身的质量难以控制，施工工艺中的每个流程，以及细部节点的施工等都会对整个建筑的外立面美观、安全造成影响。

(2) 必须做好尺寸的核实工作，以免对后期的施工带来麻烦。

(3) 埋板分为预埋和后置，预埋板要密实、端正；后置埋板则对墙体有要求。当墙体由空心砖、加气混凝土砖砌成时，在埋板的主要受力点要设置圈梁。如果还不能满足要求，则要考虑设置对穿螺丝；对于混凝土墙、阳台栏板等，厚度不得小于150mm，以免影响结构安全。预埋件的设置必须按图纸的要求进行，不能随意设置。

(4) 龙骨的焊接一定要按照图纸上的要求进行，需要注意的是转角处次龙骨的连接节点、主龙骨与伸缩节点、次龙骨的伸缩节点的焊接；主龙骨与埋件转接件和转接件与埋件的连接；多层次复杂线条节点处和勒脚处的龙骨焊接等。除此之外，还有变形缝处的龙骨安装、吊顶石材的龙骨布置、避雷连接等。

(5) 为了确保石材的安装质量，在石材安装上墙之前，应先去石材生产厂家进行监督，现场安排好并编号，之后按照编号进行安装。

(6) 由于石材顶层一般会有外凸线条，所以架子与墙之间的距离应该考虑到线条的宽度。这些事宜应该包含在总包合同之中；同时，总包过程中需要做的是，配合改造架子和搭设零星架子、提供装饰架子、布置好防护和跳板交给石材公司。考虑到不止一家公司同时作业，总包过程中必须给石材单位搭设硬质护头棚，并且架子之间、架墙之间不得留空。

#### （二）玻璃幕墙施工要点

(1) 做好施工准备　施工准备的工作包括组织所有进场人员进行工作前的简单培训和指导，熟悉相应的建筑规范和行业标准和现场环境，进行技术交底，然后安置临时施工场房，安排生活工作环境，最后进行机器设备的检测和维修。

（2）铁件安装　铁件安装是整个建筑幕墙安装的基础工作，它的准确性直接影响到后期龙骨安装的难易和精确度。所以，在安装时常常采用同一基准线，以避免出现误差。首先，检查每个楼层安装铁件的梁是否平直，然后，确定每个铁件的安装位置并做出相应标记。需要注意的是，安装误差应控制在100mm以内，这样才能为后期的工作奠定良好的基础。铁件安装的方式是先点焊，再牢焊。对于无法布置预埋件的部位采用膨胀螺栓固定。铁件安装的安装要求是：应先敲掉抹灰层，铁板必须压紧、放平、紧贴混凝土；加固膨胀时，要注意位置，距边缘不小于100mm、壁厚小于150mm的混凝土应采用穿心螺栓固定。

（3）龙骨加工和安装　龙骨加工和安装要严格控制尺寸，实际情况应根据幕墙高度和宽度确定，同时允许一定的偏差范围。龙骨芯料连接要正确、合理、牢固。

① 龙骨的加工所依据的是幕墙分割图和工地现场提取的尺寸。其中，幕墙最上端和最下端的主龙骨长度是要根据龙骨伸出的位置和安装所在位置确定的。

② 为了避免差错、保证精度和提高工作效率，在进行同一楼层的主龙骨安装时，往往并排靠齐划线，安装角铝；同时，为保证主龙骨能适应温度变化，主龙骨常常采用悬挂固定的方式，这样的方式使主龙骨下端只起上下导向作用，不承受重力。

③ 为了避免降低龙骨强度，最下端主龙骨下面的夹耳要采用竖向长孔，而主龙骨上不宜开孔；同时，底座固定的主龙骨下端应留有空隙，给主龙骨创造一个伸缩的余地。夹耳与主龙骨下端常常用石棉垫将其隔开，避免产生电化学腐蚀。

④ 对于较高的幕墙，采用经纬仪在不同的楼层打点、校正，确定龙骨正确的左右位置和进出位置，保证龙骨安装精度。

⑤ 安装横龙骨的角铝时应将对穿螺栓固定在主龙骨上，保证横龙骨和主龙骨连接牢固、可靠。

⑥ 幕墙安装时常采用在两侧主龙骨上钻孔、攻丝、用螺栓压紧玻璃框等方式使两侧边上的玻璃框与主龙骨连接牢固。

⑦ 幕墙中所有使用的铁件都要采用镀锌件，且要涂刷不少于两遍的防锈漆。横龙骨与主龙骨的间隙打银灰胶，主龙骨之间的伸缩缝注入耐候胶。当龙骨安装完毕后应采用薄膜保护，以免龙骨腐蚀、擦伤。

（4）玻璃框架制作和玻璃粘接

① 幕墙玻璃的标准板面尺寸可以预定，特殊尺寸要在龙骨安装完成之后提取。

② 玻璃和玻璃框必须在清洁干净的工作间进行粘接。粘接前要对玻璃和玻璃框进行严格的清洗，在清洁和粘接的过程中，禁止用手触摸玻璃和玻璃框，以免影响粘接质量。同时，幕墙侧边上的玻璃框，既要保证玻璃框压紧，又要保证结构胶连接呈封闭形状，使玻璃框和玻璃板块结合成一个牢固的整体。

③ 粘接好的玻璃应在通风清洁的库房中进行固化养护。玻璃码放要稳定，粘接好的玻璃不能受挤压。固化养护大概8～14天，未完成固化养护的玻璃不能投入使用。

（5）防火隔声层的设置。为了节省时间，常常在玻璃的固化期间进行防火隔声层的制作，它的基本构造是上下两个铁盒之间填充矿渣棉，同时将铁盒用矿渣棉包围。铁盒与玻璃、龙骨之间的间隙，采用耐候胶或中性胶密封。矿渣棉填充厚度不得小于100mm。

（6）制作防雷接地。参照主要规范，每隔两层楼，间隔10m一个。由于主龙骨与防雷地面相交处为铝合金，是导电体，所以在制作时，要刮去氧化膜，焊接部要刷防锈漆。

（7）玻璃搬运和安装要注意安全，玻璃一般自上而下安装。注入耐候胶的时候，一定要使得胶面保持清洁，保证注胶质量。

（8）幕墙下口封边做出滴水线，防止雨水倒流。对隐框玻璃幕墙，应用最下面一块玻璃往下飞出龙骨，形成滴水线，也有用铝板做滴水线节点。

# 第二节　某金属幕墙工程施工组织设计

建筑装饰幕墙技术的广泛应用，为建筑物外墙装饰提供了更多选择，它具有新颖耐久、美观时尚、装饰性强等特点，与传统的外装饰相比，具有施工速度快、工业化和装配化程度高、便于维修清洗等优势。

建筑装饰幕墙融建筑艺术、建筑功能和建筑技术为一体，由于幕墙材料及技术要求高，相关构造具有特殊性，同时又是建筑结构的一部分，所以幕墙的设计和施工除应遵循美学规律外，还应遵循建筑力学、物理、结构等规律的要求，做到安全、适用、经济、美观。

由此可见，在建筑装饰幕墙施工前，应根据工程的实际情况，进行详细的施工组织设计和特殊部位的设计。本节结合某幕墙工程，仅列出部分施工组织设计和防雷系统设计，供同类幕墙工程参考。

为规范本幕墙工程从工程设计、材料采购及控制，幕墙产品的加工制作、运输、现场施工直至竣工验收的全过程，应运用先进的生产加工工艺和设备，生产出符合本工程质量要求的优质产品，使之按科学规律组织施工，建立正常的施工秩序，及时地做好各项施工准备工作。还应保证各种施工材料、施工机具及劳动力的及时供应和使用，协调与各相关工种之间的空间布置与时间安排的关系，保证施工的顺利进行及按时按质完成该项施工任务，确保工程质量。

现根据本工程幕墙施工的特点，依据国家相关规范规程，对本工程从前期整体考察、研究，前期准备从设计、材料采购计划、生产加工进度计划、运输、施工的准备工作、施工工艺、幕墙清洗、维护及售后服务等方面进行综合考虑，力求以先进、可靠的组织、管理、设计、施工及完善的售后服务奉献一个精品幕墙工程。

本施工组织设计是专为项目外檐幕墙工程而编制的，是规范和指导本工程不同结构的幕墙工程，从施工准备到竣工验收全过程的综合性纲要。

## 一、施工管理控制目标

### （一）幕墙工程的质量目标

按公司内控标准施工，按国家现行规范标准验收，确保工程质量达到国家规范优良验收标准。

### （二）幕墙工程的工期目标

根据本幕墙工程的实际情况，经论证现场施工 30 天为有效施工日。工期遵照业主及总包方对工期总体目标的要求，保证在工程具备施工条件时立即进场施工，进场施工前在条件允许的情况下，尽早进行测量放线、深化施工设计、采购材料并将材料加工成半成品，为进场施工做好准备，确保工程按期完工。

### （三）幕墙工程的安全目标

在幕墙工程施工的整个过程中，严格实行安全责任制，保证施工安全达标，确保重大安全事故为零。为实现以上安全目标，应做到以下方面。

（1）建立以项目经理为组长的"幕墙工程施工安全小组"，设立专职安全检查员，负责施工全过程的安全工作。

（2）幕墙工程施工吊装作业工程量很大，一定要特别注意吊装施工中的安全。安装幕墙用的施工机具和吊篮应进行严格检查，符合有关规定方可使用。

（3）幕墙工程施工中所用的手电钻、电动改锥、射钉枪等手持电动工具，应进行绝缘电压试验；电动工具应按要求进行接零保护，操作人员应戴防触电防护用品。任何设备机械在正式使用前，都要进行试运转，正常后才能投入使用。

（4）在幕墙工程施工过程中，应做好技术交底工作，劳保用具应配备齐全。所有现场施工人员作业时，必须戴安全帽、系安全带等，并配备工具袋。施工人员进入现场严禁穿拖鞋、硬底鞋和高跟鞋，更不允许赤脚进入。

（5）操作脚手架必须搭设牢固，防护设施齐全有效，架上堆放的料物严禁超载。脚手板上的废弃物应及时清理，不得在窗台、栏杆上放置施工工具。

（6）当高层建筑幕墙安装与上部结构施工交叉作业时，结构施工层的下方必须架设挑出3m以上的防护装置。建筑在地面上3m左右，应搭设出6m的水平安全网。

（7）在施工现场进行焊接时，在焊件的下方应设接火斗，以防止火星落下引起火灾。施工现场严格禁止吸烟和明火作业，必须明火作业时必须经项目经理批准，并采取相应措施。

（8）临时照明及动力配电线路敷设，应绝缘良好并符合有关规定。施工用电应执行《施工现场临时用电安全技术规范》（JGJ 46—2005）中的有关规定；如在夜间作业，应用36V的安全灯照明，照明线路应架空。

（9）建立"安全工作奖罚制度"，对于安全工作突出的个人，结合年终评比和表彰，给予适当的精神和物质奖励。

### （四）幕墙工程的文明施工目标

为争创"文明样板工地"称号，努力做到以下方面。

（1）坚持文明施工，必须做到：临时设施齐全，施工现场紧凑，布置科学合理，施工场地干净，材料堆放整齐，标识醒目、清楚。

（2）作业现场做到工程结束、料物全清，作业后不遗弃垃圾废料在施工现场。建筑垃圾按照当地主管部门的规定，及时运往指定地点。

（3）全体员工在任何时候，均要坚持言语文明、礼貌待人，搞好与设计、监理和建设单位的配合，不得出现打架斗殴现象，不得出现违法乱纪行为。

（4）遵照总包方对文明施工的总体要求，尊重施工地区居民的风俗习惯，科学合理安排好施工时间，不出现施工噪声和扰民事件。

### （五）幕墙工程的服务目标

本着"用户至上、质量第一"的原则，精心组织幕墙的施工，用汗水、智慧、诚信和实绩赢得业主的信任。

## 二、工程施工进度计划

### （一）施工作业面

根据幕墙工程所在位置、业主对幕墙工期的要求、幕墙的结构特点和本企业的技术力量，计划幕墙所有工作面同时施工。

### （二）工程施工前的准备

根据幕墙工程实际情况及业主要求，公司承诺幕墙现场安装时间为30天，在进场10日内将幕墙龙骨、玻璃加工成半成品，各种辅助材料、耐候密封胶全部购买齐全，存入仓库，保证材料的正常供应，为此，需要在施工前做好以下准备工作。

（1）中标后尽早签订施工合同，确定幕墙所用的材料品种、规格及生产厂家，以便于进行材料采购和构件加工。

（2）由于结构胶、耐候胶与型材、双面胶条等直接接触的材料需做相容性试验，试验周期为40天，型材、玻璃及铝板的订货周期为15天，因此最好尽早签订施工合同，以免因材料的采购、试验周期及材料的加工而影响幕墙施工的工期。

（三）工程施工安排

公司在中标后，具备施工条件时，立即安排施工队进场施工，测量放线工作由测量放线组负责，确定各施工段安装的起始位置，确保各施工段的工作互不干涉。

## 三、施工应遵循的标准及规范

根据我国对幕墙工程的质量要求和施工实践经验，幕墙在设计与施工的过程中，涉及很多方面的材料、规程、规范和标准，目前可行的标准及规范等主要如下（因标准及规范不断更新，仅供参考）：

（1）《上海市工程建设规范　建筑幕墙工程技术规程》DBJ 08—56—2012；

（2）《建筑玻璃应用技术规程》JGJ 113—2015；

（3）《玻璃幕墙工程技术规范》JGJ 102—2003；

（4）《玻璃幕墙工程质量验收规范》JGJ/T 139—2020；

（5）《建筑装饰装修工程质量验收标准》GB 50210—2018；

（6）《幕墙玻璃接缝用密封胶》JC/T 882—2001；

（7）《半钢化玻璃》GB/T 17841—2008；

（8）《建筑设计防火规范》GB 50016—2014；

（9）《建筑抗震设计规范》GB 50011—2010；

（10）《建筑物防雷设计规范》GB 50057—2010；

（11）《钢结构设计标准》GB 50017—2017；

（12）《建筑幕墙物理性能分级》GB/T 15225—94；

（13）《铝合金建筑型材》GB 5237.1～6—2017；

（14）《铝及铝合金阳极氧化膜与有机聚合物膜》GB/T 8013.1～3—1987；GB/T 8013.4～5—2021；

（15）《碳素结构钢》GB/T 700—2006；

（16）《优质碳素结构钢技术条件》GB/T 699—1999；

（17）《变形铝及铝合金化学成分》GB/T 3190—2020；

（18）《低合金高强度结构钢》GB/T 1591—2018；

（19）《平板玻璃》GB 11614—2009；

（20）《建筑用安全玻璃　第1胶部分：防火玻璃》GB 15763.1—2009；

（21）《硅酮和改性建筑密封胶》GB/T 14683—2017；

（22）《不锈钢冷轧钢板和钢带》GB/T 3280—2015；

（23）《建筑幕墙气密、水密、抗风压性能检测方法》GB/T 15227—2019；

（24）《优质碳素结构钢》GB/T 699—2015；

（25）《非合金钢及细晶粒钢焊条》GB/T 5117—2012；

（26）《热强钢焊条》GB/T 5118—2012；

（27）《碳素结构钢和低合金结构钢热轧薄钢板及钢带》GB/T 912—2008；

(28)《碳素结构钢和低合金结构钢热轧钢板和钢带》GB/T 3274—2017；

(29)《紧固件机械性能　螺栓、螺钉、螺柱》GB/T 3098.1—2010；

(30)《紧固件机械性能　螺母》GB/T 3098.2—2015；

(31)《紧固件机械性能　不锈钢螺栓、螺钉和螺柱》GB/T 3098.6—2014；

(32)《建筑用硅酮结构密封胶》GB 16776—2005。

## 四、对业主的有关承诺

为确保此幕墙工程施工达到双方预定的目标，公司特对业主郑重承诺如下。

(1) 质量目标。按照国家规范达到优良验收标准。

(2) 进度目标。确保外檐装饰工程工期 30 天内完成，保证不因进度原因而影响整个建筑施工计划的落实。

(3) 安全承诺。杜绝任何事故的发生，确保施工安全，争创文明施工工地。

(4) 其他承诺。公司在工程施工过程中，保证派遣有丰富施工经验、组织管理能力强的项目班子进驻，代表公司对该幕墙工程的各方面进行管理，全面推行项目法施工，同时以完善的后勤保障系统，确保该工程按期保质完成。

在本工程的施工中，除业主指定或许可外，公司将保证完全使用自有劳动力，绝对不会将本工程的全部或部分分包给其他施工企业。按照科学管理、统筹安排、保证进度、坚持"安全第一、质量第一"的原则，文明施工，保证工期和质量的既定目标。

公司对本幕墙工程的保修期为两年。

## 五、幕墙施工的组织机构与责权

### （一）项目指挥部

项目指挥部由公司一名副总经理主持幕墙施工中的所有工作，并与有关技术人员、管理人员和施工人员组成领导班子。项目指挥部主要负责如下工作。

(1) 负责主持确定项目管理方案，确定项目管理的目标与方针，确定工程质量计划，保证本项目按国际标准化组织制定的质量保证标准 ISO 9001 质量保证体系运作。

(2) 负责项目合同谈判、合同签订、合同履行及相关事宜。代表公司及时、适当做出项目决策，主要包括投标报价决策、人事任免决策、重大技术方案决策、财务工作决策、资源调配决策、工期进度决策、合同变更决策等。

(3) 与业主、监理公司、设计院、总包单位保持联系，随时协调解决出现的各种问题，确保业主利益。

(4) 负责协调公司内部事务，定期召开协调会，及时解决项目经理部内部问题。

### （二）项目经理的职能

(1) 受项目指挥部委托，全面管理工程施工过程，对工程项目质量、安全、文明施工、工期和工程成本等全面负责。

(2) 贯彻执行国家、政府有关法律、法规和政策，执行企业的各项管理制度；负责主持项目部日常工作。

(3) 根据施工进度情况，调整资金流动、材料设备供应、人力机械使用等计划。

(4) 组织确定项目施工管理机构各类管理人员的职责、权限和项目管理的规章制度并监督执行。

(5) 执行经济责任书中由项目副经理负责履行的各项条款。

（6）对工程项目施工进行有效控制，执行有关技术规范和标准，积极推广应用新技术，确保工程质量和工期，实现安全、文明生产，努力提高经济效益。

（7）运用现代化管理办法和应用新技术进行计划、组织、指挥、协调、控制，实现项目管理目标；主持项目施工、质量例会，签署开工、竣工报告。

（8）组织指挥本工程项目的生产经营活动，调配并管理进入工程项目的人力、资金、物资、机械设备等生产要素；安排施工作业队伍，并把好持证上岗关。

（9）负责确定项目质量目标，并落实目标的贯彻、实施。

（10）向项目指挥部及工程总监汇报项目部工作，按公司有关规定对项目实施管理。

### （三）项目总工程师的职能

（1）在项目指挥部的领导下，具体主持本幕墙工程的施工图设计工作。

（2）负责本幕墙工程技术管理工作，组织重大技术方案的审核，解决施工过程中出现的重大技术问题。

（3）负责施工全过程技术指导与监控，负责监督执行 ISO 9001 质量体系，组织施工图纸会审和技术交底工作。

（4）负责主持项目技术例会，处理设计变更中的有关工作。

（5）与业主、设计单位、监理公司保持经常沟通，保证设计、监理的要求与指令在各工种中得到贯彻和落实。

（6）组织技术骨干对本项目的关键技术难题进行科研攻关，落实加工制作、施工安装工艺，确保施工顺利进行。

（7）负责组织玻璃幕墙各项性能指标检测的工作。

### （四）工程总调度的职能

（1）负责组织和调度生产过程中所需工厂内加工的人员、设备和材料。

（2）负责组织和调度生产，在确保质量的前提下，全面完成铝型材加工、玻璃加工、钢结构加工、外协件加工等各项生产任务。

（3）负责按照施工进度要求，保证材料及时运输到位，以确保按设计工期完成。

（4）负责外协件加工合同的签订、管理及履行。

### （五）安全防火组的职能

（1）协助领导做好安全管理工作，研究、贯彻执行劳动保护和安全生产方针、政策、法令及规章制度。

（2）参加审查施工组织设计的安全技术措施计划，负责督促有关人员实施。

（3）深入施工现场进行安全检查，解决生产中的安全问题，制止违章指挥及违章作业，遇有严重问题时有权令其停工整顿。

（4）与有关部门共同做好特种工人的安全技能培训和考核发证工作。

（5）开展安全宣传活动，总结和推广安全生产的先进经验，对职工进行安全教育。

（6）对全体员工开展防火教育，提高员工的防火意识，采取有效防火措施。

（7）配备管理好防火设施，一旦出现险情，立即采取抢险措施并报告有关部门。

### （六）工程技术组的职能

具体负责工程项目的技术管理工作，完成本工程制作生产工艺和安装工艺，各项测试、验收工作以及设计、监理、总包的技术文件处理。

# 第三节 建筑幕墙的防雷系统设计

目前建筑行业发展日新月异。在国内外，建筑幕墙的形式越来越多。建筑幕墙主要的形式有玻璃幕墙、石材幕墙、金属幕墙和组合幕墙等，这几种建筑幕墙已在建筑工程中得到了广泛应用，为防止或减少因雷击对建筑幕墙所发生的人身伤害和财产的损失，并做到安全可靠、技术先进、经济合理。因此，做好建筑幕墙的防雷措施也越来越重要，建筑幕墙工程防雷系统的设计已是当今一个非常重要的问题。

雷电是天空云层中一种自然放电现象，雷电流是一种强度极大、作用时间极短的瞬变过程。当雷电击中建筑物时，通常会产生电效应，雷电流在瞬间释放出的巨大能量，使被击中的建筑物可能会造成破坏。高层建筑幕墙的金属材质由于雷电的效应，将会产生静电感应作用。当天空雷云和大地形成电场时，幕墙的金属体就会积聚与雷云极性相反的大量感应电荷，当雷云瞬间放电后，云与大地的电场忽然消失，将会产生高达万伏以上的对地电位，这对人和设备将会产生危害。所以，建筑幕墙设计时必须做好防雷设计，以防范雷电对建筑幕墙的损害。

然而，我国建筑幕墙的施工图设计、工程施工、工程验收等对这方面内容的阐述十分有限，建筑幕墙设计单位对建筑幕墙防雷技术做法也不十分具体、明确，从而给从事建筑幕墙施工的技术人员把握好质量要求带来一定的难度。对此，建筑幕墙防雷系统设计就显得十分重要。我们根据多年建筑幕墙工程施工的实际经验，以及有关国家防雷规范的要求，认为建筑幕墙防雷装置必须满足以下几个方面要求。

## 一、建筑幕墙的防雷分类

根据现行国家标准《建筑物防雷设计规范》（GB 50057—2010）的规定，建筑物的防雷共分为三类。其中，第一类主要是属于具有爆炸危险环境的建筑物，如使用或储存炸药、火药、起爆药等爆炸物质的建筑物等，而现阶段常用的建筑幕墙的防雷分类主要是属于第二类或第三类。

## 二、建筑幕墙的防雷措施

对于第一类建筑物和具有爆炸危险环境的建筑物的防雷措施，除了防直击雷外，还需采取防雷电侵入的措施；而对于第二类或第三类的常用建筑幕墙的防雷措施主要是防直击雷。主要防直击雷的建筑幕墙，不仅要考虑顶层直击雷，还要考虑侧向直击雷。防顶层直击雷的防雷措施是在建筑物顶上装设避雷网（带）或避雷针或由其混合组成的接闪器，其避雷网一般按规定沿着屋角、屋脊、屋檐、檐角等易受雷击的部位敷设，并在整个屋面组成不大于10m×10m 或 12m×8m 的网格（第三类防直击雷为 20m×20m 或 24m×16m 的网格）。防侧向直击雷的防雷措施是通过在建筑幕墙层间部位设置一圈圈闭合的均压环，然后通过引下线传到接地装置。

## 三、建筑幕墙的防雷装置

建筑幕墙的防雷装置主要包括接闪器、引下线和接地装置。在建筑幕墙的防雷设计中，应充分利用建筑物的这些装置，将建筑幕墙竖向龙骨、横向龙骨和建筑物防雷网接通，连成一个防雷整体，将建筑幕墙获得的巨大雷电能量，通过建筑幕墙的防雷系统，迅速地输送到地下，保护建筑幕墙免遭雷电破坏的作用。

### （一）接闪器

接闪器是直接接受雷击的避雷针、避雷带、避雷网以及用作接闪的金属屋面和金属构件等。建筑幕墙常用防雷装置的接闪器，通常是采用直接装设在建筑物上的避雷针、避雷带或避雷网作为接闪器。用于接闪器的避雷针所采用的尺寸，若按热稳定性检验，则只要很小的截面就够了，所采用的尺寸主要是考虑机械强度和防腐蚀问题。避雷针宜采用圆钢或焊接钢管，其直径不应小于下列数值：针长 1m 以下，圆钢为 12mm，钢管为 20mm；针长 1～2m，圆钢为 16mm，钢管为 25mm；而对用作接闪器的避雷网和避雷带宜采用圆钢或扁钢，优先采用圆钢。圆钢直径不应小于 8mm，扁钢截面不应小于 48mm$^2$，其厚度不应小于 4mm。在同一截面下，圆钢的周长比扁钢的小，其与空气的接触面也小，受空气腐蚀相对也小。此外，圆钢易于施工，材料易得。所以，建议优先采用圆钢。

建筑幕墙接闪器布置时，对于第一类防雷的建筑物，避雷网网格尺寸不大于 5m×5m（或 6m×4m）；第二类防雷的建筑物，避雷网网格尺寸不大于 10m×10m（或 12m×8m）；第三类防雷的建筑物，避雷网网格尺寸不大于 20m×20m（或 24m×16m）。

在建筑幕墙设计时，通常是将建筑幕墙顶部女儿墙的盖板部分，有目的地把它设计成幕墙接闪器，因为该部分处于建筑幕墙的顶部，常用 3mm 铝单板（或 4mm 铝塑板）作为盖板。我们知道，铝板是一种良好的导体，其电场强度很大，当它沿建筑物女儿墙的顶部分布时，雷电先驱很自然地被吸引过来，是雷击率最大的部位，从而起到接闪器的作用。这样，幕墙接闪器接收到的雷电流，就可以通过幕墙女儿墙的避雷均压环和防雷引下线，安全地把雷电流引到建筑物的防雷网，并导通到接地装置，达到避雷的作用。建筑幕墙顶部女儿墙防雷节点图，如图 13-1 所示。

建筑幕墙顶部的接闪器，通常只能防顶层直击雷。对于防侧向直击雷，主要是在建筑幕墙的层间部位，每隔

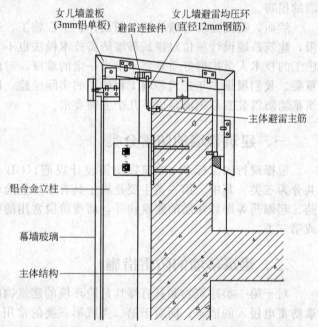

图 13-1　建筑幕墙顶部女儿墙防雷节点图

三层设置一圈闭合的均压环，均压环可用直径 12mm 镀锌钢筋（或采用 40mm×4mm 镀锌钢板）焊接而成，然后通过引下线引到接地装置。均压环的设置，对于第二类防雷的建筑物，均压环环间垂直距离不应大于 10m，引下线的水平距离不大于 10m。

对于金属屋面的建筑物，普通的金属屋面的防雷处理是在屋面板上设置网格状避雷带作为接闪器，这种做法会影响屋面的美观性，同时由于固定避雷带需要在屋面板上打螺钉，增加了漏水隐患。如今，很多金属屋面建筑物不单独做接闪器，而是利用建筑物其本身屋面作为接闪器，通过网格交叉点设置引下线，将电流引至底板，由底板传至结构主檩条，形成避雷体系，并与主体结构防雷体系可靠连接。

当利用建筑物本身屋面作为接闪器时应符合下列要求：金属板之间采用搭接时，其搭接长度不应小于 100mm；金属板下面无易燃物品时，其厚度不应小于 0.5mm；金属板下面有

易燃物品时，其厚度，钢板不应小于 4mm，铜板不应小于 5mm，铝板不应小于 7mm。屋面板满足上述所有条件时，可以将屋面板作为接闪器，从而明显使整个屋面更加整洁美观。用屋面板作为接闪器的节点图，如图 13-2 所示；屋面防雷大样图，如图 13-3 所示。

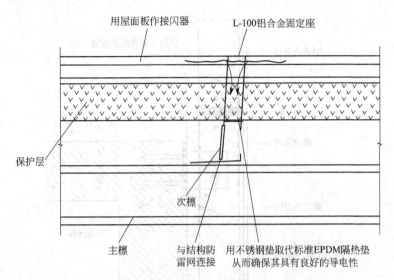

图 13-2　屋面板作为接闪器的节点图

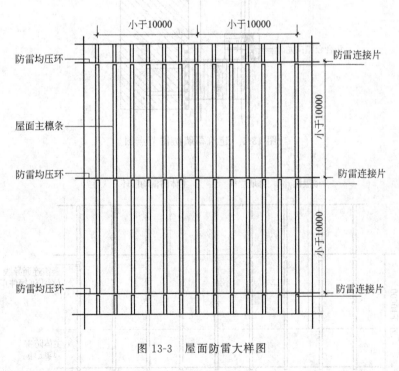

图 13-3　屋面防雷大样图

## （二）引下线

　　引下线是连接接闪器与接地装置的金属导体。建筑幕墙常用的防雷装置的引下线是利用建筑幕墙竖向主龙骨作为引下线，竖向主龙骨在伸缩缝的连接处采用电导铜线（或采用 40mm×4mm 铝合金片）制成的可伸缩的避雷连通导线并上下相连接，连接处上下各用 M6 不锈钢螺栓进行压接，并加不锈钢平垫和弹簧垫。

设置均压环的楼层所有竖向主龙骨与横向龙骨的连接处，通过 L40mm×4mm 铝角码两端，各用两个 M8 不锈钢对穿螺栓进行压接，并加不锈钢平垫和弹簧垫。建筑幕墙防雷节点图，如图 13-4 所示；幕墙立面防雷大样图，如图 13-5 所示。

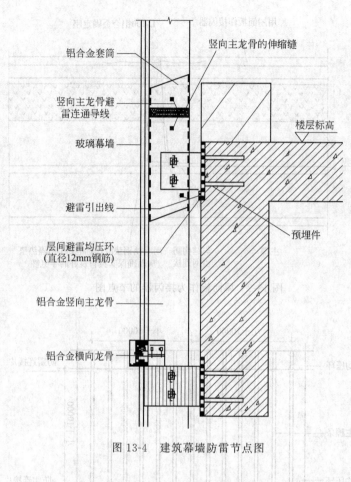

图 13-4　建筑幕墙防雷节点图

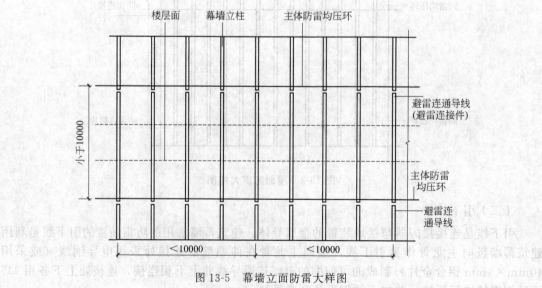

图 13-5　幕墙立面防雷大样图

对于单独作为引下线的建筑物，宜采用圆钢或扁钢，通常优先采用圆钢。圆钢直径不应小于 8mm；扁钢截面不应小于 48mm²，其厚度不应小于 4mm。引下线应沿建筑物外墙明敷，并经最短路径接地；装饰效果要求较高者可以采用暗敷，但其圆钢直径不应小于 10mm，扁钢截面不应小于 80mm²。

（三）接地装置

接地装置是接地体和接地线的总合，建筑幕墙常用的防雷装置的接地装置埋于土壤中的人工垂直接地体，宜采用角钢、钢管或圆钢；埋于土壤中的人工水平接地体，宜采用扁钢或圆钢。圆钢直径不应小于 10mm，扁钢截面不应小于 100mm²，其厚度不应小于 4mm；角钢厚度不应小于 4mm；钢管壁厚不应小于 3.5mm。在腐蚀性较强的土壤中，应采取热镀锌等防腐措施或加大截面。

建筑幕墙在通常情况下可以不用单独设计防雷接地装置，而是通过与土建的防雷接地装置共用。在这种情况下，建筑幕墙避雷体系必须上下连通，依靠主体避雷体系进行防雷布置。布置时，建筑幕墙自身防雷系统要与土建防雷系统中的土建避雷主筋可靠连接，所有的引下线均应连到均压环上，均压环可用直径 12mm 镀锌钢筋（或采用 40mm×4mm 镀锌钢板）焊接而成。幕墙的主梁通过预埋件及避雷均压环和避雷引出线与土建主体避雷主筋相连且焊接牢固，焊缝搭接长度不小于 100mm。避雷连接详图，如图 13-6 所示。

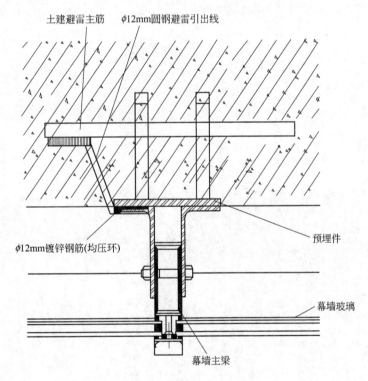

图 13-6　避雷连接详图

建筑幕墙所有龙骨安装完毕后，必须用电阻表进行检测，检测所有引下线接地电阻值应符合设计要求。在通常情况下，对于第二类或第三类防雷的建筑物所有引下线接地电阻值≤10Ω；对于第一类防雷的建筑物所有引下线接地电阻值≤5Ω。

# 参考文献

［1］ 李继业，田洪臣，张立山．幕墙施工与质量控制要点·实例．北京：化学工业出版社，2016.
［2］ 李继业，周翠玲，胡琳琳．建筑装饰装修工程施工技术手册．北京：化学工业出版社，2017.
［3］ 张芹．建筑幕墙与采光顶设计施工手册．北京：中国建筑工业出版社，2002.
［4］ 李继业，胡琳琳，贾雍．建筑装饰工程实用技术手册．北京：化学工业出版社，2014.
［5］ 罗忆，黄圻，刘忠伟．建筑幕墙设计与施工．第2版．北京：化学工业出版社，2017.
［6］ 胡琳琳．幕墙与采光工程施工问答实例．北京：化学工业出版社，2012.
［7］ 宋业功等．装饰装修工程施工技术与质量控制．北京：中国建材工业出版社，2007.
［8］ 许炳权．装饰装修施工技术．北京：中国建材工业出版社，2003.
［9］ 周菁等．建筑装饰装修技术手册．合肥：安徽科学技术出版社，2006.
［10］ 李继业．装饰幕墙工程．北京：化学工业出版社，2009.
［11］ 李长久，蔡思翔，俞琳．新型建筑玻璃与幕墙工程应用技术．北京：化学工业出版社，2020.